JEAN DE BLOCH

# LA GUERRE

*Traduction de l'ouvrage russe*

## LA GUERRE FUTURE

AUX POINTS DE VUE

### Technique, Économique et Politique

## TOME III

### La guerre navale.

GUILLAUMIN ET C<sup>ie</sup>

Editeurs

14, RUE DE RICHELIEU, 14

PARIS

# LA GUERRE

JEAN DE BLOCH

# LA GUERRE

*Traduction de l'ouvrage russe*

## LA GUERRE FUTURE

AUX POINTS DE VUE

### Technique, Économique et Politique

## TOME III

### La guerre navale.

GUILLAUMIN ET C<sup>ie</sup>
Editeurs
14, RUE DE RICHELIEU, 14
PARIS

# INTRODUCTION

Les destinées de l'humanité tournent, semble-t-il, dans un cercle magique. Jusqu'en 1870, un certain progrès se constatait dans les idées, pour améliorer les conditions dans lesquelles se fait la guerre et diminuer les misères qu'elle entraîne après elle. On pouvait croire que le mouvement commencé dans ce sens allait continuer parallèlement avec le développement de la civilisation.

Cependant depuis la guerre franco-allemande, on observe comme un retour vers le passé, vers les siècles de barbarie ; et ce revirement se manifeste surtout dans les principes proclamés quant à la guerre maritime de l'avenir.

L'évolution, qui s'est accomplie dans ce sens, n'est pas intéressante seulement par elle-même, mais aussi par l'influence qu'elle peut exercer également sur le caractère de la guerre continentale future.

Pour nous en convaincre, il faut comparer le développement et le perfectionnement des flottes et de leurs moyens d'action dans les différents pays. Or, quand on fait cette comparaison, il se présente une circonstance particulière qui la complique beaucoup. Tandis que, dans la comparaison des forces de terre, on n'a affaire qu'à des quantités de même espèce : nombre de soldats, de canons, de chevaux, — quand on compare les flottes de plusieurs Etats, à différentes époques, on se trouve en présence de grandeurs qui ne sont pas de même nature ; attendu que non seulement l'armement des navires, mais leurs modèles eux-mêmes se modifient. Et bien des personnes admettent qu'un seul cuirassé moderne, muni de canons à longue portée et d'appareils pour lancer les torpilles, est en état de faire aujourd'hui ce qui, jadis, eût demandé toute une escadre.

Coup d'œil<br>général<br>sur le<br>développement<br>des engins<br>de la guerre<br>maritime.

Par contre, ces énormes cuirassés et leurs puissants canons se trouveront avoir pour adversaires non seulement des géants de la même force, mais encore de petits torpilleurs à peine visibles sur les vagues. Le jour, ceux-ci n'apparaissent qu'un instant et disparaissent ; mais la nuit, ils s'approcheront traîtreusement des géants pour les attaquer avec leurs torpilles.

Ainsi, le revirement qui s'est accompli dans la guerre maritime ne consiste pas seulement dans la multiplication et le perfectionnement des engins mêmes de combat, mais encore dans la modification, pour ainsi dire, de tout son mécanisme.

L'emploi de la vapeur a diminué l'importance de la stratégie navale. Au premier rang sont passées les qualités personnelles de l'amiral qui commande : la présence d'esprit, la faculté de s'orienter dans une situation et de se décider promptement. La victoire, selon toute probabilité, reviendra à celui des deux adversaires qui possédera ces qualités au plus haut degré. Et ce sont des qualités qu'il est impossible d'acquérir par l'étude ou par un travail quelconque (1).

Conditions différentes de la guerre sur terre et sur mer.

La question se présente d'autant plus complexe que les règles de la guerre sur terre sont peu applicables sur mer.

Ici, rien ne limite le champ de bataille et les deux adversaires ont libre choix de leurs mouvements. Le territoire où peut s'étendre la guerre navale n'est pas limité par les possessions de l'ennemi ; il comprend la surface entière de la mer. Les forces qui marchent au combat ne se présentent pas sous la forme de masses humaines, groupées et maintenues réunies par des règles artificielles, mais bien sous celle de quelques grandes forteresses flottantes, peu nombreuses et renfermant en elles-mêmes des machines de toute espèce. Chacun de ces forts mobiles constitue déjà, à lui seul, une force puissante, et. par la vitesse de sa marche, il peut être comparé au géant des contes d'enfant, qui marchait avec des bottes de sept lieues. De même que celui-ci lançait des blocs entiers de rochers, ce géant maritime lance de lourds projectiles dont les effets destructeurs s'étendent jusqu'à 8 kilomètres de distance. Sur terre, chaque soldat combat pour tous et tous pour chacun. Sur mer, les forces de tous et de chacun sont réunies dans les mains du commandant qui, en réalité, dirige seul la lutte ; l'équipage ne semble être dans ses mains qu'une arme invisible qu'il manie lui-même.

En pleine mer, il ne peut y avoir de combat que s'il est désiré

---

(1) Amiral Werner, *Der Seekrieg* (La guerre navale).

par celui qui dispose de la plus grande vitesse. Il est impossible d'obliger l'adversaire à accepter une rencontre, impossible de l'arrêter, si l'on n'a pas sur lui la supériorité de marche, tandis que l'ennemi peut battre en retraite, s'enfuir, même en désordre, jusqu'au point de rassemblement indiqué par un signal et s'y rendre avec toute la vitesse dont est capable le moins bon marcheur de ses bâtiments. En outre, pendant cette retraite, il peut faire feu avec autant de pièces que s'il marchait à l'attaque.

Celui qui commande en chef, dans un combat naval, se trouve aussi dans d'autres conditions que celui qui commande dans une bataille à terre. Ce dernier se tient sur une hauteur, loin des lignes avancées, et la durée de l'action lui permet, en cas de besoin, non seulement de conférer avec son chef d'état-major, mais même de réunir un conseil de guerre. Tandis que celui qui commande sur mer est le premier au combat, se tient au milieu de l'action, ne cesse d'être l'objectif du feu de l'ennemi, ses résolutions doivent être immédiates, par conséquent émaner exclusivement de son initiative personnelle.

Il n'y a pas actuellement de règles, au sens exact du mot, expressément formulées pour la tactique ou la stratégie navales. Les unes et les autres existaient au temps des flottes à voiles. Alors stratégie et tactique consistaient surtout à tirer habilement parti du vent, afin d'en profiter, quand il était défavorable à l'ennemi, pour prendre ses navires en enfilade, rompre leur ligne et en envelopper une partie.



Mais maintenant, avec la marche rapide des bâtiments, la disposition particulière de leurs canons et la protection que leur assure la cuirasse, il est plus difficile d'avoir un plan combiné d'avance; il faut agir suivant les circonstances du moment.

Comme jusqu'ici, nous n'avons pas eu l'expérience d'une grande guerre maritime avec l'emploi de tous les moyens techniques actuels, les opinions des spécialistes sont tellement divergentes, qu'il est encore impossible de se rendre exactement compte de la marche d'une campagne.

Le hasard y jouera, semble-t-il, un si grand rôle, que seuls pourraient entreprendre une semblable guerre les politiciens que les plus grands risques ne font pas reculer. Et si les progrès réalisés, tant dans la construction navale que dans l'artillerie, ne faisaient que rendre vraisemblable une prompte destruction réciproque des flottes et un énorme accroissement des frais de construction des navires, pas besoin ne serait, pour atteindre le but de notre étude, de nous arrêter longtemps sur le caractère des futures opérations militaires sur mer.

Mais grâce aux ressources actuelles et en raison des principes de guerre navale actuellement établis, il semble possible d'affaiblir et même de réduire à la misère des nations entières, par l'interruption des communications maritimes et la privation, pour certains États, de toutes relations avec le reste du monde. Voilà le danger de premier ordre qui menacera l'Europe en cas de guerre, si, avant que celle-ci n'éclate, on n'a pas trouvé quelques moyens de l'écarter. Aussi pour bien apprécier les conséquences économiques possibles et très sérieuses d'une guerre navale, faut-il avant tout se rendre compte des ressources dont disposeront les divers États pour faire la guerre sur mer et de leur mode d'emploi.

Dans l'état actuel de la science militaire navale, — c'est-à-dire dans une situation où les exemples du passé ont déjà perdu en partie leur signification, par suite des transformations accomplies dans la technique et les moyens d'attaque et de défense sur mer, tandis que cette technique perfectionnée elle-même n'a pas encore été soumise à l'expérience d'une grande guerre entre puissances européennes. — il est naturellement encore impossible de présenter un tableau exact et complet des choses ; on ne peut qu'en donner une esquisse, où nécessairement bien des détails ne seront appuyés que sur des hypothèses.

Supposant que cette question intéresse tous les hommes d'esprit cultivé, nous croyons devoir, — en nous appuyant comme toujours sur les opinions des écrivains militaires, — donner une idée approximative des tableaux et des conséquences que peut présenter la guerre navale actuelle.

# Comparaison
## des flottes anciennes et modernes

# I. Révolution amenée par le développement des constructions cuirassées.



C'est à l'époque de la guerre de Crimée que remonte la première apparition des bâtiments protégés par une cuirasse. Le bombardement de Sébastopol par la flotte anglo-française avait prouvé aux Alliés que leurs navires en bois pouvaient facilement être incendiés et détruits dans la lutte contre les fortifications des côtes, armées d'un nombre suffisant de canons à bombes.

Cela les conduisit à essayer de protéger certains bâtiments au moyen de plaques de fer et, dès 1854, on se mit à construire en France trois batteries flottantes en bois cuirassées: la *Lave*, la *Dévastation* et la *Tonnante*, destinées à l'attaque des fortifications russes des côtes de la mer Noire. Les Anglais, qui avaient également l'intention d'attaquer Kronstadt en 1856, construisirent sept batteries flottantes en fer. La première est représentée sur la figure ci-contre.

Il se trouva que les projectiles russes dirigés contre ces batteries ne leur firent du mal que quand par hasard ils atteignirent l'ouverture de leurs sabords. D'où l'on conclut naturellement que si l'on parvenait à construire des navires couverts d'une cuirasse en fer et pouvant en outre manœuvrer librement en haute mer, ils seraient invincibles.

Lorsque, de la construction des batteries on passa à celle de navires cuirassés, on conserva pour ceux-ci tant la forme extérieure que la disposition intérieure des grandes frégates. Tous les efforts tendirent à protéger contre les coups de l'artillerie ennemie le type de bâtiment qui existait déjà et l'on ne songeait pas à en construire un nouveau modèle. Les nations ne voulaient qu'avoir des navires protégés par une cuirasse, et non des cuirassés dans le sens propre du mot. C'est sans doute pour cela que les premières expériences de cuirassement furent exécutées sur des frégates.

La frégate française la *Gloire*.

Sur l'ordre de Napoléon III on procéda, en 1858, à la construction de la première frégate cuirassée la *Gloire*, d'après les plans d'un ingénieur fameux, Dupuy de Lôme. Cette frégate devait faire parmi les navires en bois, suivant l'expression même de son constructeur, l'effet *d'un loup dans un troupeau de moutons*. Elle coûta 7 millions de francs, c'est-à-dire plus du double de ce que coûtaient les plus grands vaisseaux de ligne; mais en vue des résultats qu'on pouvait

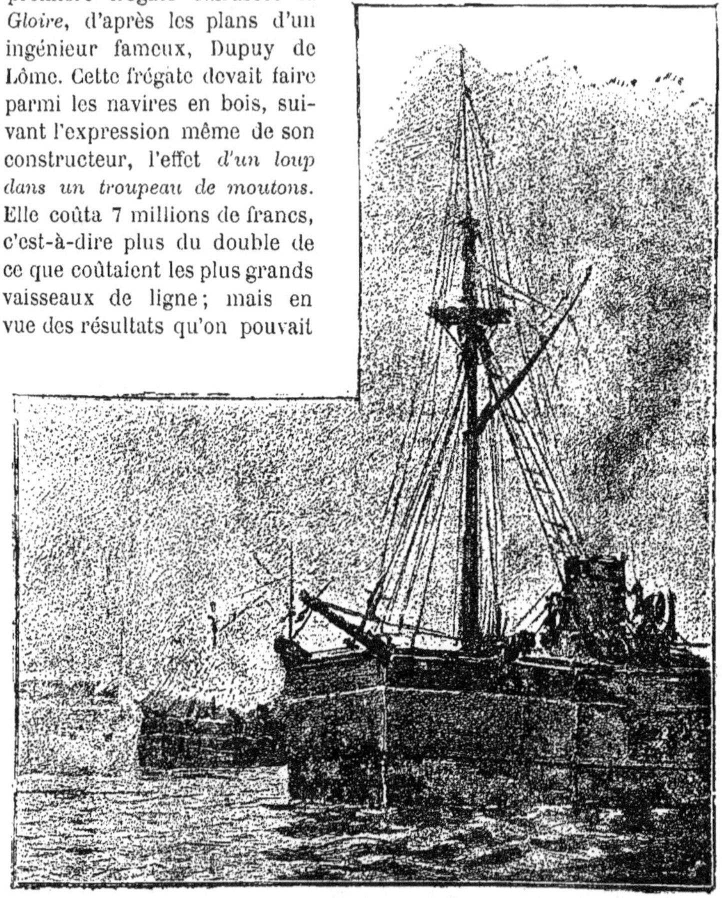

Première batterie flottante en fer.

en attendre personne ne trouva que cette dépense fût trop considérable (1).

Les Français avaient résolu la question du cuirassement en entourant

(1) Voir, *La Marine française*.

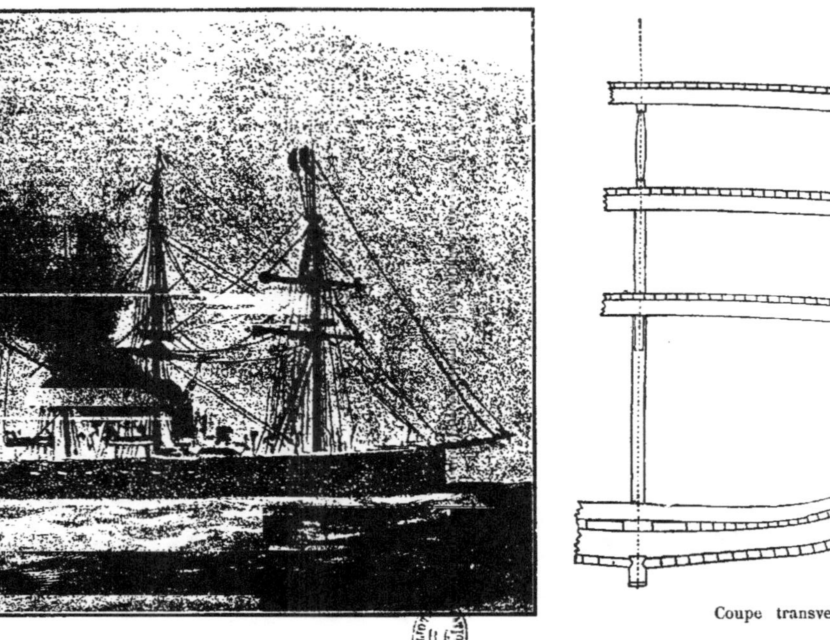

Vue d'ensemble.

Coupe transversale.

toute la coque de la *Gloire*, depuis près de 1ᵐ50 au-dessous de la ligne de flottaison jusqu'au pont supérieur, d'une ceinture en plaques de fer, dont l'épaisseur était de 120 millimètres à la ligne de flottaison, et se réduisait à 110 millimètres à sa partie supérieure. Cela suffisait pour résister aux projectiles de cette époque. La planche ci-contre représente la frégate la *Gloire* et en donne une coupe qui montre clairement la disposition de la ceinture cuirassée.

Les marins anglais témoignèrent bien peu de confiance aux navires cuirassés, estimant qu'à la première tempête en haute mer ils couleraient à fond. Mais ces prévisions ne s'étant pas réalisées, le premier pas qu'avait fait la France dans cette nouvelle direction fut bientôt imité par l'Angleterre. Et pour son premier cuirassé le *Warrior*, cette puissance employa des plaques de bordage épaisses de 114 millimètres; puis elle réunit les extrémités de la ceinture cuirassée par des cloisons transversales d'épaisseur et de hauteur semblables, disposées de façon à former un rectangle qui contenait les parties les plus importantes du bâtiment : la batterie, la machine, les chambres des officiers et se trouvait à l'abri du feu de travers ou d'enfilade des canons d'alors; mais, en même temps, tout le reste du navire restait exposé à leurs effets.

Quoiqu'en établissant le dessin des formes extérieures de la *Gloire*, les Français eussent déjà songé à la possibilité de l'armer d'un éperon pour défoncer les navires ennemis, ils avaient cependant encore employé le bois pour construire le corps du bâtiment, et ils continuèrent d'agir ainsi jusque vers 1870. Les Anglais, au contraire, employaient déjà le fer dans leurs constructions.

Aussi les Français se virent-ils obligés de cuirasser entièrement d'un bout à l'autre leurs bâtiments de bois. Tandis que sur le *Warrior*, construit en fer, les Anglais trouvèrent moyen de subdiviser la portion plongée dans l'eau par des cloisons transversales étanches, de façon qu'en cas de percement de la coque par un projectile, le compartiment atteint seul devait se remplir d'eau et non pas le navire entier (1). .

C'est aux premiers temps de l'existence des cuirassés qu'éclata la guerre civile des Etats-Unis de l'Amérique du Nord et naturellement les deux partis opposés cuirassèrent leurs bâtiments, ce qui fournit immédiatement l'occasion d'une expérience pratique. Mais, en si peu de temps, ni l'un ni l'autre des deux adversaires ne pouvait construire de grandes frégates cuirassées; ils se bornèrent à protéger les bâtiments existants au moyen de chaînes ou de rails de chemins de fer, et construisirent en

---

(1) Amiral Werner, *Die Kampfmittel zur See* (Les engins de combat à la mer).

outre, sur les plans de l'ingénieur suédois Ericcson, de petits bâtiments, appelés *Monitors*, d'un modèle tout spécial, qui, faute de vitesse et des qualités nautiques voulues, n'étaient bons que pour défendre les côtes ; et par la suite on n'en construisit de semblables pour le même but que dans peu de pays.

Le 8 mars 1862, quelque temps après l'ouverture des hostilités entre les États du Nord et du Sud de la Confédération américaine, se trouvaient près du fort Monroë, sur la rade de Hampton, trois frégates à hélice de 50 canons et deux navires à voiles.



Ces bâtiments étaient si bien armés que, dans toutes les flottes étrangères, il eût été impossible de trouver cinq navires de même rang, dont l'artillerie eût pu rivaliser de puissance avec la leur. On vit alors s'avancer vers eux, venant de Norfolk, le cuirassé le *Merrimac*, appartenant aux États du Sud, et qui présentait l'aspect d'une frégate à sabords ordinaires transformée en cuirassé, comme le montre la figure ci-dessous.

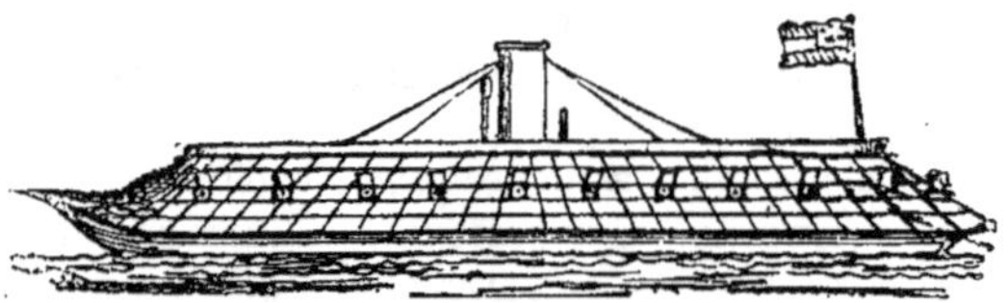

Le cuirassé *Merrimac*.

A deux heures de l'après-midi commença le combat le plus fameux assurément de l'époque actuelle, pour ses graves conséquences. A 7 heures du soir, ce combat était terminé, et il avait eu les résultats suivants : deux frégates étaient détruites, avec 250 hommes tués ou noyés ; les trois autres avaient pu s'enfuir à la faveur de la nuit et le *Merrimac* retournait intact à Norfolk.

Le lendemain, ce même *Merrimac* retourna dans la rade de Hampton. Mais cette fois son commandant et son équipage y aperçurent une sorte de petit bateau d'aspect étrange, comme ils n'en avaient jamais vu nulle part jusqu'alors, et qui fut pour eux un objet de curiosité et de moquerie : c'était le premier monitor américain. Et ce petit *Monitor* était arrivé de New-York à 2 heures du matin.

Le premier monitor américain.

En quelques minutes, le *Merrimac* eut ouvert contre le *Monitor* le feu de ses énormes canons, et ainsi commença un duel célèbre dans les annales navales modernes, — duel qui dura plus de 3 heures à très petite distance, et pendant lequel les deux adversaires tentèrent plus d'une fois de s'éperonner l'un l'autre. Le résultat de ce mode de combat qui n'avait encore été employé nulle part fut, à l'étonnement du monde entier, que le *Monitor* demeura indemne et que le *Merrimac* dut s'enfuir à Norfolk avec de si grosses avaries que les Sudistes eux-mêmes furent obligés de le détruire bientôt.

Ainsi se termina cette lutte fameuse qui fut le point de départ d'une immense révolution dans les procédés de la guerre navale. On ne put plus douter de l'impossibilité, pour les bâtiments à vapeur en bois, de se mesurer avec les cuirassés; et il devint par suite évident que les navires à hélice, en bois, avaient perdu toute valeur militaire, absolument comme l'avaient perdue les bâtiments à voiles lors de l'adoption des moteurs à hélice.

Toutes les puissances maritimes arrivèrent ainsi à se convaincre qu'il leur fallait une puissante flotte cuirassée; et tous les efforts de la technique furent, avec une activité fiévreuse, dirigés vers la solution de ce problème : construire des bâtiments munis d'une cuirasse capable de résister à la plus grande force de pénétration des projectiles de l'artillerie; ce qui obligea celle-ci de s'occuper à son tour de perfectionner son matériel.

*Transformations qu'entraîna le cuirassement dans la construction des bâtiments de guerre.*

Pour satisfaire aux exigences imposées aux navires sous le rapport de la vitesse, de l'épaisseur de la cuirasse, des approvisionnements de charbon et de l'armement, il fallut donner aux bâtiments des dimensions et un poids très considérables, dont aux temps passés il n'avait jamais été question (1).

Le *Warrior* avait un poids total de 9,000 tonnes, dont 1,850 pour la cuirasse; la cuirasse de l'*Alexander*, lui-même de 500 tonnes seulement plus lourd que le *Warrior*, pesait 2,300 tonnes. De 1860 à 1876, l'épaisseur des cuirasses passa de 4 pouces 1/2 à 12 pouces. Le vaisseau à tourelles *Fury* avait un poids total de 11,000 tonnes dont : pour la coque, sans la cuirasse et l'armement, 3,800 tonnes; pour la cuirasse, 3,300; pour les machines, 1,450; pour le charbon, 1,500 tonnes ; pour l'artillerie et ses munitions, 530 tonnes, et enfin encore autant pour l'équipage et les approvisionnements. Pour mouvoir de telles masses, il fallut augmenter de plus en plus la force des machines.

Pour donner une idée du rôle que jouent les machines sur les bâti-

---

(1) Amiral Werner, *Die Kampfmittel zur See* (Les engins de combat à la mer).

ments les plus récents, nous citerons la comparaison suivante d'une frégate en bois avec le croiseur actuel *Rurik*, faite par le contre-amiral Makaroff (1).

*Comparaison du* Rurik *et d'une frégate en bois.*

« La machine et les chaudières du croiseur *Rurik* occupent une longueur de 192 pieds dans la partie la plus large du navire. Afin de faire bien comprendre ce que représente un tel espace, on peut dire que, si l'on enlevait de là toute la machine avec ses chaudières et les soutes à charbon et qu'on mit de l'eau à la place, on obtiendrait un bassin dans lequel pourrait tenir fort à l'aise sur ses amarres une frégate entière du temps passé avec tout son équipage et tous ses canons. Et il resterait même encore assez de place autour de la frégate ainsi disposée, pour en faire le tour en chaloupe.

« Et dans ces 192 pieds occupés par la machine tout est resserré jusqu'à l'impossible et l'entassement dans les locaux est parfois tel qu'on ne peut éviter la bielle d'une machine sans se heurter à la manivelle d'une autre et que, pour arriver à toucher un coussinet quelconque afin de s'assurer qu'il ne s'échauffe pas, il faut que le machiniste soit un véritable acrobate ; tandis qu'au chauffeur, qui doit, avec le tirage forcé, contraindre la chaudière à produire deux fois plus de vapeur que, d'après ses dimensions, elle n'en peut normalement fournir, il faut une endurance et une énergie presque surhumaines. »

Et aujourd'hui, au point de vue de l'armement et de l'installation, le *Rurik* a déjà été de beaucoup dépassé !

*Le* Prokhor *et le* Piotr Velikii.

Le meilleur moyen de nous rendre compte des différences de construction qu'ont entraînées les nouveaux besoins, c'est de comparer encore le passé avec le présent. Pour cela prenons un ancien vaisseau de 84 canons, *le Prokhor*, et le vaisseau actuel *Piotr Velikii*, qui n'a que 4 canons rayés de 12 pouces, dont le déplacement total est de 8,000 tonnes et la vitesse de 10 nœuds.

D'après ces données, ce cuirassé est presque moitié plus faible que ceux du même genre construits dans ces derniers temps. Or, le *Prokhor* lance, dans une bordée, 84 pouds (2) de fonte, tandis que le *Piotr Velikii* en lance 74, poids un peu moindre, mais qui, par suite de la plus grande vitesse, correspond à un travail mécanique, c'est-à-dire à une puissance de choc trois fois plus considérable que celle du *Prokhor*. Si donc, les 84 projectiles de ce bâtiment pouvaient être lancés tous à la fois contre un seul point

---

(1) Général Pestitch, *Sovremennïi flotte i iévo voprocy* (La marine actuelle et les questions qu'elle soulève).

(2) Le *poud* vaut un peu plus de 16 kilogs (16ᵏ,380).

Dimensions du croiseur cuirassé *le New-York* comparées à celles des maisons de la rue Broadway, à New-York.



La Guerre Future (p. 9, tome III.)

situé à 600 sagènes (1), ils y produiraient un travail mécanique trois fois moindre que les projectiles des 4 canons du *Piotr Velikïi*. Pour produire ce même travail, il faudrait au *Prokhor* brûler jusqu'à 19 pouds de poudre et avoir 532 hommes occupés à servir les pièces, tandis que le *Piotr Velikïi* n'a besoin que de 16 pouds de poudre et de 64 servants.

D'où il ressort qu'actuellement, pour produire un travail mécanique trois fois plus grand, il faut presque dix fois moins de monde autour des pièces. Les 84 projectiles du *Prokhor*, s'ils pouvaient être tirés d'une seule salve dans la même direction, et tomber tous ensemble sur le plus faible des cuirassés actuels, ne feraient pas le moindre mal à sa cuirasse, attendu que les plus puissants des canons, qu'on avait au commencement de la période dont il s'agit, pourraient à peine faire même

Le cuirassé *Piotr Velikïi*.

une éraflure sur la plus mince des plaques employées aujourd'hui pour cuirasser les vaisseaux ; tandis que chacun des projectiles lancés par le canon rayé de 12 pouces, même à la distance de 1,000 sagènes, est capable de percer le bordage du plus puissant des cuirassés existants, dont l'épaisseur est de 3 pieds, et que recouvre une plaque de 13 pouces.

En outre, les 4 canons du *Piotr Velikïi*, qui est un navire à tourelles,

---

(1) La *sagène* vaut un peu plus de 2 mètres (2<sup>m</sup>,134).

peuvent par là-même être dirigés tous contre une étendue relativement faible du bordage qu'on veut frapper. Pour permettre aux lecteurs non spécialistes de se faire une idée de l'énormité des bâtiments de guerre actuels, nous donnons, dans la planche ci-contre, un dessin sur lequel le croiseur cuirassé américain *New-York* est représenté au milieu de la rue de Broadway à New-York, dont les constructions, pourtant monumentales, sont à peine plus élevées que le croiseur.

Mais en même temps que les dimensions des vaisseaux, augmentent aussi les dépenses qu'entraîne leur construction. Le prix d'un cuirassé actuel, sans les vivres ni les munitions, dépasse dix fois celui du plus grand bâtiment de jadis avec tous ses armements et approvisionnements.

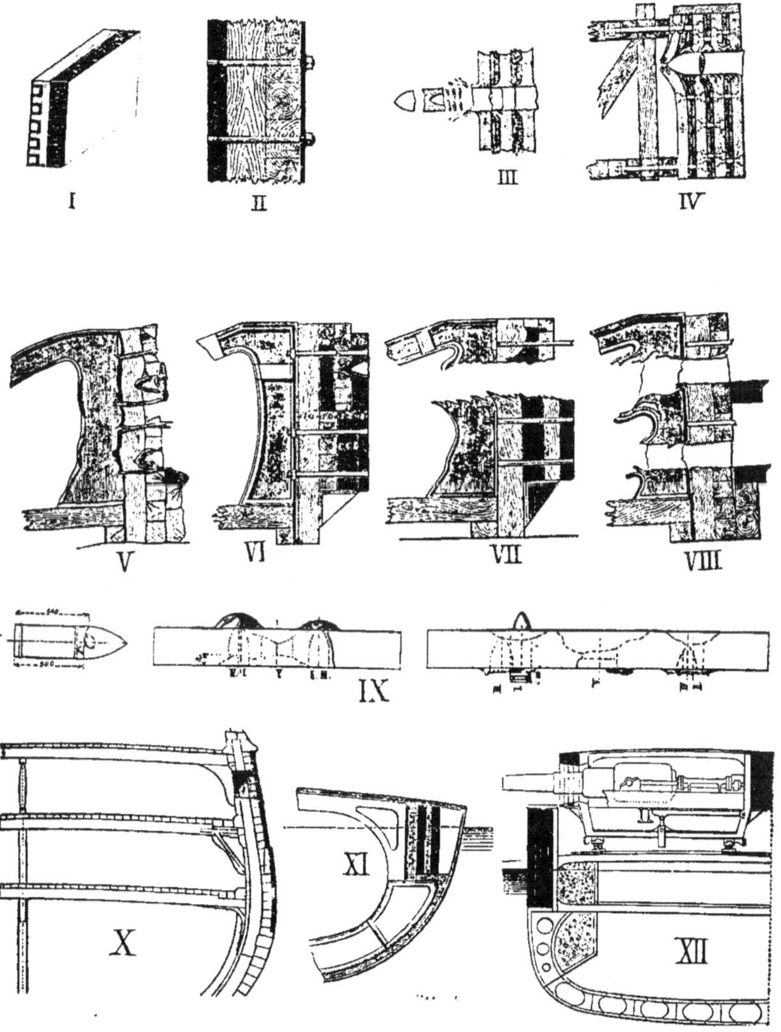

Fig. I. — Cuirasse de la popoffka *Norgorod*.
Fig. II. — Cuirasse du navire anglais *Warrior*.
Fig. III à VIII. — Cuirasse du système *Sandwich* percée par des projectiles.
Fig. IX. — Plaques de cuirasse de Krupp et projectiles pour tirer contre elles.
Fig. X à XII. — Divers modes de disposition de la cuirasse.

## II. Historique de la lutte entre le canon
## et la cuirasse.



Aussitôt après l'adoption des cuirasses, on se mit à augmenter aussi le poids des projectiles, afin de les percer avec plus ou moins de facilité. Après quoi, pour paralyser la puissance de pénétration des projectiles, on s'efforça, surtout en Angleterre, d'augmenter également la résistance des cuirasses, en les confectionnant d'une façon plus rationnelle et en augmentant leur épaisseur.

La cuirasse du *Warrior* se composait de fortes plaques réunies deux à deux, et fixées sur une double couche d'épais matelas de bois en arrière desquels était placée une plaque de fer plus mince. Tout ce système était réuni par de nombreux boulons, reliés à la cuirasse du côté extérieur, par suite de leur forme conique. Toutefois des expériences exécutées en 1870 prouvèrent qu'une cuirasse de ce genre ne constituait déjà plus une protection suffisante.

C'est alors que, pour protéger les navires contre les canons et les projectiles perfectionnés, on adopta un système dit *sandwich*, c'est-à-dire composé de deux plaques de cuirasse de 6 pouces et demi d'épaisseur reliées ensemble, et ayant, entre elles, un épais matelas de 2 pouces et demi. Mais il ne se passa pas longtemps avant que cette cuirasse ne fût percée par les canons dont le calibre augmentait toujours. Elle n'assurait donc plus aucune protection et alors on en vint aux plaques de cuirasse massives.

Afin de pouvoir augmenter le cuirassement, sans accroître en même temps le tirant d'eau des navires, on imagina, à titre d'essai, de construire des bâtiments de forme circulaire. Grâce à la haute situation occupée par l'inventeur de ce modèle, l'amiral Popoff, et aussi par suite des hymnes de louanges chantées sans cesse en son honneur par le fameux constructeur Read, ces bâtiments furent très remarqués du public qui s'intéresse aux questions maritimes.



Nous nous arrêterons quelque peu à l'examen de cet essai de construction navale, parce qu'actuellement on remet de nouveau sur le tapis la question des navires circulaires. Et nous donnons ci-dessous des figures représentant la popofka *Novgorod* et une coupe verticale de ce bâtiment.

La popofka *Novgorod*.

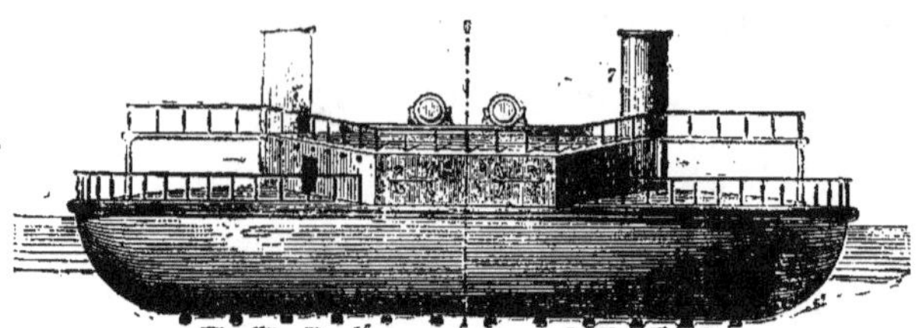

Aspect général.

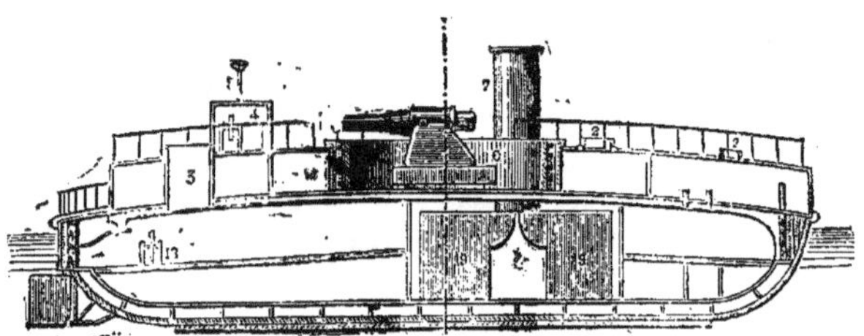

Coupe.

L'adoption, pour un navire, de cette forme circulaire, permettait, tout en conservant le même rapport entre le déplacement et le poids de la cuirasse, d'augmenter notablement l'épaisseur de celle-ci, parce que ses dimensions longitudinales étaient moindres que dans un bâtiment de forme ordinaire.

La ceinture cuirassée des popofkas a, au total, 1$^m$,80 de hauteur, et se compose de deux couches de plaques dont l'une a 229 millimètres et l'autre 178 millimètres d'épaisseur. Le pont est protégé par trois couches de plaques dont l'épaisseur totale est de 69 millimètres. La machine, de 3,000 chevaux de force nominale, fait tourner 6 hélices dont chacune peut se mouvoir d'une façon indépendante. Cette disposition permet au bâtiment de tourner sur place en 1 minute et demie. Sous ce rapport, on obtient incontestablement un très beau résultat, mais on ne peut en dire

autant de la vitesse. La plus grande qu'on put atteindre fut de 8 nœuds (1).
Pour mieux faire comprendre au lecteur, nous donnons ci-dessous une
figure représentant le plan du pont.

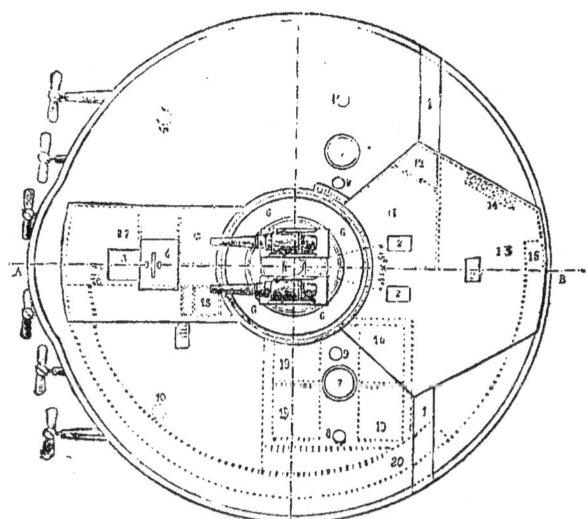

Plan du pont de la *Novgorod*.

Les chiffres placés sur le plan désignent respectivement :

1, passerelles ; 2, écoutilles d'éclairage ; 3, écoutille de ventilation ; 4, poste du pilote ;
5, compas de route ; 6, tourelle aux canons ; 7, tuyau de cheminée ; 8, anciennes cheminées
d'aérage ; 9, nouvelles cheminées d'aérage ; 10, ouverture pour lancer les torpilles ;
11, chambre de l'équipage ; 12, logement voisin ; 13, logement du commandant ; 14, pou-
laine pour le commandant ; 15, réservoir d'eau ; 16, chambres des officiers ; 17, cambuse ;
18, gouvernail de combat ; 19, chaudières ; 20, soutes à charbon.

Les facultés de pénétration des projectiles augmentèrent en même
temps que l'accroissement ininterrompu de dimension des canons. Et il ne
resta plus possible de continuer à cuirasser les navires comme précédemment sans augmenter en même temps leurs dimensions au delà de toute
limite.

Les chiffres suivants peuvent d'ailleurs nous donner une idée claire du

---

(1) **Dislère,** *Les cuirassés de ces derniers temps,* 1877.

renforcement continu des plaques métalliques employées au cuirassement des navires (1).

| ANNÉES | ÉPAISSEURS DES PLAQUES DE FER en centimètres. |
|---|---|
| 1855 . . . . . . . . . . . . . . . . . . . . | 11 |
| 1859 . . . . . . . . . . . . . . . . . . . . | 12 |
| 1862 . . . . . . . . . . . . . . . . . . . . | 15 |
| 1868 . . . . . . . . . . . . . . . . . . . . | 20 |
| 1871 . . . . . . . . . . . . . . . . . . . . | 22 |
| 1875 . . . . . . . . . . . . . . . . . . . . | 38 |
| 1876 . . . . . . . . . . . . . . . . . . . . | 55 |

Il fallut donc partout économiser sur le poids et se limiter à la cuirasse absolument nécessaire afin de pouvoir lui donner l'épaisseur indispensable à la protection des parties les plus importantes du bâtiment. C'est ainsi qu'on dut supprimer le lourd gréement pesant environ 200 tonnes qui existait encore à bord des vaisseaux cuirassés.

Comme, par suite de leur nouvelle forme toute spéciale, ces cuirassés ne pouvaient plus naviguer à la voile, ce gréement devenait d'ailleurs superflu. Mais les changements dans le système de construction se limitèrent à réduire le nombre des canons et à raccourcir la batterie ; cela fit gagner tellement de poids qu'il devint possible de donner une plus grande solidité à la cuirasse disposée en ceinture à la ligne de flottaison et en forme de casemate protégeant la batterie.

La diminution du nombre des canons dans la batterie fut en partie compensée par l'armement spécial mis à l'avant du navire et que protégeait la cuirasse ; système d'armement qui devait avoir une grande importance au point de vue des nouveaux procédés de conduite de la guerre navale.

Auparavant déjà le moteur à vapeur avait rendu les navires tellement indépendants qu'ils pouvaient à leur gré montrer à l'ennemi tel ou tel de leurs côtés ; mais le cuirassement enleva au tir d'enfilade toute son importance. Et tout conduisit à ce résultat, qu'actuellement une flotte, résolue à exécuter une attaque énergique, s'efforcera de soutenir la lutte uniquement avec ses pièces de chasse parce que l'inconvénient de ne disposer ainsi

---

(1) Nicol, *Traité d'artillerie à l'usage des officiers de marine.* — Paris, 1894.

ÉPAISSEURS DES PLAQUES DE CUIRASSÉS EN ACIER (EN CENTIMÈTRES) QUE PERCENT LES PROJECTILES LANCÉS
AVEC UNE VITESSE INITIALE :

DE 300 MÈTRES — DE 800 MÈTRES

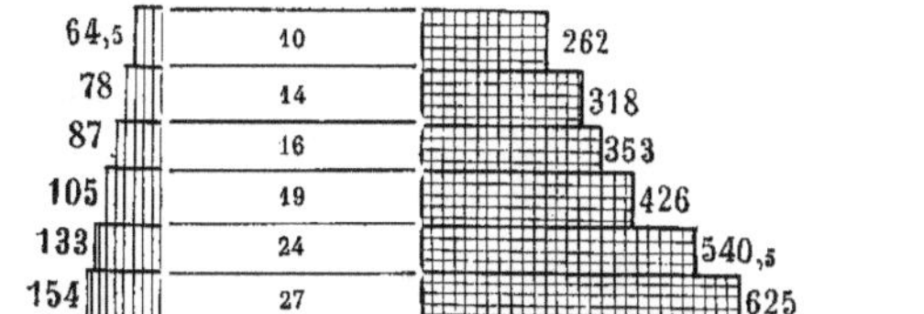


DIMENSION DES CUIRASSÉS ET RAPPORT DU POIDS DE LA CUIRASSE A LA JAUGE DU BATIMENT :

MAXIMUM D'ÉPAISSEUR DE LA CUIRASSE
DE LA COQUE EN CENTIMÈTRES : — RAPPORT DU POIDS DE LA CUIRASSE A LA JAUGE DU BATIMENT :

Cuirassés d'escadre

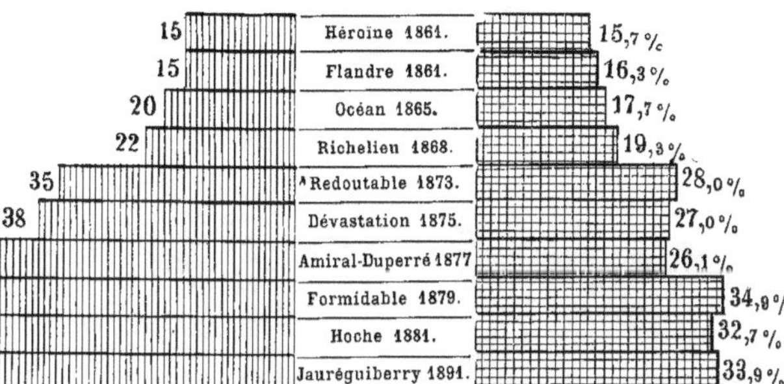


Croiseurs cuirassés

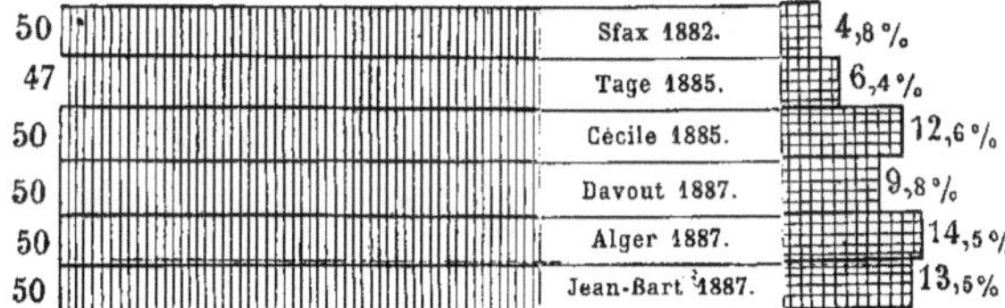


Cuirassés garde-côtes

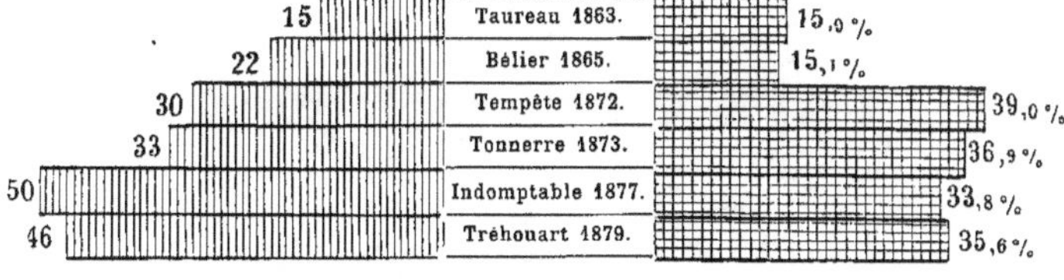


Canonnières cuirassées

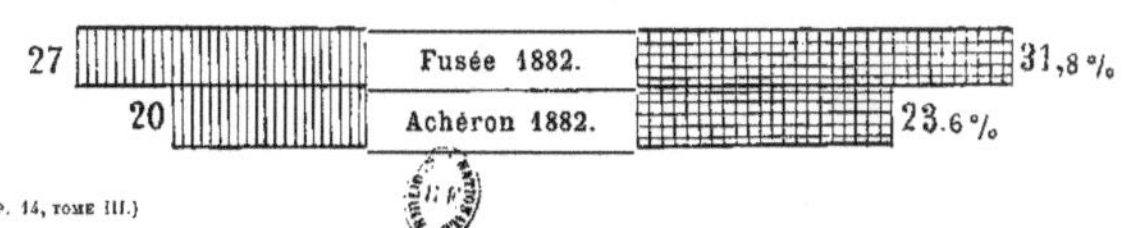


LA GUERRE FUTURE (P. 14, TOME III.)

# ÉVOLUTION DANS LA CONSTRUCTION DES CUIRASSÉS

GRANDE-BRETAGNE

ÉVOLUTION DANS LA CONSTRUCTION DES CUIRASSÉS

RUSSIE

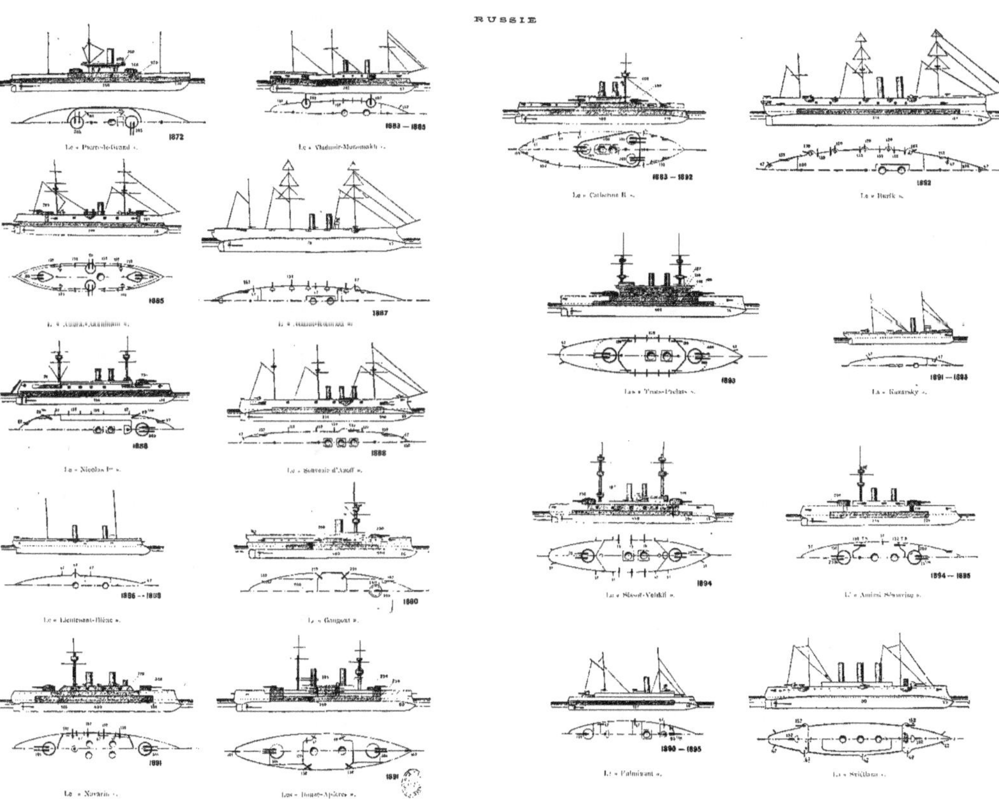

TYPES DE CUIRASSÉS (1)

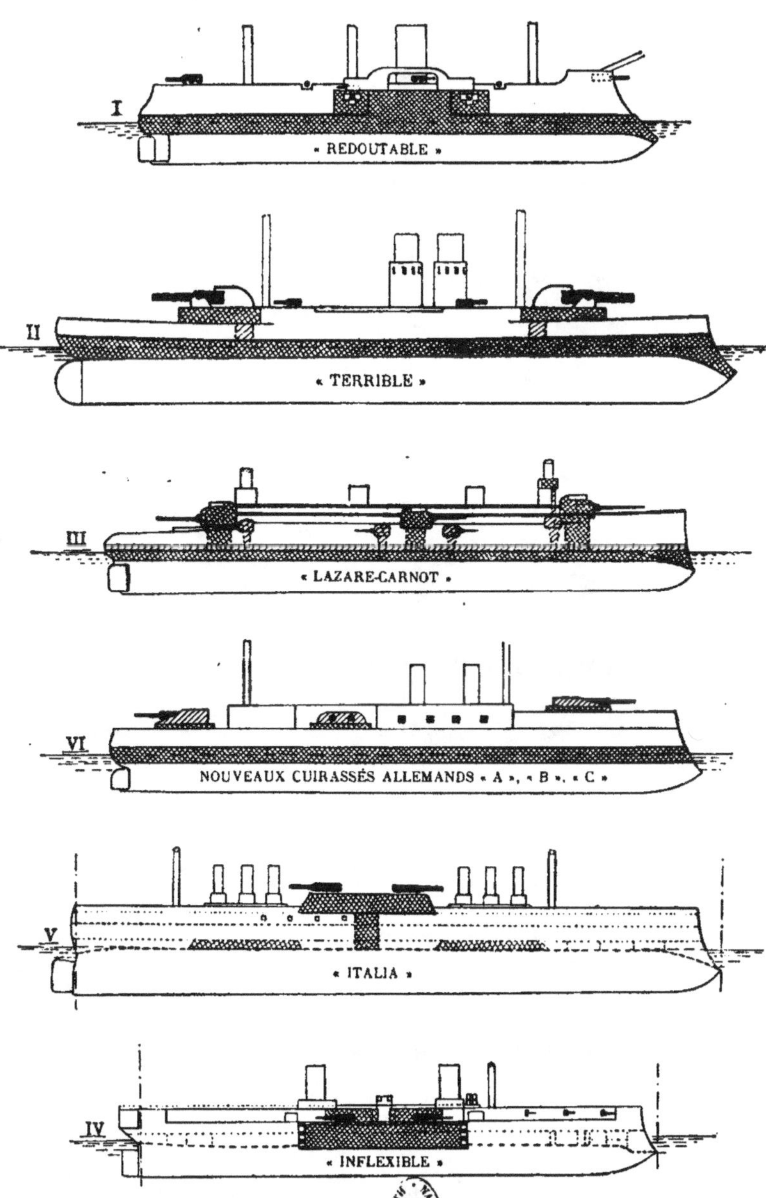


(1) Les hachures indiquent la cuirasse.

Coupes transversales de cuirassés.

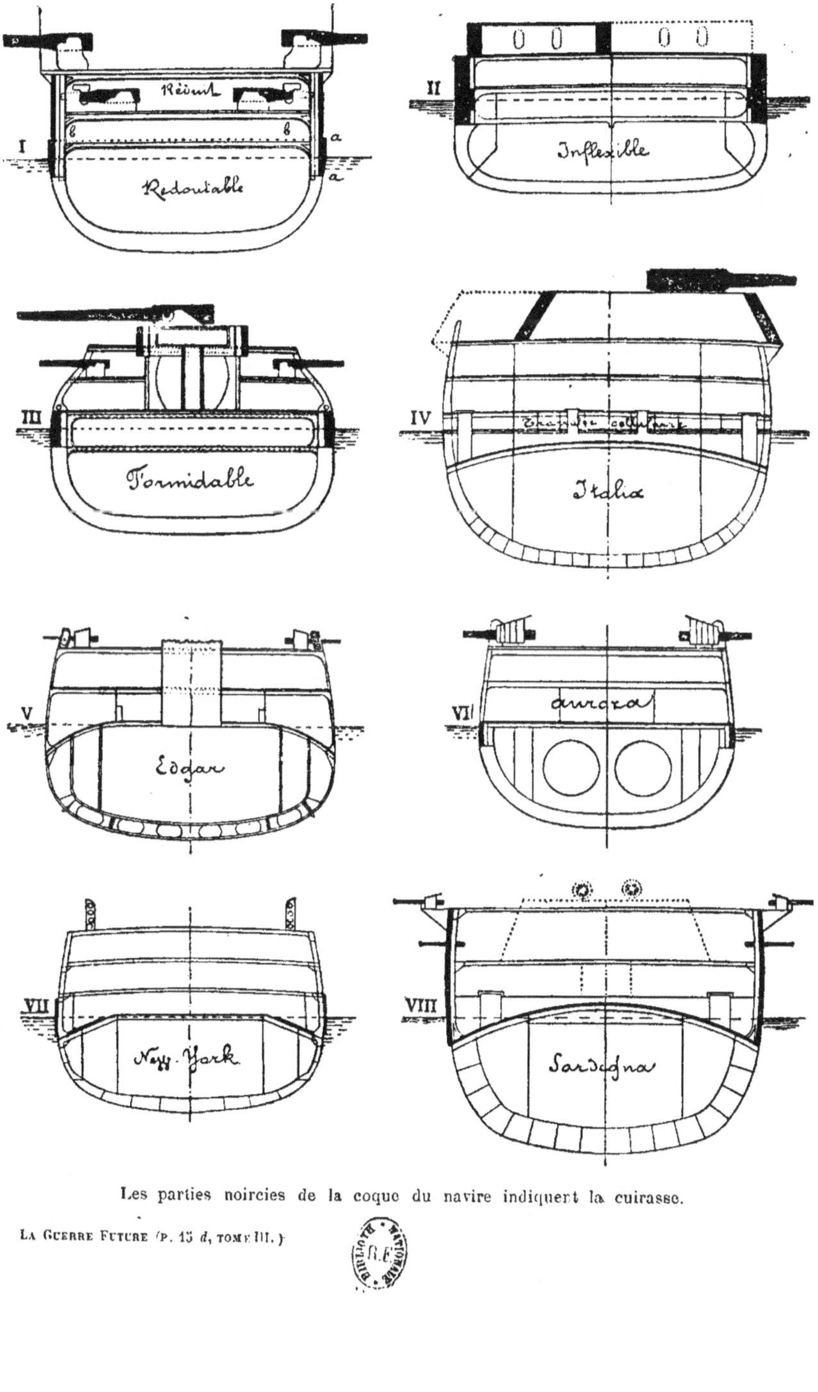


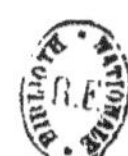

Les parties noircies de la coque du navire indiquent la cuirasse.

que d'un petit nombre de canons sera plus que compensé par l'avantage qu'on aura de n'offrir à l'ennemi qu'un but relativement peu étendu (1).

Mais devant les dimensions toujours croissantes des projectiles, les modifications apportées à la construction des bâtiments se trouvèrent insuffisantes. Un nombre infini de projets furent présentés pour augmenter la force de résistance des navires, et l'un des plus importants fut celui d'un officier de marine anglais qui proposa de construire des vaisseaux à tourelles afin d'établir leurs canons dans des tourelles cuirassées tournantes. Ce projet fut adopté lorsque les dimensions des canons se furent accrues au point d'obliger à en réduire le nombre le plus possible ; parce que, pour un grand navire qui, par suite du poids de la cuirasse jugée nécessaire à sa protection, ne pouvait porter en tout que 4 canons, il n'était guère d'emplacement plus avantageux pour ces pièces que les tourelles.

Dans ce système, en effet, les dimensions de la cuirasse protectrice sont réduites au minimum et les canons ont un angle de tir maximum. Depuis lors, chaque année ont été combinés de nouveaux modèles de bâtiments.

Mais quant à savoir quel sera le type du navire moderne, c'est-à-dire celui qui présentera le plus d'avantages pour la guerre navale actuelle, c'est une question qui n'est pas encore résolue. La forme et l'épaisseur de la cuirasse dans les divers bâtiments sont aussi variables que la forme même de ces derniers.

Rien ne saurait mieux nous en convaincre que la figuration donnée sur la planche ci-contre des quelques principaux types de cuirassés.

Chez les uns la ligne de flottaison est protégée par une ceinture cuirassée ; chez d'autres, la batterie seule est munie d'un cuirassement, ou bien elle est établie dans un dispositif élevé au centre du bâtiment en forme de casemate.

L'épaisseur de la cuirasse du bordage a atteint, comme nous l'avons vu, jusqu'à 55 centimètres avec le temps. Mais dans sa lutte contre la cuirasse, l'artillerie a toujours pris le dessus, car elle a réussi à percer jusqu'aux plus épaisses.

En présence de cette puissance croissante de l'artillerie, les techniciens se sont mis à rechercher les meilleurs matériaux à employer pour les cuirasses, afin de donner le plus de solidité possible aux cuirassés. On a fait des plaques en acier dur et en acier doux, des plaques en acier au nickel, en acier chrômé, des plaques « *compound* », etc. Finalement est apparu le procédé *Harvey* qui consiste à tremper seulement la surface des plaques jusqu'à la profondeur de quelques pouces, le reste de l'épaisseur restant sans modification.

---

(1) Amiral Werner, *Die Kampfmittel zur See* (Les engins de combat à la mer).

Les différents modèles de plaques de cuirassement.

La surface extérieure de la plaque ainsi durcie doit arrêter les projectiles ou en déterminer la rupture, tandis que le reste du métal plus mou a pour rôle de servir de lien entre toutes les parties de la plaque pour lui assurer plus de solidité. Ce système est entièrement semblable à celui des plaques dites « *compound* », avec cette différence que celles-ci sont formées de matériaux divers (1).

Le tableau ci-dessous fait connaître dans quelles conditions les différentes sortes de plaques de cuirasse sont pénétrables aux projectiles de l'artillerie, les conditions du tir étant les mêmes pour chacune d'elles (2).

| | PROFONDEUR DE PÉNÉTRATION (en pouces) d'une plaque de cuirasse par des projectiles de 6 pouces (15ᶜᵐ,89) | PROFONDEUR DE PÉNÉTRATION (en pouces) d'une plaque de cuirasse par des projectiles de 12 pouces (31ᶜᵐ,6) |
|---|---|---|
| Cuirasse en fer . . . . . . . | 16,5 | 33 |
|    — en fer et acier . . . | 14,5 | 29 |
|    — en acier ordinaire . | 14,0 | 28 |
|    — en acier de la meilleure qualité. . . | 12,0 | 24 |
|    — en acier au nickel . | 10,0 | 20 |
|    — système Harvey . . | 7,0 | 14 |

Il semblait ainsi que la lutte fût terminée à l'avantage de la cuirasse. Mais bientôt il se trouva que les projectiles perfectionnés de Krupp, de Grüson, Chaumont, Streitleben, Holtzer et autres brisèrent même les plaques harveyennes, et voilà qu'on propose encore un nouveau type de cuirasse comme le plus parfait. D'après une communication de l'ingénieur Hermann, faite en novembre 1893, dans la Revue : *Aus dem Gebiete des Seewesen*, on a expérimenté près de Pola différentes plaques cuirassées de 270 millimètres.

Les projectiles tirés étaient des obus Krupp et Streitleben, de 15 et 24 centimètres. Les dimensions des plaques étaient les suivantes :

Longueur . . . . . . . . . . . . . . . 2,400 millimètres.
Largeur . . . . . . . . . . . . . . . 1,800   —
Épaisseur . . . . . . . . . . . . . . . 270   —

Les résultats du tir, exécuté à la distance de 60 mètres, sont indiqués dans les figures suivantes, où les chiffres romains indiquent l'ordre du tir, c'est-à-dire marquent les coups tirés.

---

(1) *Jahrbücher für Militärwesen und Marine.*
(2) Nicol, *Traité d'artillerie à l'usage des officiers de marine.*

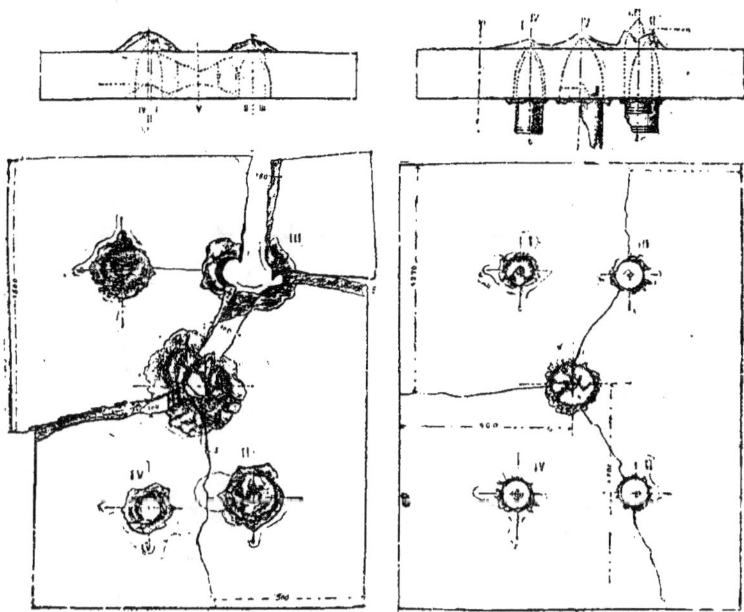

Plaque Krupp en acier harveyé.          Plaque Vickers en acier harveyé.

Pas un seul obus de 15 centimètres ne traversa complètement la plaque Krupp, en acier au nickel harveyé : deux obus se brisèrent ; deux autres furent rejetés en arrière après que leur tête eût pénétré jusqu'à la face postérieure de la plaque, et demeurèrent cependant entiers ; mais l'un d'eux produisit une fente dans la plaque. Un obus de 24 centimètres traversa la plaque de part en part et y fit trois larges fentes qui la séparèrent en 3 morceaux, comme on le voit sur la figure.

La plaque Vickers, en acier au nickel doux, fut traversée par deux obus, et deux autres s'y fixèrent. L'obus de 24 centimètres traversa la plaque, mais sans y déterminer de fente.

Les résultats du tir exécuté contre des plaques Dillingen et Vitkovitch, également à la distance de 60 mètres, avec des obus de 15 centimètres et 24 centimètres, furent les suivants :

Un seul projectile traversa la plaque Dillingen ; les trois autres s'y fixèrent, dont deux en se brisant. La plaque ne présenta pas de fente après le tir.

Enfin dans l'expérimentation de la plaque Vitkovitch, ni les obus de

15 centimètres, ni ceux de 24 centimètres, ne traversèrent : deux obus de 15 centimètres se brisèrent, les deux autres rebondirent, un en se cassant. L'obus de 24 centimètres ne produisit dans la plaque qu'un renfoncement de 9 centimètres de profondeur. Après avoir supporté ces cinq coups, la plaque ne présentait aucune fente, comme on le voit sur la figure ci-dessous :

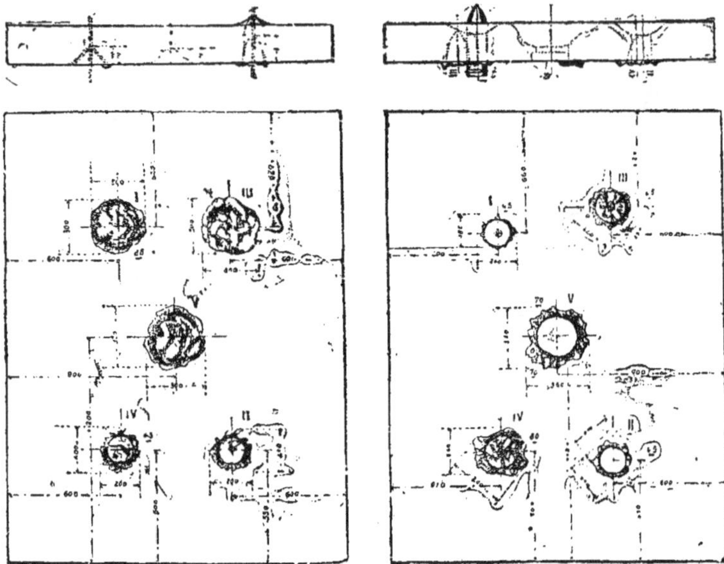

Plaque en acier au nickel de Dillingen.    Plaque en acier au nickel de Vitkovitch.

A la suite de ces dernières expériences, les plaques Vitkovitch eurent un moment le dessus sur les projectiles. Mais il est probable que l'artillerie ne tardera pas à montrer sa supériorité à l'égard de ces plaques; car, dans les expériences de tir dont il s'agit, les vitesses initiales des projectiles n'étaient que de 637 mètres, tandis que dès maintenant la technique est en état de porter cette vitesse jusqu'à 1,000 mètres.

Il est impossible de prévoir comment les cuirassés rempliront leur rôle dans la guerre navale future. En tous cas, il est à croire que cette guerre navale s'accomplira dans des conditions entièrement nouvelles, et qui ne se sont encore jamais présentées.

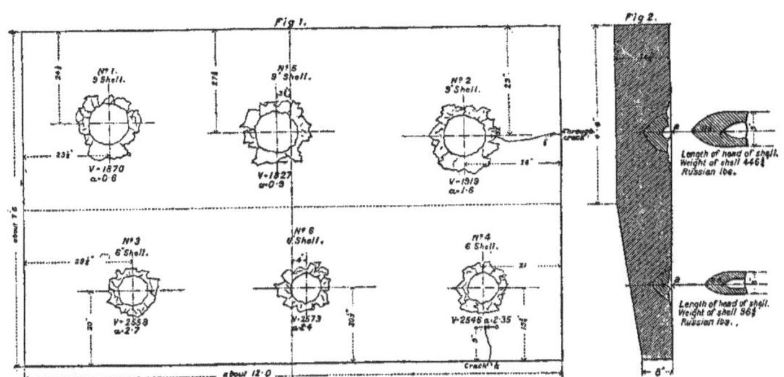

Diagramme de l'épreuve d'une plaque cuirassée.

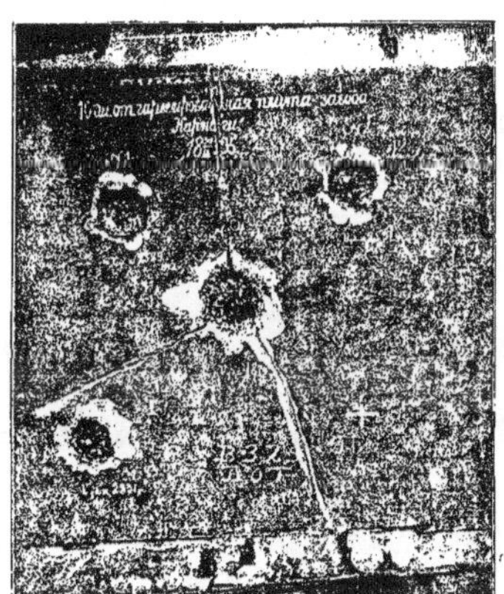

Plaque d'acier de l'usine de Carnegie.

Plaque d'acier au nickel de l'usine Krupp.

Face postérieure de la plaque.

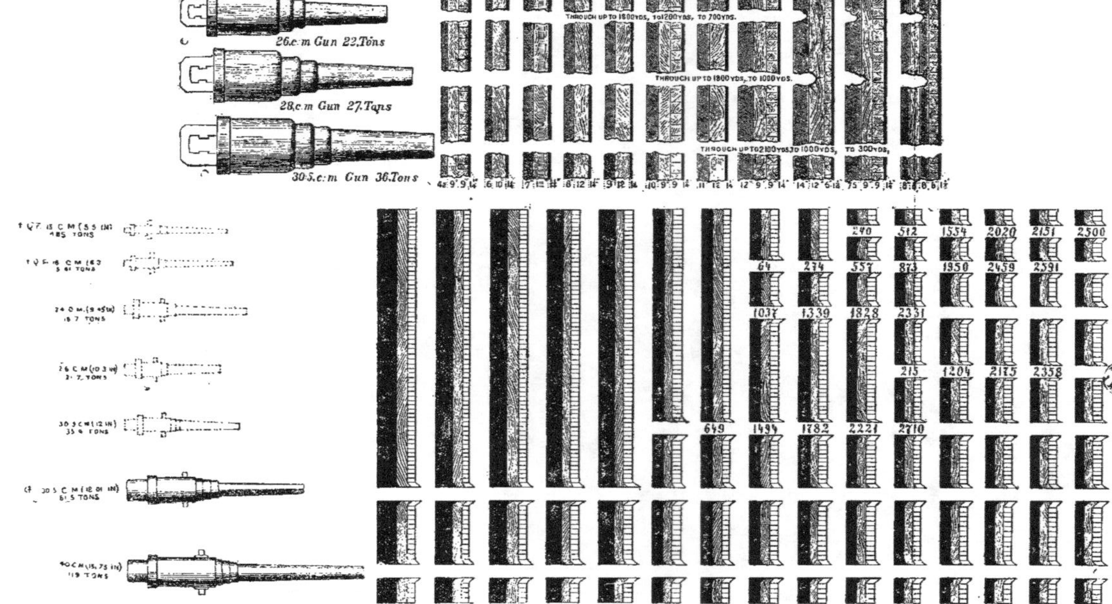

Les chiffres marqués sur le dessin sous chaque cuirasse en indiquent l'épaisseur en centimètres. Les bandes les plus noires représentent le fer; les autres, les doublages en bois

LA GUERRE FUTURE (P. 19 b, TOME III.)

# III. Influence de la poudre à faible fumée
## sur le renforcement des cuirasses



Tant qu'il fallut manœuvrer les pièces d'artillerie à bras d'hommes, il ne put être question d'employer des canons-géants comme ceux d'aujourd'hui. Mais dès que la force humaine fut remplacée par des machines, alors il devint possible de se servir de bouches à feu capables de briser en morceaux les plaques de cuirasse qui jusqu'alors passaient pour les plus solides.

On commença d'armer les vaisseaux avec des canons de 100 tonnes et l'on se mit à porter le calibre des pièces à 13 et même à 15 pouces.

En outre, avec l'invention de la poudre à faible fumée, dont la force impulsive est bien supérieure à celle de la poudre ordinaire, les vitesses initiales des projectiles peuvent être à ce point augmentées que, même à calibre égal, leur puissance de pénétration s'accrut considérablement.

Pour mettre en évidence la faculté de pénétration comparative des projectiles actuels lancés par une charge de poudre sans fumée et des projectiles que tiraient les anciens canons, nous donnons, dans la planche ci-contre, deux figures dont la première représente la lutte de la cuirasse et de l'artillerie en 1880, tandis que la seconde indique la puissance de pénétration des canons actuels.

Pour les canons des petits calibres on ne peut indiquer la différence qu'en partie, attendu que l'ancien plus petit calibre était de 7 pouces et que le moindre actuel est de 6 pouces.

Cette comparaison nous donne les résultats suivants :



Les anciens canons de 7 pouces, à la distance de 350 yards (1), ne pouvaient percer qu'une cuirasse de 6,2 pouces : le canon actuel de 6 pouces, à 650 yards, a percé une cuirasse de 12, 6 pouces, soit, par conséquent, une force de pénétration presque double à une distance près de deux fois plus grande. En outre, ce même canon de petit calibre perce encore, à la distance de 3,000 yards, une cuirasse de 6,8 pouces, c'est-à-dire qu'il perce

---

(1) Le *yard*, mesure anglaise, vaut 0$^m$,91.

une cuirasse d'épaisseur un peu supérieure à celle de 6,2 pouces, à une distance presque 10 fois plus grande.

On peut dire que la puissance des petits canons s'est étendue en distance de 350 à 3,000 yards. Ce que, graphiquement, nous représenterons ainsi :

**Puissance de pénétration des canons de marine anglais.**

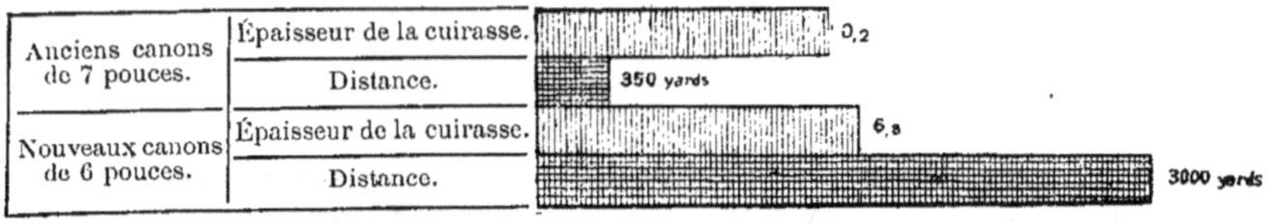


En continuant la comparaison, nous répondrons à la question de savoir quelle épaisseur de plaques des canons à peu près de même calibre perçaient jadis et percent aujourd'hui, à distance sensiblement égale. Cette force de pénétration relative est donnée par le tableau que voici :

| CALIBRE | DISTANCE (en yards) | ANCIENS CANONS (épaisseur de la cuirasse en pouces) | NOUVEAUX CANONS (épaisseur de la cuirasse en pouces) |
|---|---|---|---|
| 8 pouces. | 600 | 6,2 | 12 |
| 12 — | 3,000 | 7 | 12,6 |
| 16 — | 3,000 | 14,2 | 21,6 |

On voit ainsi que la puissance de pénétration des canons a presque doublé. En représentant ces changements graphiquement, nous obtenons la figure ci-dessous :

**Puissance de pénétration des canons anciens et nouveaux.**

ANCIENS CANONS — Épaisseur de la cuirasse, en pouces. CALIBRES NOUVEAUX CANONS — Épaisseur de la cuirasse, en pouces.

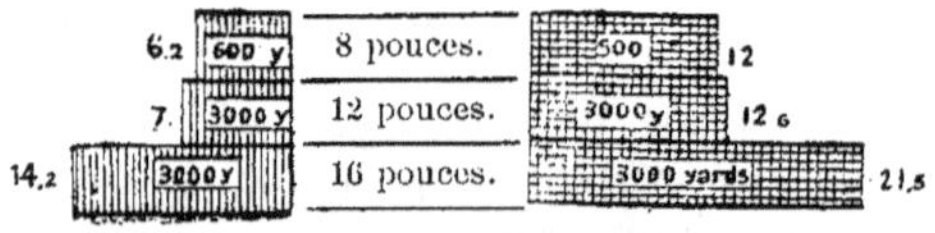


Toutefois, si nous nous bornions à cette figuration, la représentation de la puissance de pénétration du projectile actuel ne serait pas complète. La figure suivante, qui représente un tir d'épreuve du canon de 110 tonnes Armstrong, montre clairement jusqu'où peut atteindre la puissance destructive d'un projectile en arrivant au but (1).

(1) Dredge, *The modern french Artillery* (L'artillerie française moderne.)

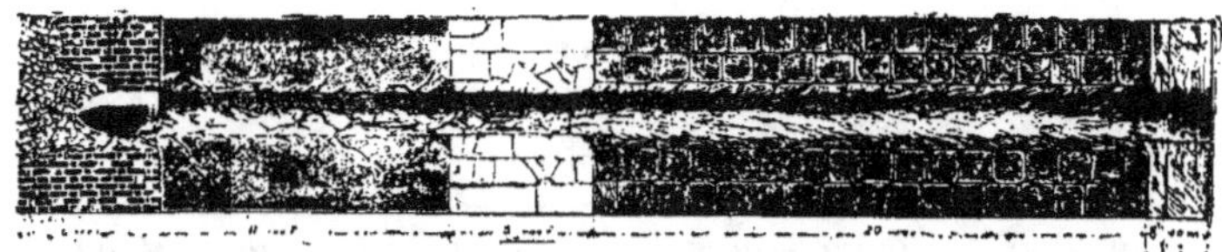

Puissance destructive du projectile du canon de 110 tonnes.

Non seulement une plaque d'acier *compound* de 20 pouces, appuyée sur une plaque de fer doux de 8 pouces, fut traversée, mais le projectile traversa encore, au delà d'elle : 20 pieds de chêne, 5 pieds de granit, 11 pieds d'un mélange de ciment et de pierre, puis il s'enfonça de 3 pieds encore dans un mur de brique. Juger de l'effet de ces projectiles colosses, d'après la résistance que leur opposent les plaques de cuirassement d'un navire, serait insuffisant ; la puissance de leur choc peut entraîner en outre des conséquences qu'il est difficile même d'énumérer.

Le cuirassé de 9,557 tonnes de déplacement *König Wilhelm* coula, par suite d'une collision, le cuirassé *Der Grosse Kurfürst*. La force vive du choc qui se produisit dans cette rencontre fut évaluée à 8,248 tonnes-mètres (1). Or la force vive du projectile d'un canon Krupp de 110 tonnes (calibre 40 centimètres), au moment où il sort de l'âme, est de 15,033 tonnes-mètres, c'est-à-dire presque double ; et la force vive que possède encore ce projectile au moment du choc est, à 3,700 mètres, de 14,068 tonnes-mètres, et à 5,000 mètres de 11,860 tonnes-mètres.

La force vive des projectiles des canons d'autres calibres, au moment du choc, est exprimée par les chiffres suivants (2).

|  | AUX DISTANCES | |
| --- | --- | --- |
| CALIBRE DES CANONS | de 3,700 mètres en tonnes-mètres. | de 5,000 mètres en tonnes-mètres. |
| 20 centimètres . . . . . . . . | 1,212 | 921 |
| 25   —    . . . . . . . . | 2,732 | 2,087 |
| 30   —    . . . . . . . . | 5,146 | 4,193 |

Conséquemment, tous les objets qui se trouveront sur le passage de ces projectiles seront entraînés par eux avec une force terrible, et la destruction sera effrayante. Toutefois, nous ne pouvons tirer de conclusions pratiques des chiffres indiqués ci-dessus pour la puissance de pénétration des nouveaux projectiles, qu'après nous être rendu compte des épaisseurs actuelles des cuirasses et de l'armement même des bâtiments.

Dans le *Naval Annual* de Brassey pour 1894, nous pouvons trouver des renseignements sur les cuirasses en acier actuellement employées. Comme

_______

(1) Capitaine Dittmer, *Kriegsmarine* (Marine de guerre.)
(2) Les canons de côtes et les cuirasses en acier (*Revue de l'armée belge*).

termes de comparaison, nous prendrons, dans les flottes de tous les pays, le bâtiment le plus faible et le plus fort au point de vue du cuirassement, parmi ceux de plus de 3,000 tonnes.

| CUIRASSE LA PLUS FORTE (épaisseur en pouces) | | | | CUIRASSE LA PLUS FAIBLE (épaisseur en pouces) | | | |
|---|---|---|---|---|---|---|---|
| NOM DU NAVIRE | ANNÉE de construction | CUIRASSE de la coque | BATTERIE ou tourelle | NOM DU NAVIRE | ANNÉE de construction | CUIRASSE de la coque | BATTERIE ou tourelle |
| **Autriche.** | | | | | | | |
| Tegethoff | 1878 | 14 | 14 | Custozza | 1872 | 9 | 7 |
| Kronprinz Rudolf* | 1887 | 12 | 11 | Kronpr. Stephanie* | 1887 | 9 | 8 |
| **Danemark.** | | | | | | | |
| Helgoland | 1878 | 12 | 10 | Iver Hvitfeld * | 1886 | 2 | 8 |
| Skiold * | 1895 | 9 | 8-4 $^1/_2$ | | | | |
| **Turquie.** | | | | | | | |
| Mestoudjeh | 1874 | 12 | 10 | Osmanieh | 1864 | 5 $^1/_4$ | 5 |
| **Italie.** | | | | | | | |
| Duilio | 1876 | 21 $^1/_2$ | 18 | Affondatore | 1865 | 5 | 5 |
| Ruggiero di Lanza* | 1884 | 18 | 18 | Sardegna * | 1890 | 4 | 14 |
| **Angleterre.** | | | | | | | |
| Inflexible | 1881 | 24/16 | 22/14 | Warrior | 1861 | 4 $^1/_2$ | 4 $^1/_2$ |
| Nile * | 1890 | 20/16 | 18/14 | Conqueror * | 1892 | 12/8 $^1/_2$ | 11 $^1/_2$ |
| **France.** | | | | | | | |
| Amiral-Duperré | 1879 | 21 $^1/_2$ | 15 $^1/_2$ | Friedland | 1873 | 8 | 7 |
| Charles-Martel * | 1893 | 17 $^3/_4$ | 15 $^3/_4$ | Duguesclin * | 1883 | 9 | 8 |
| **Allemagne.** | | | | | | | |
| Barden | 1880 | 16 | 10 | König Wilhelm | 1868 | 8 | 7 |
| Brandenburg * | 1891 | 15 $^3/4$ 11 $^3/4$ | 11 $^3/_4$ | Heimdal * | 1892 | 9 $^1/_2$ | 8 |
| **Russie.** | | | | | | | |
| Tchesma | 1886 | 16 | 14 | Pervenetz | 1863 | 4 $^1/_2$ | 4 $^1/_2$ |
| Sissoï Velikïi * | 1895 | 16 | 14 | Amiral Ouchakoff* | 1893 | 10 | » |

* Sur les navires dont le nom est marqué d'un astérisque, la cuirasse est en acier; sur les autres elle est en fer.

En représentant graphiquement les données inscrites dans ce tableau, nous obtenons :

### Répartition du cuirassement entre les différents pays.

Cuirasse de coque en fer
La plus forte.

Cuirasse de coque en acier
La plus forte.

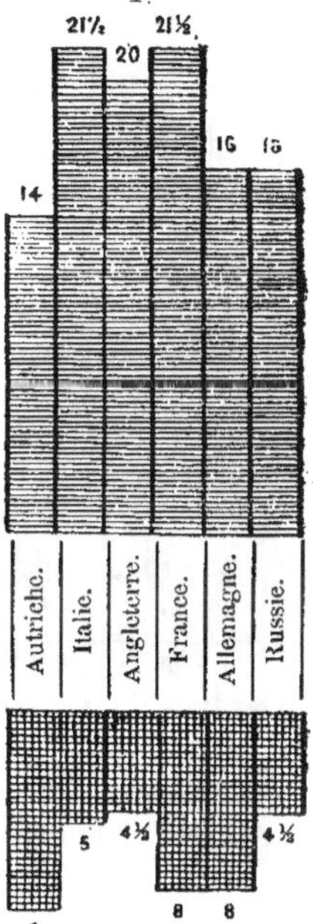


La plus faible.

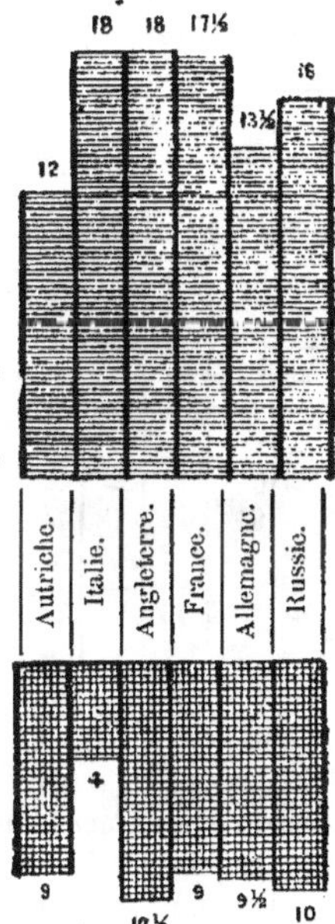


La plus faible.

Si l'on compare la résistance de la cuirasse avec la puissance actuelle de pénétration des canons, on observe que les navires, considérés encore vers 1880 comme invulnérables au point de vue du cuirassement, ne sauraient plus aujourd'hui braver impunément les projectiles des bouches à feu, même de calibres relativement petits.

Les épaisseurs des cuirasses de fer et d'acier et le nombre des navires couverts de cuirasses de diverses épaisseurs sont donnés dans le tableau ci-dessous en 0/0 du nombre des cuirassés des différents pays.

**Épaisseurs de la cuirasse suivant les pays.**

| ÉPAISSEUR de la CUIRASSE acier, fer en pouces | AUTRICHE | | ITALIE | | ALLEMAG. | | FRANCE | | RUSSIE | | ANGLET. | | NOMBRE TOTAL | Pour 100 NAVIRES |
|---|---|---|---|---|---|---|---|---|---|---|---|---|---|---|
| | nombre de navires | 0/0 | nombre de navires | 0/0 | nombre de navires | 0/0 | nombre de navires | 0/0 | nombre de navires | 0/0 | nombre de navires | 0/0 | | |
| $21\frac{1}{2}$—28 | — | — | 2 | 8 | — | — | 3 | 5 | — | — | — | — | 5 | 1,8 |
| 20 —26 | — | — | — | — | — | — | 4 | 6 | — | — | 2 | 2,5 | 6 | 2,25 |
| 18 —$23\frac{1}{2}$ | — | — | 3 | 12 | — | — | 14 | 21 | 2 | 4 | 27 | 32 | 46 | 17,3 |
| 16 —20 | — | — | 2 | 8 | 4 | 12 | 5 | 7 | 12 | 27 | — | — | 23 | 9 |
| 1 —19 | 1 | 7 | — | — | — | — | 3 | 5 | 3 | 6 | — | — | 7 | 2,6 |
| $12\frac{1}{2}$—$16\frac{1}{2}$ | — | — | — | — | 1 | 3 | 4 | 6 | — | — | 2 | 2,5 | 7 | 2,6 |
| 12 —16 | 1 | 7 | — | — | 4 | 12 | — | — | 1 | 2 | 3 | 4 | 9 | 3,4 |
| 11 —15 | 1 | 7 | — | — | — | — | — | — | — | — | — | — | 1 | 0,4 |
| $10\frac{1}{2}$—14 | 1 | 7 | — | — | 7 | 22 | — | — | 6 | 13 | 1 | 1 | 15 | 5,6 |
| 8 —11 | 1 | 7 | 2 | 8 | 13 | 41 | 10 | 15 | 1 | 2 | 20 | 24 | 47 | 17,7 |
| 7 —10 | — | — | — | — | 2 | 7 | 2 | 6 | — | — | 3 | 4 | 7 | 2 |
| 6,8 — $9\frac{1}{2}$ | 2 | 12 | — | — | 1 | 3 | — | — | 1 | 2 | — | — | 4 | 1,3 |
| 6,2 — 8,7 | 8 | 53 | 17 | 64 | — | — | 19 | 29 | 20 | 44 | 25 | 30 | 83 | 33,5 |
| | 15 | » | 26 | » | 32 | » | 64 | » | 46 | » | 83 | » | 266 | » |



Le nouveau canon de 111 tonnes, à la distance de 3,000 yards (2,700 mètres), perce les cuirasses les plus fortes ; par conséquent aussi celles de 21p,1/2 d'acier ou de 28 pouces de fer, c'est-à-dire qu'il peut percer la cuirasse de tous les bâtiments, soit 100 0/0.

A la même distance, l'ancien canon de 100 tonnes ne perce que les cuirasses de 14p,2 en acier ou de 18p,8 en fer. Par suite, sur le total des cuirassés, il en est 32 0/0 qui ne seront pas percés par ce canon ; mais il pourra détruire les 68 0/0 autres.

A 3,000 yards encore, le nouveau canon de 22 tonnes perce une cuirasse de 11p,2, et par conséquent 61 0/0 du total des cuirassés existants ; l'ancien canon de 25 tonnes ne perçait que les plaques de 7 pouces en acier ou de 9p,8 en fer, et ne pouvait ainsi perforer que 37 0/0 des bâtiments cuirassés.

Le nouveau canon de 6t,6 a percé, à 660 yards, la cuirasse en acier de

12ᵖ,6 ou celle en fer de 16ᵖ,7 ; l'ancien canon de 7 tonnes ne perçait aucune cuirasse. De sorte que si, à la distance de 650 yards, le nouveau canon est dangereux pour 67 0/0 des navires, l'ancien n'avait sur eux aucun effet ; il n'était à craindre qu'à partir de 350 yards pour les navires cuirassés d'acier à 6ᵖ,2 d'épaisseur.

En représentant graphiquement ces résultats, nous obtenons ce qui suit :

### Perforation des cuirasses.

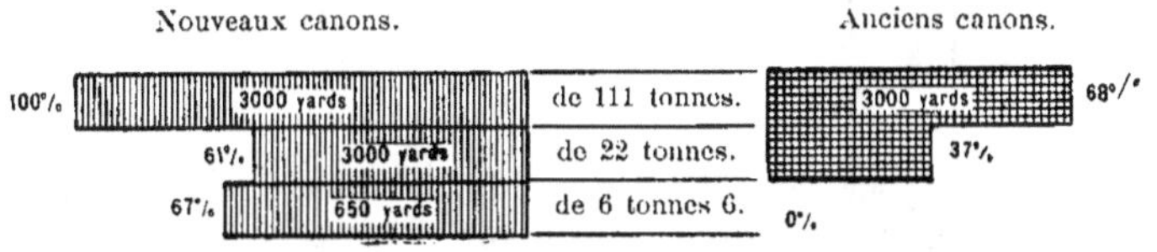

Nouveaux canons.        Anciens canons.

| Nouveaux canons | | Anciens canons |
|---|---|---|
| 100% — 3000 yards | de 111 tonnes. | 3000 yards — 68°/° |
| 61% — 3000 yards | de 22 tonnes. | 37% |
| 67% — 650 yards | de 6 tonnes 6. | 0% |

Quant à l'armement des bâtiments en artillerie, il diffère tellement de l'un à l'autre que, dans une revue d'ensemble, il est impossible d'en saisir toutes les variétés. Nous donnons donc seulement ici des indications sur les principaux types de canons dont sont armés les bâtiments français.

| NOMS des BATIMENTS | ANNÉE de la CONSTRUCTION | CANONS DE 0ᵐ,37 | CANONS DE 0ᵐ,34 | CANONS DE 0ᵐ,27 | CANONS DE 0ᵐ,16 | CANONS DE 0ᵐ,14 | CANONS A TIR RAPIDE | CANONS REVOLVERS |
|---|---|---|---|---|---|---|---|---|
| 1. Amiral-Duperré . . . | 1879 | — | 4 | — | 1 | 14 | 2 | 18 |
| 2. Amiral-Baudin. . . . | 1883 | 3 | — | — | — | 12 | 6 | 14 |
| 3. Formidable. . . . . . | 1885 | 3 | — | — | — | 12 | 5 | 13 |
| 4. Hoche . . . . . . . . | 1886 | — | 2 | 2 | — | 18 | 8 | 12 |
| 5. Magenta. . . . . . . | » | — | 4 | — | — | 17 | 12 | 8 |
| 6. Marceau. . . . . . . | 1887 | — | 4 | — | — | 17 | 12 | 8 |
| 7. Neptune. . . . . . . | 1887 | — | 4 | — | — | 17 | 12 | 8 |
| 8. Brennus. . . . . . . | » | — | 3 | — | 10 | — | 12 | 8 |

Pour permettre de tirer de ces données toutes les conséquences qu'elles comportent, nous donnons ci-dessous un tableau faisant connaître les facultés de perforation des projectiles lancés contre une cuirasse d'acier avec des vitesses initiales de 800 et 900 mètres.

#### Puissance de perforation des canons.

| CALIBRES | VITESSE INITIALE DE 800 MÈTRES | | VITESSE INITIALE DE 900 mètres | |
|---|---|---|---|---|
| | à la plus petite distance | à la distance de 2,000 mètres | à la plus petite distance | à la distance de 2,000 mètres |
| Canons de 10$^{cm}$ | 26$^{cm}$ | 12$^{cm}$ | 31$^{cm}$ | 17$^{cm}$ |
| — 14 | 31 | 18 | 37 | 22 |
| — 16 | 36 | 22 | 43 | 27 |
| — 19 | 43 | 28 | 51 | 34 |
| — 24 | 54 | 37 | 64 | 45 |
| — 27 | 63 | 46 | 75 | 55 |
| — 30 | 69 | 52 | 82 | 62 |
| — 34 | 80 | 62 | 94 | 76 |

Ainsi donc, pour résister aux canons à tir rapide, tirant à la distance de 2,000 mètres, avec une vitesse initiale de 800 mètres, il faut une cuirasse d'acier de 25 centimètres d'épaisseur ; pour une vitesse initiale de 900 mètres à la même distance, il faut une épaisseur de 30 centimètres.

Maniement des canons à bord, autrefois et aujourd'hui. On ne peut se borner d'ailleurs à comparer seulement la puissance des canons. Il faut aussi tenir compte des conditions de leur maniement ; et l'on doit dire qu'à ce point de vue un seul canon actuel, par suite de la facilité de son service, peut produire beaucoup plus d'effet que toute une batterie des canons d'autrefois.

Pour donner au lecteur quelque idée de la façon dont les choses se passaient alors, nous représentons ci-dessous le tir d'un canon à bord d'un navire en 1840.

Tir d'un canon en 1840.

Pour manœuvrer ces canons de jadis, il fallait, comme on le voit sur la figure, 14 servants autour de la pièce ; pour les canons d'aujourd'hui, il suffit de 4 hommes qui peuvent, avec un canon de 10 centimètres, tirer de 6 à 8 coups en une minute.

Voici maintenant la représentation d'un canon de 32 centimètres, système Canet.

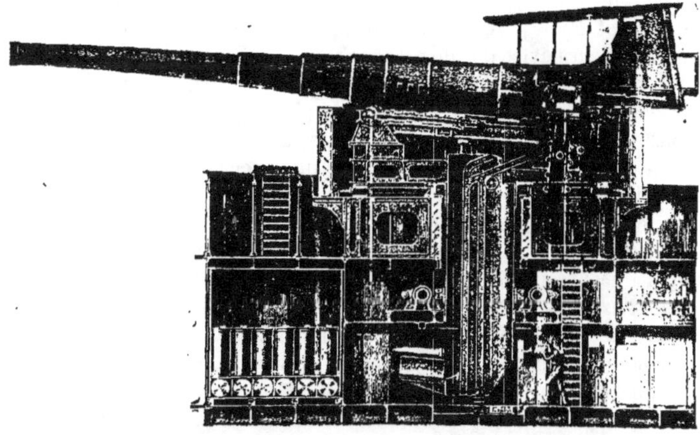

Canon de 32 centimètres, système Canet.

Ce canon pèse 660 tonnes et lance des projectiles de 448 kilogrammes. La charge est de 255 kilogrammes de poudre sans fumée et la portée maximum atteint 21 kilomètres. Un projectile lancé par ce canon est allé frapper le sol à une distance de 1,200 mètres après avoir traversé une plaque en fer forgé de 60 centimètres d'épaisseur.

Pour le chargement des petits canons à tir rapide, système Canet, on emploie 7 espèces de cartouches, dont les diamètres vont de 6$^{cm}$,5 a 15 centimètres.

Le canon à tir rapide, système Engstrœm, du calibre de 2$^p$,24, tire des projectiles du poids de 6 livres avec une charge de 198 livres de poudre. Ces projectiles sont, ou des obus en métal plein pour le percement des cuirasses, ou des shrapnells remplis de 104 balles. La pièce peut tirer de 30 à 35 coups par minute (1).

_______

(1) Dredge, *The modern french Artillery* (L'artillerie française moderne).

Le dessin ci-contre représente la façon dont les projectiles sont amenés aux pièces à bord d'un cuirassé français de 1re classe, et aussi le plus récent système d'élévateur pour les projectiles.

Ainsi, en comparant les calibres des canons avec leur force de pénétration et les procédés de cuirassement, nous sommes obligés de conclure que le plus puissant bâtiment, cuirassé de la façon la plus perfectionnée, ne sera pas encore à l'abri des coups de pièces d'artillerie relativement faibles. Il suffira d'un seul projectile traversant la cuirasse pour causer au navire des dommages très importants (1).

Le mot « cuirasse » a donc perdu en partie sa signification première ; la protection absolue d'autrefois n'existe plus aujourd'hui qu'à l'égard des canons de petit calibre, ou bien dans le tir à de très grandes distances.



Cet état de choses a fait imaginer une énorme variété de modèles de vaisseaux cuirassés, non pas en vue de destinations spéciales auxquelles tel ou tel type eût mieux répondu que tel ou tel autre, mais parce que les canons sont devenus de plus en plus lourds, et qu'en même temps a dû s'augmenter aussi l'épaisseur de la cuirasse. Ces deux raisons ont constamment exigé de nouvelles modifications à la disposition du chargement des navires et de l'artillerie placée à leur bord.

Il faudrait un ouvrage spécial pour discuter, d'une manière approfondie, les avantages des cuirassés au point de vue de la guerre future et le rôle qu'ils y joueront. Aussi nous bornons-nous à observer que la plupart de ceux qui existent ne sont pas en état de soutenir un combat à la mer, et que si les divers pays ne raient pas de leur flotte les navires surannés, c'est parce que ceux-ci n'ont plus, comme valeur marchande, que celle de la vieille ferraille ; tandis que ces mêmes vieux bâtiments, après la destruction de ceux des plus récents modèles dans les premiers combats, pourraient encore rendre quelques services, parce qu'après tout, ils sont de la même force dans chaque marine.

Mais le principal inconvénient des progrès continuellement réalisés dans la construction des nouveaux navires, c'est que la valeur militaire de ces navires est inégale, et surtout que, par suite de leur diversité comme qualités de vitesse et facultés d'évolution, il est très difficile de constituer, avec un certain nombre d'entre eux, quelque chose formant un véritable élément tactique.

---

(1) Poyen, *Znatchénié morskoï Artillerïi* (Rôle de l'artillerie navale.) — Saint-Pétersbourg, 1888.

Procédé de montage des projectiles
sur un cuirassé français de 1re classe.

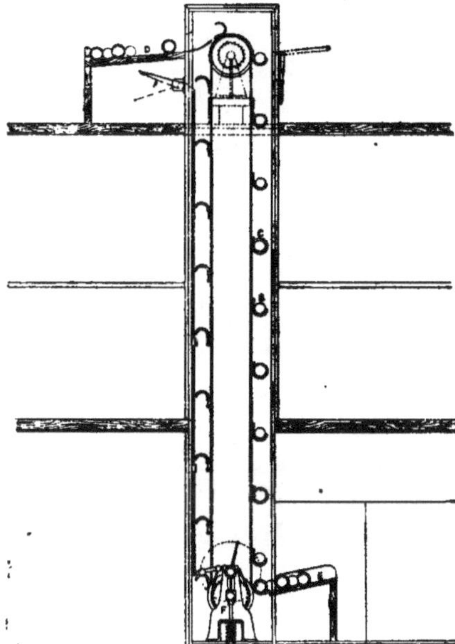

Dernier modèle d'élévateur
pour les projectiles.

Amarrage des canons en cas de tempête.

# IV. Coup d'œil général sur le mode de construction des cuirassés actuels.

Cet état de choses a eu pour conséquence, à partir de 1889, une transformation dans la construction des cuirassés. Les plus récents cuirassés d'escadre français, anglais, russes et américains possèdent déjà un armement qui comprend, d'abord quelques canons lourds pour lutter contre les cuirasses, — ordinairement au nombre de quatre, disposés sur les points du navire les plus avantageux au point de vue des angles de tir, — puis une forte batterie de canons à tir rapide établis entre les premiers. Dans tous ces bâtiments, la cuirasse consiste en une ceinture épaisse disposée le long du bordage avec des bandes verticales très puissantes qui protègent les canons de gros calibre. *Transformations successives dans la construction des cuirassés.*

Il faut encore y ajouter un pont cuirassé et une cuirasse de bordage complémentaire plus mince pour couvrir les canons de la batterie auxiliaire. Ce sont là des dispositions générales qui se retrouvent aussi bien sur les cuirassés anglais du type *Majestic*, que sur les français du type *Charlemagne*, les italiens du type *Saint-Bon*, les russes du type *Poltava* et *Sissoï Velikii*, ou même les nouveaux cuirassés d'escadre des Etats-Unis. D'où l'on peut conclure que leur ensemble caractérise le type le plus parfait du cuirassé d'escadre actuel.

Et ces traits caractéristiques ainsi combinés sont intéressants, parce qu'ils ont en réalité beaucoup plus d'importance qu'il ne paraît au premier abord. Le type actuel des cuirassés a un double caractère : il correspond aux nécessités des deux modes de combat qu'ils doivent avoir, et qui diffèrent autant l'un de l'autre que les opérations de l'artillerie diffèrent de celles de l'infanterie.

Les gros canons, établis derrière une épaisse cuirasse, ou bien engageront le combat, ou bien exécuteront ce que les Anglais appellent la « *belt attack* » — l'attaque contre la ceinture cuirassée de l'adversaire, — c'est-à-dire contre ses œuvres vives, en se servant des projectiles, pleins ou autres, les plus capables de percer les cuirasses. D'un autre côté, les canons auxiliaires de moindre calibre, qui ne sont pas en état d'accomplir *Leur armement.*

semblable tâche, s'emploieront par le tir de projectiles explosifs à ce qu'on appelle la « *shell attack* », c'est-à-dire qu'ils dirigeront leurs coups contre les parties les plus faibles de la coque du bâtiment ennemi. Naturellement ces canons tireront surtout des projectiles explosifs (à fougasse) ; quoique pourtant l'emploi, de plus en plus répandu sur les navires, d'une cuirasse, d'épaisseur mince ou moyenne, pour couvrir les parties supérieures du bordage, puisse imposer l'usage de projectiles où le poids de la charge explosible soit quelque peu réduit au profit de la solidité du corps même de l'obus, — qualité nécessaire pour un « projectile-fougasse de rupture » comme on les appelle.

Une des particularités de l'armement actuel consiste en ce que, bien que les canons à tir rapide ne soient pas en état de porter des coups aussi violents que ceux de gros calibre, la rapidité de leur tir est si grande que la somme d'énergie totale représentée par ce tir, dans un intervalle de temps donné, est incomparablement supérieure à celle des gros canons. Ainsi, par exemple, sur les plus récents cuirassés anglais, les « énergies » correspondant au feu de la batterie principale et de la batterie auxiliaire s'élèvent respectivement à 101,820 et à 292,100 tonnes-pieds.

Il va de soi qu'en temps de guerre les navires se serviront surtout du feu de leurs batteries auxiliaires, dont l'étendue est plus grande et l'approvisionnement en munitions plus considérable. On ne peut guère imaginer de plus frappant contraste que celui présenté par la comparaison de ces nouveaux modèles de navires avec les anciens *Inflexible* et *Dreadnought*, qui n'étaient armés que de 4 canons de gros calibre.

Aucune cuirasse ne peut résister aux projectiles de ces canons de gros calibre : un seul coup réussi atteignant les parties essentielles du bâtiment peut le couler à fond. Mais comme le nombre de ces canons est assez faible et comme leur tir exige relativement beaucoup de temps, on peut se rassurer en songeant au peu de probabilité qu'il y a d'être atteint par un coup de ces pièces. Tandis qu'il en est tout autrement pour les canons à tir rapide dont la manœuvre, jusqu'au calibre de 15 centimètres, est remarquablement simple et facile. Les cuirassés sont armés d'un grand nombre de ces canons à tir rapide, du calibre de 15 centimètres et au-dessus, avec lesquels on peut entretenir un tir très vif ininterrompu et bien ajusté. Par suite, les cuirasses susceptibles d'être percées par ces canons ne constituent déjà plus une protection effective.

Cuirassés insuffisamment protégés.
Voyons quel est le nombre des bâtiments munis de cette cuirasse insuffisante.

Pour résister aux canons de 15 centimètres, on admet aujourd'hui qu'il faut : A une plaque de cuirasse en acier : 7 pouces d'épaisseur à 3,000 yards (2,743 mètres), et 12$^p$,6 d'épaisseur à 660 yards (603$^m$49) ;

RÉSULTATS DU TIR DES CANONS DE LA FLOTTE ANGLAISE EN 1896

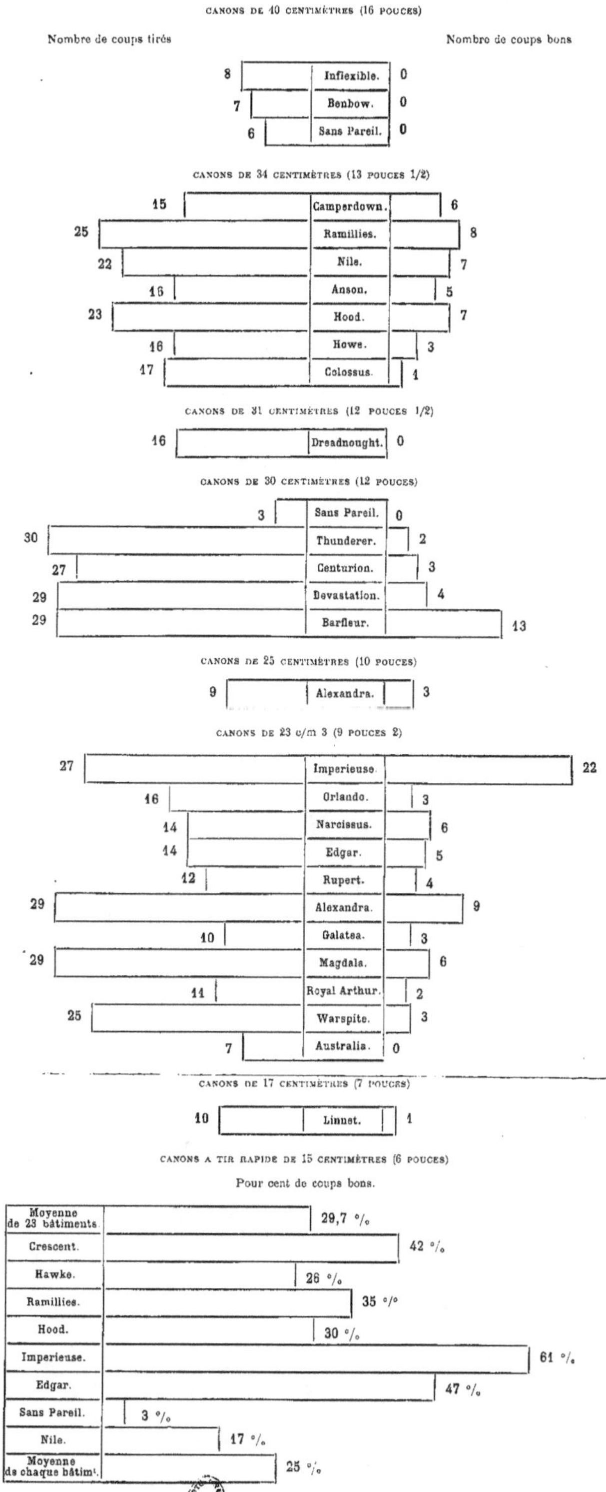

CANONS DE 40 CENTIMÈTRES (16 POUCES)

Nombre de coups tirés          Nombre de coups bons

8    Inflexible.    0
7    Benbow.    0
6    Sans Pareil.    0

CANONS DE 34 CENTIMÈTRES (13 POUCES 1/2)

15    Camperdown.    6
25    Ramillies.    8
22    Nile.    7
16    Anson.    5
23    Hood.    7
16    Howe.    3
17    Colossus.    1

CANONS DE 31 CENTIMÈTRES (12 POUCES 1/2)

16    Dreadnought.    0

CANONS DE 30 CENTIMÈTRES (12 POUCES)

3    Sans Pareil.    0
30    Thunderer.    2
27    Centurion.    3
29    Devastation.    4
29    Barfleur.    13

CANONS DE 25 CENTIMÈTRES (10 POUCES)

9    Alexandra.    3

CANONS DE 23 c/m 3 (9 POUCES 2)

27    Imperieuse.    22
16    Orlando.    3
14    Narcissus.    6
14    Edgar.    5
12    Rupert.    4
29    Alexandra.    9
10    Galatea.    3
29    Magdala.    6
11    Royal Arthur.    2
25    Warspite.    3
7    Australia.    0

CANONS DE 17 CENTIMÈTRES (7 POUCES)

10    Linnet.    1

CANONS A TIR RAPIDE DE 15 CENTIMÈTRES (6 POUCES)

Pour cent de coups bons.

Moyenne de 23 bâtiments.    29,7 %
Crescent.    42 %
Hawke.    26 %
Ramillies.    35 %
Hood.    30 %
Imperieuse.    61 %
Edgar.    47 %
Sans Pareil.    3 %
Nile.    17 %
Moyenne de chaque bâtim{t}.    25 %

LA GUERRE FUTURE (P 30, TOME III.)

A une plaque de cuirasse en fer : 9ᵖ8 d'épaisseur à 3,000 yards (2,743 mètres), et 16ᵖ,7 d'épaisseur à 660 yards (603ᵐ,49).

Or le tableau ci-dessous indique, en valeur absolue et en pour cent dans chaque pays, le nombre de navires dont la cuirasse peut être percée par les canons à tir rapide, aux distances de 3,000 et 660 yards (1).

### Nombre et pour cent de cuirassés transperçables par les canons à tir rapide.

| PAYS | NOMBRE DE NAVIRES dont la cuirasse peut être percée à 3,000 yards | 0/0 RELATIVEMENT au nombre total de navires | NOMBRE DE NAVIRES dont la cuirasse peut être percée à 660 yards | 0/0 RELATIVEMENT au nombre total de navires | NOMBRE GÉNÉRAL des navires dont la cuirasse peut être percée entre 3,000 et 660 yards | 0/0 RELATIVEMENT au nombre total de navires | 0/0 DE BATIMENTS protégés contre les canons à tir rapide |
|---|---|---|---|---|---|---|---|
| Autriche. . . . | 10 | 65 % | 4 | 28 % | 14 | 93 % | 7 % |
| Italie . . . . . | 17 | 64 | 2 | 8 | 19 | 72 | 28 |
| Allemagne. . . | 3 | 10 | 25 | 78 | 28 | 53 | 47 |
| France . . . . | 21 | 35 | 14 | 21 | 35 | 56 | 44 |
| Russie. . . . . | 21 | 46 | 8 | 17 | 39 | 63 | 37 |
| Angleterre. . . | 78 | 46 | 26 | 31 | 54 | 65 | 35 |
| Moyenne. . | 100 | 38 % | 79 | 29 0/0 | 179 | 67 % | 33 % |

Ainsi, nous voyons qu'une moyenne de 100 cuirassés, représentant 38 0/0 du nombre total de ces bâtiments, à 3,000 yards (2,743 mètres) et de 79 cuirassés ou 20 0/0 à 660 yards (603ᵐ,4), ne sont déjà plus suffisamment protégés contre les canons à tir rapide.

En un mot, 67 0/0 du nombre total des cuirassés ne sont pas suffisamment protégés contre les canons de 15 centimètres à tir rapide.

Mais pour avoir un tableau plus clair encore de l'état actuel et de l'importance future des flottes cuirassées de tous les pays ensemble et de chacun d'eux en particulier, il faut tenir compte aussi du temps nécessaire à la construction de chacune d'elles.

Temps nécessaire à la construction des flottes cuirassées.

En raison de la multiplicité des causes qui influent sur les qualités militaires des bâtiments, il est impossible de formuler des règles précises pour apprécier la valeur de chaque cuirassé donné. Un seul fait est hors de doute : c'est que plus la construction d'un de ces bâtiments est récente, et plus le modèle en est perfectionné.

D'après cela, pour se faire une idée juste de la valeur des forces navales des différents États, nous avons réuni les données que le *Naval Annual*

---

(1) Données empruntées au *Naval Annual* de Brassey, pour 1893.

de 1894 contient sur les cuirassés, particulièrement au point de vue de l'époque de leur construction, afin d'obtenir des unités comparables entre elles.

Si l'on totalise le nombre des cuirassés que possèdent l'Autriche, l'Italie, l'Angleterre, la France, l'Allemagne et la Russie, et si l'on prend ce total comme unité de comparaison, on trouve que, sur l'ensemble de ces 266 cuirassés, il en a été construit :

| | | |
|---|---|---|
| Avant 1880 . . . . . . . . . . | 116 ou 44 % | |
| De 1880 à 1885. . . . . . . . | 27 — 10 | |
| De 1885 à 1890. . . . . . . . | 46 — 17,3 | |
| De 1890 à 1895. . . . . . . . | 77 — 28,6 | |
| | 266 ou 100 % | |

Représentons ces données graphiquement :

### Nombre des cuirassés construits.

en valeur absolue.          en pour cent.

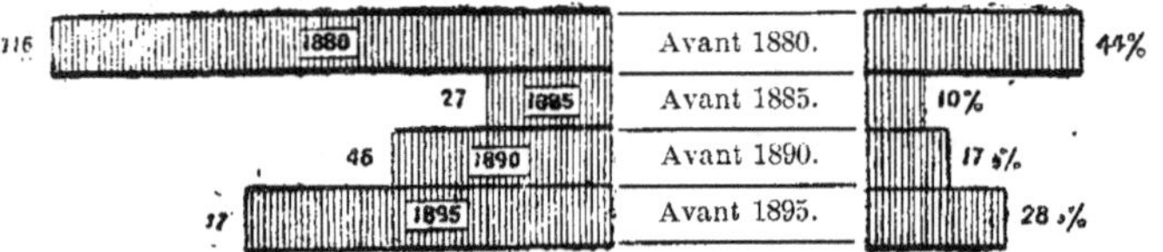


Ainsi l'on voit que plus de la moitié des cuirassés ont été construits dans la période antérieure à 1885, et qu'actuellement pas un de ces bâtiments anciens ne serait en état de résister aux navires nouveaux des mêmes modèles.

En répartissant le nombre des cuirassés entre les différents États, nous obtenons les chiffres suivants :

### Nombre des cuirassés construits par État.

| CUIRASSÉS CONSTRUITS | AUTRICHE | ITALIE | ALLEMAGNE | FRANCE | RUSSIE | ANGLETERRE | TOTAL |
|---|---|---|---|---|---|---|---|
| Avant 1880. . . . . . . | 9 | 11 | 19 | 23 | 17 | 37 | 116 |
| — 1885. . . . . . . | » | 4 | 2 | 13 | 3 | 5 | 27 |
| — 1890. . . . . . . | 2 | 3 | 2 | 9 | 9 | 21 | 46 |
| — 1895. . . . . . . | 4 | 8 | 9 | 19 | 17 | 20 | 77 |
| | 15 | 26 | 32 | 64 | 46 | 83 | 266 |

Nous classons ces chiffres en deux périodes et nous calculons en pour cent :

Différentes<br>périodes<br>de construction.

| CUIRASSÉS CONSTRUITS | AUTRICHE | ITALIE | ALLEMAGNE | FRANCE | RUSSIE | ANGLETERRE | TOTAL |
|---|---|---|---|---|---|---|---|
| Avant 1885. . . . . . | 9 | 15 | 21 | 36 | 20 | 42 | 143 |
| — 1895. . . . . . | 6 | 11 | 11 | 28 | 26 | 41 | 123 |
| — 1885 en % . . | 60 % | 57,7 % | 65,6 % | 56,2 % | 43,5 % | 50,6 % | 53,8 % |
| — 1895 en % . . | 40 % | 42,3 % | 34,4 % | 43,8 % | 56,5 % | 49,4 % | 46,2 % |

Nous représentons graphiquement les proportions en pour cent des cuirassés construits :

### Nombre des cuirassés construits en pour cent.

Avant 1885.        Avant 1895.

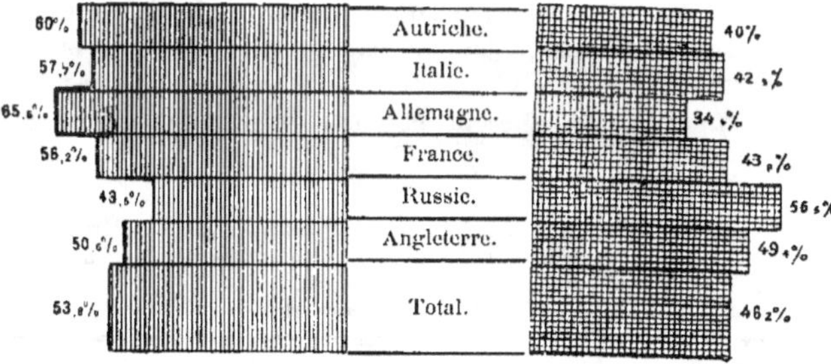


Dans la comparaison du nombre des bâtiments des anciens modèles construits avant 1885) avec celui des bâtiments de modèles nouveaux, nous ne trouvons pas une trop grande différence ; l'Angleterre et la Russie seules présentent, à ce point de vue, des proportions favorables ; c'est pour l'Allemagne qu'elle est la plus désavantageuse.

Pour donner une idée plus claire encore des qualités des cuirassés construits au cours des différentes périodes, nous faisons connaître ici leurs vitesses moyennes. Ces vitesses, exprimées en nœuds, sont données dans le tableau d'autre part :

Vitesses<br>relatives<br>moyennes<br>des bâtiments.

| Constructions faites. | Vitesse en nœuds. | Nombre de navires. | 0/0 sur le total des bâtiments. |
|---|---|---|---|
| Avant 1880. . . . . . . . | 12,2 | 116 | 44 |
| — 1885. . . . . . . . | 14,4 | 27 | 10 |
| — 1890. . . . . . . . | 16,3 | 46 | 17,3 |
| — 1895. . . . . . . . | 16,6 | 67 | 28,6 |
| | » | 266 | 100 |

Sur ce nombre de cuirassés construits avant 1885 et plus tard, nous voyons que les vitesses étaient réparties comme le montre le tableau ci-dessous :

| | Vitesse en nœuds. | Nombre de navires. | 0/0 sur le total des bâtiments. |
|---|---|---|---|
| Avant 1885 . . . . . . . | 13,3 | 143 | 54 |
| — 1895 . . . . . . . | 16,5 | 123 | 46 |

Représentons ces chiffres graphiquement :

Nombre de bâtiments. — Vitesse. — 0/0 de bâtiments.

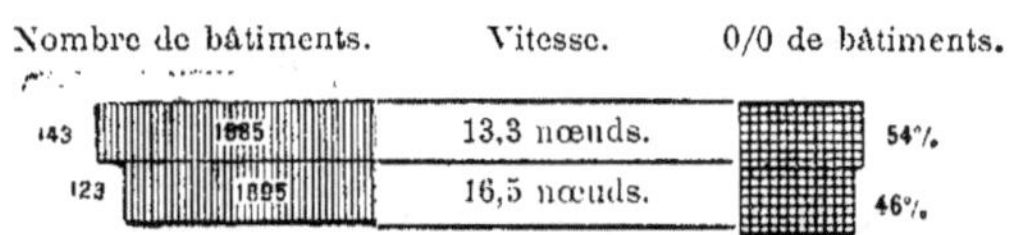


Ainsi les vitesses relatives des cuirassés construits après 1885 sont de 3,2 nœuds plus grandes que celle des bâtiments antérieurs à cette date.

Et comme, dans l'offensive ainsi que dans la retraite de bâtiments naviguant en escadre, il faut se régler sur celui dont la vitesse est la moindre, il suit de là que, pour les combats navals, 54 0/0 des cuirassés ou seront entièrement inutiles, ou ne feront, par leur présence, qu'embarrasser les navires plus modernes (1).

---

(1) On voit, par le tableau suivant du nombre des navires de différentes vitesses, établi par pays, d'après les données du *Naval Annual* de Brassey, combien sont grandes ces inégalités de marche et combien, par suite, les bâtiments diffèrent les uns des autres au point de vue de leur valeur, comme unités de combat :

| VITESSES en NŒUDS | AUTRICHE | ITALIE | ALLEMAGNE | FRANCE | RUSSIE | ANGLETERRE | VITESSES en NŒUDS | AUTRICHE | ITALIE | ALLEMAGNE | FRANCE | RUSSIE | ANGLETERRE |
|---|---|---|---|---|---|---|---|---|---|---|---|---|---|
| 6 | — | ... | — | — | 1 | — | 15 | — | 1 | 6 | 8 | 11 | 5 |
| 7 | — | — | — | — | 2 | — | 16 | 2 | 2 | 7 | 5 | 7 | — |
| 8 | 2 | — | — | — | 2 | — | 17 | 1 | 2 | 1 | 4 | 4 | 11 |
| 9 | — | — | 1 | — | 3 | 2 | 18 | 1 | 9 | — | 9 | 4 | 23 |
| 10 | 2 | — | 10 | — | 2 | 4 | 19 | — | 2 | — | 4 | 3 | 2 |
| 11 | — | — | — | 1 | 3 | 3 | 20 | — | 11 | — | 1 | — | — |
| 12 | — | 5 | — | 6 | — | 10 | 21 | — | 2 | — | — | — | — |
| 13 | 5 | 3 | — | 13 | — | 10 | | | | | | | |
| 14 | 1 | — | 7 | 12 | 2 | 11 | Total. . . | 14 | 37 | 32 | 63 | 44 | 81 |

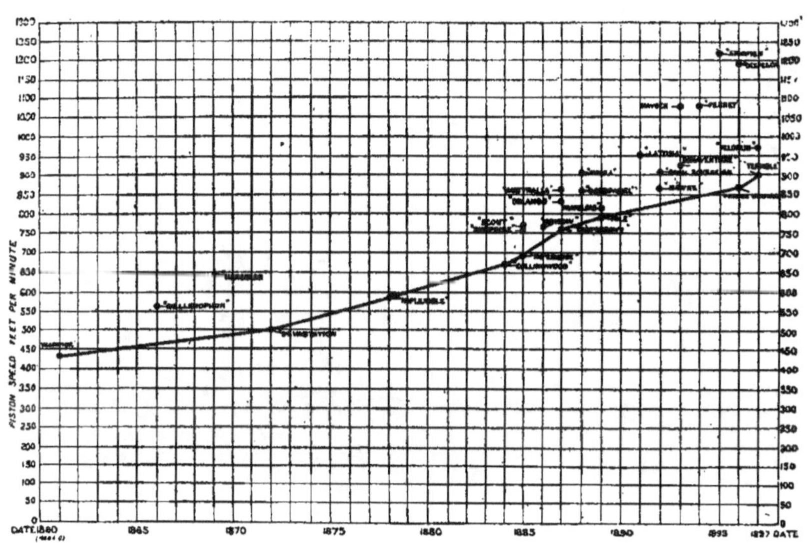


Comparaison des vitesses de mouvement des pistons sur les navires de guerre de 1860 à 1897
(en pieds par minute).

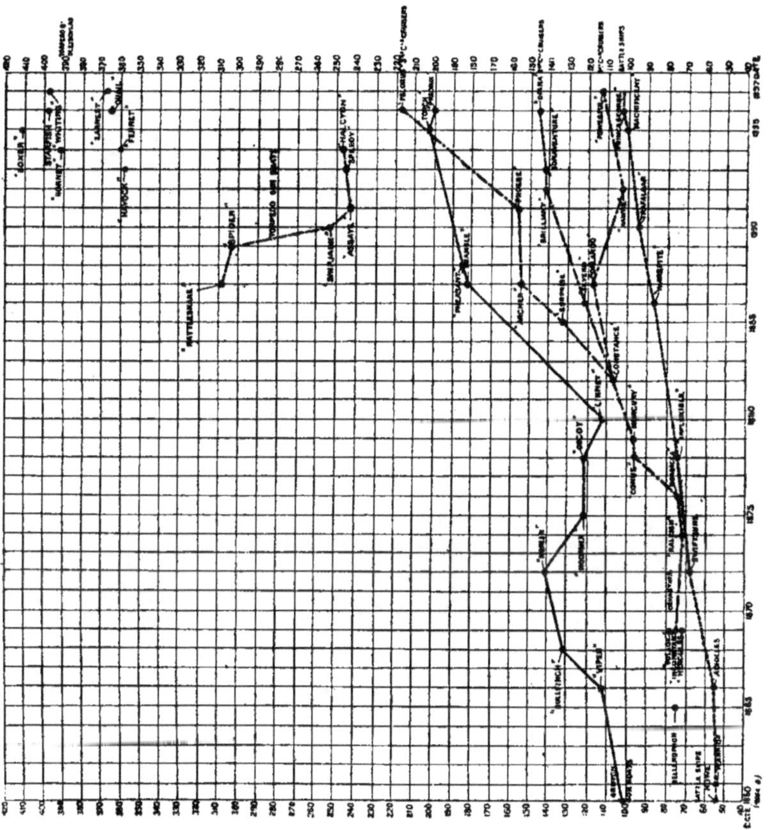

Nombre de tours d'hélice dans les machines des navires, de 1860 à 1897, pour le développement de la puissance maximum.

La Guerre Future (p. 34, tome III.)

Puissance relative de leurs machines.

On peut encore mesurer la valeur des navires à la puissance de leurs machines. En calculant le rapport des forces nominales de ces machines au nombre de tonnes de déplacement, nous trouvons que les cuirassés construits :

| | | | | |
|---|---|---|---|---|
| Avant | 1880, ont une force nominale de | 68,0 | chevaux pour 100 tonnes. |
| — | 1885 | — | 80,6 | — |
| — | 1890 | — | 146,4 | — |
| — | 1895 | — | 128,0 | — |

Représentons ces chiffres graphiquement :

**Nombre nominal de chevaux-vapeur pour cent tonnes de déplacement dans les cuirassés construits**

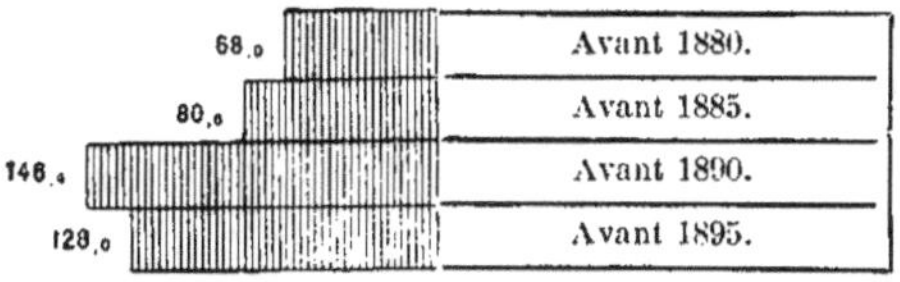


Ainsi, sur les cuirassés construits au cours de la période qui va de 1890 à 1895, les machines se trouvent, relativement au déplacement en tonnes, presque deux fois plus puissantes que sur les bâtiments construits avant 1890. Par suite, pour comparer la valeur des cuirassés actuels à celle des anciens, nous tiendrons compte encore des distances que peuvent parcourir les uns et les autres sans renouveler leur approvisionnement de charbon.

Distances qu'ils peuvent parcourir sans refaire de charbon.

Avec une vitesse de 10 nœuds, sans reprendre de charbon en route, les cuirassés construits :

| | | | | |
|---|---|---|---|---|
| Avant | 1880 peuvent faire | | 2,340 | milles. |
| — | 1885 | — | 3,810 | — |
| — | 1890 | — | 5,100 | — |
| — | 1895 | — | 5,510 | — |

Graphiquement exprimés, ces chiffres nous donnent la figure suivante :

**Nombre de milles parcourus, à la vitesse de 10 nœuds, sans prendre de charbon en route, par les cuirassés construits**

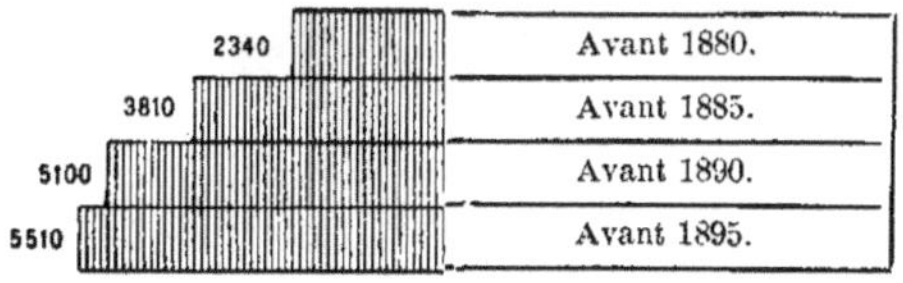

Ici, nous constatons ce fait remarquable que la technique est arrivée non seulement à produire des machines d'une force double, mais encore à permettre aux cuirassés de parcourir une distance près de deux fois et demie plus grande que jadis, sans renouveler leur approvisionnement de combustible.

La signification complète de tous ces perfectionnements ne nous apparaîtra bien clairement qu'après l'exposé — que nous ferons plus loin — de l'importance des facteurs dont il s'agit au point de vue de la participation des bâtiments tant aux combats passés qu'aux batailles futures.

# Moyens d'attaque et de défense des navires actuels

# I. Les effets de l'artillerie navale.



L'armement des bâtiments de guerre actuels, des cuirassés, consiste en gros canons de 17 à 40 centimètres de calibre, dont les projectiles traversent la cuirasse la plus solide, et en canons à tir rapide dont le calibre va jusqu'à 16 centimètres, et qui traverseront aussi bon nombre des cuirassements existants. L'artillerie actuelle est à ce point perfectionnée qu'il est même difficile de comparer les canons d'aujourd'hui avec ceux employés dans les batailles d'autrefois.

Le général Wille (1) donne, dans le tableau suivant, un exposé très clair des progrès accomplis de 1868 à 1890 :

| CANONS KRUPP DE 21 CENTIMÈTRES | | | | PROJECTILES | | |
|---|---|---|---|---|---|---|
| ANNÉES | LONGUEUR en calibres | POIDS DU CANON en tonnes. | POIDS de la charge | POIDS en kilogrammes | VITESSE INITIALE en mètres | FORCE VIVE au sortir de la bouche en tonnes-mètres |
| 1868 | 20 | 14 | 22 | 152 | 351 | 978 |
| 1878 | 25 | 18 | 75 | 138 | 600 | 2,540 |
| 1884 | 30 | 19 | 72 | 215 | 549 | 3,303 |
| 1890 | 40 | 31 | 42 | 215 | 700 | 5,370 |

En représentant graphiquement les chiffres qui correspondent aux deux dates extrêmes, 1868 et 1890, nous obtenons la figure suivante :

---

(1) *Die kommenden Feldgeschütze* (Les canons de campagne de l'avenir). — Berlin, 1893.

Accroissement, de 1868 à 1890, de la longueur et du poids des canons,
du poids des projectiles, de la vitesse initiale
et de la force vive de ceux-ci au sortir de la bouche.

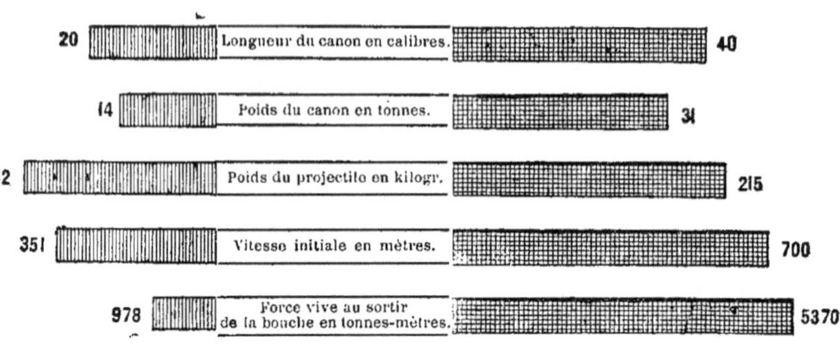


Ainsi l'on voit qu'à charges égales, la puissance des canons Krupp
actuels est presque six fois supérieure à celle des canons employés pendant
la guerre de 1870 ; et, comme beaucoup de bouches à feu actuelles peuvent,
dans un temps donné, lancer 2 fois et demie ou 3 fois plus de projectiles, il en
résulte que l'effet réel des pièces d'aujourd'hui surpasse de 15 à 18 fois
celui des canons employés dans la tragédie qui se joua, en 1870, entre deux
grandes puissances occidentales. La puissance de pénétration des projectiles actuels est extraordinaire.

Nous avons déjà dit qu'on ne doit pas se contenter de juger de l'effet des
gros projectiles, uniquement d'après la résistance que leur opposent les
plaques d'une cuirasse de navire. L'effet du choc du projectile peut entraîner
des conséquences qu'il est difficile de prévoir. Le cuirassé de 9,557 tonnes
*König Wilhelm* coula, comme nous l'avons rappelé, d'un coup de son éperon,
le cuirassé *Der Grosse Kurfürst*, et la force vive du choc, dans la rencontre
de ces deux navires, fut évaluée à 8,248 tonnes-mètres. Mais la force vive
du canon Krupp de 110 tonnes (de 40 centimètres de diamètre) est, à la
bouche, de 15,033 tonnes-mètres, c'est-à-dire qu'elle est presque double.
A la distance de 3,700 mètres, cette force vive est encore de 14,068 tonnes-
mètres et de 11,861 à la distance de 5,500 mètres. Il est donc clair que,
même à ces distances, tous les objets atteints par le projectile seront
entraînés par lui avec une force terrible et que les dommages qu'il causera
seront incalculables.

Mais pour apprécier complètement l'effet des gros canons, il faut
encore songer que leur pointage est extrêmement facile. Lord Rosebery,
voulant caractériser toute la puissance de ces canons, disait au Parlement

Aspects des projectiles ayant percé une cuirasse d'acier de 9 pouces.

Combat des escadres anglaises — rouge et bleue — aux manœuvres de Holy-Head,
le 31 juillet 1893.

La Guerre Future (p. 41, tome III.)

anglais : « J'ai vu comment un petit enfant maniait un canon de 67 tonnes ». Le journal anglais *Illustrated London News* a représenté la chose sur un dessin que nous avons reproduit dans la planche ci-contre.

Si nous nous représentons le tableau d'un combat naval, il faut admettre, comme l'affirment les spécialistes, que, de nos jours, un combat de ce genre doit aboutir à la destruction des deux adversaires.

Dans la planche ci-contre nous donnons un dessin représentant le combat des escadres anglaises — rouge et bleue — aux manœuvres de Holy-Head, le 31 juillet 1893. Un rapide coup-d'œil sur ce dessin nous montre qu'à d'aussi faibles distances, et avec des objectifs aussi considérables que ceux constitués par les grands bâtiments actuels, on doit admettre que bien peu de projectiles manqueront le but.

Dans un combat naval, on peut considérer le feu de l'artillerie comme efficace à partir de 8,000 mètres; c'est la limite supérieure. Mais selon toute probabilité, le tir ne produira vraiment d'effet qu'à partir de 6,000 mètres. Actuellement on emploie les projectiles suivants : en acier trempé pour percer la cuirasse, obus explosifs pour mettre le feu aux substances qu'ils traversent, et enfin ceux qui sont destinés à agir tout à la fois par le choc et comme projectiles incendiaires. Il est admis que, sauf pour les calibres de 24 centimètres et au-dessus, à partir de 3,000 mètres en théorie, et de 1,500 dans la pratique, les obus d'acier ne traversent pas les cuirasses; de sorte que, pour les grandes distances, il ne reste que l'obus ordinaire qui, en tombant dans la partie non cuirassée d'un bâtiment, produit tout son effet destructeur, quelle que soit la distance d'où il ait été tiré.

Effets<br>que peuvent<br>produire<br>leurs obus

Par l'action de ces obus aux plus grandes distances, on peut avec succès endommager les parties suivantes d'un bâtiment : les cheminées et les mâts, la roue du gouvernail placée sur le pont supérieur, la passerelle du capitaine où se trouve un appareil télégraphique communiquant avec le gouvernail et les machines pour transmettre les ordres; toutes les parties non cuirassées du bâtiment, les batteries supérieures et les tubes lance-torpilles. Ce dernier objectif est très important. Car un obus tombant dans un tube lance-torpilles détruit d'abord celle qui s'y trouve et peut, en outre, détruire d'autres torpilles voisines placées dans le magasin où sont conservés ces engins (1). Il ne faut d'ailleurs pas perdre de vue que la surface des parties du bâtiment non cuirassées est plus considérable que celle des parties protégées par un cuirassement.

Pour en avoir la preuve, il suffit d'examiner la planche (page 15),

---

(1) *Militärisch-Politische Blätter*. Admiral Werner : *Die Seeschlacht bei Ja-lu* (La bataille de Ya-lou).

où sont figurées les surfaces cuirassées et non cuirassées des principaux modèles de navires de guerre actuels.

Les bâtiments de guerre sont abondamment fournis d'engins destinés à démolir les parties non cuirassées des navires adverses. Les plus récents cuirassés anglais, outre l'artillerie en partie protégée par une cuirasse composée de 4 canons de 34 centimètres, et les canons à tir rapide au nombre de 25 distribués sur tout le navire, ont encore une batterie non cuirassée de canons de 10 à 15 centimètres. Sur les bâtiments français, outre 4 canons de 34 centimètres et un certain nombre de pièces à tir rapide, il y a encore une batterie de 12 canons de 14 centimètres, et sur les italiens, une batterie de 8 canons de 15 centimètres et 16 de 12 centimètres, en plus des canons à tir rapide. Chacun des gros canons est approvisionné à 100 coups ; chaque canon à tir rapide, de calibre relativement grand — 10 à 15 centimètres — a aussi des munitions pour 100 coups ; mais pour les canons de calibre plus faible l'approvisionnement va de 250 à 750 coups. Si nous admettons que l'approvisionnement moyen des canons à tir rapide est de 500 coups, nous aurons, en fait de munitions, sur un cuirassé moderne :

Pour 4 gros canons. . . . . . . . .    400 coups.
— 10 canons moins gros. . . . . .    1,000   —
— 25 .   —   à tir rapide . . . . .   12,500   —

Comme dans ces dernières années les qualités de l'artillerie se sont beaucoup accrues, non seulement au point de vue du poids des projectiles et de la vitesse initiale, mais sous celui de la précision et de la rapidité du tir, on comprend quels résultats peut donner la consommation d'une telle quantité de munitions.

Probabilité d'atteindre le but visé. — Quant à la probabilité d'atteindre le but, on peut dire ici que, dans le tir d'expérience de l'escadre cuirassée russe de la Baltique, les coups tirés, par une vitesse de marche de 5 à 6 nœuds, contre une cible de 6ᵐ40 de haut et 5ᵐ40 de large, à la distance d'environ 5 encâblures (1) ont donné un pour cent de 51 à 58 coups au but. On exécuta aussi des expériences de tir avec des monitors. Deux monitors prirent chacun à la remorque une cible distante de 2 encâblures et tirèrent tous deux contre cette cible : le pour cent moyen obtenu fut de 64 0/0 (2).

La probabilité d'atteindre des nouveaux canons est encore plus remarquable. La figure ci-contre nous montre les résultats d'un tir d'expérience exécuté en 1889 à Meppen à la distance de 2,500 mètres, avec un canon Krupp de 24 centimètres, qui lança 5 obus explosifs du poids de 140 kilogs.

(1) Une encâblure vaut 200 mètres.
(2) Poyen, *Artillerie*.

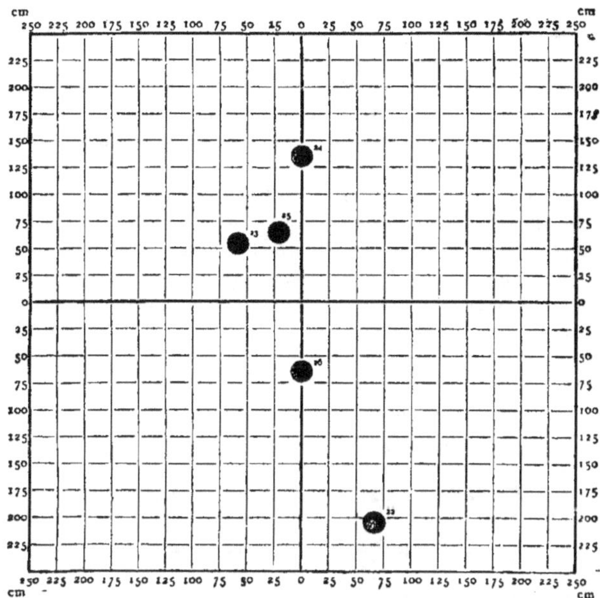

Résultats du tir d'un canon de 24 centimètres à la distance de 2,500 mètres.

On voit que l'écart moyen en hauteur était de 103,2 centimètres et l'écart moyen en direction, de 30 centimètres : 50 0/0 des coups se trouvaient réunis dans un rectangle de 174,4 centimètres de hauteur, sur 50,7 de large.

Quant à la vitesse du tir, dans l'essai exécuté à bord du vaisseau chilien *Blanco Encalada*, il fut constaté que pour tirer 4 coups avec les canons de 20 centimètres d'Elswick, il fallait 62 secondes. Et cela sans se servir du mécanisme de chargement automatique et en puisant les munitions dans la soute, comme pour un combat réel (1).

Avec les canons moins gros et avec ceux à tir rapide, il a été fait des expériences encore plus remarquables.

Celles exécutées avec les canons Krupp de 15 centimètres à tir rapide à la distance de 2,500 mètres sont surtout intéressantes. Ce canon tire des obus de fonte de 3 modèles différents, des obus d'acier explosifs, un shrapnell à chemise d'acier et une boîte à mitraille.

Les résultats obtenus au polygone de Meppen en 1891 donnent une idée de la précision et de la rapidité du tir.

_______________

(1) *Mittheilungen aus dem Gebiete der Seewesens.* Vol. XXIII n° 5, Pola, 1895, p. 453.

D'abord on tira 5 coups en 396 secondes, chaque coup étant pointé avec précision : c'était donc plus de 8 coups par minute.

Dans une autre expérience, le tir fut exécuté contre des buts variables, mais toujours en pointant exactement. A double distance et avec double changement de but, il fut tiré 18 coups. Le tir dura 126 secondes : soit 8 coups par minute.

Si l'on tient compte des pertes de temps occasionnées par le changement de but, la vitesse réelle est de 10 coups par minute.

Des résultats semblables ont encore été obtenus dans un troisième tir, à une distance de 2,000 à 3,000 mètres.

Le dessin suivant d'une cible contre laquelle il fut tiré, à 2,000 mètres, 10 obus du canon à tir rapide de 15 °/<sup>m</sup> donne une idée de la précision du tir de ce canon.

L'écart moyen en hauteur est de 105 °/<sup>m</sup> 6 et l'écart moyen en direction de 82 °/<sup>m</sup> 2, la meilleure moitié des coups sont groupés dans un rectangle de 178 °/<sup>m</sup> 5 de haut sur 138 °/<sup>m</sup> 9 de large.

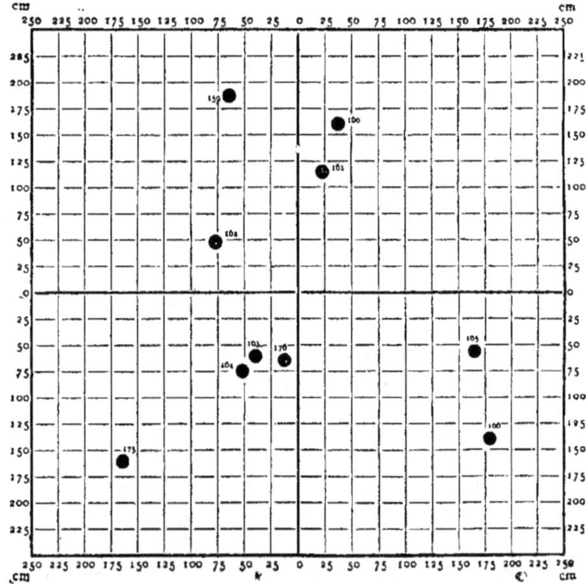

Résultats du tir d'un canon de 15 °/<sup>m</sup> à la distance de 2,000 mètres.

Quand le tir de ce canon est réglé, il devient extrêmement dangereux.

Pont d'un navire de guerre.

Les canons de Bange de 80 <sup>m</sup>/<sup>m</sup> ne peuvent tirer que 82 coups à l'heure (1).

Il faut donc en arriver à conclure que les parties vulnérables des bâtiments de guerre seront très promptement détruites.

La bataille de Ya-lou a prouvé que les résultats des expériences exécutées en temps de paix ne sont plus aussi loin de la réalité qu'autrefois. Les canons à tir rapide des Japonais, au dire d'un témoin oculaire, firent merveille. Dès la distance de 3,000 mètres ils criblèrent les Chinois d'une grêle de projectiles.

De la sorte un combat naval peut ne durer que très peu de temps. Très prompte est la destruction des ponts supérieurs où sont réunis les principaux éléments de la direction du bâtiment. Pour se faire une idée de la vulnérabilité de ce pont supérieur, il suffit d'examiner la figure ci-dessous qui représente une des tourelles du cuirassé *Victoria* (2), dans laquelle sont établis deux canons de 110 tonnes.

Tourelle du cuirassé *Victoria* avec deux canons de 110 tonnes.

Mais d'ailleurs, après 8 heures de tir ininterrompu, les bâtiments auront épuisé toutes leurs munitions. Et si les deux adversaires ont sérieusement

---

(1) Grille et Falconet, *L'Art militaire à l'Exposition de Chicago.*

(2) Wilmot, *The developement of navies* (Le développement des marines).

l'intention de décider le combat par une lutte à courte distance, il peut arriver, et très promptement, que de flottes puissantes il ne reste que des épaves (1).

Ce que sera dans l'avenir le combat naval à courte distance.

Il est difficile de se représenter ce que pourra être dans l'avenir un combat à courte distance. L'auteur d'une étude allemande intitulée « La Stratégie navale, d'après des sources étrangères (2) », se demande avec raison : Si les canons tirent avec des charges de 500 kilogrammes de poudre, y aura-t-il un homme capable de supporter la pression des gaz dirigés de son côté, à des distances de 50 à 300 mètres, et de conserver intactes ses membranes auditives, si même il n'est pas tout simplement balayé du navire par le souffle de ces gaz?

Qui peut dire si les pointeurs des canons et les tireurs en général parviendront à découvrir un but quelconque ou à diriger leurs armes, au milieu des nuages de fumée produits par la poudre et par les cheminées du navire, nuages qui d'habitude s'étendent sur l'eau sous forme d'un épais brouillard ?

Et malgré tout cela, en de pareils moments, l'amiral commandant devra maintenir ses bâtiments dans la formation déterminée, les diriger et les mouvoir suivant les circonstances, afin de leur permettre de mieux tirer parti de leurs canons et de ne pas les vouer à une destruction probable.

Mais pour nous rendre compte des difficultés qu'il faudra surmonter quand les navires seront enveloppés du nuage formé par les fumées de la poudre et du charbon, nous n'avons qu'à jeter un coup d'œil sur la figure ci-contre, qui représente le cuirassé *Rodney* tirant en pleine marche.

Nous avons déjà dit plus haut qu'aucune cuirasse ne peut résister aux projectiles des canons de gros calibres, et qu'un seul coup heureux atteignant les organes essentiels d'un bâtiment peut suffire à le couler. Toutefois la probabilité d'être atteint de cette façon ne sera pas encore particulièrement grande, si l'on songe que le nombre de ces canons est très limité, et que leur tir exige comparativement beaucoup de temps.

Mais il en est tout autrement des canons à tir rapide dont le calibre va jusqu'à 15 centimètres, et dont la manœuvre est remarquablement simple et facile.

Comme, sur les cuirassés, on place un grand nombre de ces canons atteignant le calibre de 15 centimètres, dont on peut obtenir un tir rapide et ininterrompu, avec un bon pointage, il en résulte que les cuirasses, susceptibles d'être percées par les projectiles de ces pièces, n'offrent déjà plus une protection efficace.

---

(1) Admiral Werner, *Der Seekrieg.*
(2) *Seestrategie nach fremden Quellen.*

Le cuirassé *Rodney* tirant en marchant.

Nous avons vu plus haut qu'actuellement on admet, comme limite des conditions où les plaques cuirassées peuvent être percées par les canons de 15 centimètres :

A 3,000 yards (2,743 mètres) : plaque d'acier de 7 pouces, ou plaque de fer de 9 p. 8
A   660   —   (603ᵐ,19)      —       12 p. 6      —       16 p. 7

D'après les données du tableau de la page 31, on voit que, sur le total général de 266 bâtiments cuirassés européens, il y en a 100, c'est-à-dire 38 0/0, dont la cuirasse ne constitue pas une protection suffisante contre les projectiles des canons à tir rapide de 15 centimètres à la distance de 3,000 yards, et 79 autres, soit encore 29 0/0, à qui cette protection n'est pas assurée à la distance de 660 yards. C'est donc seulement 87 cuirassés sur 266, c'est-à-dire 33 0/0, qu'on peut considérer comme efficacement protégés contre les canons à tir rapide.

Mais comme les vitesses initiales des plus récents canons à tir rapide dépassent maintenant 900 mètres et que déjà l'on construit de ces canons d'un calibre un peu supérieur à 15 centimètres, on peut admettre que le danger dont les bâtiments sont menacés par les projectiles de ces pièces est en réalité beaucoup plus grand encore.

La cuirasse de tous les autres bâtiments, c'est-à-dire de ceux qui sont invulnérables aux canons à tir rapide de 15 centimètres, est traversée par les canons de 67 tonnes à la distance de 1,100 yards. Mais des canons plus puissants encore percent toutes les cuirasses aux plus grandes distances où peut se livrer un combat naval. Par conséquent, dans ces combats, il faudra compter avant tout avec ce fait, que pas un seul navire n'est protégé par une cuirasse que ne puissent percer les gros canons de 24 centimètres et au-dessus, à la distance de 1,500 mètres.

Les plus puissantes cuirasses ne protègeront qu'imparfaitement.

Ainsi, aux distances où peuvent se décider les batailles navales, une puissante cuirasse n'offre point par elle-même une protection assurée, et l'on ne peut la considérer comme un abri suffisant que contre les obus explosibles. Par conséquent les meilleurs bâtiments seront, à ce point de vue, ceux qui présenteront la plus grande surface cuirassée; et, parmi les derniers navires à deux hélices, il n'y aura de tels que les cuirassés anglais à tourelles. Même avec ces derniers demeure ouverte la question de savoir si les hommes enfermés dans ces tourelles supporteront les secousses résultant des chocs des projectiles qui les frapperont, comme aussi quels ravages produiront dans cet étroit espace les projectiles qui y parviendront après avoir traversé la cuirasse, et enfin jusqu'à quel point les appareils destinés à donner le mouvement de rotation aux tourelles se trouveront solides et efficacement protégés ?

En tous cas, un grand nombre de bâtiments, que l'on s'est contenté de protéger par une étroite bande cuirassée, par un pont cuirassé et par des plaques disposées devant les affûts de canons, resteront exposés au danger d'être démolis, sinon par un seul, au moins par quelques-uns de ces projectiles de 900 kilogrammes, lancés par 84 kilogrammes de poudre, et qui sont capables de percer la cuirasse la plus épaisse.

Ces projectiles peuvent produire de tels ravages dans l'organisation intérieure d'un navire qu'après leur passage, hommes, canons et affûts ne constitueront plus qu'un amas informe, et que le navire lui-même ne formera plus qu'une masse de débris quelconques.

Mais même un nombre peu considérable d'obus des plus récents canons à tir rapide suffirait à produire de tels désordres, que les mécanismes de pointage des canons ne pourraient plus fonctionner; et ces avaries, en même temps que celles causées aux cheminées du navire, mettraient celui-ci dans l'impossibilité de prendre part au combat (1). D'ailleurs, même si le corps du navire demeurait en état de combattre, il resterait à savoir s'il aurait encore un équipage d'un effectif suffisant pour diriger le bâtiment.

_____

(1) Admiral Werner, *Was lehrt uns die Seeschlacht am Ja-lu Flusse* (Ce que nous apprend la bataille navale de Ya-lou).

## II. L'éperon dans les batailles navales futures

La puissance de l'artillerie moderne devait avoir, pour les combats
navals, cette conséquence d'amener les deux escadres opposées, — si elles
sont de même force, ou la plus faible des deux, si elles sont de force
inégale, — à faire les plus grands efforts pour décider l'affaire par une lutte
corps à corps au moyen de l'éperon, parce que cet éperon est une arme
qui peut être mortelle même pour l'ennemi le plus puissant, si elle est maniée avec l'adresse et l'énergie voulues.

L'histoire de l'éperon est tout à fait originale en ceci que, depuis l'époque
des galères, on était resté pendant très longtemps sans en faire usage. La
raison en était que les bâtiments à voiles ne pouvaient se porter en avant
qu'en suivant certaines directions qui dépendaient du vent. L'emploi de la
vapeur permit aux navires de se mouvoir dans une direction quelconque,
ce qui rendit de nouveau possible de se servir de l'éperon comme arme.
Cependant on n'y songea qu'après la guerre de Sécession des États-Unis;
et encore fallut-il un épisode aussi remarqué que l'attaque de la frégate en
bois *Cumberland*, par le *Merrimac*, — qui la coula à fond d'un coup d'éperon,
— pour que l'on comprit l'importance réelle de cette arme (1).

Aujourd'hui, — depuis l'invention des torpilles portées et l'introduction, dans les dernières années, des torpilles automobiles Whitehead —
le danger auquel sont exposés les deux adversaires est devenu relativement
plus grand encore. Les navires qui auront mal calculé leur coup, et qui,
par suite, n'auront pas choqué leur adversaire, risquent d'être coulés par
une torpille et le tir de celle-ci offre, en pareil cas, un danger tout spécial (2).

---

(1) Il faut observer qu'à cette époque les cuirassés étaient, pour la plupart, des bâtiments de rivière, destinés à combattre aux petites distances. Ces navires étaient munis
d'éperons, avaient une puissante artillerie rayée et leurs flancs étaient disposés de façon
oblique, afin de favoriser le glissement sur eux des projectiles qui les atteignaient. Quelquefois les canons étaient placés sur ces bâtiments, sous un abri cuirassé; quelquefois
aussi dans des tourelles cuirassées tournantes. (Nicol, *Traité d'artillerie à l'usage des
officiers de marine*, 1894).

(2) *The tactics best adapted for developing the power of existing ships and weapons.*
(Journal of Royal United Service Institution, avril 1894.)

D'après son importance et sa puissance, l'éperon fut considéré, pendant bien des années, comme une arme de premier ordre ; et cette manière de voir fut encore fortifiée par la rencontre du *Re d'Italia* et du *Ferdinand Max*, à la bataille de Lissa, où le premier de ces deux navires fut coulé par le second. L'importance de l'éperon fut alors tellement prisée que plusieurs officiers conseillèrent la construction de navires insubmersibles munis d'un éperon et sans aucun armement en artillerie, dont un certain nombre eussent été attachés à chaque escadre. Et, en effet, on construisit des navires armés seulement de canons légers et exclusivement organisés pour le combat à l'éperon (1).



Voici comment l'amiral Werner décrit les mouvements tactiques des navires dans un combat à l'éperon : « Les bâtiments se meuvent tant à petite qu'à pleine vitesse, en avant et en arrière, soit pour éviter un coup, soit pour le porter, les hélices et les corps entiers des bâtiments se rasant de près les uns les autres. Entre les navires, par suite de l'action des hélices, il se forme un remous dans lequel les torpilleurs — nains assez audacieux pour se mêler au combat des géants — sont secoués par les vagues comme des fèves dans un tambour ; puis, s'étant glissés entre les coques des cuirassés, sont écrasés par eux. Les deux bâtiments-amiraux, chacun de leur côté, se sont jetés sur la ligne ennemie et on ne peut plus alors se représenter les autres navireq sue groupés par deux, se soutenant l'un l'autre et manœuvrant de leur propre mouvement pour faciliter l'attaque de leurs amiraux : ils s'efforcent de mettre hors de combat les bâtiments adverses qui se trouvent dans le voisinage des navires où flotte le pavillon amiral. Ici l'on n'observe plus aucunes règles tactiques. »

Tel est le moment de la lutte représenté par la figure ci-contre.

Avant que la torpille automobile ne fût devenue une arme de guerre aussi parfaite, et avant qu'on n'eût inventé les lourds canons à chargement par la culasse et les canons légers à tir rapide, on avait expérimenté l'éperon. Sur 74 coups d'essai il y en eut 42 où des avaries furent causées, soit à l'un des deux bâtiments choqués, soit à tous deux. — Et sur ces 42 coups, il y en eut 24 où le navire qui avait porté le coup n'éprouva pas d'avaries sensibles. — Mais il y en eut 7 où le bâtiment choquant ne souffrit pas moins que le bâtiment choqué. Enfin, dans les 7 autres cas, le premier éprouva même des avaries plus sérieuses que son adversaire. Jamais, toutefois, les deux bâtiments ne coulèrent simultanément.

---

(1) Dans le nouveau programme de constructions navales des États-Unis, on propose de construire 10 navires à éperons qui ne seront armés que de quelques canons à tir rapide.

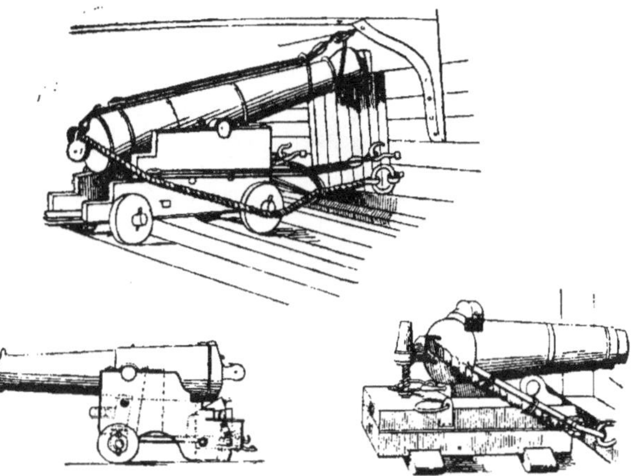

Pièces amarrées au poste de mer.

Mortier et son tir.

Combat à l'éperon.

Avec l'armement actuel en torpilles dont sont munis les navires, les spécialistes en arrivent à se demander pourquoi les capitaines essaieraient d'agir avec leur éperon, puisque la torpille peut leur rendre le même service — outre que l'ennemi peut bien plus difficilement l'éviter et que son emploi est bien moins dangereux, ou même n'est pas dangereux du tout pour celui qui s'en sert. On admettrait bien, dit Cowles, qu'un capitaine ayant préalablement mis, au moyen de l'artillerie, son adversaire hors de combat, pût l'éperonner avec des chances sérieuses de succès. Mais, en faisant cela, il s'expose en même temps à avarier son navire par ce choc même, ou à se heurter à des torpilles (1).

Pour montrer combien est grand, pour un navire qui s'approche d'un autre, le danger d'être coulé par le lancement d'une torpille, nous donnons d'autre part une figure montrant comment les torpilles sont lancées.

Mais les spécialistes soutiennent qu'avant peu tous les bâtiments seront, pour le combat rapproché, armés de canons à dynamite. Cette conviction règne surtout en Amérique (2).

L'idée même d'employer la dynamite comme substance explosive pour

L'emploi de la torpille supprimera-t-il celui de l'éperon ?

Les canons à dynamite.

(1) *Der Sporn im Gefecht* (L'éperon dans le combat). (Jahrbücher für die deutsche Armee und Marine.)

(2) Grille et Falconet, *L'art militaire à l'Exposition de Chicago.*

Lancement d'une torpille.

le chargement des projectiles n'est pas absolument nouvelle. — Car, depuis
l'invention de cet explosif, on a fait des tentatives pour l'utiliser dans
les opérations militaires. Le principal inconvénient qu'entraînait cet emploi vient de ce qu'il suffisait de la plus petite commotion pour faire
détoner la dynamite. Récemment encore, il semblait qu'on eût si peu d'espoir d'éviter cet inconvénient, et les essais qu'on avait faits de cet explosif
avaient eu des conséquences si dangereuses, que quelqu'un proposa même
de le recommander en temps de guerre à l'ennemi, comme étant le meilleur moyen d'en tirer parti.

On avait reconnu que la poudre, et les explosifs en général, n'étaient
pas susceptibles d'être employés à la charge des canons destinés à lancer
les projectiles remplis de dynamite. Alors on eut recours à l'air comprimé.
— Mais, même en employant ce fluide élastique, il fallut prendre des
précautions. Après quelques perfectionnements successifs des canons
Zalinsky, il fut admis que, sous ce rapport, on pouvait compter sur eux.
La figure ci-contre montre deux de ces canons établis sur un navire.

Le secrétaire d'État de la marine américaine, voulant introduire dans la
flotte des croiseurs à la dynamite, commença des expériences pour élucider
les propriétés explosives de leurs projectiles, les procédés de pointage et de
maniement des canons, et pour déterminer les effets qu'aurait l'explosion

Canon à dynamite, se chargeant avec de la poudre ordinaire.

Canons Zalinsky.

quand le projectile, sans atteindre le but, en tombe à une distance ne dépassant pas 20 pieds. On se servit, pour ces expériences, d'un vieux schooner. La figure suivante montre l'effet produit par un projectile à la dyna-

Leurs effets.

Résultat du tir des canons Zalinsky contre un navire.

mite frappant l'eau à peu de distance de l'arrière de ce schooner. Ce projectile était chargé de 55 livres de nitroglycérine, et on l'avait tiré avec de l'air comprimé à 610 livres. — On peut régulariser la pression de l'air, en l'augmentant à volonté autant qu'on le juge convenable. Cela donne un excellent moyen de viser exactement à une distance donnée, surtout parce que le premier coup d'essai peut être tiré avec un projectile vide. Dans le cas signalé plus haut, le tir avait lieu à la distance d'un peu plus d'un mille et le calibre du canon était de 7 pouces (1).

Outre les engins dont il vient d'être parlé, on se servira encore, dans les batailles futures, de diverses sortes de torpilles sous-marines et dirigeables. Ces dernières sont spécialement destinées à la défense des côtes, mais il n'y a pas de raison d'affirmer positivement que les navires de guerre ne s'en serviront pas aussi. — Des expériences, exécutées à Porstmouth, les 3 et 15 février 1892, avec les torpilles dirigeables dites « contrôlables » de Scott, Sims et Edison, ont donné sous ce rapport d'excellents résultats.

Nous figurons ici une de ces torpilles en mouvement :

Torpille se mouvant dans l'eau.

Le capitaine S. Eardley Wilmot, auteur de l'ouvrage « *The developement of navies* » (le développement des marines), soutient, dans un traité sur la

_______

(1) *Marine and Naval engineering.*

Vue du *Victoria* sombrant, après sa collision avec le cuirassé *Camperdown*.

La Guerre Future (p. 55, tome III.)

guerre navale future (1) qu'on peut presque admettre avec certitude, dans un combat à l'éperon, que les deux bâtiments couleront à fond — aussi bien celui qui aura porté le coup d'éperon que celui qui l'aura reçu.

Il donne même dans son livre le dessin ci-dessous, accompagné, comme on le voit, d'une légende interrogative : « Un seul ou les deux bâtiments coulés ? »

Un seul ou les deux bâtiments coulés ?

Si l'on réfléchit que cette affirmation émane d'une personne compétente en la matière, et qu'elle est également soutenue par beaucoup d'autres auteurs, on peut admettre qu'une attaque à l'éperon ressemble pas mal à un suicide. Et cette manière de voir est, jusqu'à un certain point, confirmée par ce qui s'est passé en 1893, lors de la rencontre survenue, dans une manœuvre des cuirassés anglais *Victoria* et *Camperdown*. Ce dernier bâti-

Collision
possible
de
deux bâtiments.

_________

(1) *The next naval war* (La prochaine guerre navale). — Londres, 1894.

ment avait heurté l'autre par tribord, un peu en avant de la tourelle. Le *Victoria* commença à couler et, en 15 minutes, il avait disparu, si bien que les hommes qui se trouvaient sur le pont au moment de l'accident, purent seuls se sauver : tous ceux qui étaient en bas périrent. Et le *Camperdown* éprouva de graves avaries.

Cet accident produisit à l'époque une grande émotion dans les sphères navales et militaires. Lord Brassey s'exprima ainsi au sujet de ce *malheur :* « Le fait qu'il a suffi d'un choc pour produire une telle catastrophe peut être considéré comme un argument puissant contre la construction de ces colossaux navires de guerre. En en faisant de plus petits, on aurait au moins l'avantage de diminuer les dangers de parcilles rencontres. »

# III. Torpilles et torpilleurs.

La science de la guerre est aussi ancienne que l'humanité. Cependant la partie de cette science relative à la construction et à l'emploi des torpilles ne remonte pas à plus de trente-cinq ans. Les torpilles sont une arme de guerre aussi moderne que leurs effets sont puissants et destructeurs. Une torpille ne fait rien à moitié : l'objectif de son attaque, ou bien reste entièrement indemne, ou bien est complètement et définitivement anéanti. Car elle frappe sa victime aux parties les plus vitales, c'est-à-dire à la ligne de flottaison ou dans la coque du navire au-dessous de sa ceinture cuirassée. Il n'est donc pas étonnant qu'on ait l'habitude de considérer la torpille comme une arme qui n'est pas tout à fait honorable, comme quelque chose de diabolique et agissant sournoisement. Et, de fait, il existe toute une école de marins qui tiennent la torpille pour une arme vile et déloyale. Toutefois, cette manière de voir disparaît très vite aujourd'hui et le service des torpilles, que pendant si longtemps on avait étrangement négligé, occupe maintenant la première place dans la conduite de la guerre navale (1).



L'étude des torpilles peut se diviser en deux parties : celle des torpilles servant à l'attaque et celle des torpilles employées pour la défense. Pour qu'une torpille du premier genre produise son effet, il faut qu'elle soit dirigée et conduite par l'homme, tandis que la torpille défensive agit automatiquement après avoir été soigneusement préparée, puis abandonnée à elle-même. C'est du moins ce qui a lieu avec les torpilles dites « de contact » et « galvano-percutantes ». Pour celles qu'on nomme « torpilles d'observation », il faut les faire éclater au moment voulu par les soins d'un homme posté tout exprès pour cela à quelque distance.



Nous nous occuperons plus en détail de la disposition et des effets de ces dernières torpilles, dans le chapitre consacré au blocus des ports. Néanmoins, pour plus de clarté et pour faire connaître les effets des torpilleurs, nous devons donner ici-même sur ces torpilles quelques indica-

---

(1) G. E. Armstrong, *Torpedos and Torpedo-Vessels* (Torpilles et torpilleurs), 1896.

tions préliminaires : car autrement beaucoup des détails relatifs aux effets des torpilleurs, dont il sera question plus loin, resteraient incompréhensibles pour les non-spécialistes.



Les torpilles comme moyen d'attaque et de destruction des navires étaient déjà connues assez anciennement. Mais leur dénomination actuelle vient du poisson électrique de ce nom. C'est une sorte de raie qui, par le moyen d'un organe intérieur spécial, peut, dans l'eau, frapper de secousses électriques les plus grands poissons et, après les avoir ainsi étourdis et désarmés, en faire sa proie.

Comme cet animal rend brusquement inoffensifs les autres poissons, on a donné son nom de « torpille » aux engins de même nature qui servent à attaquer ou à détruire, en agissant sous l'eau, les navires ennemis.

Explosion du brick *Dorothée*, sous l'action de torpilles du système Fulton.

Éclatement d'une torpille mouillée
sur un fond vaseux.

Éclatement d'une torpille chargée
de poudre.

Éclatement d'une torpille lancée
par un torpilleur.

Éclatement d'une torpille chargée
de pyroxyline.

La puissance destructive des torpilles provient de la forte pression des gaz qui se forment au moment de l'explosion. Cette puissance se transmet directement par la couche liquide environnante : l'eau qui, comme on sait, est presque incompressible, agissant par le choc comme un corps solide.

Les premières expériences sérieuses furent faites avec des torpilles du système Fulton, en 1805, par ordre du ministre anglais Pitt, sur le brick de 200 tonneaux la *Dorothée*, dont l'explosion est représentée par la figure ci-contre.

Dans un ouvrage qui fut, en 1812, traduit en langue française, Fulton donne l'explication suivante de ce dessin :

« Je fis construire deux torpilles qui pesaient, vides, 2 ou 3 livres de plus, au total, que l'eau salée déplacée par elles et je les attachai de telle façon qu'elles ne pussent descendre à plus de 15 pieds de profondeur — le tirant d'eau du brick étant de 12 pieds — en les reliant entre elles par une mince corde de 80 pieds de long. Deux chaloupes, dont chacune remorquait une de ces torpilles, s'éloignèrent à un mille environ de la côte et se placèrent en avant du brick. La corde qui reliait les deux torpilles fut tendue de façon telle que ces deux embarcations se trouvassent à 11 brasses et 4 pieds l'une de l'autre. Après quoi les chaloupes commencèrent à se rapprocher l'une de l'autre, en restant l'une à tribord et l'autre à bâbord du brick. Aussitôt que la corde eut dépassé la bouée (1) de l'ancre du brick, les deux torpilles furent mises à l'eau, et la marée les entraîna jusqu'à ce que la corde qui les reliait rencontrât le câble de l'ancre du brick, après quoi naturellement le courant souleva les torpilles sous le bâtiment lui-même. Environ 18 minutes après, l'éclatement eut lieu et le brick fut soulevé au-dessus de l'eau à la hauteur de 6 pieds — tant fut puissant l'effet de l'explosion. Le brick se brisa en son milieu et ses deux moitiés coulèrent immédiatement, si bien que 20 secondes après il avait disparu et qu'on n'en voyait plus que quelques débris flottant autour du lieu de l'explosion ».

Au fur et à mesure des progrès réalisés par la technique des explosifs, on s'est mis à charger les torpilles avec de la pyroxyline, de la mélinite, etc. Pour donner une idée nette du caractère des différentes sortes d'explosions, nous en représentons quelques-unes dans la planche ci-contre.

La première des quatre figures montre l'effet de l'explosion d'une tor-

_Premières expériences de Fulton._

_Progrès ultérieurs._

---

(1) Flotteur relié à l'ancre et indiquant à la surface de l'eau l'emplacement de cette ancre, quand elle est au fond.

pille reposant sur un fond vaseux. La colonne d'eau soulevée par cette explosion a environ 20 mètres de diamètre et pas moins de 30 mètres de hauteur. La seconde figure montre l'explosion d'une torpille disposée sous l'eau et chargée de poudre. La colonne liquide soulevée, d'une hauteur relativement faible, atteint un diamètre de 120 à 150 mètres. La troisième figure représente l'explosion d'une torpille ordinaire lancée par un torpilleur. Enfin, le quatrième dessin nous fait voir l'explosion d'une torpille chargée de pyroxyline et placée sous l'eau. Ici l'on peut observer que la force de l'explosion se concentre ; la colonne d'eau est plus haute que celle soulevée par l'explosion d'une torpille chargée de poudre, mais elle n'est pas aussi large et occupe moins d'espace.

On a différents moyens d'employer les torpilles. Au début, on jetait simplement à l'eau des récipients remplis de poudre pour barricader les entrées des ports, puis vinrent ce qu'on appela les torpilles à percussion, qu'un choc faisait éclater.

L'expérience a prouvé qu'un navire amenant une torpille chargée de 25 à 30 kilogrammes de poudre, de 6 à 7 kilogrammes de dynamite ou de 10 à 12 kilogrammes de pyroxyline, ne court lui-même aucun danger, pourvu qu'il se trouve à 6 mètres au moins du point où a lieu l'explosion, et que la torpille éclate à une profondeur de $2^m,50$.

Par suite, on a reconnu possible de suspendre les torpilles à l'extrémité de longues perches et de les faire éclater, soit par l'effet du choc contre la coque du navire ennemi, soit au moyen d'un courant électrique.

Emploi<br>des torpilles<br>pendant<br>la guerre<br>de Sécession<br>américaine.

Vers 1860 et années suivantes, pendant la guerre de Sécession américaine, on se mit à employer les torpilles comme moyen d'attaque contre les navires. Et quoique cet engin fût encore alors dans un état assez primitif, on n'en réussit pas moins à détruire complètement, en l'employant, sept monitors et onze navires en bois de la marine des Etats-Unis. Quelques autres bâtiments, tant en bois que cuirassés, furent en outre mis hors d'état de combattre. Les torpilles employées étaient de diverses sortes : torpilles d'estacade de plusieurs modèles et torpilles portées. Mais ce qui est le plus remarquable et ce qui montre en outre l'importance des torpilles, c'est que, pendant ces opérations, pas un navire ne fut détruit par l'effet de l'artillerie et qu'un petit nombre seulement en éprouvèrent des avaries importantes, — quoiqu'il s'agit là d'une artillerie supérieure en puissance à celle employée jusqu'alors dans les combats.

Dans les guerres suivantes, de 1864, 1866 et 1870, les torpilles ne servirent qu'à la défense des ports et des côtes (1). Plus tard, en 1876, furent

---

(1) Brassey, *British Navy.*

exécutées à Portsmouth, avec les torpilles, des expériences qui eurent une grande influence sur l'emploi de ces engins au cours de la guerre russo-turque suivante.

Les plus intéressantes de ces expériences furent celles où l'on s'efforça de montrer la différence entre l'effet explosif des différentes torpilles employées dans l'offensive, notamment entre celui de la torpille Harvey chargée de 60 livres de poudre et celui de deux caisses en fer dont chacune renfermait 93 livres de pyroxyline ou fulmi-coton. Pour obtenir, dans cette expérience, des résultats aussi précis que possible, on fit éclater les trois engins à une même profondeur de 9 pieds 1/2 et à 3 ou 4 pieds de distance de la coque d'un navire en fer. A la distance de 20 à 22 pieds des torpilles chargées de pyroxyline — c'est-à-dire à une distance correspondant à celle où se trouve du torpilleur la torpille portée au moyen d'une perche — on mit à l'ancre deux chaloupes à vapeur. Puis au moyen de machines dynamo on fit éclater simultanément les trois torpilles, et leur explosion détermina, sur trois points du bâtiment, de telles voies d'eau qu'il coula immédiatement ; tandis que, sur les chaloupes à vapeur, les explosions ne causèrent aucune avarie.

Expériences<br>de Portsmouth<br>en 1876.

Explosion du navire l'*Obéron*.

Quant à l'effet produit sur le bâtiment par l'explosion de ces trois torpilles, il fut tellement puissant que les voies d'eau ouvertes, d'une étendue de quelques mètres carrés, excluaient toute possibilité pour un navire, quel qu'il fût, de continuer à flotter après avoir été frappé de la sorte. Il fut, par conséquent, démontré que des torpilles ainsi chargées, placées même à 1 mètre ou 1$^m$,50 d'une coque de navire en fer d'une épaisseur d'environ 25 $^m/_m$, y causent des déchirures considérables (1). La figure ci-contre, empruntée à l'ouvrage intitulé *Das eiserne Jahrhundert* (Le Siècle du fer), nous représente une explosion de ce genre.

Dans la guerre russo-turque, on était déjà si bien convaincu de l'efficacité des attaques à la torpille, que la flotte russe en entreprit sérieusement plusieurs de ce genre.

*Emploi des torpilles par les Russes en 1877-78.*

La plus remarquable fut exécutée par les Russes à Batoum, dans la nuit du 12 au 13 mai.

On avait pris pour cette occasion le vapeur à hélice en fer le *Constantin* dont la vitesse était très faible : 10 nœuds au plus. Il avait un équipage de 150 hommes avec 4 officiers. Son armement comprenait des torpilles, des canons de 4 livres et 4 chaloupes porte-torpilles. Ce navire sortit de Poti le 12 au soir et se dirigea sur Batoum. A 10 heures, il était à 7 milles de cette rade. On envoya en avant les 4 chaloupes porte-torpilles, chacune commandée par un officier. Ces embarcations étaient bien construites, naturellement pour l'époque, et étant de petite dimension et peintes de la couleur de l'eau de mer, elles n'offraient qu'un but peu visible aux canons ennemis.

La chaloupe qui marchait en tête s'approcha du cuirassé turc qui gardait la rade. L'officier qui commandait l'embarcation parvint à faire mettre une torpille sous l'arrière de ce cuirassé; mais, par suite du mauvais état des conducteurs électriques, l'éclatement n'eut pas lieu. Il paraît que la matière isolante de ces conducteurs avait été endommagée par l'hélice de la chaloupe. Seulement les Turcs se trouvaient maintenant prêts au combat et les Russes durent s'éloigner.

*Une attaque contre les vaisseaux turcs dans les bouches du Danube.*

Plus tard, lors d'une autre expédition, dans la nuit du 25 au 26 mai, quatre chaloupes russes, armées de torpilles portées, attaquèrent une escadre turque dans une des embouchures du Danube. Les rapports relatifs à ce combat contiennent beaucoup de détails intéressants.

On décida d'y exécuter un plan hardi imaginé par le lieutenant Doubassoff, et on en confia l'exécution à cet officier, aux lieutenants Chestakoff et Petroff avec les aspirants Persin et Bal. Un officier roumain, le major Mourjesco, fut aussi autorisé à prendre part à cette entreprise. L'expédition

---

(1) *Die Torpedos und Seeminen in ihrer historischen Entwickelung* (Les torpilles et mines sous-marines dans leur développement historique). — Berlin, 1878.

se composait de quatre petites chaloupes armées de torpilles portées sur des perches de 40 pieds. Les torpilles étaient en cuivre, cylindriques, et chargées de 100 kilogrammes de poudre.

Le 25 mai, à minuit, la flottille se mit en route sous les ordres du lieutenant Doubassoff.

En tête marchait la chaloupe *Xénia*, avec 9 hommes, commandée par le lieutenant Chestakoff; puis venait le *Tsarévitch*, avec 14 hommes, commandé par le lieutenant Doubassoff et qui portait aussi le major Mourjesco. Les chaloupes *Djighite* et *Tsarevna* formaient l'arrière-garde et la réserve, et portaient 9 hommes chacune.

Le départ eut lieu sans bruit. Le but de l'expédition avait été caché à l'équipage lui-même et l'on avait gardé un silence complet sur cette entreprise pour ne pas éveiller les soupçons des espions turcs, très nombreux sur les rives du Danube. L'expédition parcourut une dizaine de kilomètres : le ciel était couvert, mais la lune était pleine, et par suite il ne faisait pas sombre; si bien qu'à grande distance encore, les officiers purent distinguer à la lorgnette les cuirassés ennemis qui grandissaient à mesure qu'on s'en approchait. Sur l'horizon presque pur, ils se détachaient comme des points noirs. Tout à coup il se produisit quelque mouvement sur le *Tsarévitch :* un matelot doué d'une vue extraordinaire aperçut les cuirassés à l'œil nu.

— Des cuirassés! cria-t-il.

— Silence! commanda le lieutenant Doubassoff.

Un silence de mort s'établit et jusqu'au moment de l'attaque, il ne fut pas prononcé un mot.

L'on parvint ainsi jusqu'à environ 60 mètres du plus grand cuirassé. Le lieutenant Pétroff regarda sa montre : il était 2 heures 1/2.

Les officiers russes ont supposé que le coassement continuel des grenouilles innombrables qui se trouvaient sur les rives du fleuve empêchèrent l'ennemi d'entendre le bruit des hélices des chaloupes.

Peu après retentit l'appel d'une sentinelle turque. Le lieutenant Doubassoff lui répondit en turc; mais la sentinelle remarqua l'accent étranger de l'officier et tira un coup de fusil qui donna l'alarme. C'était le moment critique: il fallait agir vite; et d'autant plus que les trois cuirassés criblaient littéralement de balles et d'obus les coquilles de noix qui continuaient à s'approcher d'eux.

Les Russes prirent pour premier objectif le plus grand des trois cuirassés, le *Khivzi-Rakhman.* En quelques tours d'hélice, le *Tsarévitch* frappa sa torpille dans le flanc de ce bâtiment, entre l'avant et la partie centrale. Un choc terrible eut lieu ; la torpille éclata et produisit dans le navire une ouverture dirigée de bas en haut par laquelle l'eau se précipita. Mais, en même temps, sous la pression des gaz développés, se forma une vague énorme qui, après avoir soulevé la chaloupe, retomba sur elle de tout son poids en même temps qu'une grande flamme s'élevait en l'air.

La vague avait renversé tout le monde : les matelots, le major Mourjesco et le lieutenant Doubassoff lui-même qui, toutefois, se releva en un instant et commanda : « Marche en arrière ! » Le mécanicien, qui n'avait pas lâché le levier de manœuvre, bien que la violence du choc le lui eût presque arraché des mains, fit immédiatement le mouvement voulu et la chaloupe quasi remplie d'eau tourna sur place.

Les marins turcs, bouleversés par cette attaque diabolique, hurlaient comme des bêtes sauvages, mais sans cesser une minute de faire feu de toutes leurs pièces. Un projectile démolit l'arrière du *Djighite* ; mais l'aspirant Persin ne quitta pas son poste avant qu'un autre projectile n'eût brisé l'avant de sa chaloupe et que l'eau ne commençât à l'envahir. Forcé d'abandonner son poste de combat, il dirigea son embarcation vers la rive turque, vida sa coque et la répara autant que les circonstances le lui permirent.

Le cuirassé *Khivzi-Rakhman* s'enfonçait, entre temps, très lentement, si bien que le lieutenant Doubassoff criait constamment à ses camarades : « Il ne coule pas : Chestakoff, en avant ! » Ce dernier, qui n'attendait que cet ordre, marcha hardiment aussi avec la *Xénia* vers le cuirassé et lui porta un coup en son milieu, du même bord où l'avait atteint le *Tsarévitch*. Une seconde ouverture béante apparut après ce coup dans le flanc du navire qui immédiatement chavira et coula à fond. La *Xénia* fut couverte de débris. Un panneau d'une cabine luxa l'épaule d'un sous-officier ; une écoutille tomba dans l'hélice qui cessa de tourner, mais qui, avec l'aide immédiate des autres chaloupes, fut remise en état.



Ainsi, il avait suffi de dix minutes à quatre petites chaloupes, portant 41 hommes et 6 officiers, pour détruire un cuirassé qui avait coûté des millions et dont l'équipage était de 219 hommes.

La flottille russe retourna à Braïloff, accompagnée longtemps encore par la pluie d'obus et de balles qui, pendant l'attaque, n'avait pas cessé une minute : et cependant il n'y eut pas même un seul homme blessé. La conduite de l'équipage fut très brillante, et pendant toute l'affaire les hommes restèrent aussi calmes et observèrent le même silence qu'à l'exercice.

Le tableau d'autre part indique les attaques à la torpille entreprises par les Russes en 1877 ainsi que leurs résultats (1).

---

(1) *Die Torpedos und Seeminen in ihrer historischen Entwickelung.* — Berlin, 1878.

Explosion d'un vaisseau turc que font sauter des torpilles Whitehead, dans la rade de Batoum.

| MOIS ET DATE | LIEU de L'ACTION | MOYENS EMPLOYÉS | EXÉCUTION | PERTES des ASSAILLANTS |
|---|---|---|---|---|
| Le 12 mai 1877, la nuit. | Batoum. | Le vapeur *Constantin* avec 4 chaloupes à vapeur : 3 avec des torpilles d'avant, 1 avec une torpille d'arrière. | Objectif d'attaque : une frégate à vapeur à roues. La torpille d'arrière n'éclata pas ; il n'y eut pas de résultat d'atteint. | Aucune. |
| Le 25 mai 1877, la nuit. | Canal de Matchin. | 4 chaloupes à vapeur avec torpilles d'avant. | Le monitor *Zeïfl* fut complètement détruit. | Aucune. |
| Le 9 juin 1877, la nuit. | Bouche de Soulima. | 4 chaloupes à vapeur, 2 chaloupes Thornycroft, avec torpilles portées. | Deux torpilles éclatèrent prématurément : une remorquée n'éclata pas. Le cuirassé *Fetkhi-Boulend* fut endommagé. | Une chaloupe coulée et l'équipage fait prisonnier. |
| Le 20 juin 1877, le jour. | Danube. | 1 chaloupe Thornycroft avec une torpille portée. | La torpille n'éclata pas, parce que les conducteurs s'étaient brisés. On attaquait un vapeur en marche. | La chaloupe eut de légères avaries ; deux blessés. |
| Le 23 juin 1877, le jour. | Danube. | 1 chaloupe Thornycroft, 1 chaloupe avec torpilles portées. | Les conducteurs furent brisés sur la chaloupe. La Thornycroft n'atteignit pas le navire. On attaquait un monitor en marche. | Légères avaries à la chaloupe ; trois blessés. |
| Le 23 août 1877, la nuit. | Soukhoum-Calé. | 4 chaloupes avec torpilles remorquées. | 3 torpilles éclatèrent et endommagèrent gravement le cuirassé *Assari-Shefket*. | Aucune. |
| Le 9 oct. 1877. | Bouche de Soulima. | Torpille d'estacade avec des contacts. | La canonnière *Sünne* fut complètement détruite. | Quatre blessés lors de l'immersion de la torpille ; deux tués. |
| Le 26 déc. 1877, la nuit. | Batoum. | 2 chaloupes avec torpilles Whitehead. | Les deux torpilles furent lancées sans résultat. | Aucune. |
| Le 26 déc. 1877, la nuit. | Batoum. | 2 chaloupes avec torpilles Withehead. | Les deux torpilles atteignirent et firent sauter un petit vapeur. | Aucune. |

Les résultats ci-dessus et aussi cette circonstance que tous les États ont fait construire un grand nombre de cuirassés, munis de puissants canons et d'une cuirasse d'acier assez épaisse pour résister aux plus gros projectiles, ont amené à se poser la question suivante : N'est-il pas possible d'amener des torpilles sous ces colosses, ou, à l'aide de projectiles explosifs, d'en détruire la partie qui se trouve au-dessous de la ligne de flottaison et qui, naturellement, ne peut être que faiblement protégée? Cette idée a ouvert aux inventeurs un nouvel et vaste champ d'activité.

### Les torpilles automobiles à fonctionnement automatique.

Maintenant que nous connaissons l'histoire de l'apparition des torpilles et leurs effets destructeurs, examinons d'un peu plus près ces moyens d'attaque, dont disposent plus spécialement les bâtiments torpilleurs, mais aussi les autres.

*La torpille Whitehead.* En tête de ces nouveaux engins figure sans conteste la torpille automobile Whitehead, l'arme la plus parfaite de ce genre.

Si nous demandions au premier venu quelle est, selon lui, la plus remarquable machine qu'on ait jamais inventée, il répondrait probablement que c'est le tour ou la machine à vapeur. Et il aurait assurément raison si par le mot « remarquable » on entendait la machine ayant exercé la plus puissante influence sur l'humanité.

Mais si, en posant cette question, on entend parler de la machine qui représente le produit du plus puissant génie inventif dans l'art mécanique et se distingue par la supériorité de sa construction, alors la seule réponse juste à faire, c'est de nommer la torpille Whitehead. Et cependant, combien peu de personnes connaissent l'organisation de cette machine diabolique, ou même l'ont seulement vue? Elle est, par sa construction, tellement énigmatique et complexe que, même dans la marine, dit Armstrong (1), les « spécialistes » seuls ont quelques données sur la disposition et le fonctionnement de son mécanisme. Et cela n'a rien d'étonnant, puisque des officiers qui se sont occupés de ces engins des années entières vous disent que, dans les torpilles Whitehead, on trouve toujours quelque chose, ou de nouveau ou de digne d'étude.

De même qu'un médecin progresse constamment dans la connaissance de la nature de l'homme, de même un officier torpilleur découvre chaque jour dans ces complexes appareils d'acier quelque nouveau trait ou particularité nouvelle. Chaque torpille possède ses caractères individuels particuliers, qu'il faut soigneusement étudier et constamment rectifier, pour

---

(1) Armstrong, *Torpedoes and Torpedo-Vessels.*

être sûr qu'elle fasse son service de la manière voulue quand on la chargera de sa seule et finale mission, qui consiste à détruire un bâtiment ennemi. Et si elle remplit convenablement cette mission, les soins constants et l'attention consacrée à la torpille seront amplement payés ; car le navire atteint par l'explosion d'une torpille Whitehead est presque aussi certainement détruit que s'il se trouvait déjà au fond de l'Océan.

Que peut faire l'art des ingénieurs et constructeurs maritimes, quand un tel engin, atteignant heureusement la coque d'un navire, est capable, par l'explosion de 200 livres de pyroxyline, d'en crever et détruire toute la partie située au-dessous de la ligne de flottaison? Pourtant, entre les mains d'hommes ignorants et maladroits, la torpille Whitehead devient une arme aussi dangereuse pour les amis que pour les ennemis. Mais maniée par des hommes adroits et résolus, elle constitue le plus terrible engin de guerre qui ait jamais existé.

Nous sommes redevables de l'invention de la torpille Whitehead aux études du capitaine Lupius, de la marine autrichienne, qui, de sa propre initiative, exécuta toute une série d'expériences pour essayer de faire mouvoir à la surface de l'eau un petit brûlot ou une torpille flottante en la dirigeant d'un point fixe, au moyen des extrémités de deux câbles formant conducteurs électriques (1). La partie antérieure était remplie d'une

Son premier inventeur, le capitaine Lupius.

----

(1) Il faut observer que l'idée des torpilles automobiles n'est pas tout à fait nouvelle. On peut, en effet, comparer les torpilles sous-marines à des projectiles lancés par un canon établi sur la côte ou sur un navire et construits de façon à pouvoir parcourir sous l'eau un assez grand espace, dépendant de la profondeur et de la direction donnée. (*Revue technique de l'Exposition de Chicago. — Arts militaires.*) Or, dès le commencement de ce siècle, on a construit des canons qui devaient lancer sous l'eau des projectiles pleins à dix mètres seulement de distance. Ces canons, lors de leur apparition, furent appelés canons sous-marins. Les appareils au moyen desquels on les établissait sur les navires et on leur donnait la direction voulue sont surtout intéressants.

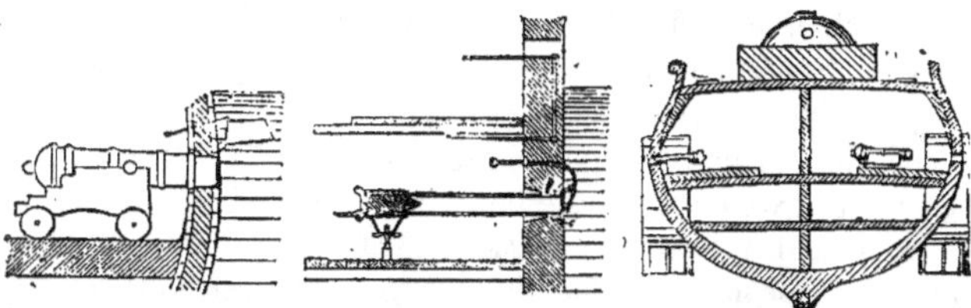

Premiers canons employés pour tirer sous l'eau.

Dans ces derniers temps, l'idée de construire des canons sous-marins pour frapper les navires fut de nouveau remise sur le tapis et, à l'exposition universelle de Chicago, les canons construits d'après le système Ericcson excitèrent un grand intérêt et attirèrent l'attention.

charge de poudre ou de quelque autre composition explosive ; charge qui, au contact de la torpille avec la coque du navire contre lequel elle était lancée, faisait explosion automatiquement. La torpille devait être mise en mouvement par la vapeur ou par un mécanisme d'horlogerie. C'est à ce dernier qu'on donna la préférence. Après différents essais, Lupius soumit ses idées et ses propositions au gouvernement autrichien, dont les autorités maritimes déclarèrent ses idées inapplicables, s'il ne parvenait pas à trouver quelque moteur indépendant et d'un fonctionnement sûr, ainsi que de meilleurs moyens pour diriger sa torpille.

Comment<br>Whitehead<br>la<br>transforma<br>et la fit adopter. Sans se laisser rebuter par aucun obstacle, le capitaine Lupius se remit au travail, et enfin en 1864, par un heureux hasard, il demanda l'assistance et les conseils d'un excellent mécanicien, Whitehead, qui, à cette époque, occupait le poste de directeur d'une des usines établies à Fiumes pour la construction des machines. Les idées encore insuffisamment mûries du capitaine, inapplicables en elles-mêmes, attirèrent cependant l'attention de Whitehead sur cette question, et l'amenèrent à s'occuper de ce nouvel et intéressant problème.

Pourtant Whitehead se convainquit bientôt qu'une torpille se mouvant à la surface de l'eau et dirigée d'un navire ou de la côte au moyen de câbles était extrêmement peu pratique, et qu'en tous cas un appareil de ce genre ne pouvait avoir qu'une sphère d'action utile très limitée. En conséquence, laissant de côté l'idée primitive de Lupius, il se mit à faire des recherches par lui-même, en s'efforçant de résoudre la question suivante : Ne serait-il pas possible d'imaginer une torpille qui, une fois lancée dans une certaine direction, n'aurait absolument plus besoin d'aucune aide extérieure et posséderait encore une supériorité de plus, celle de pouvoir se mouvoir sous l'eau?

C'était là un problème extrêmement difficile; mais, après deux ans de travail obstiné, Whitehead réussit à construire la torpille qui, depuis lors, porte son nom, puis il présenta aux gouvernements autrichien et anglais l'engin qu'il avait inventé.

La commission nommée pour l'examiner, après des expériences faites sur l'*Obéron* et l'explosion réussie de la corvette en bois l'*Aigle*, formula les conclusions suivantes : « La puissance maritime qui ne se munirait pas de semblables torpilles automobiles sous-marines, négligerait par làmême une source de puissance énorme, tant pour la défense que pour l'attaque. »

Cette constatation des mérites de la torpille automobile, faite par l'Angleterre, la première puissance maritime du globe, eut pour conséquence forcée que la France, l'Allemagne et l'Italie suivirent promptement cet

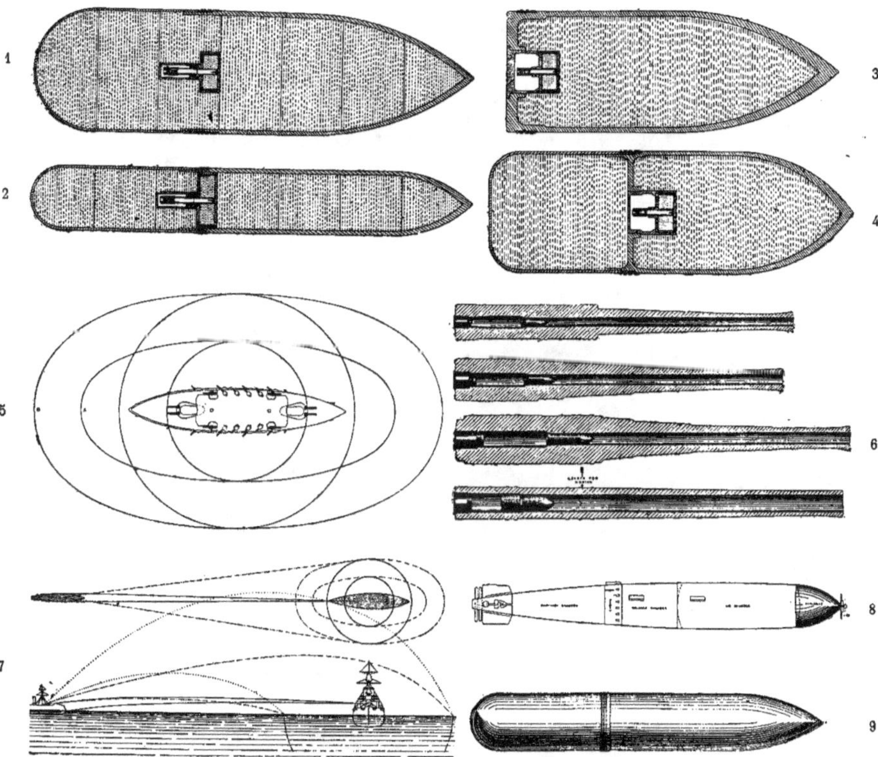

1. Torpille Maxim avec 1,000 kilogr. de pyroxyline. — 2. Torpille Maxim à 250 kilogr. — 3. Torpille Maxim à 500 kilogr. de picrate; portée : 13 kilom. — 4. Torpille Maxim à 710 kilogr. de picrate, détruisant le plus puissant navire de guerre en tombant seulement à 140 pieds de lui. — 5. Étendue du champ d'action des charges de 500 kilogr. de pyroxyline (petit cercle) et des charges de 1,000 kilogr. (grand cercle). — 6. Canons : le premier, de 46 tonnes; le second, de 67 tonnes; le troisième, de 110 tonnes; le quatrième, de 46 tonnes. — 7. Comparaison d'un croiseur du prix de 100,000 livres sterling et d'un cuirassé du prix d'un million sterling, et rayons de l'espace battu par eux. — 8. Torpille Whitehead contenant 100 kilogr. de pyroxyline et ne portant pas au delà de 1,500 mètres. — 9. Torpille aérienne Maxim, renfermant 1,000 kilogr. de pyroxyline.

exemple, et actuellement toutes les marines de guerre ont à leur disposition des torpilles Whitehead.

Le modèle primitif de la torpille fut, d'ailleurs, avec le temps, et grâce aux efforts de toutes les nations maritimes, notablement amélioré, et le résultat de ces efforts fut qu'actuellement il existe 24 modèles différents de la torpille Whitehead.

Nous donnons ci-dessous des figures, empruntées à un ouvrage d'Armstrong (1), des trois modèles de cet engin employés dans la marine anglaise.

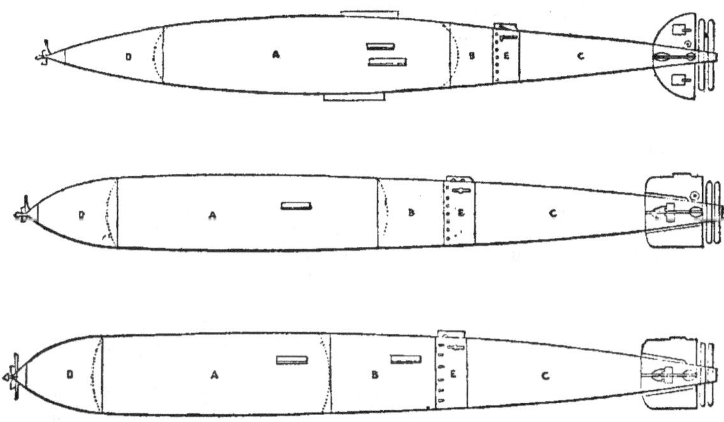

Torpilles Whitehead de 14 pouces.
A, compartiment rempli d'air ; — B, compartiment hydrostatique ; — C, compartiment d'arrière ; — D, chambre de la charge ; — E, compartiment de la machine.

Dans les pages précédentes, nous avons brièvement exposé l'histoire des torpilles Whitehead. Il nous reste maintenant à faire connaître, aussi simplement que possible, les détails les plus essentiels de l'organisation de cet engin, ses différents procédés de lancement et ce qu'il peut faire à charge pleine dans les terribles problèmes de la guerre.

La torpille Whitehead a deux gouvernails : l'un vertical, qu'on dispose avant le tir et qui force l'engin à suivre la direction voulue ; l'autre horizontal, qui sert à le maintenir à la profondeur choisie pour un coup déterminé. A l'arrière de la torpille fonctionnent deux hélices disposées de façon

Description<br>et<br>fonctionnement<br>de cet engin.

----

(1) Armstrong, *Torpedoes and Torpedo-Vessels*, 1896.

à détruire la mauvaise influence que pourrait exercer leur rotation sur la marche de la torpille. Ces deux hélices sont enfermées dans un cadre qui les protége du contact des objets susceptibles d'arrêter leur mouvement.

Le corps de la torpille comprend six compartiments distincts, disposés de l'avant à l'arrière dans l'ordre suivant : 1° compartiment de percussion avec appareil percuteur ; 2° chambre à charge ; 3° réservoir d'air comprimé ; 4° compartiment hydrostatique qui renferme un régulateur pour maintenir la torpille enfoncée de la même quantité au-dessous du niveau de l'eau ; 5° compartiment contenant le mécanisme moteur ; 6° logement de l'axe à l'extrémité duquel sont fixées les hélices. Une torpille Whitehead de ce genre, avec tous ses accessoires, pèse 174 kilogr. et coûte 5,000 francs (1).

(1) Pour permettre au lecteur de mieux juger de l'importance de la torpille Whitehead dans l'armement actuel des bâtiments, nous donnons ici des dessins plus détaillés des différentes parties de cet engin avec leur description.

*Chambre à charge.* — Dans le compartiment antérieur de la torpille automobile Whitehead se trouve la charge et l'appareil percuteur pour l'enflammer, comme on le voit dans le dessin ci-dessous. Cet appareil percuteur constituant un tout avec l'inflammateur ne s'adapte à la torpille qu'au moment de son chargement et est vissé à bloc à sa partie antérieure. Les différentes pièces de l'appareil de percussion et le tube où s'introduit le percuteur sont en bronze : le percuteur lui-même est en acier nickelé. Sur ce percuteur, à une petite distance de son extrémité antérieure, se place un écrou ou plateau O, vissé dans la rainure A. Immédiatement après celle-ci s'en trouve une autre sur laquelle sont solidement vissées les branches W. Avant le tir, l'écrou O s'appuie sur les branches W, mais pas à plein, et pour que ces parties métalliques ne se touchent pas, des ouvertures X sont pratiquées dans trois de ces branches W, tandis que la quatrième s'appuie à plat sur la pièce Z. Ce dispositif ne permet pas de visser l'écrou trop serré et il peut librement tourner, les trois ouvertures pratiquées dans les autres branches lui en donnant la liberté, en même temps que la quatrième branche étant pleine, l'écrou ne peut se visser jusqu'au contact de la pièce Z. La capsule K contient 38 grammes de fulminate de mercure, et la cartouche inflammatrice E est formée de six disques de fulmi-coton, enfermés dans un cylindre de cuivre dont la partie antérieure, comme nous le verrons plus loin, est fixée au

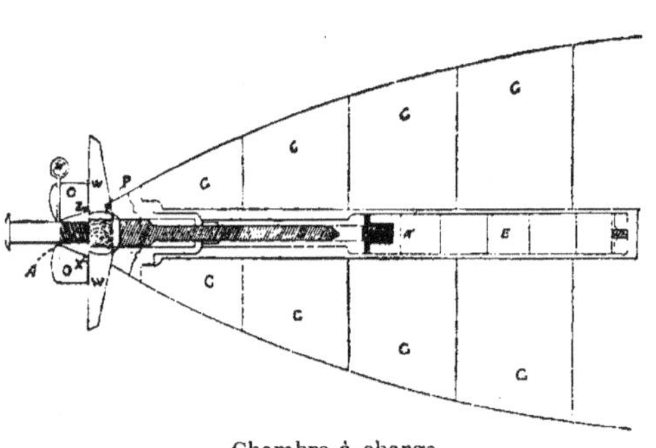

Chambre à charge.

La torpille peut être lancée de la côte, d'un bâtiment de guerre ou même d'une embarcation quelconque avec un petit équipage. On se sert Modes d'emploi<br>de la torpille<br>Whitehead.

tube qui contient le mécanisme percutant. La partie postérieure de ce cylindre est maintenue solidement en place par un anneau en caoutchouc.

*La soupape d'arrêt* — Le tube-enveloppe P, de la soupape d'arrêt, est fixé à l'avant du compartiment hydrostatique. Cette soupape communique d'un côté, par le tube K, avec le réservoir d'air comprimé, de l'autre par le tube H avec les soupapes des machines et avec ces machines mêmes. S'il faut arrêter l'arrivée de l'air du réservoir, la soupape C s'abaisse, et ferme l'accès au moyen de la clef R, fixée sur l'extrémité quadrangulaire S de la tige de la soupape d'arrêt.

Dans le dessin ci-contre, la soupape est représentée complètement fermée, et la clef R ne peut être retirée tant qu'elle n'est pas sortie de la rainure, auquel cas la soupape s'ouvrira. Ce vissage de la clef pour fermer la soupape, avec impossibilité de la retirer tant que la soupape n'est pas ouverte, est une mesure de précaution. Grâce à elle,

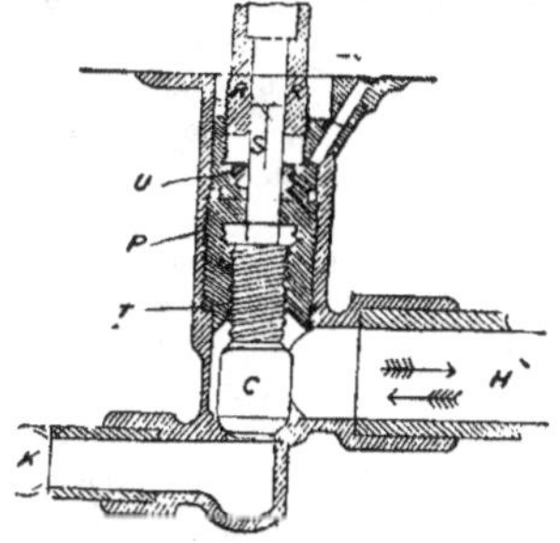

Soupape d'arrêt.

la torpille ne peut être placée dans l'appareil de lancement avec sa soupape fermée : parce que la poignée de la clef ne permettrait pas son introduction et ferait voir que la torpille n'est pas pourvue de sa force motrice. Quand la soupape est ouverte, la surface supérieure de la partie C s'applique complètement sur la partie inférieure de la partie T, et l'air ne peut pas s'échapper par la soupape.

*Soupapes d'admission et de la machine.* — La soupape d'admission (A, figure ci-

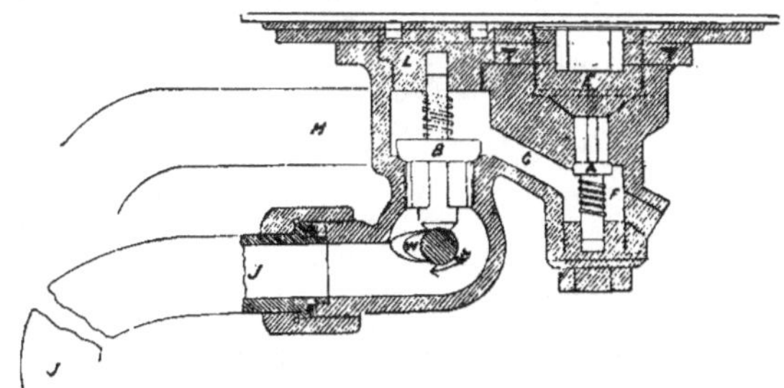

Soupapes d'admission et de la machine.

contre), sert à faire pénétrer dans la torpille l'air du réservoir où cet air a été emmagasiné à l'avance à la pression voulue. Le tampon E s'ôte par dévissement de la douille T et à sa place on visse un chargeur portant à son extrémité un tube qui sert à l'admission de

pour cela du canon à torpilles ou bien d'un appareil lanceur. La torpille dont la section d'avant a été munie d'une charge de pyroxyline et le réservoir rempli d'air comprimé, qu'on a réglée ensuite pour la profondeur et la distance voulues, est introduite enfin dans l'appareil d'où elle sera lancée, soit par la détente de l'air comprimé, soit par la déflagration d'une certaine charge

---

l'air venant du réservoir. Puis on ouvre la soupape d'arrêt ci-dessus décrite et l'on fait arriver l'air par le tube à la soupape d'admission. Sous la pression de cet air, la soupape A s'abaisse et le ressort F, placé dessous, se bande. L'air peut alors passer librement par la soupape et le tube G au tube H, qui conduit à la soupape d'arrêt et au réservoir d'air comprimé. Quand la torpille est suffisamment chargée, on ferme la soupape d'arrêt et on dévisse un peu le chargeur qu'on ferme ensuite. Alors, par l'effet du ressort F et de l'air qui se trouve au-dessous, la soupape A remonte à sa position primitive et se ferme. On revisse ensuite le tampon E en place. En sortant de la soupape d'arrêt, l'air va, par un tuyau, à la soupape des machines et, par son intermédiaire, il arrive dans celles-ci, ou bien est arrêté. Le fonctionnement s'opère comme il suit : La soupape des machines, qui y introduit l'air, est représentée sur le dessin par la lettre B. Quant la torpille est lancée, le fonctionnement de diverses pièces du mécanisme fait soulever la soupape B et l'air venant du tube H passe au tube J par la soupape des machines où il pénètre. Un petit ressort maintient alors les choses en état pour éviter qu'au moment du choc contre l'eau, la soupape ne retombe. Quand la torpille a parcouru la distance voulue, ce même ressort, sous la pression de l'air qui se trouve au-dessus, fait refermer la soupape qui reprend sa position primitive. L'arrivée de l'air dans la machine est ainsi interrompue et la torpille s'arrête.

*La détente.* — Il est facile de comprendre que si les machines n'étaient pas, de quelque façon, maintenues pendant le temps que la torpille met, lors de son lancement, à parcourir la distance qui sépare l'appareil de l'eau, les hélices n'ayant pas à vaincre la

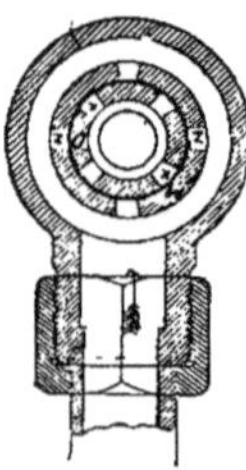

résistance opposée par le liquide auraient tendance à tourner avec une vitesse énorme. Et de fait, dans les torpilles du nouveau modèle, ces hélices tourneraient avec une vitesse qui ne serait pas inférieure à 2,000 tours par minute, ce qui produirait de violentes secousses dans la torpille et la disloquerait.

Pour remédier à cela on a imaginé une détente. Dans le dessin ci-contre, la soupape de la détente est représentée par la lettre D. Elle repose librement sur le support M et présente des ouvertures indiquées par la lettre K. Le support présente également des ouvertures Z. Tant que la torpille n'a pas atteint l'eau, la soupape se trouve dans la situation représentée sur le dessin et, par suite, si de l'air la traverse, ce ne peut être que celui qui passe entre elle et son support. A la soupape est fixée une tige D qui, à sa partie

La détente
et sa soupape.

supérieure, porte une détente plate faisant un peu saillie au-dessus de la surface de la torpille. Quand celle-ci se heurte contre l'eau, la détente avec la tige est ramenée en arrière, et la soupape D tourne jusqu'à ce que les ouvertures Z et K se correspondent ; ce qui permet à l'air comprimé de pénétrer dans les machines.

Après avoir ainsi traversé la soupape de détente, l'air arrive au régulateur de ces machines.

de poudre. On peut donner la direction à la torpille et en vérifier l'exactitude jusqu'à ce qu'elle sorte du tube de l'appareil. Lors de sa sortie, un crochet placé à sa partie supérieure est relevé par l'appareil lanceur lui-même et, en se relevant, ouvre à l'air comprimé l'accès de la machine qui

*Le régulateur des machines.* — Ce régulateur, représenté sur la figure ci-dessous, a pour objet d'amener l'air aux machines sous une pression uniforme pendant tout le parcours, de façon que ces machines soient toujours actionnées par une même force.

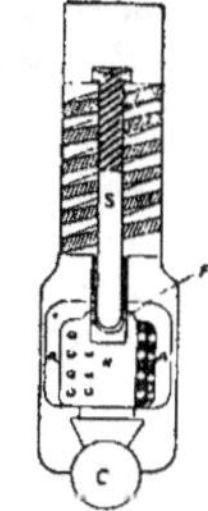

L'air traverse un tube C au milieu de la soupape, laquelle consiste en un anneau métallique présentant des entailles et recouvrant un autre anneau intérieur entaillé de même. L'anneau extérieur porte une tige S qui s'appuie sur un barillet F, et est maintenue dans cette position par un ressort puissant. Quand l'air arrive dans la soupape, il pénètre, en passant par les ouvertures des deux anneaux, dans l'espace A. Mais si la pression, dans cet espace A, s'élève trop, l'anneau extérieur se soulève en bandant le ressort. Le barillet F se soulève aussi et les ouvertures des deux anneaux cessent de se correspondre. L'air ne peut donc plus, dès lors, arriver librement dans l'espace A et la pression diminue aussitôt, par suite de quoi les ouvertures se rouvrent. Pendant tout le parcours de la torpille, la soupape du régulateur des machines se soulève et s'abaisse, retenant l'air ou le laissant passer suivant que la pression augmente ou diminue.

Le régulateur des machines.

En sortant du régulateur, l'air est admis dans les soupapes des machines.

*Direction de la marche de la torpille.* — Pour augmenter la force d'action des leviers mis en action par le pendule qui règle le mouvement de la torpille dans l'eau — absolument comme sur les navires où la machine du gouvernail renforce le travail accompli par le pilote qui agit sur la roue — on a imaginé pour la torpille un servo-moteur dont nous donnons le dessin ci-dessous.

Ce servo-moteur n'a environ que 4 pouces de long; mais sa force est si grande qu'avec une pression sur la soupape, de la force seulement d'une demi-once, le piston peut soulever 180 livres.

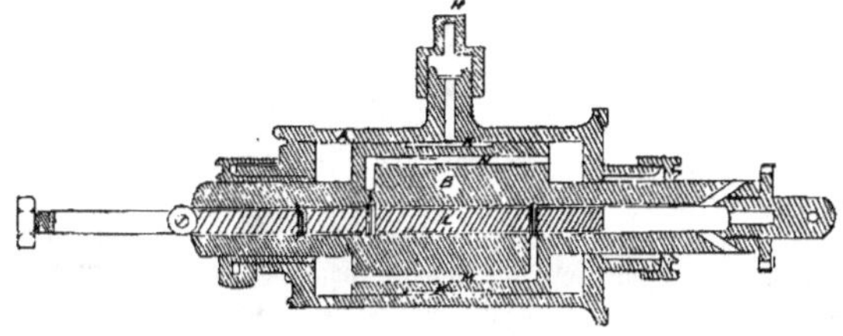

Servo-moteur.

Dans le dessin ci-dessus, **A** est le cylindre, **B** le piston, **Z** la soupape du cylindre. Voici comment fonctionne le servo-moteur : Quand l'air arrive dans les machines

commence à fonctionner. A partir de ce moment, la torpille se meut d'une façon indépendante dans la direction qui lui a été donnée. Elle suivra une ligne droite si celui qui l'a tirée a placé en ligne directe le gouvernail vertical. Mais si on incline ce gouvernail à droite ou à gauche, la torpille décrit un arc de cercle.

---

principales, il pénètre en même temps — par le petit tube H — dans l'espace annulaire K qui entoure le piston B, puis dans l'espace annulaire qui entoure le milieu de la soupape.

Sur la figure, cette soupape est représentée dans sa position moyenne et ses appendices particuliers ferment les entrées des passages M et N.

Maintenant imaginons la soupape poussée en avant par l'action du pendule. L'appendice de gauche va alors à gauche et l'air a, par le passage N, accès dans l'espace qui se trouve en arrière du piston ; en même temps tout l'air qui se trouve en avant du piston s'écoule par le passage M, puisqu'à ce moment l'appendice de droite est déplacé et dégage l'ouverture qu'il recouvrait; puis l'air, après avoir agi, passe dans la partie ouverte du cylindre et, par l'arrière de la torpille, s'échappe au dehors. Comme conséquence, le piston est poussé en avant en même temps que les leviers qui actionnent le gouvernail, et celui-ci est soulevé. Naturellement quand la soupape se meut en arrière, le servo-moteur fonctionne en sens inverse.

Nous voyons ainsi que, de quelque côté que se meuve la soupape sous l'influence de l'action du pendule, le piston porte également de ce côté.

A l'extrémité antérieure du levier du gouvernail est fixé un ressort en spirale, disposé de façon qu'au terme de son parcours la torpille soit légèrement soulevée, afin qu'elle n'ait pas de tendance à s'abaisser.

*Appareil de distance.* — Le dessin ci-dessous montre comment s'arrête la torpille après avoir parcouru la distance voulue.

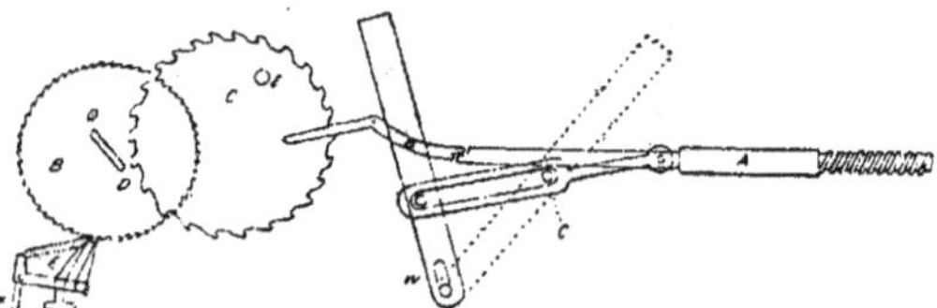

Appareil de distance.

Pendant que fonctionnent les machines, deux petits leviers FF, mis en mouvement par la tige X, se soulèvent et s'abaissent alternativement; la tige X, de son côté, est mise en mouvement par les machines principales. Ces petits leviers appuient sur les dents de la petite roue B et la font tourner d'une dent à chaque mouvement de va-et-vient des machines, lequel mouvement correspond à la distance d'un yard parcourue par la torpille, parce que le pas des hélices est de 39 pouces. Au milieu de cette petite roue se trouvent deux taquets D D qui, à mesure qu'elle tourne, s'engagent dans les dents de la grande roue C et la font avancer de deux dents par chaque tour complet de la petite roue. Cette grande roue porte également un ressaut ou taquet E.

La figure ci-dessous, empruntée à l'ouvrage de Hennebert : *L'Art militaire et la Science*, donne une idée de l'appareil sous-marin placé dans la coque d'un navire au moment où il vient de lancer une torpille.

Appareil de bord sous-marin lance-torpilles.

Le temps pendant lequel la machine de la torpille peut fonctionner dépend uniquement de la quantité d'air comprimé contenue dans le réservoir. Celui-ci se remplit au moyen d'une pompe à air.

En eau tranquille et en dehors de tout courant, une torpille Whitehead atteint facilement un but immobile éloigné de 200 à 400 mètres de son point de lancement. La probabilité d'atteindre diminue beaucoup si le tir a lieu contre un but mobile, ou si la torpille est lancée dans des eaux agitées par un mouvement de flux et de reflux ou bien traversées par un courant. Les bâtiments destinés à lancer les torpilles Whitehead ont ordinairement leur appareil torpilleur disposé à 8 pieds au-dessous de la surface de l'eau. La vitesse initiale imprimée à la torpille au départ est d'environ 200 mètres par minute.

Son lancement<br>et sa portée.

A mesure que la torpille avance, cette vitesse diminue peu à peu, par

---

La tige A, sous la pression d'un ressort, s'appuie sur le levier coudé B ; et à cette tige A est fixée à charnière une autre tige munie d'une ouverture longitudinale ou coulisse. La partie supérieure de cette ouverture, comme on le voit sur le dessin, s'appuie sur le bouton C fixé à la détente de la machine T. Cette détente, comme on l'a vu plus haut, communique avec la poignée W de la soupape des machines.

Au fur et à mesure de la rotation lente de la grande roue, le taquet E se rapproche du levier coudé B et enfin s'y appuie et abaisse une de ses extrémités, ce qui soulève l'autre. La tige A se trouvant ainsi libre, se lance fortement en avant, entrainant avec elle la coulisse ; dès lors le bouton C avec la détente T sont poussés en avant et la poignée W s'abaisse. La soupape des machines se trouve ainsi fermée : l'air n'y a plus accès et elles cessent de fonctionner.

Avant le tir, on met l'appareil à la distance voulue, par un simple mouvement de rotation de la grande roue, en la tournant jusqu'à ce que le bouton E se trouve écarté de l'extrémité du levier B, du nombre de dents voulu. Chacune des dents, en déduisant 10 0/0 pour le glissement, correspond à un parcours de 45 yards.

suite de l'épuisement de la force motrice, c'est-à-dire de l'air comprimé. La tête de la torpille, c'est-à-dire le percuteur, est munie de solides couteaux disposés en tous sens, pour qu'au lieu de glisser sur la surface convexe et lisse du corps du bâtiment, lorsqu'elle l'atteint sous un angle aigu, elle fasse au contraire une entaille dans cet obstacle et qu'ainsi se produise l'explosion (1).

*Les canons à torpilles.*     Il existe de nombreux appareils ou canons à torpilles, servant à les lancer à bord des navires. Ainsi, par exemple, dans la flotte anglaise, il en existe 16 modèles pour les torpilles de 14 pouces et 3 modèles pour celles de 18 pouces.

Il existe également divers appareils lanceurs pour les navires à tourelles, et qui s'adaptent aux conditions spéciales imposées par la disposition de ces bâtiments. Il suffira d'ailleurs de donner la représentation du canon à torpilles le plus récent employé dans la marine anglaise.

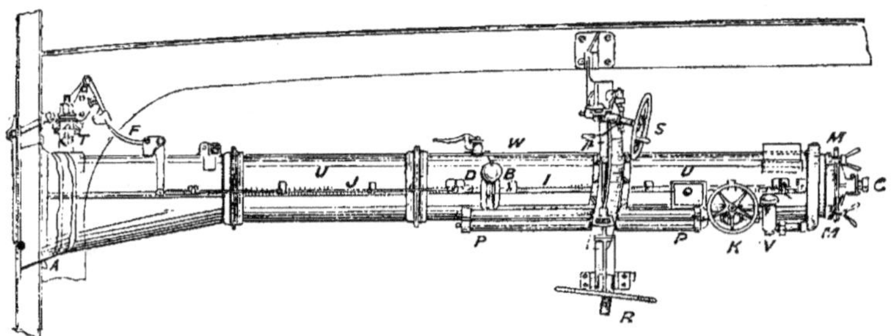


Canon à torpilles, nouveau modèle de la marine anglaise.

Sur le dessin, UU est le tube de l'appareil qui tourne autour de la charnière T. S est la poignée qui sert à mettre en mouvement le mécanisme de rotation de l'appareil : Le cadre *p* sert en quelque sorte d'affût au tube, auquel on donne l'angle d'élévation nécessaire à l'aide du volant qui fait mouvoir la vis de pointage. L'angle de tir se mesure sur un arc divisé en degrés fixé à l'affût *p* de l'appareil. W est le levier qui dirige la torpille. PP est le réservoir d'air comprimé qui sert à produire le lancement. O est la boîte des soupapes pour l'admission de l'air dans l'appareil. Avec le volant K on ouvre et on ferme la soupape à air préparatoire. V est la sou-

_______________

(1) *Die Aufgabe der Torpedos beim Angriff und Vertheidigung* (Le rôle des torpilles dans l'attaque et la défense) *Jahrbücher für die deutsche Armee und Marine.*

pape à air de combat, sous l'action de laquelle a lieu le tir et qu'on fait mouvoir à l'aide du levier J. Ce dernier, à son tour, est actionné par un courant électro-magnétique produit en B. Pour empêcher que la torpille ne puisse être lancée avant que l'appareil ne soit ouvert, le levier d'arrêt automatique F est rattaché au levier d'arrêt J, qui, par le moyen de la poignée D, empêche la tige I de tourner et de lancer la torpille. Quand le couvercle extérieur de l'appareil est soulevé, le levier F, par son mouvement, contraint le levier J à se mouvoir et à rendre libre la tige dont la rotation détermine le tir. A est un diaphragme en toile qui couvre l'ouverture pratiquée dans la coque, et C la chambre contenant la charge de poudre nécessaire : MM sont les portes de l'appareil.

La torpille se lance de la manière suivante : Quand le courant qui, par ses conducteurs, passe au poste de combat, y est fermé par l'officier chargé du tir, l'électro-aimant qui se trouve en B commence à agir et rend libre une lourde sphère Z dont la chute détermine la rotation de la tige I. Et, comme la soupape préparatoire était ouverte d'avance, l'air peut tout à coup sortir librement du réservoir et passer, par la soupape V, dans la partie postérieure de l'appareil où, en agissant par sa pression, il lance la torpille. Quand on tire seulement à poudre, la torpille est simplement chassée de l'appareil par l'inflammation d'une charge de poudre placée dans la chambre C. Les cartouches qui contiennent ces charges de poudre sont de deux poids différents : 4 onces et 4 onces 1/2 de poudre à gros grains, et le fond en est fermé par des disques de carton verni. Un tube en cuivre galvanisé qui renferme une composition inflammable est placé au milieu de la douille de la cartouche. Celle-ci prend feu sous l'action d'un fil de platine placé au milieu de la composition inflammable, et qui se trouve porté au rouge par l'effet du courant. La cartouche s'introduit dans l'appareil du côté extérieur de la porte et est maintenue en place par une soupape à charnière.

La description qui vient d'être donnée d'un appareil pour lancer les torpilles au-dessus de l'eau convient, d'une façon générale, aux divers modèles d'appareils analogues employés dans les différentes marines. Quoique la charge de poudre qui sert à lancer les torpilles soit, comme on l'a vu, insignifiante, la moindre variation dans son poids produit des changements étonnants dans le mouvement ultérieur de la torpille. Ainsi une augmentation, si faible qu'elle soit, de la puissance du choc produit par les gaz de la poudre, tendra à maintenir la torpille à la surface de l'eau, et une diminution la fera plonger au contraire davantage. Quand la torpille sort de l'appareil, sa vitesse n'est pas de plus de 25 à 30 pieds par seconde. Par conséquent, elle rencontre l'eau à quelques mètres à peine seulement du navire et en conservant sa situation horizontale.

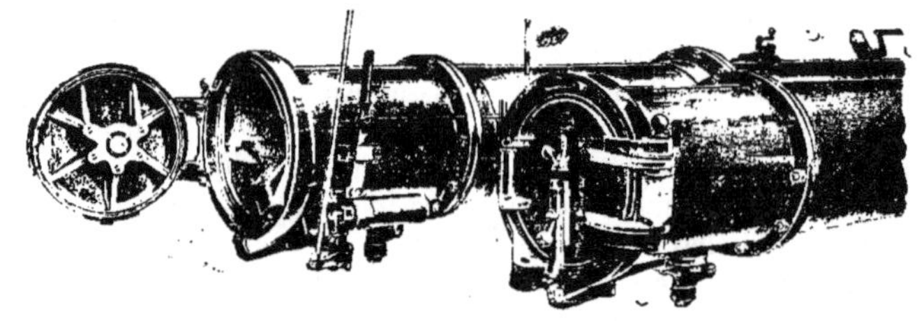

Appareils lance-torpilles.



Les appareils lance-torpilles sont installés soit isolément, soit par couples, sur les torpilleurs et contre-torpilleurs. Sur quelques-uns d'entre eux ils sont organisés et disposés comme dans les figures ci-dessus.

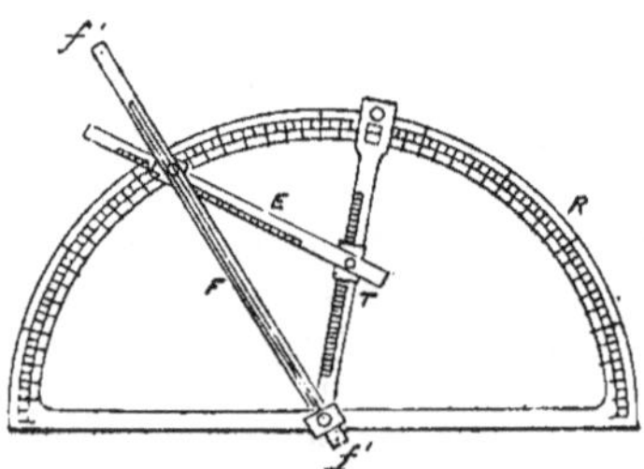



Appareil de visée pour les torpilles.



Il n'est naturellement pas possible de pointer sur l'ennemi les appareils lance-torpilles, comme on pointe des canons. Car ces appareils se trouvent soit au-dessous de l'eau, soit intérieurement et à couvert, contre le bordage du navire, et par conséquent ne peuvent pas être munis d'organes de pointage. Par suite, le tir des torpilles s'effectue au moyen d'un instrument de visée particulier placé à quelque distance des appareils lanceurs, sur le pont supérieur ou sur

Visée lors du tir d'une torpille au moyen d'un tube.



La Guerre Future (p. 79, tome III)

la passerelle, et qui remplace la hausse habituelle des canons. Cet instrument de visée est habituellement manié par l'officier torpilleur du navire lui-même, et quand la ligne de mire lui semble bien dirigée, c'est également lui qui fait partir le coup en pressant simplement sur un contact pour fermer le courant électrique, qui fait fonctionner l'appareil décrit plus haut.

Armstrong dit que, dans la marine anglaise, il existe différents systèmes de visée pour les torpilles, semblables à celui représenté sur la figure ci-dessus. Ce dernier est en laiton et son arc dé cercle R porte une division en degrés exactement semblable à celle d'un arc de cercle en cuivre cloué sur le pont au-dessous même de l'appareil lance-torpilles. La règle radiale T se meut sur cet arc, et cette règle porte des divisions qui correspondent aux vitesses de la torpille. Une autre règle F, tournant autour d'un axe central, est munie d'alidades et se nomme le viseur. Ces deux règles sont croisées par une troisième E qui porte des divisions indiquant la vitesse de marche de l'ennemi; elle se rattache par ses extrémités aux deux premières.

Supposons maintenant que la torpille doive être lancée dans une direction de 30° en avant par le travers, que le navire marche à la vitesse de 15 nœuds, que la vitesse déterminée de l'ennemi soit de 12 nœuds et celle de la torpille de 20 nœuds.

On commence par mettre la règle T à 30° en avant par le travers. Puis, pour tenir compte de la vitesse du navire, on ajoute à ce chiffre une certaine correction prise dans des tables *ad hoc*. On fait mouvoir ensuite, jusqu'à la division 20, — vitesse de la torpille, — le bouton qui réunit la règle E à la règle radiale et l'on fixe le bouton qui réunit le viseur à la règle E, au point où se trouve la division 12 (12 nœuds — vitesse de l'ennemi). En même temps, on place la règle E de façon telle, que la flèche qu'elle porte indique la direction suivie par l'ennemi. Les alidades présentent deux fentes *f f'* : et quand l'ennemi se trouve dans leur alignement, on ferme le courant et on lance ainsi la torpille de l'appareil (1).

Le dessin de la planche ci-contre montre le fonctionnement d'un viseur de ce genre à bord d'un torpilleur français. Il fait clairement comprendre ce qui vient d'être dit sur la façon de pointer les tubes lance-torpilles.

Comme nous l'avons vu, ces tubes lance-torpilles sont de préférence établis au-dessus de la ligne de flottaison. Mais sur quelques bâtiments on en trouve aussi de sous-marins. Nous donnons ici le dessin du tube sous-marin d'avant du cuirassé danois l'*Iver Hvitfeld*.

Tubes<br>lance-torpilles<br>sous-marins.

---

(1) Armstrong, *Torpedoes and Torpedo-Vessels*, 1896.

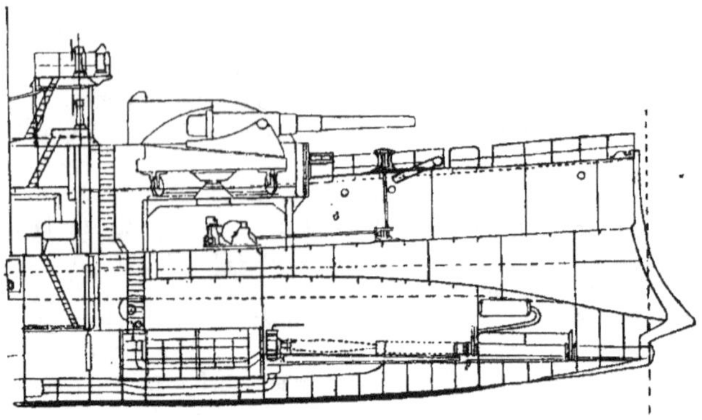

Tube lance-torpilles sous-marin de l'avant d'un cuirassé danois.

Torpille Howell.

Outre les torpilles Whitehead qui sont les plus répandues, on a, dans ces derniers temps, proposé et expérimenté toute une série de torpilles semblables de différents systèmes. Nous décrirons seulement une des plus employées, celle de Howell. La force motrice de cette torpille est donnée par la rotation d'un lourd volant d'acier du poids de $50^k,800$, placé au centre même de l'engin. On donne à ce volant une vitesse qui va jusqu'à 115 tours par minute, ce qui lui permet de communiquer à la torpille une vitesse de 15 nœuds.

Ce volant est mis en rotation à l'instant où on lance la torpille, par le moyen d'une turbine à vapeur ou d'une roue hydraulique de Segner. Il fait lui-même tourner deux hélices qui font mouvoir la torpille. Une fois lancée, celle-ci commence par marcher pendant 550 mètres avec une vitesse de 40 kilomètres à l'heure, de sorte qu'elle fait ces 550 mètres en 49 secondes. La distance totale qu'elle peut parcourir atteint généralement 900 mètres.

On dirige la torpille Howell au moyen de deux gouvernails verticaux qui, à leur tour, sont commandés par un pendule que fait osciller tout mouvement latéral et de rotation de la torpille. Celle-ci est immergée d'ordinaire à une profondeur de 3 mètres : d'après les calculs, elle dévie rarement de plus de 50 centimètres.

La figure ci-contre représente cette torpille dans l'eau (1).

_______________

(1) Sleemann, *Torpedoes and Torpedo-Warfare*, 1889.

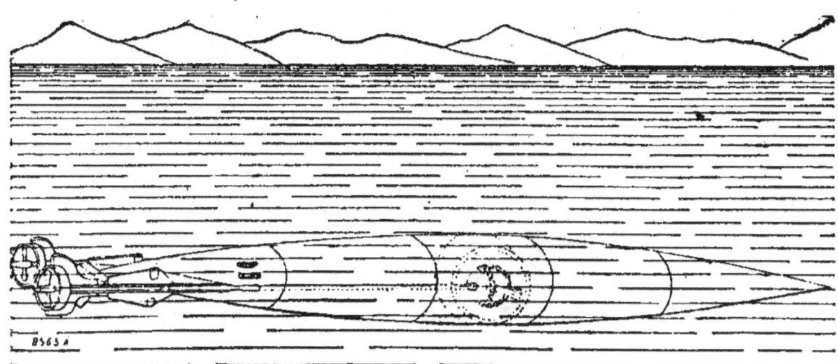

Torpille Howell.



Actuellement il est admis que la portée extrême des torpilles automobiles est de 1,000 mètres. On s'est aussi convaincu qu'avec des torpilles bien construites, il n'est pas nécessaire, pour les lancer, de s'approcher au-dessous de 200 mètres. Quand on est plus loin, les spécialistes assurent que sur trois torpilles dirigées contre un bâtiment immobile, par une mer calme, deux atteignent le but. Mais si ce bâtiment, ainsi que celui qui lance la torpille, est en mouvement, la probabilité d'atteindre diminue naturellement beaucoup. Si la distance entre les deux navires atteint 300 mètres et leur vitesse 8 kilomètres à l'heure, une torpille sur trois arrivera au but. Pendant un combat, quand on ne peut prévoir les mouvements de l'ennemi, l'effet des torpilles est, on le comprend, encore moindre et il est difficile d'évaluer la probabilité qu'elles ont d'atteindre le but.



Tels sont les résultats des derniers essais. — Que réalisera encore la technique dans cette direction, il est difficile de le prévoir : d'autant plus que toutes les expériences exécutées en France, en Italie et en Autriche sont tenues strictement secrètes. On sait seulement que partout les spécialistes se livrent à des recherches et à des études pratiques sur le perfectionnement des moyens d'attaque à la torpille (1) et que les gouvernements paient de très grosses sommes aux inventeurs pour leurs découvertes.

Le défaut de tous les engins ci-dessus décrits consiste en ce que leur probabilité d'atteindre le but est fortement influencée par les mouvements de l'eau et de ce but lui-même. Pour y remédier, on a construit des torpilles dirigeables qu'on peut faire mouvoir dans tous les sens jusqu'à des distances de 3,500 mètres. Il en existe de plusieurs systèmes : Lay, Wood,

---

(1) *Betrachtungen über Seetaktik.*

Patrick, Sims, Edison, Nordenfeldt et Brennan. Ces torpilles peuvent être surtout utiles quand le point d'où on les lance est immobile. Aussi sont-elles de préférence employées à la défense des côtes. Nous en donnerons ailleurs une description plus détaillée en parlant, dans un chapitre particulier, des blocus, de la défense des ports et de la destruction du commerce maritime. Nous allons maintenant passer à la description des navires spécialement destinés à se servir des puissants engins d'attaque et de destruction dont nous venons de parler.

### Développement de la construction des torpilleurs.

Première idée
des
torpilleurs.

C'est à l'américain David Bushnell, né en 1742 dans le Connecticut, qu'on attribue la première invention dans le domaine du combat naval à la torpille — ce qui lui a fait donner plus tard le nom de « père des armes sous-marines ».

Dès l'époque où il était employé au Yale College, en 1771-75, Bushnell s'occupa de cette question et plus tard il s'y consacra tout entier. Il est intéressant d'observer que dans tout ce qu'il entreprit et imagina, son but était de trouver des moyens d'attaquer l'ennemi : en un mot son idéal était la torpille employée comme moyen d'attaque. Le navire dont Bushnell se servit dans ses expériences fut le premier bâtiment qu'on ait pu réellement diriger sous l'eau.

Le bateau
sous-marin
de Bushnell.

La forme extérieure du bateau de Bushnell (1) rappelait celle d'une grande tortue formée de deux plaques dorsales convexes et sa disposition intérieure assurait assez de place et d'air à l'homme unique chargé de le diriger. Le bateau se mouvait à l'aide d'une hélice qu'on pouvait faire tourner dans un sens ou dans l'autre, avec les mains ou avec les pieds. Cette hélice était placée à l'avant de la chaloupe (2).

A l'époque de la guerre de Crimée reparut l'idée d'employer comme moyen d'attaque, des chaloupes armées de torpilles. Le général russe baron Tysenhausen proposa, en 1856, d'employer des torpilles pour attaquer une partie de la flotte alliée qui avait bombardé la forteresse de Kinburn et s'était ensuite trouvée arrêtée par les glaces dans les marécages de l'embouchure du Dniéper. D'après les expériences exécutées dans le port de Nicolaïevsk on pouvait compter sur de bons résultats ; mais néanmoins le moyen proposé ne fut pas employé contre les Alliés (3). Aussi bien sur mer que sur terre, l'armée russe se tint à l'égard de ses ennemis sur la

---

(1) Voir plus loin le chapitre intitulé : « *Bateaux torpilleurs sous-marins* ».
(2) *Die Torpedos und Seeminen in ihrer historischen Entwickelung.* — Berlin, 1878
(3) Brassey, *The British Navy.* — Londres, 1882.

défensive et par suite on ne prêta point attention au projet d'employer des bateaux torpilleurs comme moyen d'attaque.

C'est seulement dans la guerre de Sécession américaine que cet engin fut employé souvent et avec succès. Alors, non seulement on barricada les passes menacées d'une attaque de l'ennemi, en y établissant des torpilles (récipients métalliques remplis de poudre ou d'un autre explosif), disposées de telle sorte qu'au contact d'un bâtiment l'explosion se produirait — mais on dirigea de ces torpilles contre l'ennemi en les fixant à l'extrémité d'espars ou perches disposées à l'avant d'un bâtiment et les faisant éclater par le choc contre la coque du navire ennemi.

Emploi des torpilleurs dans la guerre de Sécession américaine.

Avec des torpilles de ce genre on détruisit complètement dix-huit bâtiments confédérés, et sept autres furent mis hors de combat par suite des avaries qu'on leur fit subir.

Dans cette guerre on ne peut signaler qu'un seul cas où l'attaqué soit parvenu à s'enfuir. C'est dans l'attaque du *Davids* (les torpilleurs étaient commandés par le capitaine Hunter surnommé Davidson) contre la frégate *Wabasch*, le 19 avril 1864. Le *Wabasch* était à l'ancre dans la rade extérieure de Charlestown au moment de la haute mer, quand retentit le cri : « Le *Davids* est en vue ! » Aussitôt on leva l'ancre et on s'enfuit à toute vitesse, prenant la mer pour échapper à ce minuscule adversaire. — Et le bâtiment qui fuyait ainsi était armé de 50 canons et comptait 700 hommes d'équipage (1).

Les premiers et les plus grands succès réalisés dans le domaine de la guerre des torpilles eurent lieu en Amérique ; et c'est dans ce pays que fut construit le premier grand vapeur — jaugeant 207 tonnes — pour les besoins du service des torpilles. C'était le *Spuyten Duyvil*, établi sur les dessins de Wood et Lay, qui fut terminé en 1865. Sa longueur était de 73 pieds 11 pouces (22m,50) et sa plus grande largeur de 20 pieds (6 mètres). Sa profondeur atteignait 9 pieds 11 pouces et il calait 4 pieds d'eau. Mais pour combattre, on le faisait enfoncer de 9 pieds 1 pouce, en le lestant avec de l'eau. Il était cuirassé au moyen de cinq plaques de 3 pouces et son pont était protégé par des plaques de même épaisseur.

Développement progressif des torpilleurs.

Suivant encore le développement de la question, nous voyons qu'au temps de la guerre franco-allemande, la construction des torpilleurs fut assez énergiquement poussée en Allemagne.

On construisit des navires en fer qui, d'après les conditions locales, pouvaient résister à une mer assez forte. Ces navires étaient munis de machines, silencieuses autant que possible, et produisant peu de fumée ;

_______________

(1) *Die Torpedos und Seeminen in ihrer historischen Entwickelung.* — Berlin, 1878.

ils pouvaient s'approcher de l'ennemi avec une assez grande vitesse. Ils étaient convenablement protégés contre le tir des canons légers et des fusils, même à petite distance. Leur longueur était d'environ 15 mètres, leur largeur de 2 à 3 et ils étaient presque entièrement plongés dans l'eau d'où émergeaient seulement leur pont convexe métallique et une tourelle cuirassée pour le capitaine et le pilote.

Ces bâtiments étaient en tôle de fer et devaient employer le naphte comme combustible. Mais plus tard on y substitua le charbon. Dans une mer assez calme, ils atteignaient une vitesse de 8 nœuds. Leurs torpilles étaient de simples torpilles portées, disposées par couples sur le pont supérieur, qu'on pouvait pousser en avant jusqu'à 4 mètres et faire détonner au moyen d'un courant électrique. Plus tard, ces bâtiments reçurent une autre destination, ils furent classés parmi ceux destinés à établir des barrages en torpilles.

Torpilleurs de 1870. Outre ces torpilleurs, on forma, pendant la guerre de 1870, une flottille de bâtiments analogues, au moyen de petits vapeurs et remorqueurs de rivière, dont tout l'armement consistait en deux torpilles portées au bout d'une perche et que l'on conservait sur le pont dans des coffres fermés.

Il ne fut pas donné aux torpilleurs allemands de prendre part à un combat; mais il n'est pas douteux que leur existence même n'ait empêché la réalisation de certaines attaques projetées par les escadres françaises.

A cette époque on introduisit dans beaucoup de flottes les torpilles remorquées. On s'exerçait à traîner à la remorque des torpilles remplies de substances explosives, et on cherchait alors à manœuvrer de telle sorte que l'une d'elles vînt rencontrer la coque d'un bâtiment ennemi et y fît explosion (1).

La figure ci-dessous nous montre quelle forme avaient les bateaux torpilleurs de cette époque.

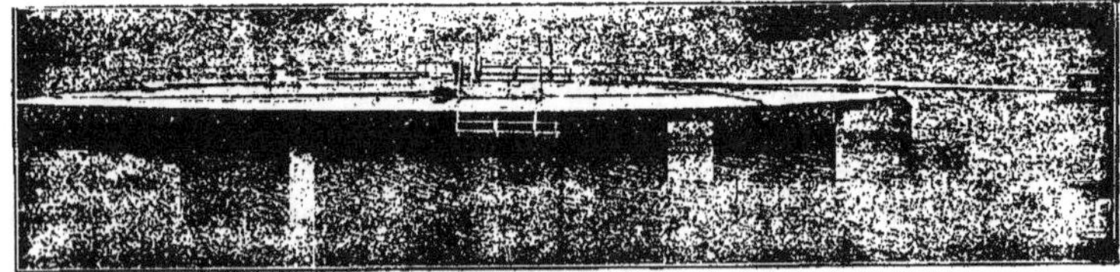

Aspect primitif des torpilleurs.

(1) Dittmer, *Kriegsmarine*.

L'importance, pour l'attaque, des torpilles portées, fut surtout mise en relief au cours de la guerre entre la Russie et la Turquie, en 1877. Les procédés employés pour faire éclater ces engins furent notablement perfectionnés; l'éclatement put se produire, soit par suite du choc de la torpille contre un corps dur, soit, à volonté, par la fermeture d'un courant électrique. Dans les neuf rencontres mentionnées plus haut, les Turcs perdirent un cuirassé, une canonnière et un vapeur; et deux autres de leurs cuirassés furent avariés. Leurs pertes en hommes ne sont pas connues. Du côté des Russes, dans ces mêmes rencontres, trois torpilleurs éprouvèrent des avaries et un fut coulé à fond. Deux matelots furent tués et neuf blessés.

Les expériences faites dans cette guerre eurent pour conséquence d'appeler l'attention générale sur les torpilles. L'étude des attaques dirigées contre la flotte turque conduisit promptement à se convaincre que si, au lieu de petites chaloupes, on employait des bâtiments construits spécialement dans ce but, les résultats seraient tout autres et beaucoup plus sérieux. C'est vers ce temps également que l'ingénieur Whitehead fit connaître sa torpille automatique qui fut immédiatement considérée comme une arme de première importance.

L'apparition des torpilles automobiles au nombre des engins de la guerre navale fit naître aussi un modèle particulier de bâtiments entièrement dissemblables de ceux qui jusqu'alors avaient figuré sur les listes de la flotte d'une puissance navale quelconque. Partout on en venait à conclure que, pour rendre à l'assaillant le maximum de services au moyen des torpilles, il fallait construire aussi un bâtiment qui pût utiliser ces engins avec le moins de risque et le plus d'efficacité possible. Le lancement pur et simple des torpilles par les grands navires peut rarement réussir. On ne peut pas alors diriger un de ces engins contre l'ennemi sans qu'il s'en aperçoive. En réalité, le seul cas où le lancement des torpilles par un bâtiment de grandes dimensions puisse avoir quelques chances de succès, c'est au cours d'un combat à force ouverte.

Torpilleurs construits pour employer les torpilles automobiles.

La conséquence de tout cela a été l'apparition d'un nouveau modèle de bâtiments doués d'une grande vitesse et d'une grande facilité de direction; en même temps qu'ils avaient une forme et des dimensions calculées pour offrir le moins de prise possible aux coups de l'ennemi. Telle fut l'origine des torpilleurs.

Mais depuis l'époque où les premiers navires de ce modèle furent projetés et construits, on est arrivé à les perfectionner tellement que les torpilleurs primitifs ne ressemblent pas plus à ceux des derniers types que les vieux vapeurs à roues aux rapides steamers transatlantiques modernes.

Tout d'abord, le torpilleur extérieurement ressemblait à une sorte de chaloupe à [vapeur ordinaire, munie d'une torpille portée et quelquefois ayant, de chaque bord, un grillage pour torpilles Whitehead. Ces torpilleurs étaient construits de façon à pouvoir se servir à volonté de telle ou telle sorte de torpilles. Ceux d'entre eux qui étaient pourvus de torpilles Whitehead étaient destinés au service que font de nos jours les torpilleurs de 2ᵉ classe. On s'en servait pour la défense des ports ou rades fortifiées ; mais ils ne prenaient la mer que par le beau temps.

A cette époque, les officiers de marine ne faisaient que commencer à s'occuper du service des torpilles. Et ces engins n'avaient alors, au point de vue de leur efficacité à la guerre, rien de commun avec ceux d'aujourd'hui. D'abord, comme nous l'avons dit plus haut, la torpille Whitehead du premier système était un engin dans lequel on ne pouvait avoir confiance. Elle fonctionnait très irrégulièrement: et, quant à savoir la torpille la plus sûre et la plus efficace au point de vue de la guerre, il existait presque autant de partisans de la torpille portée que de la torpille Whitehead. D'un côté, la première portée avait, dans bien des cas, prouvé son énorme puissance de combat, particulièrement à l'époque de la guerre civile américaine et de la guerre russo-turque. D'autre part, la Whitehead, quoiqu'à bien des points de vue supérieure à la torpille portée, n'avait pas encore subi l'épreuve de la guerre et, par suite, beaucoup de personnes n'avaient pas confiance en elle. Enfin il fallait aussi tenir compte des avantages de la torpille Harvey et de la torpille remorquée.

Le premier<br>torpilleur<br>Thornycroft<br>pour<br>la Norvège. Le premier bâtiment exclusivement destiné à l'emploi des torpilles fut le torpilleur construit par la maison Thornycroft, en Angleterre, pour le gouvernement norvégien, en 1873. Ce petit navire, dont nous donnons ci-

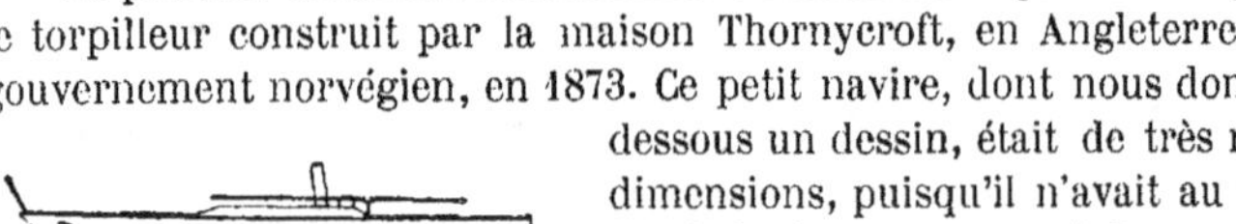

Le torpilleur norvégien de 1873.

dessous un dessin, était de très modestes dimensions, puisqu'il n'avait au total que 57 pieds de long et 7 pieds 6 pouces de large, avec 7,5 tonnes de jauge et une vitesse de 14,97 nœuds. On se proposait de l'armer d'une torpille remorquée, engin aujourd'hui complètement suranné. On ne considère pas moins, et avec raison, ce bâtiment comme un chef-d'œuvre de la mécanique et de l'art de la construction.

Les torpilleurs n'ont, en réalité, commencé à figurer sur les listes de toutes les flottes qu'en 1877. C'est cette année-là que fut construit par la maison Thornycroft le premier torpilleur anglais *Lightning*, et, par diverses autres maisons, pas moins de 100 torpilleurs pour le gouvernement russe.

Torpilleurs<br>anglais. Le *Lightning*, dont nous donnons ci-contre une représentation, fut livré au gouvernement anglais à Portsmouth, en mai de cette même année ;

mais il ne reçut son armement en torpilles que quelque temps après, de sorte que les tubes lance-torpilles n'y furent placés qu'en 1879. Il avait 85 pieds de long et 11 de large pour un tirant d'eau de 5 pieds. Il jaugeait 27 tonnes, ses machines avaient 460 chevaux de force nominale et sa vitesse maximum était de 19 nœuds.

La même maison construisit l'année suivante un tor-

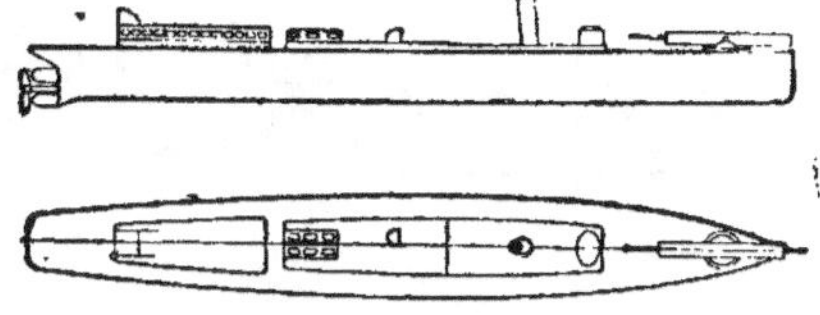

Torpilleur anglais de 1878.

pilleur pour le gouvernement italien, mais il ne fut pas aussi bien réussi que le prototype anglais et ne put donner que 18 nœuds de vitesse. Comme le *Lightning*, il ne fut armé que d'une torpille portée et des accessoires qui s'y rapportent.

Les 100 torpilleurs construits pour le compte du gouvernement russe etaient un peu plus grands que ceux qui, dans la marine anglaise, sont aujourd'hui appelés torpilleurs de 2ᵉ classe. Ils avaient 75 pieds de long, 10 pieds de large et une vitesse de 18 nœuds. Ces torpilleurs furent construits par sept maisons russes diverses; et MM. Yarrow, de Poplar, également constructeurs de torpilleurs, reçurent la commande des machines pour ceux de ces bâtiments qui furent terminés avant la fermeture de la navigation dans la mer Baltique en 1877 (1).

En même temps on établit, sur une commande du ministère de la Marine russe, des torpilleurs de dimensions considérables. Ainsi fut construit, à Saint-Pétersbourg, par la maison Berda, le *Vzryff* destiné à lancer des torpilles Whitehead. Il fut mis à l'eau le 13 août 1877. C'était un navire à hélice de 120 pieds de long et 16 pieds de large, dont le tirant d'eau était de 7 pieds à l'avant et de 10 à l'arrière.

D'après le contrat, ses machines devaient déployer 800 chevaux de force nominale.

En 1878, le capitaine Erissen construisit en Amérique un torpilleur en bois à petite vitesse et de forme semblable à ses deux extrémités. Le dessin ci-contre montre l'aspect général de ce navire, son gouvernail, son hélice et son canon à torpilles.

*Torpilleur américain Erissen.*

Après avoir fait de petits torpilleurs, on est arrivé peu à peu à des modèles de grandes dimensions. Ainsi, en 1880, furent construits, pour la République Argentine, quatre torpilleurs qui firent le voyage de Buenos-Ayres presque sans peine, et l'un d'eux arriva dans ce port vingt-deux

---

(1) Armstrong, *Torpedoes and Torpedo-Vessels*, 1896.

Le torpilleur Erissen. Vue générale.

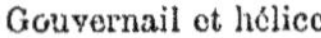

Gouvernail et hélice.

Canon lance-torpilles.

jours après son départ de Portsmouth. Dans sa lettre aux constructeurs, le capitaine d'un de ces bâtiments écrit : « Je puis dire sans hésiter qu'ils possèdent des qualités nautiques tout à fait extraordinaires. Nous avons fait les deux voyages par un temps presque toujours très frais et, sur le *Brazilian*, il nous a fallu doubler le cap Frio, par une tempête de S. S. O. si forte que je ne me souviens pas d'avoir vu la pareille depuis douze ans. Le navire s'est tenu merveilleusement. »

Après cela, les gouvernements de tous les pays, à l'exception de l'Angleterre, se hâtèrent encore davantage de faire construire des torpilleurs. En 1884, la situation était la suivante :

**Etat des torpilleurs existants en Europe en 1884.**

La Russie    avait . . . . . . . .    115 torpilleurs.
La France    —   . . . . . . . .     50      —
La Hollande —   . . . . . . . .     22      —
L'Angleterre —  . . . . . . . .     19      —
L'Italie     —   . . . . . . . .     18      —
L'Autriche   —   . . . . . . . .     17      —

Depuis est tombée, même en Angleterre, l'opposition qu'on avait d'abord faite, dans les sphères dirigeantes, à la construction des torpilleurs, et là aussi on s'est mis fiévreusement à en construire. Dans le cours de la seule année 1885 on acheva 54 torpilleurs de 1re classe, et les dimensions de ces navires, comme on le voit par les dessins ci-contre, furent notablement augmentées.

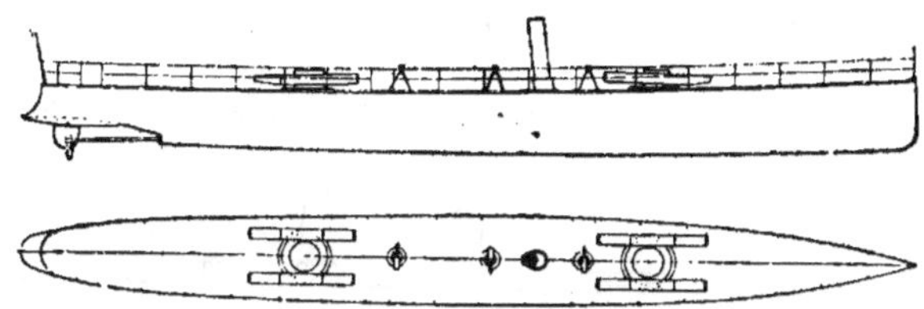

Torpilleur anglais de 1885.

On leur donna 127,5 pieds de long et 12,5 de large avec un tirant d'eau maximum de 6 pieds. Leur vitesse atteignait 21 nœuds et leurs machines pouvaient déployer 700 chevaux de force nominale.

La première des puissances navales s'étant, d'une façon si brusque et si décisive, résolue à comprendre les torpilleurs [au nombre des armes de combat sérieuses, le fait ne pouvait manquer d'avoir comme répercus-sion, dans toutes les flottes européennes, une augmentation des dépenses consacrées à la construction de ces navires. En 1886, on en construisait dans tous les pays. Les États-Unis seuls se refusaient encore à suivre l'exemple de l'Ancien-Monde et, pour des motifs à eux mieux connus qu'à personne, ils s'abstinrent de construire des torpilleurs, à l'exception d'un seul, de 2ᵉ classe, créé à titre d'essai.

Il est vrai que chez eux, à cette époque, la torpille Whitehead n'était pas encore adoptée. Mais, néanmoins, la torpille Howell, aussi, comporte dans une certaine mesure l'emploi de torpilleurs pour la faire agir. En tous cas, il est très remarquable de voir la puissance qui, dans la pratique, avait le plus fait usage des torpilles à la guerre, se montrer la moins entre-prenante à ce point de vue. Il arriva toutefois que le sens pratique des Américains se rectifia complètement ; car l'expérience fournie par les ma-nœuvres et la navigation des autres flottes montra qu'il fallait augmenter les dimensions des torpilleurs ainsi que leur vitesse.

### Les torpilleurs actuels.

Un revirement complet s'est produit dans la façon d'envisager le rôle des torpilleurs. On leur demande aujourd'hui de pouvoir naviguer aisé-ment en haute mer par tous les temps, de déployer une grande vitesse et de se suffire longtemps à eux-mêmes avec leur approvisionnement de combustible.

Pas un pays ne s'aviserait de construire aujourd'hui des torpilleurs de moins de 100 pieds. — On n'en construit que de dimensions bien plus grandes.

Armstrong donne comme modèle de torpilleurs le dessin ci-dessous :

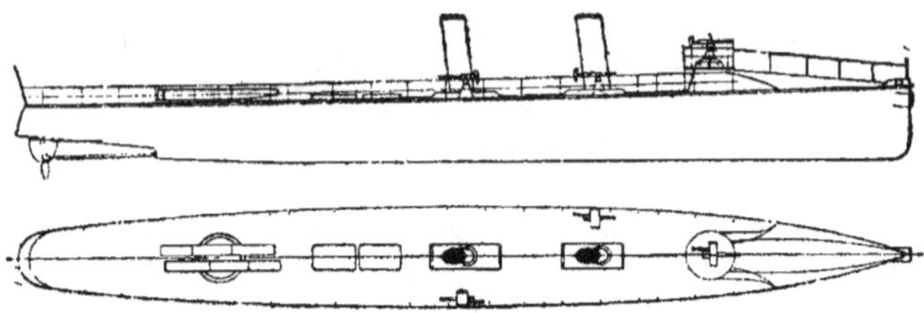

Le torpilleur anglais de 1894.

La longueur de ce modèle de torpilleurs est de 140 pieds, sa largeur de 15,5 pieds, et son tirant d'eau de 5,4 pieds, avec une vitesse de 24,5 nœuds. Il revient à 173,822 livres sterling. — Nous donnons ci-après une figure qui le représente aux manœuvres.

Torpilleur de première classe aux manœuvres.

En France, en Italie et ailleurs, on a donné aux torpilleurs des dimensions telles qu'il faut plutôt les compter au nombre des croiseurs-torpilleurs dont nous parlerons à part. Nous donnons, sur la figure ci-contre, la vue d'un torpilleur français de ce genre.

Un torpilleur français.

Les bateaux torpilleurs *Dunois* et *La Hire* appartiennent à cette série, de même que le *d'Ibeville*, le *Cassini* et le *Casabianca*, — quoiqu'ils soient perfectionnés au point de vue de la vitesse qui va jusqu'à 23 nœuds. On y a également introduit quelques améliorations dans la construction même du corps des bâtiments. Leur longueur atteint 78 mètres, leur largeur 8ᵐ50 et leur plus grand tirant d'eau 3ᵐ88. Ils jaugent 896 tonnes ; leur machine a une force nominale de 6.400 chevaux. Leur approvisionnement de charbon s'élève à 137 tonnes et leur permet de parcourir 5.000 milles à une vitesse de 10 nœuds. Ils sont armés d'un canon de 65 millimètres et de six canons à tir rapide de 45 millimètres. L'équipage est de 120 hommes, commandés par 8 officiers (1).

Ainsi il a fallu près de 70 ans pour qu'on attachât aux torpilles l'importance que méritent ces engins. Mais, depuis lors, il faut remarquer qu'en moins de 20 ans, ont été faits dans cette partie des progrès qui sont remarquables, même pour notre temps de rapide développement de toutes les branches de la technique. Mieux que tout le reste, d'ailleurs, les exemples suivants peuvent donner une idée de l'importance générale attachée aujourd'hui aux torpilleurs. Au Reichstag allemand, le ministre Stosch a dit : « Qu'on me donne un navire, une bonne torpille et un commandant énergique : et l'on peut compter que cet officier détruira le plus grand

L'opinion<br>en Allemagne<br>et<br>en Angleterre.

_______________

(1) Brassey, *Naval Annual*, 1896.

cuirassé monté par 500 hommes d'équipage et d'une valeur de 17 à 18 millions de marks (1). »

Le ministre anglais Charles Dilke a caractérisé comme il suit l'importance des torpilleurs :

« L'État qui veut dominer les mers doit, avant tout, se préoccuper de la puissance et du nombre de ses cuirassés ; les pays, pour qui ce but est secondaire et dont la flotte est essentiellement défensive, doivent se borner à construire des torpilleurs. »

Au fur et à mesure du développement des torpilles, les modèles de torpilleurs se sont, comme nous l'avons vu plus haut, perfectionnés peu à peu et l'on en construit de différentes dimensions.

Toutefois ces modèles ont un trait général semblable, c'est de ne s'élever que très peu au-dessus de la ligne de flottaison, et de ne laisser voir qu'une tourelle d'acier et une petite partie du pont. Ces coquilles de noix en acier, que monte un équipage peu nombreux, portent dans leurs flancs la mort à des milliers d'hommes avec une vitesse comparable à celle des trains rapides de chemins de fer, car beaucoup n'ont pas besoin de plus d'une minute pour parcourir un kilomètre.

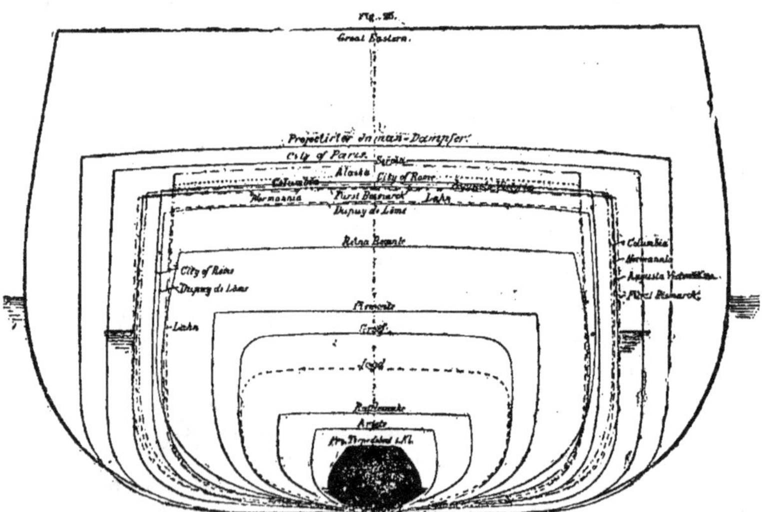


Comparaison des modèles de différents navires avec les torpilleurs.

(1) *Jahrbücher für die deutsche Armee und Marine : Die Aufgabe der Torpedos beim Angriff und Vertheidigung.* (Le rôle des torpilles dans l'attaque et la défense.)

Le meilleur moyen de montrer la petitesse relative des torpilleurs par rapport aux autres navires, c'est de les représenter comme dans le dessin ci-contre où figurent, en coupe, des bâtiments de différents modèles (1).

Les torpilleurs se répartissent ordinairement par classes. Ainsi, dans la marine française, il y a 5 classes : 1° les torpilleurs de la défense des côtes : 18 à 20 mètres de long et 11 à 15 tonnes de jauge ; 2° les torpilleurs croiseurs garde-côtes de 2^{me} classe : 27 à 28 mètres de long et 28 à 32 tonnes de jauge; 3° les torpilleurs croiseurs garde-côtes de 1^{re} classe : 33 à 35 mètres de long et 44 à 45 tonnes ; 4° les torpilleurs de haute mer : 40 mètres de long et 60 tonnes ; 5° les torpilleurs de construction nouvelle (1887) de 42^{m}50 de long et 100 tonnes de jauge.

Les torpilleurs des trois premières classes ci-dessus énumérées ont un armement propre seulement à l'attaque et disposent, ou bien de torpilles portées, ou bien de torpilles automobiles lancées par des appareils lance-torpilles ; les torpilleurs de haute mer n'ont que des torpilles automobiles et, chacun, deux canons-revolver. La grande vitesse de ces bâtiments leur permet, d'une part, de frapper l'ennemi à l'improviste ; de l'autre, de s'éloigner rapidement hors de portée du feu. En outre, on construit aussi de grands navires spécialement destinés à agir contre les torpilleurs eux-mêmes et qu'on appelle contre-torpilleurs, puis encore des navires jaugeant plus de 320 tonnes qu'on nomme habituellement avisos-torpilleurs et croiseurs-torpilleurs. D'après les résultats obtenus aux plus récents essais, les deux dernières classes correspondent spécialement à la désignation de contre-torpilleurs et navires éclaireurs dont il sera parlé à part. Les grands bâtiments de guerre portent, en outre, arrimés sur leur pont, de petits torpilleurs qui sont ainsi en tout temps à leur disposition. Quoique ces petits torpilleurs ne se mettent à l'eau que par un beau temps et que leur sphère d'action soit très restreinte, ils n'en peuvent pas moins, dans a chaleur d'un combat, ou pour agir contre une escadre de blocus, constituer une arme redoutable.

Si nous ajoutons encore qu'une grande partie même des anciens torpilleurs dispose d'une vitesse de 20 à 21 nœuds — soit près de 40 kilomètres à l'heure — et que la vitesse des plus récents atteint 30 nœuds ou près de 60 kilomètres à l'heure ; si nous disons qu'ils sont munis d'un fort approvisionnement de charbon (50 tonnes), grâce auquel ils peuvent se montrer à l'improviste, très loin de leur point de stationnement ou des

(1) Busley, *Die neuen Schnelldampfer der Handelsflotten und Kriegsmarine*. (Les nouveaux vapeurs des flottes de guerre et commerce.) — Kiel, 1893.

bâtiments de guerre qu'ils accompagnent, ou bien s'enfermer dans des ports inaccessibles aux vaisseaux de guerre faute de profondeur, pour y attendre un moment favorable et reparaître alors dans l'Océan, puis, leur œuvre de destruction accomplie, se réfugier dans leur port, — alors on comprendra clairement combien sera sérieux le rôle des torpilleurs dans la guerre navale future.

### Les croiseurs-torpilleurs.

De même que, dans la nature, il n'est pas d'être vivant qui ne soit destiné à devenir une proie pour d'autres, ainsi parmi les bâtiments qui prennent part à la guerre navale, il n'est pas de modèle de navire à qui l'on ne puisse opposer un autre modèle tout spécialement combiné pour détruire le premier. L'apparition de torpilleurs dans la composition de toutes les flottes a été promptement suivie de celle d'une nouvelle classe de bâtiments spécialement organisés pour lutter contre eux et pour attaquer ces véritables fléaux de la mer. En 1876, c'est-à-dire l'année même où la construction des torpilleurs commença d'entrer sérieusement dans les programmes de construction navale, l'amirauté allemande établissait le projet du premier représentant de cette classe de navires. On l'appela le *Ziethen* et il fut construit à l'usine de la *Thames Iron Works Company*. Il jaugeait 1.000 tonnes, avait 200 pieds de long, 29 de large, et ses machines qui développaient une puissance nominale de 2.500 chevaux lui communiquèrent aux essais une vitesse maximum de 16 nœuds, c'est-à-dire plus que suffisante pour rattraper en pleine mer l'un quelconque des torpilleurs alors existants. A l'arrière et à l'avant étaient installés des appareils lance-torpilles sous-marins ; l'armement du pont supérieur était constitué par 4 canons de 15 centimètres et 4 mitrailleuses. Au point de vue de la direction et de la facilité d'évolutions, ce navire se montra réellement excellent.

L'année suivante, l'exemple de l'Allemagne fut suivi par les Italiens qui construisirent un navire de 550 tonnes, et par les États-Unis qui établirent également deux petits cuirassés. Mais comme résultat obtenu, ces trois bâtiments se trouvèrent être mauvais. Trois ans plus tard, les Autrichiens se donnèrent 4 bâtiments de 850 tonnes, armés de mitrailleuses et d'appareils lance-torpilles : mais pas un ne put atteindre une vitesse supérieure à 14 nœuds.

Dans la période de 1882-1883, les Allemands construisirent encore deux croiseurs-torpilleurs de 1.380 et 2.000 tonnes avec une vitesse de 16 nœuds. Toutefois ces croiseurs se montrèrent trop peu maniables pour répondre au but auquel ils étaient destinés.

En 1885, la France et l'Angleterre se mirent sérieusement à faire des bâtiments de la catégorie ci-dessus décrite, ce qui parut être la suite des leçons que, d'après ces nations, il y avait à tirer de leurs manœuvres. La France mit en chantier le *Condor*, et l'Angleterre le *Scout*. Ces deux bâtiments étaient les premiers représentants de leur genre; ils avaient comme dimensions :

|  | JAUGE (en tonnes) | LONGUEUR (en pieds) | LARGEUR (en pieds) | FORCE NOMINALE (en chevaux) | VITESSE (en nœuds) |
|---|---|---|---|---|---|
| Le *Condor* (français). . | 1,280 | 216 | 29 | 3,800 | 17,7 |
| Le *Scout* (anglais). . . | 1,580 | 220 | 34 | 3,200 | 17,0 |

Toutefois, ces bâtiments aussi se montrèrent insuffisamment mobiles. Et, simultanément, en France et en Angleterre, on se mit à en établir de plus rapides encore.

Dans le navire français la *Bombe*, et dans l'anglais le *Rattlesnake*, nous trouvons les premiers représentants de la catégorie de navires connus aujourd'hui sous le nom de « destructeurs des torpilleurs ». En voici les dimensions :

|  | JAUGE (en tonnes) | LONGUEUR (en pieds) | LARGEUR (en pieds) | FORCE NOMINALE (en chevaux) | VITESSE (en nœuds |
|---|---|---|---|---|---|
| La *Bombe* (français). . | 395 | 196 | 21 $^1/_2$ | 1,800 | 18 |
| Le *Rattlesnake* (angl.). | 550 | 200 | 23 | 2,700 | 18,5 |

La figure ci-après, qui représente le *Rattlesnake*, peut nous donner une idée de l'aspect extérieur de ce genre de navires.

Le *Rattlesnake*.



Mais avec les perfectionnements ultérieurs des torpilleurs, la vitesse même de 18,5 nœuds fut jugée trop faible. On fit alors des essais pour l'augmenter. On se mit à installer, sur les torpilleurs, des machines de plus en plus fortes. Néanmoins, leur vitesse resta presque la même comme on le voit par le tableau suivant

| NOMS des NAVIRES | PRESSION DE L'AIR dans les foyers | FORCE NOMINALE | NOMBRE DE TOURS de l'hélice | VITESSE EN NŒUDS |
|---|---|---|---|---|
| *Dryad*. . . . . | 2,28 | 3,709 | 242 | 18,2 |
| *Halcyon*. . . . | 2 | 3,546 | 248 | 17,7 |
| *Harrier*. . . . | 1,77 | 3,608 | 254 | 19 |
| *Hazard* . . . . | 2,19 | 3,734 | 260 | 19 |
| *Hussar* . . . . | 1,69 | 3,553 | 263 | 19,7 |

Concurremment s'augmentaient aussi les dépenses : les premiers modèles de torpilleurs revenaient à 36.000 livres sterling (900,000 fr.) ; les derniers en coûtèrent 75.000 (1,875,000 fr.) (1).

Malgré les perfectionnements apportés aux machines de ces contre-

(1) Armstrong, *Torpedoes and Torpedo-Vessels*.

torpilleurs, ils ne justifièrent pas les espérances qu'on avait fondées sur eux.

Armstrong formule, sur les torpilleurs du dernier modèle, l'opinion suivante : « Il est certain que les torpilleurs ne seront jamais capables, avec les plus grands efforts, d'une vitesse de plus de 20 nœuds. Même avec une vitesse modérée, il s'y produit souvent des avaries, et ils constituent, pour leurs ingénieurs et ceux qui les commandent, une source inépuisable d'inquiétudes. Pas un ne s'est montré capable de fournir, dans le service, la vitesse réalisée aux essais, et, quand ils sont en mer, c'est à peine s'il se passe un jour sans que quelque partie des machines ou des chaudières se trouve fortement endommagée. En réalité, même par une mer très modérée, leur vitesse atteint rarement plus des deux tiers du maximum fixé ; et il en résulte, comme conséquence, qu'ils sont tout à fait incapables d'accompagner en mer une flotte moderne pour un temps et à une distance quelconque de la base où peuvent se réparer les navires. En outre, non seulement ils ne sont pas sûrs au point de vue des chaudières et des machines, mais ils sont faibles aussi quant à leur construction. Quand leurs machines marchent à pleine vitesse, ils sont secoués par une trépidation tellement violente qu'ils se tordent comme des serpents, et qu'il semble toujours qu'on va les voir voler en éclats.

« D'un autre côté, il faut dire que, quand leurs machines ne fonctionnent pas à un trop grand nombre de tours, la plupart se montrent excellents à la mer. D'aucuns ont subi l'épreuve des tempêtes du golfe de Gascogne et s'en sont tirés avec beaucoup moins de difficultés que leurs grands compagnons de route. Mais ils ne possèdent cette faculté précieuse que tant qu'ils ne sont pas appelés à remplir la partie la plus importante de leur rôle. Si, par exemple, au cours d'une tempête dans le canal de Bristol, on avait chargé un contre-torpilleur de donner la chasse à un torpilleur de première classe et de s'en emparer, il y aurait eu bien peu de chances qu'il s'acquittât de cette mission.

« Une mauvaise mer égalise dans une certaine mesure les forces des deux navires ; ils sont également mauvais, ou, en tout cas, si le torpilleur se trouvait être du dernier modèle, il n'y aurait pour le contre-torpilleur aucune chance de s'en emparer. Si considérable que fût la difficulté opposée au torpilleur par la mer, comparativement avec son grand adversaire, sa supériorité de vitesse ferait plus que compenser ce désavantage. La France et la Russie, comme d'ailleurs presque toutes les puissances navales, possèdent des torpilleurs d'une vitesse maximum de 23 nœuds et plus, tandis que la plus grande vitesse du contre-torpilleur le plus rapide est d'environ 20 nœuds. »

La figure ci-contre nous montre un bâtiment de ce genre aux manœuvres.

T. III. — Jean de Bloch. — *La Guerre future.*        7

Un contre-torpilleur aux manœuvres.



Un gros défaut des contre-torpilleurs, comme aussi des torpilleurs actuels, c'est que souvent il sort des flammes de leurs cheminées quand ils marchent à très grande vitesse. Un bâtiment qui, au cours d'une attaque de nuit, fait connaître sa présence d'une manière aussi éblouissante, est plus qu'inutile, car il attire l'attention de l'ennemi non seulement sur lui, mais naturellement aussi sur ceux qui l'accompagnent. Que de fois les commandants de torpilleurs n'ont-ils pas été réduits au désespoir, en apprenant qu'une flamme délatrice révélait à l'ennemi la présence de leur navire, et cela, juste au moment où une attaque jusqu'alors soigneusement dissimulée allait être couronnée d'un plein succès. Cette « apparition de la flamme » est un vieux défaut, inhérent aux torpilleurs de toutes les classes et il est étonnant qu'il n'y ait pas encore été remédié (1).

Les croiseurs-torpilleurs, n'ayant pas justifié, par leur vitesse et leurs qualités nautiques, les espérances qu'avaient mises en eux ceux qui les ont inventés, l'amirauté anglaise résolut de procéder à la construction de torpilleurs d'un modèle entièrement nouveau. Il fut décidé que ce modèle serait plus grand que les torpilleurs de première classe, mais moindre que les croiseurs-torpilleurs abandonnés. Les nouveaux navires devaient

---

(1) Armstrong, *Torpedoes and Torpedo-Vessels*.

être en réalité des torpilleurs agrandis, d'une très grande vitesse, capables de soutenir une mer relativement agitée et armés de façon à pouvoir faire tout à la fois le service de contre-torpilleurs et de torpilleurs de haute mer.

Ces nouveaux contre-torpilleurs furent commandés par l'amirauté, par contrat, à différentes maisons, au commencement de 1893. Au mois d'octobre de cette année, le *Havock*, premier des navires de ce modèle, fut lancé des docks de la Maison Yarrow, à Poplar, et les essais officiels eurent lieu le 28 du même mois.

Ce bâtiment dont nous donnons la représentation dans la figure ci-dessous peut faire 3000 milles sans renouveler sa provision de charbon.

Le croiseur-torpilleur *Havock*.

Ses machines sont divisées en deux groupes et développent ensemble une force nominale de 3500 chevaux. La longueur du *Havock* est de 54ᵐ,86, sa largeur de 5ᵐ,63 au maître-bau. Dans une épreuve de trois heures, il a donné une vitesse moyenne de 25 nœuds, en atteignant même souvent 27, c'est-à-dire une vitesse de 50 kilomètres à l'heure. Son armement consiste en deux appareils lance-torpilles disposés à l'avant et deux autres semblables par le travers. En outre, dans la partie antérieure du navire, est établi un canon à tir rapide qui bat presque tout l'horizon ; deux autres sont disposés par le travers et un quatrième à l'arrière. Le *Havock* peut emmagasiner 60 tonnes de charbon dans ses soutes ; son équipage est de 42 hommes.

Emploi,
dans leur
construction,
de
chaudières dites
de locomotive
et à tubes
générateurs.

Dans la construction du *Havock* on a employé des chaudières dites « de locomotive », qui, aux essais, donnèrent de si brillants résultats qu'on a depuis adopté les mêmes pour tous les bâtiments de modèle semblable. Ces chaudières étaient au nombre de deux avec tubes et boîtes à feu en cuivre. Plus tard on y a substitué des tubes d'acier. La surface des grilles représente un total d'environ 100 pieds carrés, et la surface de chauffe des chaudières est d'à peu près 5000 pieds carrés.

Le navire est muni de deux hélices et, par son apparence extérieure et ses dimensions, il ressemble beaucoup à un torpilleur ordinaire de première classe, mais très agrandi. Au cours d'une épreuve de 8 heures et à la vitesse modérée de 11,2 nœuds, on a constaté que la dépense de charbon n'atteignait pas un quart de tonne à l'heure ; en marchant à 10 nœuds, on restait au-dessous de 3 1/2 quintaux. Ce qui signifie que le contre-torpilleur peut, sans renouveler son charbon, parcourir 3500 milles — rayon d'action considérable pour un navire d'aussi médiocres dimensions.

Les chaudières de locomotive ont cet avantage qu'elles permettent d'obtenir très promptement de la vapeur. Ces perfectionnements apportés aux générateurs attirèrent immédiatement l'attention des techniciens et la construction des nouveaux systèmes de chaudières pour les petits navires fit de grands progrès.

Un deuxième contre-torpilleur fut lancé sur les mêmes chantiers et reçut le nom de *Hornet*. Quoique du même modèle général que le *Havock*, il s'en distingue par une particularité très importante : c'est qu'au lieu de chaudières de locomotive, celles dont on l'a muni sont à tubes générateurs de vapeur. C'est-à-dire qu'au lieu de servir au passage des gaz et produits de la combustion, comme dans les locomotives, ces tubes contiennent au contraire l'eau qui doit être vaporisée. Aux autres points de vue, la construction est la même. Les figures ci-contre montrent l'aspect général de ce torpilleur, ainsi qu'une vue perspective et une coupe de sa chaudière (1).

Les chaudières
du
contre-torpilleur
*Hornet*.

Comme c'était le premier contre-torpilleur pourvu de chaudières de ce genre, ses essais excitèrent un grand intérêt, quoique les qualités des chaudières ainsi disposées fussent déjà très bien connues après l'expérience de l'une d'elles faite peu auparavant sur les chantiers Yarrow, à Poplar. La surface de chauffe des tubes atteignait 1027 pieds carrés et la surface des grilles de combustion 20,6 pieds.

---

(1) Brassey, *Naval Annual*, 1897.

Le contre-torpilleur *Hornet*.

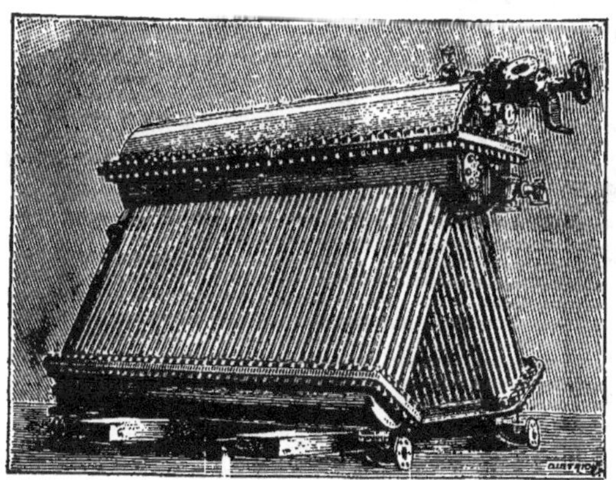

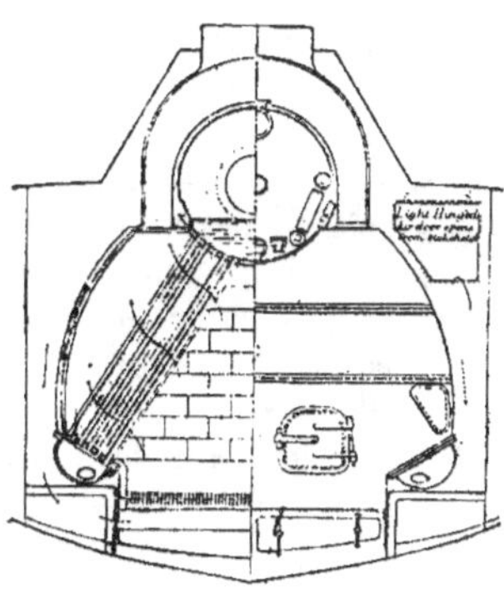

Vue perspective.      Coupe.

La chaudière à tubes générateurs du contre-torpilleur *Hornet*.

En présence de plusieurs experts mécaniciens, la chaudière fut remplie jusqu'à la hauteur voulue d'eau complètement froide et à 2 heures 20 minutes de l'après-midi le feu fut allumé ; or, à 2 heures 42 minutes, le manomètre indiquait déjà une pression de 180 livres par pouce carré pour la vapeur produite.

Deux minutes plus tôt cette pression n'était encore que de 100 livres ;

mais on fit marcher le tirage artificiel et la pression monta de 80 livres en deux minutes. Peu après le feu fut brusquement éteint dans les foyers, mais néanmoins pas un seul tube ne présenta de traces de fêlures.

Le *Hornet* a huit chaudières semblables, disposées en deux groupes de quatre chaudières chacun, sur deux foyers. — Par couple de chaudières il y a une cheminée, soit, en tout, quatre. Jusqu'alors, aucun bâtiment n'en avait eu un aussi grand nombre et même, parmi les contre-torpilleurs, très peu en ont autant.

Aux essais officiels du contre-torpilleur *Hornet,* qui eurent lieu le 19 mars 1894, la vitesse moyenne, soutenue pendant trois heures avec 30 tonnes de chargement, atteignit 27,628 nœuds, vitesse qui jusqu'alors n'avait pas encore été réalisée.

La machine déploya 4000 chevaux de force nominale avec une pression de vapeur de 169 livres.

L'apparition de ces nouveaux modèles si bien réussis fut une raison suffisante pour que, dans toutes les marines, on se mit fiévreusement à construire des bâtiments semblables.

Pour qu'on ait une idée plus claire encore de ces contre-torpilleurs, nous donnons ci-contre de l'un d'eux une vue générale avec quelques coupes transversales prises, l'une à l'avant, l'autre à hauteur des chaudières, et la troisième à l'endroit où sont installés les appareils lance-torpilles.



La plus grande vitesse atteinte par les contre-torpilleurs anglais s'élevait, en décembre 1895, à 29,17 nœuds; elle fut obtenue au cours d'un essai de trois heures du *Boxer.* Mais ce navire fut éclipsé sous ce rapport par le *Sokol,* contre-torpilleur construit, pour le gouvernement russe, par la maison Yarrow. Ce dernier bâtiment fut lancé le 22 août 1895; il a 190 pieds de long sur 18 pieds 6 pouces de largeur maximum. C'est le premier contre-torpilleur à la construction duquel on ait employé l'acier au nickel, c'est-à-dire un acier de 30 0/0 plus résistant qu'il ne l'est sous sa forme ordinaire. L'armement du *Sokol* consiste en un canon de 12 livres, établi au poste de combat, à l'avant du navire, trois canons de 6 livres disposés le long du bord, sur le pont supérieur, et deux tubes lance-torpilles également établis sur le pont pour le lancement des torpilles des deux bords. L'approvisionnement de charbon est à peu près de 60 tonnes, c'est-à-dire suffisant pour faire la traversée de l'océan Atlantique, avec une vitesse d'au moins 10 nœuds.

Les machines du *Sokol* sont à triple expansion et peuvent développer plus de 4.000 chevaux de force nominale. Le dessin de la planche ci-contre permet de se rendre compte de leur disposition et de leur organisation générale. Beaucoup d'organes de ces machines sont construits en bronze. La vapeur est produite par huit chaudières

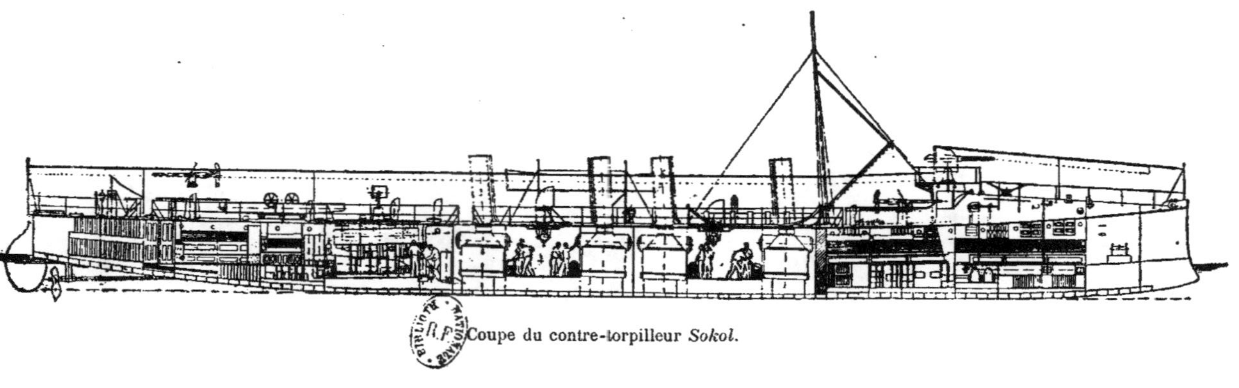

Coupe du contre-torpilleur *Sokol*.

Vue générale d'un contre-torpilleur.

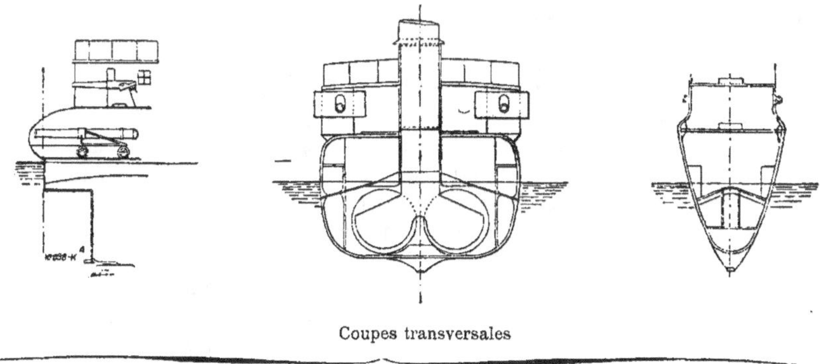

Coupes transversales

De la section                    de la chaufferie.                    de l'avant.
des appareils lance-torpilles.

Yarrow à tubes générateurs, établies à l'avant et à l'arrière des chaufferies. Ces chaufferies présentent cette particularité que, grâce à des cloisons transversales, elles constituent des compartiments entièrement distincts, et qu'ainsi elles sont isolées de la chambre des machines; de sorte que si elles venaient à être crevées par un projectile, il n'en résulterait pas pour ces machines de danger immédiat. Ces dispositifs, destinés à protéger l'équipage contre différentes éventualités ont une très grande importance.

Ce bâtiment a été lancé avec toutes ses machines, ses chaudières principales et auxiliaires en place, ses feux allumés et sa vapeur en production dans quatre chaudières. Le jour suivant eut lieu le premier essai préparatoire des machines, dont le succès fut étonnant. Le tableau suivant donne les résultats exacts obtenus sur le mille mesuré :

| PRESSION DE LA VAPEUR dans les cylindres | | | VIDE dans le REFROIDISSEUR | PRESSION DE L'AIR dans les chaufferies | NOMBRE DE TOURS à la minute | INTERVALLES DE TEMPS | | VITESSE | VITESSE moyenne PAR HEURE en nœuds |
|---|---|---|---|---|---|---|---|---|---|
| dans le 1er | dans le 2e | dans le 3e | | | | min. | sec. | | |
| 124 | 48 | 4 | 24 $^1/_2$ | $^7/_{16}$ | 334 | 2 | 39 | 22,641 | 25,578 |
| 130 | 54 | 7 | 24 $^1/_2$ | $^9/_{16}$ | 355 | 2 | 4 $^1/_2$ | 28,915 | |
| 136 | 54 | 8 | 24 | $^7/_8$ | 364 | 2 | 22 | 25,352 | 27,802 |
| 145 | 60 | 8 $^1/_4$ | 24 | $^3/_4$ | 386 | 1 | 59 | 30,252 | |
| 154 | 64 | 10 | 23 | 1 $^5/_{16}$ | 412 $^1/_2$ | 2 | 10 | 27,692 | 29,363 |
| 162 | 67 | 10 $^1/_2$ | 23 | $^7/_8$ | 402 | 1 | 56 | 31,034 | |
| 164 | 71 | 11 | 22 | 1 | 412 | 2 | 6 | 28,571 | 30,285 |
| 165 | 72 | 11 | 22 | 1 $^1/_8$ | 426 | 1 | 52 $^1/_2$ | 32,000 | |

Le trait le plus remarquable de ce brillant essai fut la faible pression de la vapeur et de l'air dans les chaufferies comparativement à l'énorme vitesse obtenue. La réalisation d'une vitesse de 30,28 nœuds, avec une pression de 165 livres seulement, est une preuve manifeste des propriétés merveilleuses que possèdent les chaudières à tubes générateurs.

L'auteur du travail auquel nous empruntons ces données, M. Armstrong, dit que, sans doute le *Sokol* ne sera pas longtemps au premier rang et que bientôt, sous le rapport de la vitesse, il sera dépassé par quelque confrère anglais (1). Néanmoins ce bâtiment, grâce à la perfection de sa construction, semble être une très précieuse acquisition pour la marine russe et constitue un modèle remarquable de contre-torpilleur.

---

(1) Au point de vue de la vitesse, le *Sokol* a été tout d'abord éclipsé par le torpilleur français, le *Forban*, construit au Havre, sur les chantiers du fameux constructeur de torpilleurs Normand. La vitesse moyenne de ce navire s'est élevée à 31,029 nœuds, avec une dépense de charbon de 2,695 kilogr. L'armement du *Forban* consiste en deux canons de 37$^{mm}$ et 2 tubes lance-torpilles, du diamètre de 35 centimètres.

Machines du contre-torpilleur anglais *Janus*.

En réalité, le gouvernement anglais a déjà fait une commande de 48 contre-torpilleurs qui pourront atteindre des vitesses encore plus grandes que le *Sokol*. Armstrong affirme même que la marine anglaise, en cas de guerre, disposera de 90 contre-torpilleurs doués de qualités telles que les bâtiments français ne pourront guère tenir devant eux.


### Les transports-torpilleurs et les canots à torpilles.


On a cru, pendant un certain temps, que les faibles dimensions des torpilleurs et l'insuffisance de leur approvisionnement en combustible empêcheraient ces bâtiments de poursuivre les navires de commerce. Mais cette difficulté a été écartée par la construction de navires spéciaux destinés à transporter les torpilleurs et qu'on appelle les transports-torpilleurs. Les torpilleurs, construits pour être ainsi transportés sont très petits : de 12 à 18 tonnes. Placés au nombre de 8 sur un cuirassé ou sur un transport-torpilleurs cuirassé, ces torpilleurs sont supposés devoir rendre de grands services comme engins de combat et l'un des plus sérieux. Ces petits navires possèdent des qualités extraordinaires : chacun d'eux est armé de deux tubes lance-torpilles et de deux mitrailleuses. Ils sont également munis de projecteurs électriques, afin de pouvoir remplir le rôle d'éclaireurs pour une escadre à l'ancre. Le transport-torpilleur anglais *Hecla* porte huit torpilleurs Thornycroft de 2ᵉ classe qui peuvent être tous mis à l'eau en 2 minutes et demie. Le transport la *Foudre* a 10 éclaireurs-torpilleurs.

Toutes les flottes comprennent des transports de ce genre. En France, on les a surnommés des *Mères Gigognes*.

En Angleterre, un transport-torpilleur analogue, le *Vulcan*, a été lancé en 1889 et en voici les principaux éléments :

```
Longueur maximum . . . . . . . . . . . . .    350 pieds.
Largeur      —      . . . . . . . . . . .     58   —
Profondeur. . . . . . . . . . . . . . . . .   23   —
Déplacement. . . . . . . . . . . . . . . .   6,620 tonnes.
```

La vitesse, avec deux machines d'une force nominale de 12.000 chevaux, est estimée à 20 nœuds.

L'aspect général de ce bâtiment, en même temps que la disposition des torpilleurs sur le pont du transport, sont représentés par les figures d'autre part.

Le transport-torpilleurs *Vulcan.*

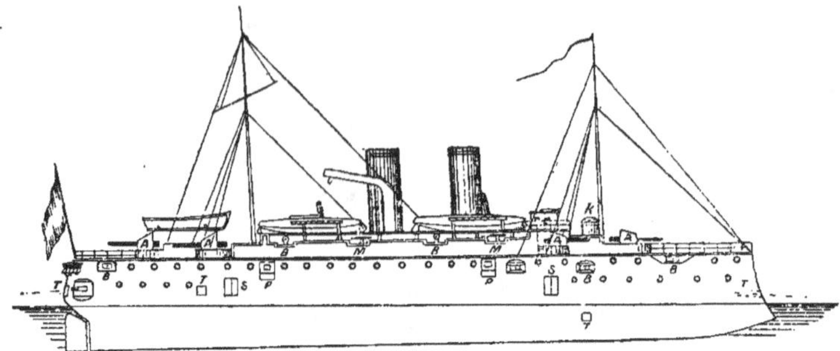

Élévation du bâtiment.

Explication des lettres indicatrices :

A, 8 canons à tir rapide de 4 pouces 7 lignes ; B, 12 canons à tir rapide de 3 lignes ; M, mitrailleuses ; P, 4 projecteurs électriques ; I, lance-torpilles ; S, sabords pour faire passer les torpilles sur les torpilleurs ; K, poste de commandement.

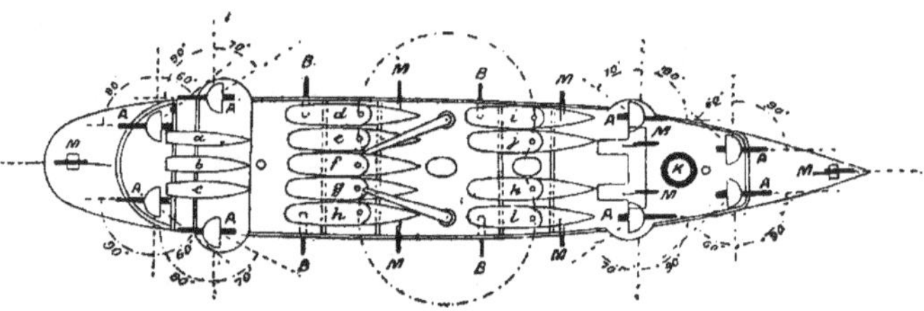

Plan du pont supérieur montrant la position des torpilleurs et de l'artillerie.

Explication des lettres indicatrices :

A, 8 canons à tir rapide de 4 pouces 7 lignes ; B, 12 canons à tir rapide de 3 lignes ; M, mitrailleuses ; K, poste de commandement ; *a*, *b*, *c*, canots porte-torpilles ; *d-l*, torpilleurs de 2ᵉ classe.

L'armement du *Vulcan* consiste en 8 canons à tir rapide de 4 pouces 7 lignes, 12 canons à tir rapide de 3 livres, 16 mitrailleuses et un canon léger. Les appareils lance-torpilles sont au nombre de six, dont deux sous-marins.

Le *Vulcan* porte sur son pont 9 torpilleurs de 2ᵉ classe, c'est-à-dire d'environ 12 tonnes de déplacement chacun, plus trois canots porte-torpilles.

Les torpilleurs destinés à être ainsi transportés sont entièrement en acier et ont une longueur de 60 pieds, avec une vitesse de 16 nœuds ; leurs machines développent environ 230 chevaux de force nominale. Les chaudières sont du modèle ordinaire de celles des locomotives et fonctionnent au tirage forcé avec chaufferies fermées. Les canots porte-torpilles et la chaloupe à vapeur du transport peuvent marcher également au tirage forcé, avec chaufferies fermées.

Sur tout le bâtiment est organisé l'éclairage électrique. Il s'y trouve également des projecteurs électriques, chacun de la force de 25,000 bougies.

Une très intéressante particularité de ce navire, c'est d'être muni d'un appareil hydraulique pour soulever les torpilleurs et les chaloupes. De toutes les parties de ce mécanisme, celle qui frappe le plus, c'est une paire d'énormes grues recourbées, placées presque au milieu du bâtiment de chaque côté. Elles ont une hauteur maximum de 65 pieds et une portée horizontale de 38 pieds ; ce qui permet de soulever et de mettre à l'eau les torpilleurs et les chaloupes sans déranger les filets contre-torpilles, dont s'entoure le navire ; circonstance très importante pour cette sorte de bâtiments car, par suite même du genre d'opérations auxquelles ils sont destinés, ils seront très souvent exposés à être attaqués subitement par des torpilles. Pour assurer la solidité et le maintien de ces grues, leur base de soutien se trouve à environ 30 pieds au-dessous du pont supérieur ; elles pénètrent à travers ce pont supérieur cuirassé et les logements de l'équipage, jusqu'au fond même du navire qui, à cet endroit, est spécialement renforcé et construit de manière à supporter le poids des grues en leur permettant de tourner librement autour de leur axe vertical. Le pont supérieur, obligé de résister aux plus grandes tensions, est spécialement renforcé à cet effet et présente des anneaux particuliers massifs en acier, dans lesquels tournent les grues (1).

Pour permettre à ces transports d'exécuter plus facilement les différentes manœuvres, il faut s'efforcer de diminuer autant que possible le poids des torpilleurs qu'ils doivent porter et mettre à l'eau. Car on réduit ainsi le poids du chargement de leur pont supérieur et par conséquent on augmente leur stabilité. Après un concours en vue duquel avaient été déterminées les conditions à remplir, comme légèreté, rapidité et tenue à la mer, la France a adopté les propositions de la maison Yarrow qui a déjà construit pour ce pays un torpilleur en aluminium, représenté par la figure ci-contre :

Allègement<br>des torpilleurs<br>transportés.

---

(1) Hakness, *The mechanism of Men-of-War* (la Machinerie des vaisseaux de guerre), 1896.

Torpilleur français en aluminium.

Aux essais, sa vitesse moyenne fut de 20,55 nœuds, tandis que, pour les torpilleurs de même classe, elle n'est en général que d'environ 17, et cela avec un chargement de 3 tonnes; ce résultat fut atteint pour la première fois, grâce à la légèreté de l'aluminium. D'autre part, les qualités maritimes de ce petit navire furent aussi très bonnes parce que cette légèreté favorise le flottement des extrémités du bâtiment qui vogue avec une aisance extra-ordinaire et bondit, pour ainsi dire, de vague en vague. Enfin, ce qui est aussi très important, on a remarqué, lors des essais, que, pendant la mar-che, le mouvement de l'hélice n'imprime à l'arrière aucune secousse, au point qu'une personne installée à cet endroit peut parfaitement prendre des notes et les faire ensuite transcrire à la machine à écrire aussi commodé-ment qu'à terre.

Ces qualités sont fort prisées de ceux qui ont navigué sur les torpil-leurs ordinaires. M. Yarrow lui-même attribue cela surtout à une prépara-tion particulière de la fonte de l'aluminium, grâce à laquelle on fait disparaître la grande élasticité qu'a ordinairement ce métal. Cette absence de vibrations a encore ce spécial et précieux avantage qu'elle éteint presque entièrement toute espèce de résonances. Par suite, on comprend que le bruit fait par la machine est presque annulé. Dans un navire en acier doux tous les bruits sont renforcés; tandis qu'ici, au contraire, tout bruit meurt pour ainsi dire; de sorte que, sous ce rapport, l'aluminium ressemble au bois. Or, c'est précisément le bruit des machines qui trahit le plus l'approche des torpilleurs et fait connaître leur présence proche à l'ennemi ; un torpilleur en aluminium pourra s'approcher tout près des cuirassés qu'il veut attaquer sans être entendu.

Les nombreux avantages que présente ainsi ce métal pour la construction des navires en feront probablement bientôt généraliser l'emploi.

Quoique moins rapides et plus mal organisés au point de vue militaire, les canots ordinaires de navires et ceux, spécialement disposés pour porter des torpilles, dont sont munis les cuirassés et les grands croiseurs, n'en sont pas moins considérés comme pouvant rendre des services analogues aux torpilleurs ; ils sont armés, ou d'appareils pour lancer les torpilles, ou même d'appareils pour les porter directement.

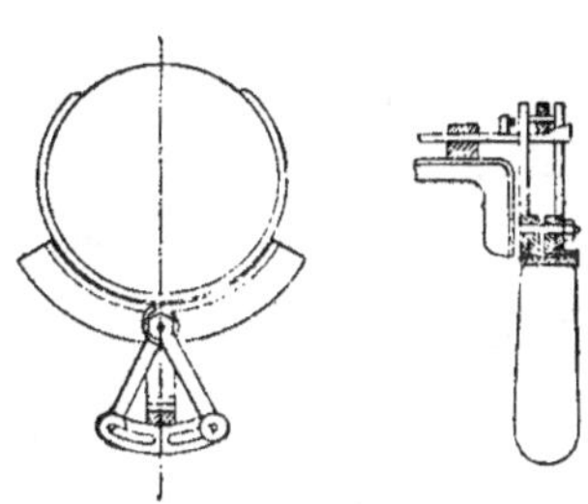

Appareils pour porter avec un canot une torpille sur le flanc d'un navire.

Les canots anglais sont armés de deux torpilles et ont, de chaque bord, un appareil pour les mettre à l'eau.

Comme on le voit sur la figure, la torpille est soutenue par deux grosses pinces que réunit un arc en fer.

L'appareil tourne sur des charnières de façon telle qu'on peut, soit le ramener à l'intérieur, soit l'établir au-dessus de l'eau pour lancer les torpilles. Il n'y a qu'à le déployer à l'aide d'un maniement particulier des pinces, et la torpille, mise en mouvement au même instant, tombe à la mer parallèlement au canot. D'autres canots, envoyés en éclaireurs, sont munis simplement d'un appareil à torpilles et d'un canon-revolver. La vitesse de ces embarcations, qui constitue le facteur principal de leur valeur comme engins de combat, ne dépasse point 11 à 14 nœuds (1).

### Moyens de défense contre les torpilles.

Après avoir, dans les chapitres qui précèdent, examiné sous toutes ses faces l'armement des navires en torpilles et les bâtiments torpilleurs, nous allons maintenant appeler l'attention du lecteur sur les moyens imaginés

--------

(1) Croneau, *Canons, torpilles et cuirasses.*

par la technique pour protéger les bâtiments contre les coups de ces torpilles.

Moyens<br>de protéger<br>les bâtiments<br>contre<br>les torpilles. Les parties principales du bâtiment, les chaudières et la chambre des machines, la chambre du gouvernail, etc., sont protégées jusqu'au-dessous de la ligne de flottaison par une cuirasse distincte et par des couches de charbon (1), comme le montrent les figures ci-dessous.

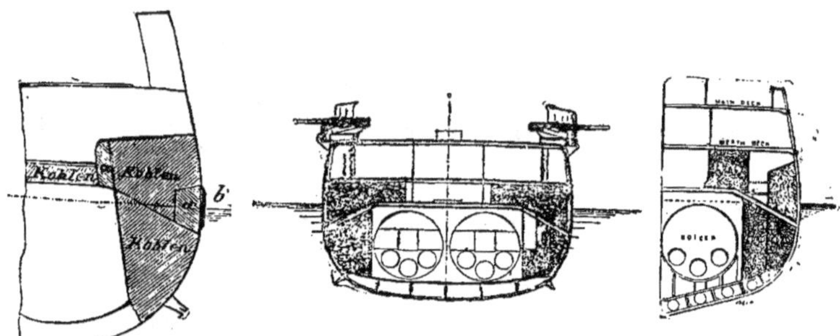

Modes de protection des chaudières et de la chambre des machines.

Cloisons<br>étanches. En outre, on dispose dans les navires des cloisons étanches qui contribuent à les maintenir à flot, parce que, grâce à elles, s'il se produit une ouverture dans la coque, une petite partie seulement du navire risque d'être envahie par l'eau.

Les plus récents bâtiments ont plus de 30 compartiments étanches.

En outre, les cuirassés s'entourent de filets spéciaux qui empêchent une torpille lancée contre un navire d'arriver jusqu'à lui (2).

----

(1) Brassey écrit dans *The British Navy* : « En 1878, on a fait des expériences à Portsmouth, pour se rendre compte jusqu'à quel point le charbon peut servir à protéger les bâtiments de commerce non cuirassés, qu'on voudrait employer en temps de guerre. L'*Obéron* fut garni d'une couche de charbon épaisse de 8 à 10 pieds, à l'intérieur de laquelle étaient disposées deux tôles de chaudière d'une épaisseur de 3/8 de pouce, et contre cette couche on tira un coup de canon. Le projectile, du poids de 115 livres et dont la vitesse ne dépassait pas 1,400 pieds par seconde, ne put pas percer une plaque de fer de 8 pouces d'épaisseur. On lança également un projectile explosif à charge réduite de 2 livres 1/2 qui ne mit pas le feu au charbon et ne causa au navire aucune avarie sérieuse. Un obus chargé de 13 livres de poudre n'enflamma pas non plus le charbon. Néanmoins, les progrès réalisés par l'artillerie ne permettent pas de douter que le charbon, aussi bien que les cuirasses, ne devienne une protection inefficace. »

(2) Loir, *La Marine française*.

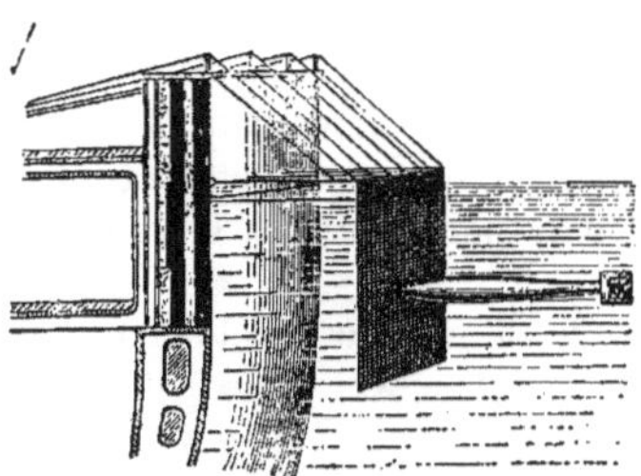 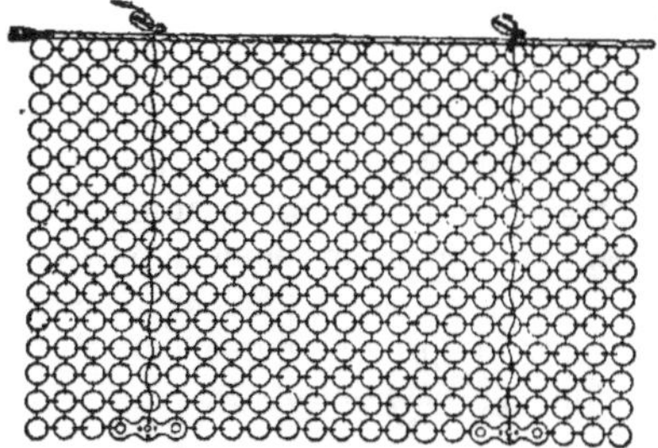

Filet protecteur et défense du navire contre les torpilles.

Comme la destination de ce réseau protecteur est d'arrêter la torpille et d'en éloigner l'explosion du bâtiment, sa disposition peut varier de plusieurs manières. Mais tous les filets métalliques, quels qu'ils soient, ont comme inconvénient général de gêner notablement les mouvements du navire, d'en ralentir la marche, et d'en arriver à flotter sur l'eau quand il file à grande vitesse.

Ces filets sont en fils d'acier très forts et consistent en anneaux entrelacés de 15 centimètres de diamètre. Leur largeur est de 4 mètres et ils entourent tout le navire à une distance de 3 mètres. Ils sont supportés par des étançons en poutrelles solides, à l'aide desquels, en cas de besoin, on les tend de façon telle que la partie supérieure soit à ras de l'eau et qu'ainsi le filet protège le navire jusqu'à une profondeur de 4 mètres. Comme aucun poids n'est suspendu au filet et que, par sa lisière inférieure, il n'est nullement fixé au navire, il peut céder à toutes les pressions. Aussi quand une torpille automobile vient à le heurter, il ne lui oppose pas de résistance suffisante pour en déterminer l'explosion ; tandis que la torpille, donnant de la tête dans le filet et s'y engageant, se trouve maintenue dans cette position jusqu'à ce que la machine qui la fait mouvoir ait épuisé sa provision d'air comprimé, après quoi elle coule à fond. Mais si même une torpille fait explosion, celle-ci a lieu assez loin du navire pour ne pas lui causer d'avaries et c'est le filet seul qui en souffre. « Quoique, dit l'amiral Werner, la protection du filet soit, sans nul doute, efficace pour un navire à l'ancre, les inconvénients qu'entraîne l'emploi de cet engin sont tellement graves qu'il vaudrait mieux ne pas s'en servir.

Entourer un navire de cette chemise cuirassée — comme on pourrait appeler le filet protecteur — c'est quelque chose d'analogue à ce que serait dans l'armée de terre le retour aux armures de fer pour l'infanterie et la cavalerie. Le rôle du cuirassé n'est pas d'attendre à l'ancre l'attaque de l'ennemi. Il faut au contraire, quand cet ennemi est en vue, qu'il soit en état de déployer sa plus grande vitesse. Ce qu'il ne peut pas faire quand ses filets pare-torpilles sont en place. On doit observer, d'ailleurs, que d'après les derniers renseignements venus d'Angleterre, on fixe maintenant, à la tête des torpilles, des lames tranchantes qui, lors de leur choc contre le filet, l'entaillent de façon telle que la torpille peut continuer de se mouvoir et atteindre la coque du navire.

Rien ne saurait mieux nous convaincre de la grossièreté d'un tel moyen de protection que le dessin ci-dessous qui représente le filet tendu d'un cuirassé français (1).

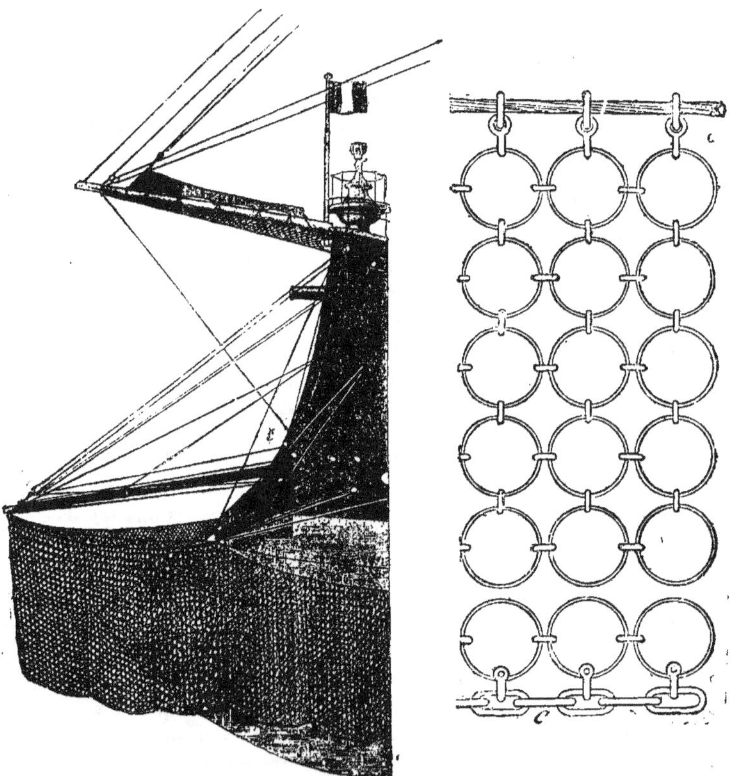

Filet tendu et détail montrant la disposition du filet.

______

(1) Sleeman, *Torpedoes and Torpedo-Warfare* (les Torpilles et le combat à la torpille).

LES MANŒUVRES NAVALES : EXERCICES AVEC LE FILET A TORPILLES.

1. Remise en place des filets autour des plates-formes des pièces. — 2. Mise à l'eau des filets. — 3. Amarrage solide des filets autour des plates-formes des pièces. Le petit ours du navire a une indication nouette à donner. — 4. Plinge des filets pour les remettre en place autour des plates-formes des pièces. — 5. Section des amarres pour laisser tomber les filets à la position voulue. — 6. Situation un peu difficile : Marins se glissant le long des filets emmêlés. — 7. On pousse dehors les espars auxquels les filets sont suspendus. — 8. Le navire de S. M. " Anson " a réussi à être le premier prêt.

Seule, la pratique de la guerre future pourra faire voir jusqu'à quel point ces moyens de défense seront efficaces. Pour le moment, on y attache très peu d'importance.

Le journal *Army and Navy* observe qu'en 1893, dans un tir d'essai exécuté au moyen d'un appareil sous-marin sur le navire le *Destroyer*, des projectiles lancés contre des filets à torpilles américains et anglais en acier nickelé traversèrent très facilement ces filets, sans rien perdre de la précision de leur tir.

Dans son beau *Traité sur les Torpilles*, Sleeman donne encore la figure suivante d'une torpille dirigeable du système Berdan, disposée de façon qu'à l'aide des gaz produits par l'explosion d'un tube, que détermine le choc de la torpille et du filet, se trouve mise en mouvement une turbine spéciale qui force la torpille à s'incliner ; de sorte que, malgré le filet, elle arrive jusqu'au contact du bâtiment.

La figure ci-dessous représente des expériences faites avec la torpille dirigeable Berdan (1).

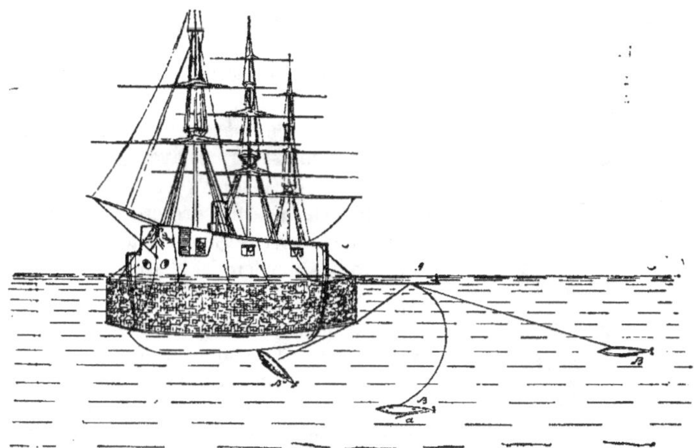

Expériences avec torpilles Berdan passant sous le filet.

Le secrétaire du Département de la marine des États-Unis s'est exprimé comme il suit au Congrès, au sujet des torpilles et des filets destinés à les arrêter : « L'art des constructions navales n'a pas encore trouvé ni même

Conclusions<br>formelles<br>au sujet<br>des torpilles<br>et des filets<br>protecteurs.

---

(1) Sleeman, *Torpedoes and Torpedo-Warfare* (les Torpilles et le combat à la torpille).

imaginé de moyens qui permettent de garantir un bâtiment contre l'effet destructeur des torpilles.

« Nous avons déjà dit, et nous répétons, que la torpille est un de ces ennemis dont on ne peut triompher qu'en évitant leur rencontre.

« Tout bâtiment à l'ancre ou qui n'est pas sous vapeur, et qui se trouve attaqué brusquement en pleine mer au moyen de tels engins, est presque perdu d'avance. Il faut donc, en vue d'une telle possibilité, se tenir toujours prêt à lever l'ancre et à s'éloigner promptement ; d'autant plus que non seulement les filets, mais même de plus puissants moyens de protection ne sauraient garantir un bâtiment contre les attaques des torpilleurs.

« Les expériences faites pour savoir si un torpilleur peut traverser un obstacle formé d'épaisses poutres en bois, ont montré qu'un de ces bâtiments marchant à une vitesse moyenne, c'est-à-dire de 20 nœuds (soit 36 kilom. 8 à l'heure), s'étant lancé contre un tel obstacle, le démolit et rentra au port sans avaries (1). »

Par conséquent, les commandants de navire doivent toujours être sur leurs gardes pour éviter la rencontre des torpilleurs, ou même les détruire avant qu'ils n'aient pu lancer leurs engins contre eux.

Dans ce but, le service de garde sera fait, dans la guerre future, par des bâtiments spéciaux qui surveilleront les vaisseaux et surtout leurs parties sous-marines avec un soin qu'on n'avait jamais eu jusqu'à présent. Aussi l'Amirauté anglaise a-t-elle prescrit qu'à chaque vaisseau de guerre serait affecté un canot à vapeur, tout spécialement chargé de ce service de garde (2).

De même qu'une armée de terre s'entoure d'avant-postes, les cuirassés s'entoureront de petits bâtiments qui exécuteront des reconnaissances tout autour d'eux, tant à la surface de la mer que dans ses profondeurs. A cet effet, les vaisseaux de guerre auront toujours de très puissants projecteurs électriques, dits fanaux de combat, dont l'un est représenté par la figure ci-contre (3) :

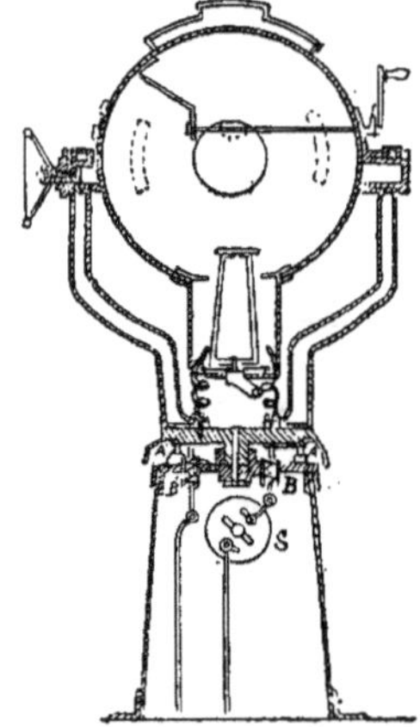

Projecteurs électriques que les cuirassés emploient pour s'éclairer au loin et découvrir les torpilleurs.

Fanal électrique de combat.

(1) Emprunté à l'*United-Service.*

(2) Jahrbücher für die deutsche Armee und Marine, *Die Aufgabe der Torpedos beim Angriff und der Vertheidigung.*

(3) Armstrong, *Torpedoes and Torpedo-Vessels* (Torpilles et torpilleurs).

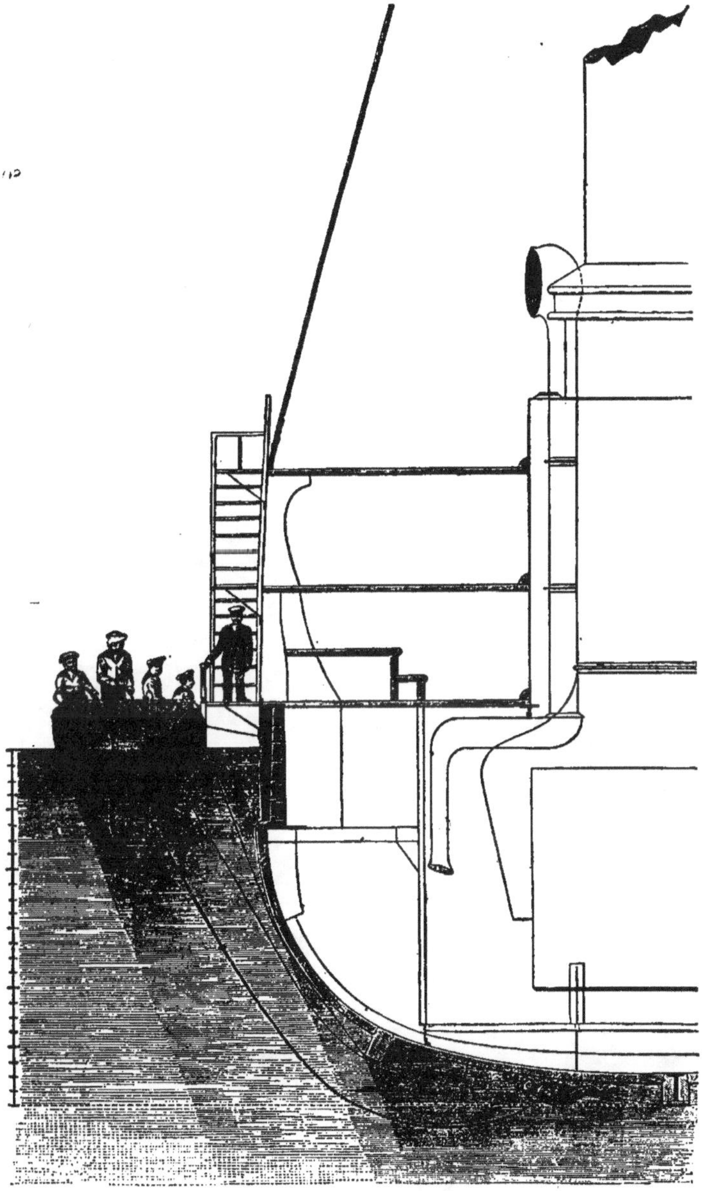

Plongeur cherchant une torpille.

Lanterne électrique de combat.

Sur ce dessin, les conducteurs, venant d'une machine dynamo établie en bas, traversent le pied du projecteur, l'un d'eux passant par le commutateur S qui se trouve sur ce pied. La face supérieure du pied porte des rails AA, sur lesquels repose le projecteur. Les deux conducteurs traversent deux ouvertures pratiquées dans cette face ou couvercle du pied, et, par le moyen de deux contacts à ressorts BB, communiquent avec deux concentriques disposés sous le projecteur. De ces deux cercles, les cercles conducteurs montent ensuite aux porte-charbons.

Cette disposition permet de tourner le projecteur dans toutes les directions sans interrompre le courant.

Tous les projecteurs électriques de navires fonctionnent avec un courant de 100 ampères et une puissance électrique de 50 volts. La machine dynamo doit développer 80 volts, dont 30 sont absorbés par les résistances.

A l'intérieur du projecteur, derrière le porte-charbons, vers le large, se trouve un miroir courbe, devant lequel on dispose les charbons de façon telle que les rayons lumineux par lui réfléchis soient parfaitement parallèles. La partie antérieure du projecteur est recouverte par des portes vitrées. Mais, en outre, tous les navires sont encore munis de lentilles divergentes, qu'on substitue, au besoin, aux portes vitrées de l'appareil.

Le projecteur électrique décrit possède cette particularité qu'il éclaire, non par lumière *directe*, mais par lumière *réfléchie.* En avant des charbons, on dispose un petit miroir métallique, de façon telle que si on regarde l'appareil de ce côté, on ne voit pas l'arc voltaïque. On ne voit que la lumière réfléchie par le grand miroir placé en arrière des charbons.

On installe aussi des projecteurs sur les torpilleurs et quelquefois même sur les canots de garde. Ils sont de dimensions moindres que ceux établis sur les grands bâtiments.

Sur la plupart des navires anglais, les projecteurs sont disposés en des points relativement découverts ; mais au cas d'un combat de jour, ils seraient sans doute enlevés et descendus à l'intérieur du bâtiment. Sur les navires italiens et dans d'autres flottes, des dispositifs très commodes ont été organisés entre les ponts des bâtiments. Les projecteurs sont alors de moindres dimensions, et on les établit sur des cadres mobiles autour de charnières, qui se trouvent immédiatement en arrière des sabords. Quand il faut mettre un projecteur en action, on le pousse en avant et on peut diriger sa lumière à travers le sabord ; quand, au contraire, on cesse d'éclairer, on le ramène en arrière, à l'abri, derrière la muraille cuirassée du navire.

Tout le monde conçoit aisément combien il est difficile de chercher pendant la nuit, et surtout par les brouillards, les bâtiments qui vous attaquent, au moyen de ces projecteurs. D'autant plus que l'assaillant ne néglige aucun moyen pour dérober son navire ou son canot aux rayons dirigés de son côté, moyens dont le meilleur est de le peindre d'une teinte sombre ou « neutre ». On est d'ailleurs très divisé d'opinions sur les couleurs qui conviennent le mieux pour obtenir ce résultat. Le noir, le gris foncé, la couleur cannelle-boueuse, le gris-ardoise et la teinte « neutre » ont été successivement employés; mais, malgré de très nombreuses expériences, la question n'est pas encore définitivement résolue.

Attaque d'un torpilleur.

Naturellement l'assaillant peut se servir de grandes longues-vues, qui donnent la possibilité, avec de puissants projecteurs électriques, de recon-

Tir du canon-revolver Hotchkiss.

naître la présence d'un torpilleur à une distance de 2000 mètres ; de sorte qu'à partir de ce moment le torpilleur pourrait servir d'objectif pour les canons à tir rapide de tous les navires présents. Mais néanmoins, si l'on tient compte du peu de temps qu'il faut au torpilleur, étant donnée la vitesse de sa marche, pour parcourir cette distance, on ne peut guère compter que ces dispositifs puissent rendre de bien grands services.

Actuel ement on construit des torpilleurs susceptibles d'une vitesse de 30 nœuds — c'est-à-dire de plus de 55 kilomètres à l'heure. Il ne leur faut donc, pour parcourir 2000 mètres, qu'un peu plus de deux minutes. La portée des fanaux de combat électriques est presque égale à celle d'une torpille lancée, et on peut craindre que, vu le court espace de temps qui suffit au torpilleur pour lancer son engin et se retirer ensuite à toute vitesse hors de la sphère éclairée par les rayons du projecteur, on n'arrive pas à régler sur lui le tir des canons de l'un quelconque des grands navires présents sur le lieu du combat.

D'intéressantes expériences sur la possibilité d'observer et de découvrir les torpilleurs qui s'approchent d'un bâtiment ont été récemment exécutées aux Etats-Unis, près de New-Port, avec le torpilleur *Kooshing* de la flotte Nord-Américaine. Ce torpilleur, peint de couleur peu voyante, s'éloigna vers le large, tandis qu'on dirigeait sur lui un puissant rayon de lumière électrique. A 200 mètres de la côte, on ne le voyait déjà plus, malgré que, sur le torpilleur même, dans la zone éclairée par la lumière électrique, il fût encore possible de lire. Pour savoir jusqu'à quelle distance on pouvait entendre le bruit de la machine et de l'hélice du torpilleur, on choisit une nuit favorable à une attaque par la torpille, quoiqu'il fît aussi clair de lune. La première chose qu'on aperçut, ce furent les étincelles qui sortaient du tuyau de la cheminée, puis bientôt après on entendit le bruit de l'eau. Alors on fit fonctionner le fanal électrique ; mais quelques secondes encore s'écoulèrent avant qu'on aperçût le torpilleur. A ce moment il se trouvait à 750 mètres. D'une façon générale, et d'après toutes les données recueillies, il est douteux que le fanal électrique de combat constitue un moyen de protection réellement efficace contre les torpilleurs.

Pour les combattre, on a, dans ces derniers temps, donné à tous les bâtiments de guerre, en même temps que de gros canons, le plus grand nombre possible de canons légers. Entre autres, on a imaginé pour cela des canons-revolvers à plusieurs tubes : quand l'un de ceux-ci a tiré, on amène, en tournant une manivelle, le tube suivant sous la ligne de visée. Ainsi le canon-revolver *Hotchkiss* possède cinq tubes ; il lance des projectiles explosifs ou ordinaires et on peut, avec lui, tirer 25 coups par minute — temps pendant lequel les tubes font cinq tours.

On peut juger de la précision du canon *Hotchkiss* par les diagrammes que nous avons donnés dans le premier volume et qui montrent les résultats du tir de ces engins à 50, 350, 570 et 1000 yards.

Outre le canon *Hotchkiss*, dont il existe d'ailleurs différents calibres, on a encore introduit, dans toutes les grandes flottes, divers systèmes de canons à tir rapide — parce que les projectiles des canons-revolvers ne s'étaient pas toujours montrés capables de percer les murailles des torpilleurs et quelques abris établis sur ces bâtiments. Ces canons à tir rapide ne comportent qu'un seul tube. Le projectile et la charge sont réunis en une cartouche, le chargement et l'extraction des douilles après chaque coup s'effectuent à l'aide d'un appareil spécial, ce qui permet, avec un canon de 8 centimètres de calibre, de tirer 20 coups par minute.

La figure suivante représente un de ces canons.

Canon à tir rapide.

Toutefois la lumière électrique projetée par les fanaux de combat a aussi un inconvénient : elle indique aux torpilleurs la route même qu'ils ont à suivre pour l'attaque. Entre les rayons, il existe toujours des espaces non éclairés, dont peuvent profiter d'autres torpilleurs pour s'approcher du cuirassé en restant dans l'ombre. Avec l'arrivée du jour, par un temps clair, le danger de l'attaque disparait jusqu'à un certain point.

Outre l'éclairage, au moyen de l'électricité, de la surface de la mer, on peut encore allumer des lampes électriques sur le cuirassé et même les plonger dans l'eau pour éclairer celle-ci au-dessous de la surface — comme on le voit sur la figure suivante :

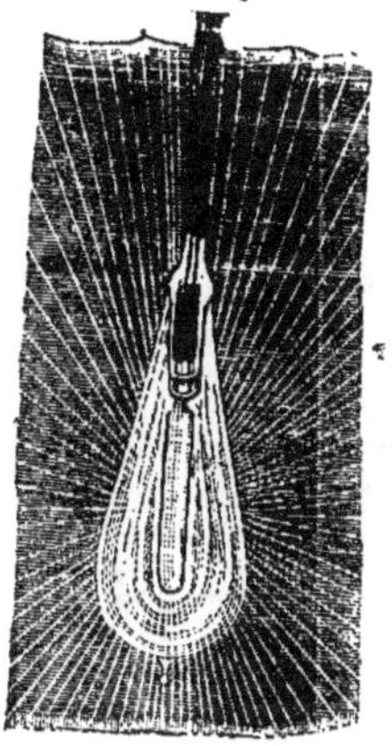

Fanal électrique de combat.

Éclairage électrique
d'une partie de la mer autour d'un navire.

Et pourtant, malgré tous les moyens de défense imaginés contre les attaques par torpilles, il est impossible de s'y fier absolument. Il s'est en effet produit un jour, au cours des manœuvres navales françaises, un brouillard tellement épais, que la lumière électrique fut impuissante à le traverser, et les torpilleurs assaillants purent arriver au contact même des cuirassés sans en avoir été aperçus. D'où l'on a tiré cette conclusion, sous forme de règle, que, par les jours de brouillard, une flotte cuirassée n'est pas garantie contre les attaques des torpilleurs, et, par conséquent, ne doit pas rester à l'ancre (1).

A un torpilleur actuel il ne faut guère qu'une minute pour franchir 750 mètres. Si multipliées que puissent être les avaries à lui infligées par les canons à tir rapide et les canons-revolvers, pendant ce parcours, il parviendra toujours à lancer sa torpille ou à frapper, avant de couler à fond.

Nous trouvons dans un livre intitulé *Science et Guerre* (2) un intéressant exemple de la difficulté qu'on éprouve à découvrir un torpilleur qui se porte à l'attaque.

Exemple<br>de la difficulté<br>qu'on éprouve<br>à découvrir<br>un torpilleur.

On devait faire, à Cherbourg, une expérience d'attaque de torpilleurs

---

(1) *Militär-Zeitung*, Franzosische Flotte in nationaler Beleuchtung.
(2) Bibliothèque des actualités industrielles, vol. 16, p. 119.

contre des navires de guerre mouillés en rade. Ces derniers étaient sur
leurs gardes et toutes les mesures avaient été prises à leur bord pour découvrir l'ennemi en temps voulu. Les commandants de l'artillerie des
navires et leurs canonniers s'étaient disposés à repousser l'attaque et
étaient tout prêts à commencer le tir. Les capitaines des bâtiments étaient
à leur poste, ils avaient surveillé tout en personne, donnaient eux-mêmes
leurs ordres et excitaient sans cesse l'attention de leur personnel.

Tout-à-coup, devant l'un de ces commandants, paraît un lieutenant,
qui lui annonce :

— J'ai l'honneur de vous rendre compte qu'à bord de mon torpilleur
tout va bien !

— Quel torpilleur ? Et qui êtes-vous?

— Je commande le torpilleur chargé de faire sauter votre bâtiment !

— Mais comment êtes-vous ici ?

— J'ai franchi la ligne de défense; j'ai abordé votre bâtiment; et
comme j'ai remarqué que tout le monde me cherchait au loin, j'ai cru de
mon devoir de me présenter à vous !

Le fait est que le torpilleur avait réussi à s'approcher du cuirassé sans
être aperçu de personne et l'avait accosté; après quoi son commandant
était monté par l'échelle du bord sur le pont du cuirassé où personne non
plus n'avait fait attention à lui.

Pour permettre au lecteur de se faire une idée d'une attaque à la torpille
pendant la nuit, nous donnons ci-dessous une figure représentant un combat nocturne entre un torpilleur et un grand navire.

Attaque d'un grand navire par un torpilleur pendant la nuit.

De nombreuses expériences, exécutées surtout en France, ont déterminé cette conviction qu'un torpilleur qui a réussi à s'approcher, sans être vu, jusqu'à 400 mètres d'un cuirassé, coulera ce cuirassé — et qu'inversement si un torpilleur est aperçu avant d'être arrivé à cette distance, c'est lui qui subira le même sort.

Aux manœuvres de l'escadre française de la Méditerranée, en 1892, lors de l'attaque de Nice et de Toulon, on a obtenu les résultats suivants : d'après les conditions mêmes des manœuvres, le bâtiment-amiral le *Formidable* et le croiseur le *Cosmao* furent considérés comme coulés par les torpilleurs de la défense, et deux torpilleurs, coupés de la côte par deux croiseurs, furent déclarés également détruits.

**Coup d'œil général sur l'importance au combat
des torpilles et des torpilleurs.**

Les opinions sont très partagées sur l'importance qu'auront les torpilles et les torpilleurs dans les combats de la guerre navale future. Toutefois les expériences qui ont eu lieu, quoique encore peu nombreuses, montrent que les torpilleurs joueront un rôle très considérable.



Il y a très peu de temps qu'un membre bien connu du Parlement anglais, Arnold Forster, appréciant, à la *Royal Service Institution*, l'importance qu'avait eue le naufrage du *Victoria*, heurté par l'éperon du *Camperdown*, s'exprimait ainsi :

« On dépense un million de livres sterling pour construire un bâtiment qu'une torpille peut atteindre et très probablement couler, pour peu que ce torpilleur puisse s'approcher à 600 yards (546 mètres).

« Tous les avantages qu'on pourra donner aux bâtiments comme vitesse, cuirasse, canons et discipline de l'équipage, seront neutralisés au moment où il se trouvera à 500 yards (455 mètres) d'un simple remorqueur à vapeur de la Tamise, si seulement on suppose que ce remorqueur peut lancer avec succès une torpille Whitehead (1). »

Mais à cela l'amiral Boys répondit :

« M. Forster semble vouloir dire qu'un bâtiment atteint par une torpille doit nécessairement couler. C'est sur quoi je ne puis être nullement d'accord avec lui. De mes expériences pratiques sur les torpilles, je suis arrivé à conclure que, si un grand bâtiment est atteint par une ou plusieurs

---

(1) *Der Sporn im Gefecht und bei Schiffs-Kollisionen* (l'Éperon au combat et dans les rencontres de navires). *Jahrbücher für die deutsche Armee und Marine.*

torpilles, il ne s'ensuit nullement que ce bâtiment soit irrémissiblement perdu. »

Il est impossible de ne pas remarquer que cette réponse ne s'applique vraisemblablement qu'aux plus récents modèles de bâtiments de guerre. D'ailleurs, quoique l'on ne soit pas encore exactement fixé sur le rôle que joueront les torpilleurs dans le combat contre les cuirassés, il n'est pourtant pas douteux que si l'on s'avisait de les employer à la destruction des bâtiments de commerce, il s'en trouve actuellement dans l'ensemble des flottes plus qu'il n'en faudrait pour arriver promptement à supprimer toute espèce de trafic commercial sur mer. Si même on arrivait à modifier les conditions du combat entre la cuirasse et la torpille, si l'on trouvait les moyens de garantir les cuirassés contre les attaques inattendues, et contre les effets destructeurs des torpilles, de façon que le combat se terminât à l'avantage des premiers, les bâtiments de commerce n'en resteraient pas moins sans défense contre les torpilleurs.

*Leur influence sur les éventualités de la guerre future.* Si maintenant on pose cette question : Quelle influence ce nouveau moyen d'attaque et de défense navale — moyen non encore expérimenté sur une grande échelle — aura-t-il sur le cours et les éventualités d'une guerre ainsi que sur les communications entretenues par mer, dans toute l'Europe ? Et quelles conséquences entraînera la destruction de ces communications maritimes ? — Il nous faut avouer que, tout en ayant là devant nous une grandeur qui n'est pas inconnue, nous avons cependant affaire, dans le cas dont il s'agit, à un facteur tel que, s'il ne rend point la guerre navale complètement impossible, il lui fera tout au moins subir une transformation dont les conséquences, pour les empires et pour l'humanité, seront incalculables.

La meilleure preuve qu'on puisse, il nous semble, donner que, dans la guerre navale future, un combat acharné aura lieu entre des bâtiments colosses d'une part, et, de l'autre, des nains armés de dards mortels, c'est le nombre de torpilleurs construits par les différents États.

*Comment sont outillées, en torpilleurs, les différentes puissances.* Voici les chiffres que donne lord Brassey (1) sur les torpilleurs des puissances qui nous intéressent.

Dans le tableau ci-contre, les torpilleurs sont répartis d'après leurs types, avec indication de la longueur maximum de chaque type, — les dernières colonnes donnant en outre la proportion en 0/0 des torpilleurs de plus et de moins de 100 pieds de long. Ces rapports en 0/0 sont tellement dignes d'être observés que nous en donnons, à la suite du tableau, une représentation graphique.

_____________

(1) Brassey, *Naval Annual*, 1894.

| NOMS DES PAYS | CROISEURS-TORPILLEURS de plus de 100 pieds | TORPILLEURS de haute-mer de 126 à 150 pieds | TORPILLEURS de 1re classe de 115 à 120 pieds | TORPILLEURS de 2e classe de 101 à 110 pieds | TORPILLEURS de 3e classe de 86 à 100 pieds | CHALOUPES-AVISOS de 85 pieds et au-dessous | ENSEMBLE NAVIRES de 101 pieds et au-dessus | ENSEMBLE NAVIRES de 100 pieds et au-dessous | TOTAL | RAPPORT en pour cent NAVIRES de 100 pieds et plus | RAPPORT en pour cent NAVIRES de 100 pieds et moins | TOTAL 0/0 |
|---|---|---|---|---|---|---|---|---|---|---|---|---|
| Gr<sup>de</sup>-Bretagne . | 42 | 43 | 26 | 4 | 20 | 73 | 115 | 93 | 208 | 55 % | 45 % | 100 % |
| Autriche. . . . | — | 24 | — | 5 | 26 | 8 | 29 | 34 | 63 | 46 | 54 | 100 |
| Danemarck . . | — | 6 | 1 | 3 | 2 | 11 | 10 | 13 | 23 | 44 | 56 | 100 |
| France . . . . | 8 | 38 | 62 | 84 | 36 | 17 | 192 | 53 | 245 | 78 | 22 | 100 |
| Allemagne . . | 10 | 64 | 59 | 4 | — | 16 | 137 | 16 | 153 | 90 | 10 | 100 |
| Italie . . . . . | 13 | 86 | — | 4 | 10 | 19 | 103 | 29 | 132 | 78 | 22 | 100 |
| Russie . . . . | 12 | 55 | 6 | 1 | — | 108 | 74 | 108 | 182 | 40 | 60 | 100 |
| Turquie . . . . | 2 | 7 | 15 | — | 7 | — | 24 | 7 | 31 | 77 | 23 | 100 |

**Proportion en 0/0 des torpilleurs d'après leur longueur.**

De 101 pieds et au-dessus.                          De 100 pieds et au-dessous.

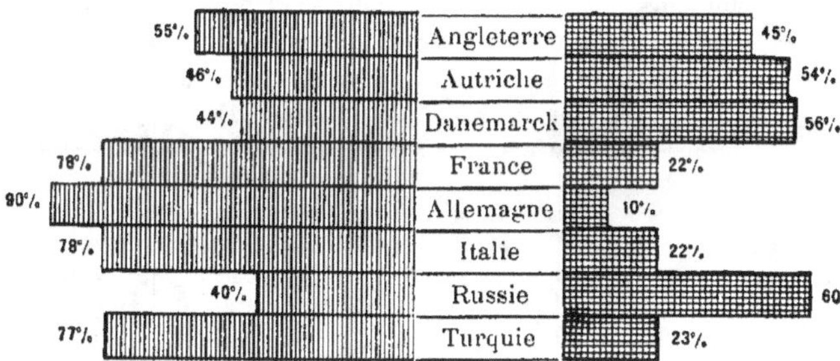


Nous voyons donc que la France, l'Allemagne et l'Italie construisent beaucoup de grands torpilleurs, par conséquent, de torpilleurs de haute mer. L'Angleterre occupe, sous ce rapport, une place intermédiaire, et c'est la Russie qui possède le moins de ces grands torpilleurs.

Si nous examinons ces chiffres de plus près, nous observons immédiatement que le rapport entre le nombre des torpilleurs de haute mer et celui des torpilleurs côtiers est très différent. Et là se manifeste très-clairement l'intention qu'ont la France, l'Allemagne et l'Italie, de poursuivre la guerre en haute mer, puisque ces États sont ceux qui possèdent la plus grande proportion de torpilleurs organisés pour cela.

Ensuite, nous voyons que l'Angleterre et la France, qui possèdent au total le plus grand nombre de torpilleurs, ont, cependant, par rapport à l'effectif de leur flotte, un nombre de ces navires moindre que les autres pays. Et c'est l'Italie qui, relativement à l'ensemble de sa flotte, a le plus grand nombre de torpilleurs.



Un membre de la Chambre des députés française, M. Gerville-Réache, rapporteur du budget de la marine, a présenté les données suivantes sur le nombre de torpilleurs terminés ou en construction, mais devant être achevés pour 1895, que possède chaque pays, avec indication du rapport entre le nombre de ces torpilleurs et celui des cuirassés :

| NOMS DES PAYS | TOTAL GÉNÉRAL DES TORPILLEURS | NOMBRE DE TORPILLEURS correspondant à 10 cuirassés |
|---|---|---|
| France. . . . . . . . . . . . . | 200 | 36,3 |
| Allemagne. . . . . . . . . . | 182 | 46,6 |
| Angleterre. . . . . . . . . | 197 | 28,5 |
| Italie . . . . . . . . . . . . | 167 | 69,9 |
| Russie. . . . . . . . . . , . | 141 | 41,5 |
| Autriche. . . . . . . . . . . | 62 | 47,7 |



Enfin, nous voyons encore une preuve de la puissance destructive attribuée aux torpilleurs dans ce fait que, non seulement leur nombre s'est augmenté, mais que les dépenses consacrées à leur construction se sont également accrues, au fur et à mesure que les torpilleurs se perfectionnaient — comme on le voit par le tableau suivant (1) :

| MODÈLE DE TORPILLEURS | LONGUEUR EN MÈTRES | LARGEUR EN MÈTRES | CAPACITÉ | DÉPLACEMENT EN TONNES | FORCE NOMINALE EN CHEVAUX | VITESSE EN NŒUDS | PRIX DE REVIENT en francs |
|---|---|---|---|---|---|---|---|
| Torpilleurs de 3ᵉ classe : | | | | | | | |
| N° 3. . . . . . . . . . | 26,40 | 2,93 | 1,66 | 26,60 | 320 | 18,5 | 140,500 |
| N° 8. . . . . . . . . . | 27,25 | 3,30 | 1,46 | 33,00 | 400 | 18 | 143,500 |
| Torpilleurs de 2ᵉ classe : | | | | | | | |
| N° 60 . . . . . . . . | 33 | 3,24 | 1,60 | 46,10 | 400 | 20 | 170,000 |
| N° 120. . . . . . . . | 34 | 3,50 | 2,00 | 52,80 | 592 | 20 | 255,000 |
| Torpilleurs de 1ʳᵉ classe : | | | | | | | |
| Raleigh. . . . . . . | 40,75 | 3,28 | 2,65 | 67,00 | 580 | 20 | 288,000 |
| N° 126. . . . . . . . | 36 | 4,00 | 2,50 | 78,50 | 900 | 21 | 327,800 |
| Torpilleurs de haute mer : | | | | | | | |
| Aigle . . . . . . . . | 42,50 | 4,50 | 2,70 | 103,00 | 1100 | 20,5 | 440,000 |
| Corsaire . . . . . . | 42,50 | 4,40 | 2,85 | 150,00 | 2400 | 25,5 | 760,000 |

(1) Bertin, *État actuel de la marine de guerre*.

On ne peut admettre que les puissances navales consacreraient des sommes aussi colossales à la construction des torpilleurs si elles ne les considéraient pas comme une arme extrêmement sérieuse de combat naval.

Si nous ne tenons compte que de la force destructive connue des torpilleurs et de leur nombre, en laissant même de côté leurs perfectionnements futurs, nous arrivons à cette conviction que ces torpilleurs amèneront probablement la destruction très prompte des flottes de guerre des deux partis opposés. — Les grands navires seront coulés par les torpilles des torpilleurs, qui, à leur tour, seront détruits en partie par l'artillerie des grands bâtiments, et en partie se détruiront mutuellement. Mais, même en écartant les nouvelles inventions, comme encore douteuses, et en ne tenant compte que des indications de l'expérience, il y a de quoi être effrayé en pensant aux conséquences des luttes entre torpilleurs et cuirassés.

Malgré tous les moyens qu'on emploiera pour se protéger contre les torpilleurs, ils resteront la terreur de la mer. En tous cas, rien que l'existence des torpilleurs, même dans leur état actuel, si on les fait agir sans merci, peut interrompre tout le trafic maritime.

# IV. Les torpilleurs sous-marins



Les torpilles automobiles ont cet inconvénient que la probabilité d'atteindre, avec elles, le but visé, dépend tout à la fois des courants maritimes et du mouvement des navires contre lesquels on les lance. Le mécanisme régulateur du mouvement d'une torpille est très complexe. En outre, le torpilleur qui cherche à détruire un adversaire doit s'exposer lui-même au danger d'être coulé.

Pour éviter ces inconvénients on construit, aujourd'hui, des torpilleurs qui peuvent rester sous l'eau pendant un temps très long et qui, en outre, sont de dimensions tellement petites, que les grands bâtiments peuvent les transporter eux-mêmes sur leur pont.

Dès 1773, l'Américain Bushnell avait construit une embarcation sous-marine qui pouvait se mouvoir aussi bien dans le sens horizontal que dans le sens vertical, au moyen d'hélices mues à la main. Deux pompes, l'une à air, l'autre refoulante, servaient à faire monter ou descendre l'embarcation. Celle-ci était munie d'une torpille dont on pouvait déterminer l'explosion au moment voulu.

A la partie supérieure du petit bâtiment se trouvait un cylindre, avec des ouvertures de tous côtés (1), comme on le voit sur les figures suivantes :

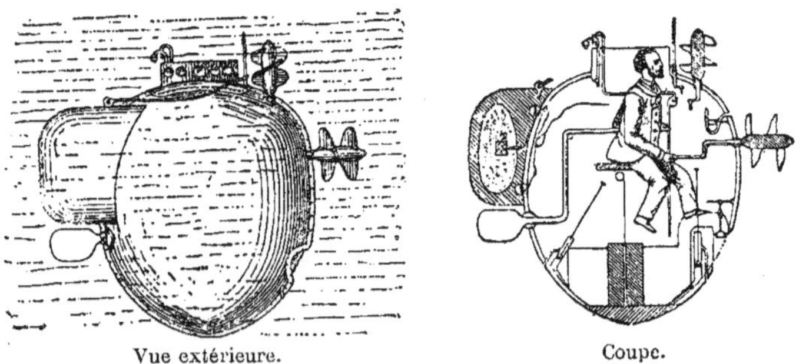

Vue extérieure.       Coupe.

Chaloupe sous-marine de Bushnell.

---

(1) Hennebert, *les Torpilles.*

Toutefois, cette invention ne fut pratiquement appliquée qu'un siècle plus tard. Au cours de la guerre de Sécession américaine, on construisit plus d'une fois des embarcations sous-marines, petits bâtiments légers, munis à l'avant d'une torpille qui faisait explosion par le choc contre un corps dur. Le plus employé de ces bâtiments, dit bateau-cigare, était long de 8 à 12 mètres, haut d'environ 2 mètres et large à l'avenant. Quoique ces bateaux aient été souvent employés et qu'on puisse citer à leur actif nombre de beaux résultats, néanmoins ils avaient le défaut d'être trop facilement découverts par les navires ennemis dont ils s'approchaient, trahis qu'ils étaient, soit par leur cheminée, soit par le bruit de leur machine.

Les figures ci-dessous représentent : un de ces bateaux avec une torpille fixée à son avant, une torpille vue à part, et enfin l'attaque d'un navire par ce bateau.

Bateau-cigare.

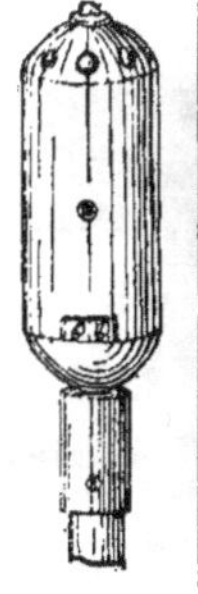

Torpille.          Attaque d'un navire par le bateau-cigare.

Le navire représenté sur la figure en train de couler, est le *Hausatonik*. Ce bâtiment prenait part au blocus de Charlestown, pendant la guerre de Sécession. Ce fut le 17 février 1864, à 9 heures du soir, qu'eut lieu l'attaque du torpilleur *Davids*, qui le détruisit complètement (1).

_______________

(1) Hennebert, *les Torpilles*. — Sarrepont, *les Torpilles*.

Au cours des années suivantes, les bâtiments sous-marins furent, comme il arrive pour tous les engins de destruction employés par l'homme, l'objet de remarquables perfectionnements. Ainsi à Toulon, avec le bateau sous-marin le *Gymnote*, on a fait les expériences suivantes :

On voulait s'assurer s'il était possible à un torpilleur sous-marin de sortir d'un port bloqué, malgré une surveillance renforcée. Plusieurs navires de guerre furent chargés de surveiller le *Gymnote* et de le poursuivre dès qu'ils l'apercevraient.

A l'heure fixée d'avance, le *Gymnote* fut disposé derrière une digue, de façon telle que les navires qui l'observaient ne pouvaient plus l'apercevoir. Alors il s'enfonça sous l'eau et se dirigea en droite ligne vers le large. Il resta sous l'eau environ 40 minutes, traversa la ligne de blocus, et ne reparut à la surface qu'à 2 milles et demi de la côte.

Pendant tout ce temps, il ne sortit de l'eau que son appareil optique pour s'orienter. Puis il s'enfonça de nouveau, et franchit une seconde fois la ligne de blocus. Un seul des torpilleurs l'aperçut au moment de sa courte apparition à la surface, mais si confusément qu'il ne put le poursuivre. Les résultats de cet essai avaient une importance décisive.



En même temps réussissaient aussi des expériences faites avec un autre bateau sous-marin, le *Goubet*, dont nous donnons ici une coupe longitudinale.

Le bateau *Goubet*, premier modèle.

Le *Goubet* passa, sans être aperçu, par-dessous six bâtiments à l'ancre. Pour montrer ses facultés manœuvrières, il passa même entre l'avant d'un torpilleur et le câble qui retenait son ancre et amena sa torpille sous un vapeur anglais ancré dans le voisinage. Il réussit, sans être aperçu, à couper les câbles, à mutiler l'hélice du vapeur, etc. Les figures suivantes représentent l'équipage entrant dans le bateau ou en sortant, le mât de signaux qui se montre de temps à autre au-dessus de l'eau après la réussite de quelque manœuvre, et enfin la route parcourue par le *Goubet* (1).

Entrée de l'équipage dans le *Goubet*.

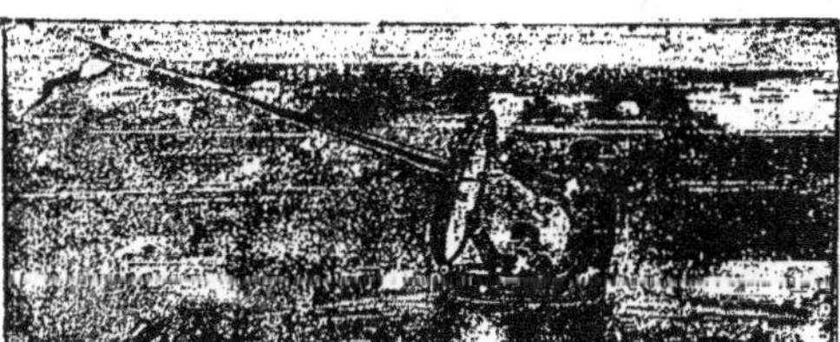

Sortie de l'équipage du *Goubet*.

Le mât des signaux.

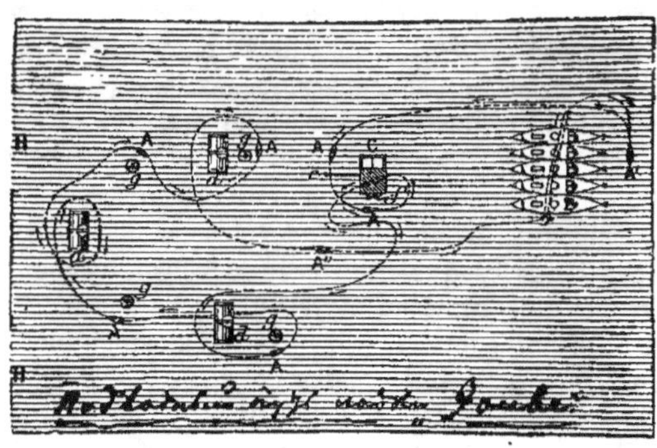

Route parcourue par le bateau sous-marin.

Il est facile d'imaginer quel résultat on eût obtenu si, au lieu d'une torpille d'exercice, le *Goubet* avait posé, sous le bâtiment ennemi, une torpille remplie de 500 kilogrammes de dynamite et pourvue d'un mécanisme d'horlogerie disposé de façon à ce que l'explosion ne se produisît qu'après éloignement du sous-marin à bonne distance.

En présence d'aussi beaux résultats, le gouvernement français a décidé la construction de plusieurs bateaux sous-marins, et sur les listes de la flotte on compte déjà: le *Gymnote*, de 30 tonnes et 50 chevaux, le *Morse* de 146 tonnes, le *Gustave Zédé* de 266 tonnes et 720 chevaux.

Les sous-marins français et allemands.

---

(1) La navigation sous-marine, Le « Goubet » *devant l'opinion publique.*

On voit que les derniers de ces bateaux sous-marins sont beaucoup plus grands que le *Gymnote*. Mais les détails de leur construction ne sont pas connus.

Si les renseignements fournis par la *Revue militaire de l'Etranger* — que publie l'Etat-major de l'armée française — sont exacts, l'Allemagne dispose également de six bateaux torpilleurs sous-marins, dont trois déjà en service et les trois autres en expérience à Kiel.

Les trois premiers se sont trouvés, parait-il, très réussis et promettent de rendre de grands services dans l'avenir. Leur vitesse doit être de 16, 5 nœuds (30, 4 kilomètres à l'heure), c'est-à-dire qu'elle surpasse celle de beaucoup de cuirassés français, et de bien des croiseurs. Même sous l'eau, ces torpilleurs se mouvaient avec une vitesse de 9, 5 nœuds (17, 5 kilomètres à l'heure).

La même *Revue* ajoute que le ministère de la marine allemande ne s'en tient pas là, et que, sur les chantiers de Dantzig et de Kiel, seront construits de nouveaux bateaux du même modèle. Dans l'*Année scientifique* pour 1895, se trouve la description de torpilleurs sous-marins que le constructeur du *Gymnote* et du *Goubet* a entrepris de construire pour la flotte russe.

On sait dès aujourd'hui que les bateaux sous-marins du type *Goubet* ont été tellement perfectionnés que tous leurs défauts primitifs ont disparu. Les bateaux du dernier modèle ont une longueur de 8 mètres sur une largeur, au maître-bau, de 1ᵐ75 (1). L'ouverture d'entrée se ferme au moyen d'une coupole de bronze haute de 0ᵐ35. La coque se compose de trois parties réunies ensemble d'une façon particulière. La force de cette coque est calculée de façon que le bateau puisse résister à une pression de l'eau correspondant à la profondeur de 250 à 300 mètres. La forme extérieure, presque ogivale, rappelle celle d'un cigare fortement renflé en son milieu.

Le moteur est une machine dynamo qui fait tourner l'hélice, et le courant est fourni par des batteries que transporte le bateau lui-même. Mais on peut aussi marcher à la rame au moyen d'avirons spéciaux en forme de pattes de canard, disposés de part et d'autre du bateau et que, de l'intérieur de celui-ci, on peut très aisément mettre en jeu.

Le nouveau *Goubet* pèse au total 10 tonnes et on peut facilement le transporter par voie ferrée sur un truc ordinaire; on peut aussi, sans difficulté, le suspendre aux porte-manteaux de tous les cuirassés ou vapeurs de guerre.

Les figures suivantes représentent l'extérieur et des coupes du *Goubet* perfectionné.

*Le Goubet perfectionné.*

---

(1) Le premier bateau construit par Goubet, qui servit aux expériences exécutées dans la rade de Cherbourg, avait une longueur de 6 mètres et la coque du bâtiment était tout d'une pièce, tandis que celle des bateaux du dernier modèle se compose de trois parties.

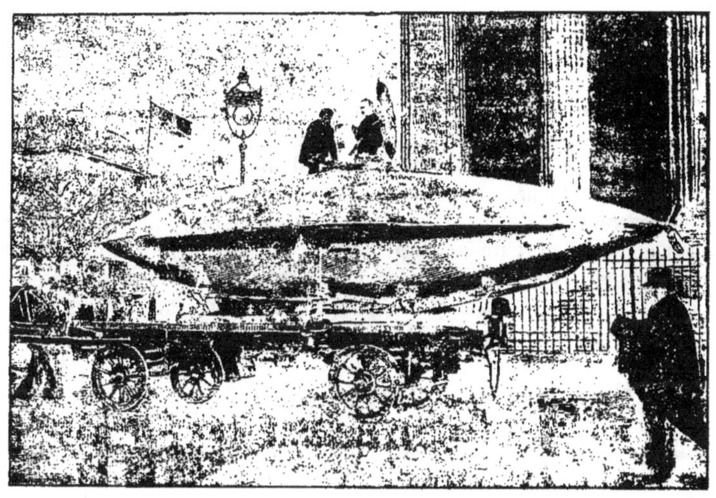

Vue du *Goubet* perfectionné.

Coupes du *Goubet* perfectionné.

L'intérieur du bateau est éclairé au moyen d'illuminateurs, fermés par des plaques de verre épaisses de 30 millimètres, qui possèdent une force de résistance plus grande que la coque même du bateau.

Le *Goubet* peut contenir trois personnes (dans le premier modèle il n'y avait place que pour deux) : un officier et deux hommes de troupe. L'air nécessaire à la respiration est emmagasiné dans un réservoir formé de tubes d'acier où il est comprimé sous une pression de 80 kilogrammes par centimètre carré. C'est de là, au fur et à mesure des besoins, qu'il sort graduellement en traversant un appareil spécial, qui le ramène à la pression normale. Les gaz expirés par l'équipage sont enlevés au moyen d'une pompe. La petite quantité d'acide carbonique pouvant rester parfois dans le bateau est absorbée par de la potasse caustique. La provision d'air emmagasinée peut suffire à l'équipage pour 24 heures.

Les plus importantes manœuvres d'un bateau sous-marin — descente vers le fond et remonte à la surface — s'exécutent d'une façon très simple ; et tous les dispositifs nécessaires à ces opérations sont combinés de la façon la plus ingénieuse. Le *Goubet* fait varier son poids en remplissant ou en vidant d'eau, plus ou moins, des réservoirs spéciaux.

Le poids et le déplacement du bateau sont calculés de façon telle qu'avec son armement complet, ses approvisionnements et son équipage, il flotte à la surface : une faible partie seulement de la coque, ainsi que la coupole, dépassant le niveau de l'eau. Il suffit donc d'une très légère addition de poids pour qu'il commence à s'enfoncer ; et inversement, un très petit allègement fait remonter immédiatement le *Goubet*. Des pompes particulières amènent dans un réservoir l'eau nécessaire ou l'en retirent à volonté.

Pour assurer le maintien du bateau à la profondeur voulue, on a établi un manomètre très sensible qui commande automatiquement les pompes. Grâce à quoi le bateau conserve exactement, soit au repos, soit en marche, la profondeur indiquée.

L'hélice a pour moteur une dynamo à qui le courant est fourni par une batterie dont les éléments possèdent une propriété précieuse pour le cas dont il s'agit ; ils ne dégagent point de gaz, ce qui serait absolument inadmissible et dangereux pour les hommes de l'équipage. La force nécessaire pour faire tourner l'hélice est du reste faible, parce que le bateau se trouve toujours en état d'équilibre au milieu des eaux qui l'entourent. La résistance directe est insignifiante, et il n'y a qu'à vaincre le frottement contre l'eau, lequel est tellement faible que, pour obtenir une vitesse de 7 à 8 nœuds, il suffit d'une machine de la force totale d'un ou deux chevaux.

Des rames, qu'on peut mettre en mouvement de l'intérieur du bateau, ne sont nécessaires que pour le diriger dans des circonstances exceptionnelles.

L'ingénieuse disposition de leur mécanisme permet de les faire mouvoir dans tous les sens.

Le gouvernail ordinaire est remplacé par une hélice qui, grâce à un manchon spécial, inventé par M. Goubet et connu sous le nom de « jonction Goubet », peut librement tourner dans tous les sens, sans ralentir son mouvement de rotation autour de son axe. Ce dispositif permet au bateau d'effectuer son mouvement de giration presque sur place.

Reste à décrire l'appareil qui permet au *Goubet* de se diriger aisément sous l'eau vers le point voulu. L'inventeur a muni son bateau d'un tube spécial, à mouvement télescopique, qui peut s'allonger verticalement, autant qu'il le faut, selon la profondeur où se trouve le bateau, de façon que son extrémité supérieure apparaisse au-dessus de l'eau. A cette extrémité supérieure sont disposés des prismes de façon que l'observateur qui se trouve dans le bateau puisse facilement suivre, grâce à eux, ce qui se passe à la surface, sans montrer autre chose que le sommet du tube, dont le diamètre est à peine d'une dizaine de centimètres.

Enfin il faut mentionner encore un appareil ayant pour but d'obliger le bateau à remonter à la surface, même au cas où tous ses organes mécaniques seraient avariés. Il consiste en ceci : sous la quille est suspendu un poids considérable, attaché au fond par une tige qui le traverse et pénètre à l'intérieur. En cas d'accident quelconque, ce poids peut être abandonné, et le bateau débarrassé de cette surcharge doit immédiatement remonter à la surface.

Bateau sous-marin Nordenfeldt.

Le côté faible de tous les torpilleurs sous-marins c'est leur petite dimension, qui ne leur permet pas de porter un approvisionnement suffisant en vivres et en combustible. Mais aujourd'hui on construit des sous-marins d'un modèle où cet inconvénient est notablement amoindri.



Tel est le bateau du système Nordenfeldt dont nous donnons à la page précédente la représentation générale et ci-dessous une coupe transversale. Il peut parcourir 150 milles, sans renouveler sa provision de charbon.

Coupe du bateau sous-marin Nordenfeldt.

Si l'on en croit la *Nature*, une commission spéciale a fait exécuter les essais officiels d'un bateau Nordenfeldt acheté par le Gouvernement grec. Le premier jour, ce bateau s'enfonça sous l'eau et manœuvra tant à la surface de la mer qu'au-dessous. Le second jour fut consacré à étudier la façon de fournir de l'air à l'équipage. Dans ce but on y renferma hermétiquement 4 hommes, de midi jusqu'à 6 heures du soir. En outre, pour savoir à quelle profondeur le bateau se maintiendrait, la commission y fixa un mât de 9 mètres de long. De sorte que, pendant les manœuvres exécutées sous l'eau, si l'extrémité du mât disparaissait entièrement, c'était la preuve que le bateau s'enfonçait à une profondeur de plus de 9 mètres. Le quatrième jour, le bateau parcourut 10 milles anglais en déployant une vitesse de 8 1/2 nœuds.

Comme on le voit par la figure, il a la forme d'un cylindre effilé en cône à ses deux extrémités. La plus grande largeur est de 3$^m$65, la longueur de

19<sup>m</sup>50, la plus grande hauteur de 3<sup>m</sup>25, le déplacement de 60 tonnes, la vitesse de 9 nœuds. La tourelle du commandant (Voir la coupe), est recouverte d'un dôme de verre qui permet d'observer la mer aux environs.

Quand le bateau doit rester à la surface de l'eau, le réservoir est vidé, mais quand on s'approche de l'ennemi, on remplit d'eau ce réservoir et on s'enfonce à une certaine profondeur.

Des bateaux du même système, mais de bien plus grandes dimensions, ont été commandés par le gouvernement turc. Leur longueur est de 30<sup>m</sup>,40, leur largeur de 3<sup>m</sup>,65 et leur déplacement de 200 tonnes (1).

Quant à l'Italie, l'*Allgemeine militär Zeitung*, de Darmstadt, fait savoir que récemment à Civita-Vecchia ont eu lieu, en présence des ministres de la Guerre et de la Marine, les essais officiels d'un bateau sous-marin, inventé par l'ingénieur Bolsamello et dénommé par lui *Bella nautica*. La machine placée dans ce bateau lui permet de se mouvoir facilement, de gouverner, de descendre et de remonter à la surface. Les ingénieurs qui, pendant les essais, se trouvaient sur le bateau, ont affirmé unanimement que cet engin était très capable de constituer une arme puissante en cas de guerre.

En outre, on a fait, lors de la présence de la flotte anglaise à la Spezzia, les essais d'un bateau sous-marin, dû à l'ingénieur en chef du ministère de la Marine, le commandeur Pallino.

Il peut lancer deux torpilles qui sont disposées à sa partie supérieure dans un appareil en forme de fourche qui les supporte.

Ce navire est protégé par la solidité de sa cuirasse et par la courbure très prononcée de ses flancs, grâce à laquelle les projectiles ennemis ne peuvent le frapper que sous un très petit angle.

D'après les essais faits, on peut admettre comme presque certain que les projectiles ordinaires des canons à tir rapide, employés contre les torpilleurs, seront sans effet sur ce bâtiment. Sa vitesse est de 7 milles à l'heure.

Beaucoup d'écrivains n'attachent guère d'importance aux bateaux sous-marins à l'emploi desquels ils opposent, comme principal obstacle, la difficulté qu'on éprouve à voir sous l'eau. Un bateau sous-marin est complètement aveugle. Ce défaut est si sérieux qu'ils sacrifieraient volontiers la principale qualité de ces navires, leur invisibilité, à la nécessité pour le bateau lui-même de voir devant lui dans le sens de son mouvement (2).

----

(1) *Revue de l'armée belge* : Torpilles et torpilleurs.
(2) *Betrachtungen über Seetaktik.*

Mais dans l'état actuel de la technique, on peut compter avec confiance sur la prompte disparition de ces défauts.



De fait, deux Américains ont déjà pris un brevet pour un nouveau sous-marin où cet inconvénient est écarté jusqu'à un certain point. Construit tout en fer, ce bateau présente à sa partie inférieure quelques chambres à eau que l'on vide, en y refoulant de l'air comprimé, quand le bateau doit flotter à la surface, et où on laisse, au contraire, rentrer l'eau quand on veut que le bateau s'enfonce. En même temps un appareil spécial indique à quelle profondeur se trouve le navire, de sorte qu'on peut régler exactement la profondeur où l'on veut naviguer, puisqu'après l'avoir atteinte, il suffit d'interrompre l'arrivée de l'eau dans les chambres.

L'air employé pour la respiration de l'équipage, et pour chasser au besoin le lest d'eau, est puisé dans l'atmosphère lorsque le bateau se trouve à la surface, et comprimé par des pompes dans des chambres à air spéciales. Pour permettre d'emmagasiner de l'air de cette façon, même quand le bateau est sous l'eau, les tubes aspirants de la pompe foulante se terminent par un long manche, dont l'extrémité supérieure est munie d'une bouée imperceptible, ce qui permet de conserver sans interruption la communication de la pompe avec l'atmosphère. Vers le milieu du bateau, quelque peu à l'avant, est disposée une petite tourelle avec des hublots hermétiquement fermés, à travers lesquels le commandant, quand on est sous l'eau, peut suivre les déplacements du but, flottant à la surface, qu'il veut atteindre, en se servant d'un long télescope mobile, qui reflète les images perçues dans un miroir placé sous l'angle voulu. Le commandant en examinant cette image peut ainsi, par exemple, suivre sans interruption le mouvement d'un bâtiment ennemi. Ce bateau sous-marin est mû par une hélice qu'actionne une dynamo recevant son courant d'une forte batterie (1).



Les Etats-Unis ont adopté le projet de Gollo et construit un navire de 24$^m$,40 de long, sur 3$^m$,35 de large, dont le déplacement est de 118,5 tonnes quand il flotte et de 138,5 tonnes quand il navigue sous l'eau. Sa vitesse doit être à la surface de 15 nœuds et, sous l'eau, de 7. Pour naviguer sur l'eau, on emploie deux machines à quadruple expansion, dont chacune fait mouvoir une hélice et qui donnent au bâtiment une vitesse de près de 16 nœuds. Pour naviguer sous l'eau, la force est fournie par des machines dynamo qu'actionnent des accumulateurs. L'emploi de deux forces motrices de nature diverse, et un appareil qui règle automatiquement la navigation sous-marine : telles sont les différences essentielles qui distinguent ce bateau des cinq du même modèle employés avant lui en France.

---

(1) *Eisenbahn Zeitung*. — Lübeck, 1894.

Il est, en outre, muni d'un appareil qui le maintient automatiquement dans la direction donnée, comme d'un régulateur pour le maintenir à la profondeur voulue (appareil fondé sur le même principe que dans la torpille Whitehead) (1).

L'amirauté anglaise ne semble pas avoir confiance dans les sous-marins.

*Opinion de l'amirauté anglaise.*

« En octobre 1894, M. Seymour Allan, de Sydney, a construit un torpilleur sous-marin ou plutôt un modèle, fonctionnant réellement comme un bateau de ce genre. Et ce navire était notablement plus parfait que ses prédécesseurs », comme dit Armstrong (2).

« Le commandant de l'escadre anglaise stationnée dans les eaux australiennes, ayant constaté la façon dont ce modèle se mouvait, plongeait et manœuvrait en tous sens pendant les expériences faites aux bains publics de Sydney, déclara que si le bâtiment projeté était en état de faire ce que faisait le modèle, il en résulterait un bouleversement complet dans la manière de faire la guerre ». Toutefois, l'amirauté britannique ne jugea pas nécessaire d'entreprendre des expériences d'un caractère aussi nouveau et aussi hasardeux et jusqu'à présent l'invention d'Allan n'a pas obtenu, de l'autorité, l'attention qu'elle semblait mériter, d'après les expériences exécutées avec le modèle.

Il faut observer, en outre, ce qui a quelque peu l'air d'une ironie, que le meilleur moyen de défense contre les bateaux sous-marins, devrait être l'emploi des ballons. Toutefois, sur le cuirassé français *le Formidable*, on a essayé un ballon qui s'est élevé à une hauteur de 1,500 mètres; dès qu'on parvint à 150 ou 250 mètres (3), on put embrasser l'horizon du regard jusqu'à 12 ou 40 kilomètres de distance et, au moyen de jumelles, on pouvait très bien suivre ce qui se passait au fond de la mer, jusqu'à 30 mètres de profondeur. Nous donnons ci-dessous une figure qui représente ce ballon.

*Difficultés qu'opposeraient les sous-marins au blocus d'un port.*

Il faut dire encore que les bateaux sous-marins peuvent être une arme très dangereuse, maniée par les navires qui forment un blocus. Un sous-marin pourrait en très peu de temps détruire tout le système de fils conducteurs destinés à provoquer l'explosion des torpilles qui protègent l'entrée du port bloqué.

D'autre part, le blocus d'un port où se trouverait un de ces bateaux perfides serait sans doute chose très risquée. Car ce bateau pourrait sortir sans être aperçu et venir torpiller un bâtiment ennemi sans courir aucun

---

(1) *Mittheilungen aus dem Gebiete der Seewesens*, vol. XXIII, 1895.

(2) Armstrong, *Torpedoes and Torpedo-Vessels*, 1896.

(3) Lord Brassey, *Papers*.

danger. Même un petit appareil optique dépassant la surface de l'eau ne pourrait constituer pour l'ennemi un but susceptible d'être atteint, et si, en outre, la vitesse du sous-marin était maintenue très faible, il ne se manifesterait pas à son avant de courant capable d'indiquer la route par lui suivie.



Les sous-marins sont évidemment encore bien imparfaits. Mais quand la technique moderne aura entrepris de perfectionner cette innovation, on peut être certain qu'avant peu ces imperfections auront disparu. La plus grave provient des petites dimensions de ces bateaux et de leur faible réserve de force; ce qui ne leur permet pas de naviguer assez librement en haute mer.

Le gouvernement des Etats-Unis se prépare à lancer un torpilleur d'un genre spécial, capable de se mouvoir à la surface de l'eau par la vapeur, comme un torpilleur ordinaire, puis également sous l'eau, au moyen d'un moteur actionné par des accumulateurs. Ce bâtiment a la forme d'un cigare, effilé aux deux bouts ; on compte que sa vitesse maxima atteindra 16 nœuds. Les

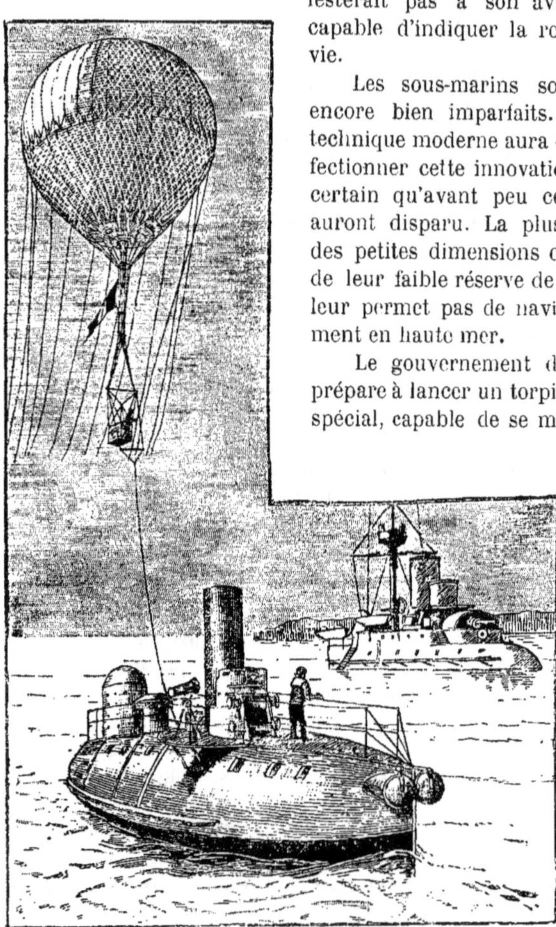

Ballon captif du système Serpette.

principales dimensions sont les suivantes : longueur 80 pieds, largeur

10 pieds 5 pouces, déplacement 150 tonnes. La force nominale des machines est de 1,000 chevaux (1).

En tenant compte des résultats déjà obtenus, on peut se rallier à l'opinion d'un inventeur de bateaux sous-marins qui a dit que : « Le jour où un
sous-marin pourra venir mettre sous un cuirassé 200 kilogrammes de
pyroxyline, la dernière heure de ces cuirassés aura sonné ». Or, ce
problème semble actuellement résolu ; et de l'avis de plusieurs écrivains,
on pourrait considérer comme inutilement perdus les milliards que l'on
consacre à construire ces colosses d'acier. D'autant plus qu'au dire des
spécialistes, dans un combat réel entre adversaires d'égale force, avec la
puissance destructive des canons, des torpilles et des éperons, l'anéantissement mutuel des cuirassés sera presque inévitable.

--------

(1) Armstrong, *Torpedoes and Torpedo-Vessels*, 1896.

# V. Les dépôts de charbon
## et les bâtiments de transport



L'approvisionnement en charbon des flottes et escadres de haute mer constitue un problème d'une plus grande importance que pour les bâtiments isolés, parce qu'il se relie étroitement à la question de savoir pendant combien de temps, au cours d'une guerre, pourra tenir la mer une flotte ou escadre de bâtiments agissant de concert. Il faut se rappeler qu'aujourd'hui les conditions dans lesquelles les flottes peuvent tenir la mer sont tout autres que jadis, quand les combats navals n'étaient livrés que par des navires à voiles. Ces derniers, pour peu qu'ils fussent approvisionnés de munitions et de vivres en quantité suffisante, et que leur gréement fût en bon état, pouvaient tenir la mer indéfiniment. Mais aujourd'hui on a réellement renoncé, pour les cuirassés et croiseurs modernes, à l'emploi du vent comme moteur et, par suite, les vaisseaux de guerre actuels ne peuvent tenir la mer que pendant une période déterminée par leur provision de charbon.

On comprendra tout de suite l'importance de ce fait, en songeant que la durée de l'action des bâtiments de guerre dépend absolument de la question de savoir s'ils auront assez de charbon pour rendre les services qu'on attend d'eux dans les opérations à exécuter contre une flotte ennemie croisant au large. Et, sous ce rapport, il ne faut pas oublier que les flottes qui se trouvent en mer doivent, dans la consommation de leur charbon, observer certaines règles, c'est-à-dire que, sur tous les bâtiments, on doit conserver intacte une quantité de combustible suffisante pour pouvoir atteindre le dépôt le plus voisin où l'on pourra se réapprovisionner.

Il est donc clair que le charbon ainsi mis en réserve ne peut être considéré comme utilisable au cours d'une croisière ou d'opérations offensives contre l'ennemi, et qu'il faut, par suite, le retrancher de l'approvisionnement disponible du bâtiment. Quand on fait cette opération, on voit que la quantité de combustible réellement utilisable au cours d'une croisière est très réduite, et l'on comprend nettement l'énorme importance de cette question du charbon, dont l'influence est capitale sur la durée du temps pendant lequel, au cours des hostilités, une flotte peut tenir la mer.

Dans un cas donné on peut répondre que le commandant en chef de la flotte pourrait, au fur et à mesure de l'épuisement du combustible de ses navires, les envoyer un à un ou plusieurs à la fois au dépôt de charbon le plus voisin, compléter leur approvisionnement et revenir. Et actuellement cela semblerait en effet le seul moyen de sortir d'embarras. Mais alors on réfléchit que l'affaiblissement constant, subi de la sorte par une flotte de guerre, serait très dommageable et rendrait toujours extrêmement indéterminé le nombre des navires utilisables pour une action d'ensemble.



Les résultats des manœuvres navales anglaises de 1890 ont très nettement mis en relief l'importance de la question du charbon, comme pouvant entraver la continuité des opérations des bâtiments de guerre. Il s'est trouvé que l'escadre assaillante, partie des côtes d'Irlande, eut à parcourir 1,500 milles avec une vitesse moyenne de 8 nœuds, alors que la quantité de charbon chargée sur chaque navire était calculée pour cette distance parcourue avec une vitesse de 10 nœuds.



Quand les bâtiments arrivèrent au point de rendez-vous, après une marche accomplie à cette vitesse modérée de 8 nœuds qui, relativement à celle de 10, représentait une consommation plus économique de charbon, il fut constaté que, déduction faite du combustible nécessaire pour gagner un dépôt de charbon, il en restait si peu que rien, pour tenir la mer et entamer des opérations offensives contre l'ennemi. On jugea donc nécessaire de compléter les approvisionnements, ce qui fut fait à l'aide de trois transports chargés de charbon, envoyés avec ordre de rallier la flotte au point de rendez-vous indiqué.

Il ne faut pas oublier qu'en temps de guerre on devra faire convoyer les transports de charbon par une forte escorte, parce que des navires chargés de charbon constitueraient les plus riches prises susceptibles de tomber aux mains de l'ennemi, qui trouverait là un secours inappréciable pour assurer la navigation de ses propres escadres.

Par ce qui vient d'être exposé, nous voyons que la question de l'entretien des approvisionnements de charbon des flottes et des escadres, pour leur permettre une croisière prolongée, est une question de première importance et mérite une étude approfondie à la recherche des voies et moyens les meilleurs et les plus pratiques de la résoudre avec succès.

En Angleterre on indique actuellement quelques solutions à ce problème :



1° Augmentation considérable du nombre des dépôts de charbon, surtout dans les régions où, d'après certaines données, on peut prévoir de grandes demandes de combustible ; de cette façon, n'importe où une flotte croiserait pendant la guerre, n'importe où elle irait épier l'ennemi, elle aurait à proximité une base d'opérations pour se réapprovisionner en charbon.

2° Mettre à la disposition de chaque flotte ou escadre nombreuse un ou deux grands vapeurs de marche rapide, armés d'artillerie légère et capables de porter, outre le combustible nécessaire à eux-mêmes, quelques autres milliers de tonnes de charbon pour en pourvoir les navires de la flotte ou escadre.

3° Munir chaque bâtiment d'une petite voilure, — ce qui maintenant ne se fait plus, — laquelle servirait d'auxiliaire au moteur à vapeur et pourrait faire mouvoir le navire par un vent modéré, avec une vitesse de 2 à 4 nœuds, suivant la force et la direction relative du vent.

4° Avoir dans chaque escadre un ou deux puissants remorqueurs à vapeur, qui remorqueraient jusqu'au dépôt de charbon le plus voisin, pour y recompléter leur approvisionnement, les navires qui auraient épuisé leur combustible.

Le troisième de ces quatre moyens mérite sans doute une étude attentive ; mais la combinaison des deux premiers paraît encore donner, du problème, une solution plus pratique, plus réalisable et plus efficace pour entretenir l'approvisionnement de combustible d'une escadre de navigation lointaine, destinée à croiser en mer pendant un temps prolongé.

Examinons maintenant, dit Williams (1), comment se présentent en réalité ces deux procédés. On admet que les dépôts de charbon seront établis particulièrement en des points facilement accessibles aux navires qui croiseront dans les parages où, selon toute probabilité, auront lieu des combats navals, au cas d'une guerre entre deux ou plusieurs nations européennes. Enfin ces dépôts seront convenablement protégés. Un grand pas sera donc fait quand on aura établi ces bases d'opération pour approvisionner de charbon, afin d'entretenir leur complet de combustible, les bâtiments des escadres et flottes naviguant au loin.

Cette mesure serait, sans contredit, la plus efficace, si l'on attachait aux flottes ou escadres un, deux ou plusieurs grands et rapides vapeurs, d'une grande capacité de charge, organisés pour le transport du charbon. Des bâtiments, comme la *City of New-York* et le *Teutonic* (vapeurs de poste, grands marcheurs) rempliraient ce rôle à merveille. [En addition à leur propre approvisionnement de combustible, ils pourraient prendre plusieurs milliers de tonnes de charbon, de quoi regarnir les soutes d'une flotte quelconque, et permettraient à la plus nombreuse escadre de tenir la

Examen<br>de ces mesures.

---

(1) *The Steam Navy of England.*

mer pendant des mois entiers, et non pendant quelques jours — comme actuellement. Ces vapeurs marchent à 20 nœuds, et par suite, il leur est toujours possible, en cas de rencontre avec un ennemi plus fort, de lui échapper sans difficulté. De même, quand une flotte ennemie serait en vue et un combat inévitable, ces vapeurs pourraient se mettre à l'abri du danger, attendre les résultats de la lutte et, si les circonstances le permettaient, rejoindre ensuite leur flotte.

La possibilité de transborder sans danger du charbon en pleine mer a été démontrée au cours des manœuvres navales anglaises de 1890, — où, par un temps favorable, beaucoup de navires vinrent faire leur charbon près des transports spécialement désignés pour cela. Les grands vapeurs sus-indiqués pour amener du combustible pourraient, une fois leur chargement épuisé, aller se réapprovisionner au dépôt de charbon le plus voisin, puis rallier à toute vitesse leur escadre.

L'emploi de vapeurs semblables pour entretenir les approvisionnements de combustible des escadres dispenserait, dans une certaine mesure, de la formation d'escortes armées, indispensables quand on emploie des transports charbonniers ordinaires. Par suite, ce mode d'approvisionnement aurait pour résultat une augmentation de la puissance maritime, car les escadres pourraient continuer à tenir la mer avec toutes leurs forces ; ce qui n'aurait pas lieu s'il leur fallait détacher des bâtiments armés pour escorter de simples transports charbonniers.

Quant aux frais qu'entraînerait l'entretien des dépôts de charbon actuellement existants, l'augmentation de leur nombre et l'organisation de leur défense éventuelle, il faut considérer cela comme une partie des dépenses à payer par les belligérants pour l'assurance de leur navigation nationale. Ce serait, en pareil cas, faire preuve de bien courtes vues que de céder à la considération de cette seule économie et de négliger ce qui est évidemment nécessaire, non seulement pour la force combattante, mais aussi pour la *sécurité* des escadres de haute mer en temps de guerre, — c'est-à-dire de ne pas prendre des mesures pour compléter des approvisionnements de charbon qui leur permettront de tenir la mer en permanence et d'être toujours, pour ainsi dire, « au vent » de l'ennemi.

En 1895, aux manœuvres anglaises, les escadres opposées, après leur arrivée sur leurs bases d'opérations respectives, remplirent leurs soutes avec le concours de transports charbonniers spécialement nolisés pour elles par le gouvernement. Il fut constaté, alors, que les navires qui venaient seulement d'entrer en campagne opéraient leur chargement de charbon moins vite que ceux déjà à la mer depuis un certain temps. En outre, parmi les bâtiments mobilisés, d'aucuns se chargeaient moins rapidement que d'autres. Ainsi, par exemple, le *Royal Sovereign* chargea

Leur application<br>et<br>leurs résultats<br>aux grandes<br>manœuvres.

280 tonnes en 5 heures, soit une vitesse moyenne de 56 tonnes à l'heure ; tandis que pour l'*Empress of India*, cette vitesse fut de 71 tonnes 1/2 à l'heure. Le croiseur *Endymion*, depuis longtemps à la mer, se chargea avec une vitesse de 45 tonnes à l'heure, tandis que le *Theseus*, navire du même modèle, mais qui venait seulement d'être mobilisé, ne chargea que 24 tonnes à l'heure. Les navires de l'escadre de réserve se chargèrent aussi avec des vitesses différentes : le *Benbow* prit 45 tonnes à l'heure ; le *Dreadnought*, 35 tonnes ; l'*Alexandra*, 26 tonnes. Le *Colossus* chargea 25 tonnes à l'heure et l'*Edinburgh*, du même modèle, 19 tonnes seulement.

# Opérations
## des flottes et des bâtiments isolés

Dans la partie précédente de ce volume, nous nous étions proposé d'abord de faire connaître au lecteur la composition des flottes actuelles et les modifications récemment apportées à leur armement.

Puis nous avons exposé les opinions les plus modernes sur les differences que présentent, relativement au passé, les moyens d'action des différents éléments des forces navales, c'est-à-dire des cuirassés, torpilleurs-croiseurs, bateaux torpilleurs sous-marins et transports.

Pour mieux faire comprendre le caractère de la guerre future, nous nous sommes efforcé, dans l'exposé des questions, d'indiquer, d'une part, les principes qui ne laissent plus de doute et sont admis dans la tactique navale comme incontestables et, de l'autre, ceux qui sont encore en discussion.

Ayant donné, à ce qu'il nous semble, un exposé assez clair des moyens de combat dont disposeront les flottes, nous passons maintenant à l'étude, d'après la même méthode, de leur mode d'emploi. Mais cette tâche n'est pas facile. Avec la rapidité actuelle des progrès de la tactique, alors que les inventions se succèdent chaque jour, chacune affaiblissant ou même annihilant la précédente, les opinions des spécialistes sont très contradictoires.

La guerre maritime consiste, à proprement parler, en opérations sur les côtes, opérations contre les ports et les bâtiments de commerce, combats entre deux bâtiments isolés, entre deux escadres ou deux flottes.

C'est d'après ces conditions naturelles de toute guerre navale que nous divisons notre travail. En suivant cette méthode, il devient possible de présenter un tableau assez complet de chacun de ces genres d'opérations; mais en même temps certaines répétitions sont inévitables. Car en se reportant aux chapitres précédents et en obligeant le lecteur à revenir à ce qui a été dit plus haut, on lui imposerait une peine inutile.

# I. Opérations côtières des flottes.



A propos des opérations côtières des flottes dans la guerre future, il faut avant tout observer que, par suite de l'entrée en jeu de moyens d'attaque et de défense entièrement nouveaux, et qui n'ont jamais encore été appliqués, nous serons très probablement témoins de destructions qui laisseront après elles des traces durables, mais seulement à un seul point de vue, celui du bombardement. Les débarquements sur les côtes ne constitueront que de rares exceptions. Déjà, dans le passé, ils présentaient de grandes difficultés.

De nos jours, avec les nombreuses voies ferrées qui conduisent aux localités côtières, avec le service militaire universel et les armes perfectionnées dont l'on dispose, un débarquement aurait bien peu de chances de succès. Si la menace d'une telle opération pouvait avoir encore quelque importance ce serait pour l'Angleterre, qui n'a qu'une armée très peu nombreuse et où l'on pourrait créer une diversion en Irlande, ou encore pour la Russie, en raison de la longueur des côtes dépourvues de voies ferrées qu'elle a sur la mer Baltique. Mais en réalité, pour aucun pays, les débarquements ne pourraient avoir une grande importance et, en fin de compte, ils n'aboutiraient qu'à sacrifier les forces mises à terre.

En conséquence, nous ne nous occuperons pas de la question des débarquements et nous porterons notre attention sur la possibilité du bombardement des localités côtières, attendu qu'aujourd'hui on dispose, pour cela, de moyens incomparablement plus puissants que ceux d'autrefois.

## Faiblesse des moyens d'agir contre les localités côtières jusqu'à l'introduction des canons rayés.



Jadis, avec la faible portée des canons de gros calibre, les grands bâtiments de guerre, par suite de leur fort tirant d'eau, ne pouvaient qu'avec peine s'approcher assez près des côtes (1) pour agir contre elles. D'un autre côté, les chaloupes canonnières spécialement construites pour les bombardements étaient `d'un modèle trop primitif pour pouvoir faire bien du mal.

Difficultés<br>et inefficacité<br>des<br>bombardements.

Pour montrer combien étaient rudimentaires ces anciens moyens d'action, nous donnons ici deux figures dont la première représente une *galiote* et la seconde un navire bombardeur ou *bombarde*.

Galiote.

Bombarde.

La *galiote* ou galiote à bombes était un petit bâtiment à fond plat, de nature spéciale, employé surtout en Hollande, de 50, 100 et même 200 tonnes. Il n'avait qu'un faible tirant d'eau. Il naviguait également dans la Manche. Le gréement particulier de ces navires, élargis à l'avant, a fait penser qu'on pouvait s'en servir pour exécuter des bombardements ; d'où la désignation et les procédés d'emploi des anciennes galiotes à bombes, qui portaient deux mortiers sur une plateforme spéciale, près de l'écoutille en avant du grand mât.

L'affût du mortier avait un angle de tir invariable de 22°,30', qui correspondait à la portée maximum de cette bouche à feu.

---

(1) Les capitaines Boutant et Pâris, *Dictionnaire de marine à voiles et à vapeur*, donnent les indications suivantes sur les canons en service vers 1840 :

| | Charge en kilogr. | Boulet. | Portée en mètres. |
|---|---|---|---|
| Canon de 50°/m ............... | 8,33 | plein | 1,325 |
| — — ............... | 6,25 | creux | 1,280 |
| Canon obusier de 22°/m ....... | 3,50 | — | 1,030 |
| — — — ....... | 3,00 | — | 894 |

Plus tard seulement on construisit des bâtiments particuliers, nommés *bombardes*. C'étaient des navires à trois mâts, avec deux mortiers et une batterie de canons. Les mortiers étaient installés dans des enfoncements spéciaux, où, à l'aide de supports verticaux et de madriers de revêtement, on fixait, au niveau du pont supérieur, une plateforme spéciale sur laquelle on installait leurs affûts.

Plus tard encore on utilisa, comme navires de bombardement, de vieux bâtiments à vapeur, sur lesquels on établissait des mortiers.

Il n'est donc pas étonnant que, dans le mémoire rédigé par Carnot sur l'ordre de Napoléon, au sujet des exemples fournis par les bombardements antérieurs de beaucoup de villes du continent, il soit dit que les villes ainsi bombardées ne furent pas contraintes de se rendre et ne souffrirent même que relativement peu du feu de l'ennemi. En réponse à ce rapport, Napoléon écrivait, le 9 septembre 1809, au ministre de la guerre : « La conclusion est que, même après les nouvelles inventions de l'artillerie, les bombardements continueront en réalité de faire, comme précédemment, plus de bruit que de mal. »

La flottille de Boulogne organisée par Napoléon.

Quand Napoléon constitua sa fameuse flottille à Boulogne, pour un débarquement en Angleterre, il voulait en même temps améliorer le modèle des navires. Il fut dépensé pour l'armement et le gréement de chacun d'eux une somme de 35,000 francs. Cette flottille comprenait 1,200 de ces navires, mais en comptant les anciens bâtiments, les transports de commerce et des bâtiments de guerre de différents types, on peut l'évaluer au total à 2,000 bâtiments sur lesquels on voulait monter 16,000 marins, 160,000 hommes de troupes de terre et 9,000 chevaux avec tout le matériel d'un corps expéditionnaire et 15 jours de vivres. Ces 1,200 navires, construits spécialement pour l'exécution de la descente en Angleterre, se subdivisaient en quatre catégories : bateaux pontés, canonnières, chaloupes canonnières et chaloupes. Tous étaient à fond plat pour pouvoir, lors du débarquement, s'approcher le plus près possible de la côte.

Ces bâtiments de la flottille de Boulogne avaient 25 mètres de long sur 5m50 de large et 2 mètres de tirant d'eau à l'avant; ils étaient gréés en brigantines, et armés de 3 canons de 24 pouces et d'un obusier français de 8 pouces. L'équipage comprenait 22 marins et un certain nombre de soldats désignés pour débarquer.

Nous donnons ci-contre le dessin d'une canonnière de cette flottille, et, à côté, pour permettre la comparaison, la représentation d'un cuirassé français garde-côtes actuel, le *Jemmapes*, ayant coûté, non pas 35,000 francs, mais 525,000, et armé d'un petit nombre de canons, il est vrai, mais de canons dont chacun a 13,3 pouces de diamètre et envoie son projectile à une énorme distance.

Pont d'un navire de guerre de l'escadre anglaise devant Sébastopol.

LA GUERRE FUTURE (P. 151, TOME III.)

Canonnière française
du commencement du xixᵉ siècle.

Garde-côtes français actuel.

L'insuccès de l'entreprise, par Napoléon, d'un débarquement en Angleterre, est connu de tout le monde. — Un jour, excité sans doute par la beauté du temps et, malgré les observations de l'amiral-commandant, l'Empereur, pour passer une revue, donna ordre à la flottille de prendre la mer. Mais bientôt éclata une tempête et presque toute la flottille, avec une notable partie des équipages, fut victime de ce caprice du grand capitaine.

*Son insuccès.*

Un demi-siècle plus tard, en 1854, avait lieu le bombardement d'Odessa. Une partie de la flotte alliée, composée de 8 vapeurs à roues, s'approcha du faubourg de Pérécipe et se mit à tirer. Le port et ses magasins furent bientôt incendiés, mais les bombes lancées sur la ville n'y causèrent aucun mal.

*Résultats obtenus en Crimée.*

A l'époque de la campagne de Crimée, on se servait encore de canons et de mortiers à âme lisse et d'un système très imparfait que représentent les figures de la planche ci-contre.

Comme on l'a dit plus haut, le bombardement de Sébastopol par la flotte unie anglo-française montra aux alliés que leurs navires en bois pouvaient facilement se voir brûlés et anéantis dans leur lutte contre des fortifications côtières, armées d'un nombre suffisant de canons à bombes.

Cela conduisit à essayer de protéger les navires par des plaques de fer; et, dès 1854, on se mit, en France, à construire en bois trois batteries flottantes cuirassées : la *Lave*, la *Dévastation* et la *Tonnante*, destinées à l'attaque des ouvrages russes fortifiés de la *mer Noire*. Les Anglais, ayant aussi l'intention d'attaquer Cronstadt, en 1856, construisirent sept batteries flottantes en fer, dont nous avons donné plus haut un dessin.

Le bombardement de Sébastopol, dont nous représentons ici les fortifications dans leur ensemble, demanda beaucoup de temps et de peines.

Fortifications de Sébastopol.

Les opérations ultérieures de la flotte alliée dans la mer Noire et la Baltique ne présentent rien de bien saillant. On peut encore mentionner l'attaque de Bomarsund dont nous donnons ci-dessous une vue perspective ainsi que de l'escadre qui l'attaqua.

Vue de Bomarsund et de l'escadre qui l'attaqua.

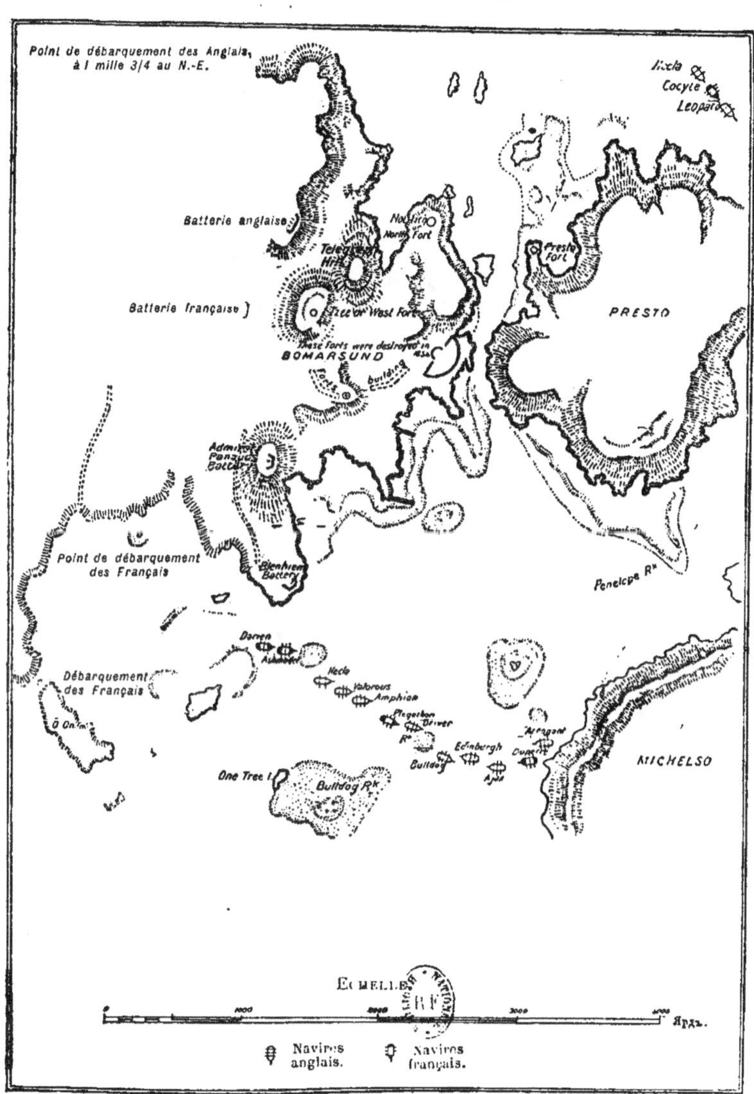
Point de débarquement des Anglais,
à 1 mille 3/4 au N.-E.
Iscla
Cocyte
Leopard
Batterie anglaise
Nord Fort
North Fort
Presto Fort
Telegraph Hill
Batterie française
Tzee or West Fort
PRESTO
These forts were destroyed in 1854
BOMARSUND
building
forts
Admiral Penaud Bataille
Bienfaisant Battery
Point de débarquement des Français
Penelope Rk
Darien
Assistance
Hecla
Valorous
Amphion
Débarquement des Français
Ö Onm
Phlegethon
Driver
Arrogant
Rk
Edinbergh
Dragon
MICHELSO
Bulldog
Ajax
One Tree I.
Bulldog Rk
ECHELLE
Navires anglais.
Navires français.

1. Port de Balaclava.
2. Chemin de fer.
3. Tranchées anglaises.
4. Tranchées françaises.
5. Batterie Gordon.
6. Batterie Chapmann.
7. Batterie des Matelots.
8. Redoute du Kamchatka.
9. Tour Malakoff.
10. Redoute.
11. Batterie du Mât (3e bast.).
12. Ville de Sébastopol.
13. Batterie Saint-Paul.
14. Batterie Saint-Nicolas.
15. Batterie Alexandre.
16. Batterie de la Quarantaine.
17. Batterie Constantin.
18. Navires coulés.
19. Batterie Gortchakoff.
20. Fort Etoilé (batterie n° 4).
21. Tour de Biscuit.
22. Bastion.
23. Tour d'Inkermann.
24. La Tchernaïa.

LA GUERRE FUTURE (P. 152, TOME III.)

L'escadre anglaise de 1863.

LA GUERRE FUTURE (P. 153 *b*, TOME III.)

L'escadre cuirassée française de 1870.

LA GUERRE FUTURE (P. 153 c, TOME III.)

En cette circonstance, le point le plus commode pour le débarquement des Français était battu par quelques canons d'une batterie de cinq pièces; batterie que, par conséquent, il fallut réduire au silence par un bombardement plus puissant exécuté par les vaisseaux. Le débarquement des Anglais ne rencontra aucune résistance. Quand il fut terminé, les alliés construisirent des batteries pour agir contre les forts. Le feu fut d'abord ouvert le 13 août contre le fort circulaire de l'ouest, qui se rendit le 14 à une batterie française agissant contre lui d'une distance d'environ 500 mètres. Le 15, une batterie anglaise ouvrit le feu contre le fort circulaire du nord, à environ 800 mètres, et dès midi, le fort cessa de se défendre et capitula. Quant au fort principal, on commença le 15 à le couvrir d'obus lancés par les canons des navires, que les batteries établies sur la côte se préparaient à aider le lendemain. Mais le fort hissa le pavillon blanc et se rendit; exemple que suivit bientôt le fort circulaire établi sur l'autre bord du détroit (1).

### Opérations sur les côtes,
#### depuis 1870 jusqu'à l'époque actuelle et dans l'avenir.

L'adoption des canons rayés a modifié la situation. Pourtant la guerre de 1866 fut trop courte ; et, dans celle de 1870, un seul des belligérants, la France, disposait d'une flotte assez puissante qui, d'ailleurs, n'était pas prête à la guerre; et ce pays ne sut pas plus se servir de ses ressources sur mer que sur terre. En outre, à cette époque, la théorie du droit de livrer au ravage le pays ennemi n'était pas encore admise.

Quoique Napoléon III songeât à cette guerre avec la Prusse depuis celle de 1866, et n'attendit qu'une occasion favorable, il n'avait pris aucune mesure pour faire agir la flotte en cas d'hostilités. Quand enfin, en 1870, la guerre fut déclarée, il s'écoula quelques jours sans que personne sût qui serait nommé commandant de l'expédition navale à diriger contre les côtes prussiennes. C'est le 22 juillet seulement que le vice-amiral Bouet-Willaumez apprit sa désignation comme chef de l'escadre de la Baltique et fut informé que celle-ci comprendrait 14 frégates cuirassées, un grand nombre d'avisos et autres navires, dont la réunion se ferait à Cherbourg.

Une autre escadre commandée par le vice-amiral La Roncière Le Noury, composée de grands transports à vapeur, chaloupes canonnières et batteries

Les opérations côtières depuis 1870 et dans l'avenir.

La marine au cours de la guerre franco-allemande.

_____

(1) Amiral Colomb, *Morskaïa Voïna*. — Saint-Pétersbourg, 1894.

flottantes, devait le suivre promptement avec un corps de débarquement de 30,000 hommes. Mais l'arsenal de Cherbourg manquait entièrement du matériel nécessaire pour armer, équiper et approvisionner la flotte, ainsi que du personnel pour compléter les équipages.

D'ailleurs, le ministre de la marine, Rigault de Genouilly, connaissait ces défauts, et, seul de tous ses collègues, il eut le courage de déclarer au conseil du gouvernement qu'il n'était pas prêt.

Le vice-amiral Bouet-Willaumez se disposa néanmoins à prendre la mer, quoiqu'il ne fût plus question de lui donner les 14 frégates cuirassées et le grand nombre d'avisos. Avec bien de la peine on put lui fournir 7 frégates et 1 aviso. Le résultat fut, pour la flotte française, l'impossibilité de faire quoi que ce soit pendant la guerre de 1870.

La flotte de la Prusse consistait alors en 5 cuirassés, dont 2 très petits; elle était donc numériquement trop faible pour se lancer dans des opérations en haute mer, et devait se borner à la défense des côtes. Sept jours avant la déclaration de guerre, une escadre prussienne croisait encore, sous le commandement du prince Adalbert, dans les eaux anglaises. Elle revint aux bouches de l'Elbe et du Weser, et quelques jours après la déclaration de guerre, elle fut ralliée par les autres navires, à l'exception des corvettes croisant au loin: *Medusa*, *Hertha* et *Arcona* avec la canonnière *Meteor*.

Deux des ports allemands, Kiel et Wilhelmshafen, furent mis en état de défense, grâce aux batteries et aux torpilles qui les protégeaient. Toute la flotte allemande réunie consistait alors en 9 bâtiments relativement grands et 20 canonnières; outre 3 corvettes et 1 canonnière en croisière lointaine. Le personnel comprenait 6,204 officiers et marins, cadets et fonctionnaires des ports. L'appel des réserves porta ce chiffre à 10,382 hommes, auxquels se joignirent encore 322 hommes formant des équipages de volontaires pour les torpilleurs. Quant aux fortifications des côtes, elles avaient été organisées en temps utile et l'on prit toutes les mesures de prudence, telles que d'enlever tous les signaux et bouées d'entrée des passes; on supprima l'éclairage des phares, on établit une surveillance rigoureuse, etc.

La côte baltique, assez accessible pour les navires d'un faible tirant d'eau, était, sur presque tous les points importants, défendue par des ouvrages dont quelques-uns construits un peu seulement avant la guerre. Mais les côtes de la mer du Nord étaient admirablement protégées par des bancs de sable s'étendant à plusieurs milles de la terre. L'entrée des estuaires se rétrécissait par endroits jusqu'à un kilomètre; il était très difficile de s'y reconnaître, une fois enlevées les bouées qui indiquaient les passes. Pourtant un adversaire plus entreprenant et plus fort aurait pu essayer, à l'aide de pilotes danois et héligolandais, de se frayer un chemin dans des passes qui, alors encore, étaient très imparfaitement défendues.

Tout le territoire de la Confédération allemande du Nord était, au moment de la guerre, divisé en cinq grands commandements militaires. Les 1er, 2e, 9e et 10e corps d'armée gardaient une partie des côtes sous les ordres du général Vogel von Falkenstein, dont le quartier général était à Hanovre. Tous les points de la côte où l'on pouvait craindre un débarquement furent occupés militairement. Jusqu'au 27 juillet, ce service fut fait par les corps sus-indiqués qui furent ensuite remplacés par d'autres.

Passant maintenant aux opérations de la flotte française, il faut rappeler qu'immédiatement avant la guerre, au moment même du conflit Hohenzollern, 2 escadres françaises tenaient la mer : une de 6 cuirassés commandée par l'amiral Fourichon, dans la Méditerranée, et l'autre de 3 cuirassés, — amiral Dieudonné — dans la Manche. La première, renforcée de 7 cuirassés, quelques corvettes et un aviso, parut le 2 août devant l'île d'Héligoland et bloqua la partie de la côte allemande qui comprend les bouches de l'Elbe et du Weser ; elle devait, comme on l'a vu, être suivie d'une autre escadre pour porter la flotte de la Baltique à 14 cuirassés.

Quel rôle pouvait jouer la flotte française dans de telles circonstances? Avec ses magnifiques transports, elle pouvait opérer, sur la côte prussienne, un débarquement qui eût fait diversion, et qui, comme le craignait de Moltke, eût enlevé un ou plusieurs corps d'armée du théâtre de la guerre. Puis les navires français pouvaient attaquer Wilhelmshafen, où se trouvaient les meilleurs bâtiments prussiens, et enfin, après établissement d'un blocus complet, ils pouvaient se borner à protéger le commerce français et à détruire le commerce allemand. L'amiral français reçut les instructions suivantes : Enfermer la flotte ennemie dans le détroit de la Jahde et, avec l'aide de pilotes danois, entrer dans la Baltique — une convention étant faite pour l'établissement de fanaux sur les côtes du Jutland. Après quoi la flotte devait se rendre dans la baie de Kiedde.



Henning dit (1) : « Tout le monde connaissait l'entrée de la flotte française dans les eaux allemandes, — mais les Français ne savaient pas où était alors notre flotte ». Les autorités maritimes françaises n'avaient que les renseignements les plus inexacts et un seul fait, d'après cet écrivain, suffit à le prouver : c'est que dans les instructions rapportées plus haut, on n'avait évidemment pas tenu compte de ce que la distance entre la Jahde et Kiel est de 300 milles marins (555 kilomètres).

Le 6 août, la flotte française reçut l'ordre de revenir et, le lendemain,

_______________

(1) Henning, *Die Küsten Vertheidigung* (la Défense des côtes).

celui de rester à l'ancre sur ses positions. Le 12 août, l'amiral Bouet réunit un conseil de guerre qui prit la résolution suivante : « On peut attaquer Colberg et Dantzig ; mais on ne peut attendre de cette opération que les plus maigres résultats et cela pourrait ébranler le prestige de la flotte. Pour opérer avec succès contre ces points, il faudrait des bâtiments à faible tirant d'eau et des troupes de débarquement capables d'attirer sur la côte une portion de l'armée ennemie. » En même temps étaient proposées des opérations contre Hambourg, Lübeck, Brême et Stettin ; mais le rapport exprimant l'avis du conseil de guerre de l'escadre dit à ce sujet : « Ces villes sont à 12 ou 15 milles dans l'intérieur des terres, c'est-à-dire dans une situation telle que même les frégates prussiennes, malgré le concours de pilotes expérimentés, n'ont pas pu les atteindre et ne le peuvent point maintenant encore. Donc demander à l'escadre de bombarder ces villes, c'est comme si l'on demandait à des bâtiments anglais de bombarder Rouen ou Bordeaux. »

Il est intéressant de noter que le vice-amiral Bouet-Willaumez reçut en même temps cet ordre : « Observer la flotte russe de Cronstadt. » Ce qui montre que, par suite des relations amicales d'alors entre Berlin et Pétersbourg, on craignait que la flotte russe ne prît part aux opérations militaires. Dans l'une de ses dépêches suivantes, le ministre de la Marine écrivait : « En vue des complications possibles du côté de la Russie, l'escadre de la Méditerranée a dû se rendre à Brest pour pouvoir se porter soit sur Gibraltar soit dans la mer du Nord (1). »

Les bâtiments à grand tirant d'eau français ne pouvaient être dangereux pour les côtes allemandes et, malgré cela, les pertes que même ce simple blocus causait à l'Allemagne sont évaluées, d'après des sources officielles françaises, à 5 millions de francs par jour.

Son inaction et ses causes. Pendant toute la durée des opérations militaires, la flotte française n'entreprit pas une seule fois le bombardement des côtes ou des villes et on ne peut lui reprocher des actes qui n'eussent causé que des destructions inutiles. A ce sujet, René de Pont-Jest raconte un fait très énigmatique. « Un jour le commandant en chef de la flotte reçut un télégramme dont la provenance est demeurée inexpliquée. On peut le considérer comme une de ces ruses du chancelier allemand, auxquelles il recourait si volontiers. Ce télégramme ordonnait à l'amiral de procéder sans retard au bombardement des côtes prussiennes et de commencer énergiquement les opérations de guerre. Mais la dépêche était rédigée en termes tellement vagues que l'amiral jugea nécessaire de demander confirmation des ordres qu'elle lui

---

(1) René de Pont-Jest, *les Escadres françaises dans la mer du Nord et la Baltique.*

apportait. Et il fut fort étonné de ne recevoir, du ministre de la Marine, aucune réponse. L'auteur pense que le prince de Bismarck eût été satisfait de voir le bombardement un fait accompli, attendu qu'il ne pouvait faire bien du mal, mais qu'il eût justifié les actes cruels commis à ce moment par les Allemands en Lorraine ». — Cette supposition de l'écrivain français est assez vraisemblable.

Si nous nous reportons à l'ouvrage de l'État-major allemand sur la guerre de 1870, nous y trouvons l'explication suivante, au moins partielle, de l'inaction des Français sur mer: La flotte française de la Baltique, à part quelques petites affaires insignifiantes, demeura presque entièrement inactive, et les bâtiments allemands l'inquiétèrent souvent. Quoique de France elle eût reçu l'ordre catégorique de ne pas attaquer, comme cela s'était fait jusqu'alors, les villes ouvertes, c'est surtout le brouillard qui paraît lui avoir interdit toutes opérations actives et qui faisait que les bâtiments français avaient peine à rester au large.

Si maintenant nous passons à des exemples de l'époque la plus voisine de nous, le bombardement d'Alexandrie nous montre qu'une telle opération, exécutée par des navires, ne réussit pas toujours. Dans ce bombardement, 50 0/0 des projectiles dépassèrent les remparts, 33 0/0 atteignirent les escarpes et 17 0/0 les parapets eux-mêmes. Sur le total des projectiles lancés par la flotte anglaise, 50 0/0 éclatèrent prématurément; les deux tiers étaient des obus Palliser, le reste en fonte ordinaire. En outre, il faut encore observer que chaque canon tira, en tout, environ 6 coups par heure.

Aujourd'hui, les conditions d'un bombardement seraient déjà tout autres. La portée s'est accrue; les obus perfectionnés sont remplis de mélinite, de fulmi-coton et autres explosifs, de sorte qu'un navire de guerre relativement petit peut, de l'avis des spécialistes, bombarder et brûler une ville de la côte à la distance de 4 à 5 milles anglais (6 à 8 kilom.); tandis que les bâtiments armés de canons de 32$^{cm}$ peuvent obtenir le même résultat à 24 kilomètres. Par conséquent, les populations côtières ont maintenant à craindre non seulement les plus grands cuirassés, mais les petits navires (1). Les mortiers lisses de 32$^{cm}$ avaient autrefois, comme portée maxima, 2,300 mètres (2), mais, dès 1880, la portée de leurs projectiles avait doublé; les canons actuels de 32$^{cm}$, du système Canet, lancent des projectiles de

Le
bombardement
d'Alexandrie
par les Anglais.

---

(1) *Rousskoïé Soudokhodstvo, Zapiska o flotié* (la Navigation russe, lettres sur la flotte). — M. K.

(2) Luthmers, *Die beständige Befestigung und der Festungskrieg* (la Fortification permanente et la Guerre de forteresse).

448 kilogrammes, chargés d'explosifs, et dont la portée atteint 21 kilomètres (1).



Pour donner une idée au lecteur de la façon dont actuellement s'exécute un bombardement, nous représentons ici la disposition des navires chargés, lors des manœuvres navales françaises de 1894, de bombarder Le Havre.

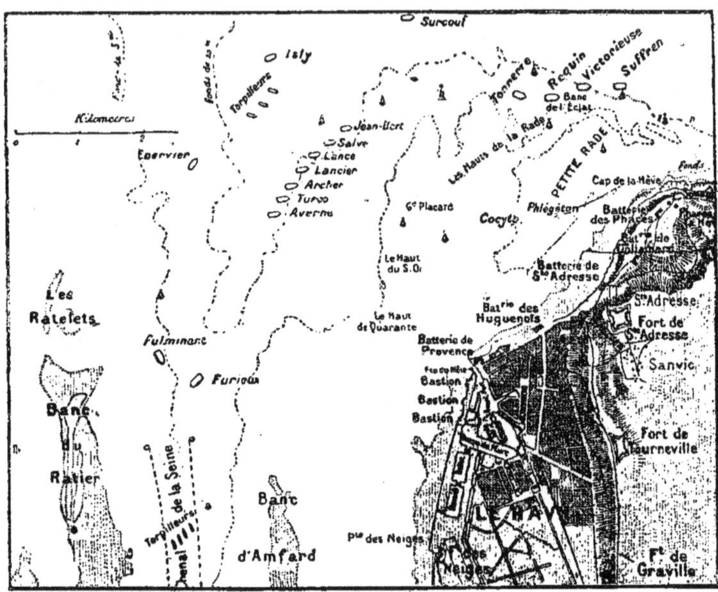


Disposition d'une escadre de bombardement.

Comme on le voit par ce plan, la défense avait à sa disposition, outre les forts et batteries, deux canonnières, le *Cocyte* et le *Phlégéton*, plus quatre torpilleurs. Sur le plan, ces navires de la défense sont marqués en noir. L'escadre d'attaque était formée de trois divisions : la première, composée du *Suffren*, de la *Victorieuse*, du *Requin* et du *Tonnant*, commença par tirer contre les batteries des Phares, de Dollemard, les Huguenots, la Provence et le fort de Sainte-Adresse. Les cuirassés, tout en tirant, se déplaçaient de façon à rendre plus difficile aux forts de régler leur tir contre eux.

Le *Fulminant* et le *Furieux* furent envoyés à l'embouchure de la Seine pour bloquer l'entrée du fleuve.

Une seconde ligne était formée par le groupe des avisos-torpilleurs et

(1) Dredge, *The modern french Artillery* (l'Artillerie française moderne).

des torpilleurs, disposés par divisions sur toute l'étendue de la rade. Elle se composait des bâtiments : *Averne*, *Turco*, *Archer*, *Lancier*, *Lance* et *Salve*, avec, sur le flanc, le croiseur *Jean-Bart*.

Enfin, en arrière, était une troisième division de trois croiseurs : *Surcouf*, *Isly*, *Epervier*, et de trois torpilleurs.

De part et d'autre, les manœuvres furent conduites très méthodiquement. Il est difficile, sinon impossible, d'évaluer les résultats du tir réel de l'artillerie dans de telles circonstances, et il en est de même pour ceux qu'obtiendraient les torpilleurs dans un combat réel. Mais la seule conclusion importante ici, c'est que les navires chargés du bombardement étaient disposés à 2 ou 3 kilomètres des batteries de la côte.

Taille d'un grand obus relativement à celle d'un homme.

Effets que peuvent produire, dans un bombardement, les projectiles modernes.

Il est facile d'imaginer quelle inquiétude soulèvera la perspective d'un bombardement lors de la déclaration d'une guerre, d'autant plus qu'aujourd'hui il peut suffire de deux ou trois projectiles pour détruire tout un quartier d'une ville et ensevelir ses habitants sous les ruines de leurs maisons. La figure ci-contre montre clairement la taille relative d'un homme et d'un de ces projectiles ; elle peut donner une idée de leur puissance destructive. Mais plus édifiante encore est la figure suivante, qui représente l'état de

La ville d'Iquique après le bombardement.

la ville d'Iquique après le bombardement exécuté pendant la guerre du Chili en 1891.

Cependant la technique progresse et se développe. A l'Exposition universelle de Chicago furent exposés des projectiles destinés aux canons de marine ordinaires, et qui contenaient jusqu'à 250 kilogrammes d'explosifs, outre des projectiles spéciaux qui, tout en contenant 227 kilogrammes d'explosifs, ne pesaient cependant que 449 kilogrammes.

Et comme dans le tir contre les vastes objectifs qu'offrent les ports et les villes côtières, c'est à peine si un seul coup sera perdu, le danger du bombardement n'est plus comparable de nos jours à ce qu'il était précédemment.

*Bombardements à craindre dans la guerre future.*

Nous avons donné plus haut la preuve des intentions qu'ont les gouvernements de se servir, sur une grande échelle, des nouveaux moyens de destruction. L'opinion, jadis existante, que les villes ouvertes ne devaient pas être bombardées, surtout quand elles ne font pas de résistance, n'est plus aujourd'hui considérée comme pratique, et, dans la guerre future, personne ne peut compter obtenir grâce. Le but de la guerre, c'est de vaincre, c'est de forcer l'ennemi à céder, et le meilleur moyen d'obtenir ce résultat, c'est de brûler, ravager, détruire les villes côtières, afin que leurs habitants agissent sur leur gouvernement et en exigent la cessation des hostilités.

Ainsi, la guerre future se distinguera des précédentes par ceci que le bombardement des localités côtières sera, pour ainsi dire, un fait journalier. La vapeur permet aux flottes de se mouvoir plus aisément et, grâce à la grande vitesse de leurs navires, elles peuvent aller, de place en place, bombarder les côtes ennemies.

### La défense des côtes.

Il est aujourd'hui possible de bombarder à de telles distances, que même les bâtiments d'un fort tirant d'eau peuvent s'approcher assez près pour participer au bombardement; et, comme l'effet des projectiles sera aussi beaucoup plus puissant, les Etats ont dû entreprendre, pour défendre leurs côtes, la construction de fortifications côtières.

*Défense des côtes allemandes.*

En Allemagne, la *côte Nord* est défendue par les places fortes suivantes : *Wilhelmshafen* à l'entrée de la baie de la Jahde ; *Gestemünde* et autres aux bouches du Weser ; *Cüxhaven* et autres aux bouches de l'Elbe. Les fortifications d'Héligoland jouent, relativement à ces trois points, le rôle d'un

Vue du canon et de l'affût le soulevant et le laissant redescendre.

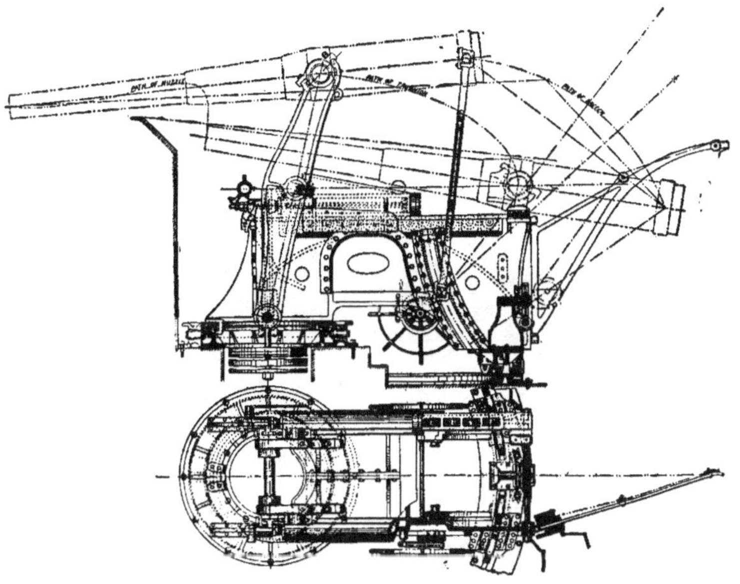

EXPÉRIENCES DE TIR.

Par un vent faible.                    Par un vent assez fort.

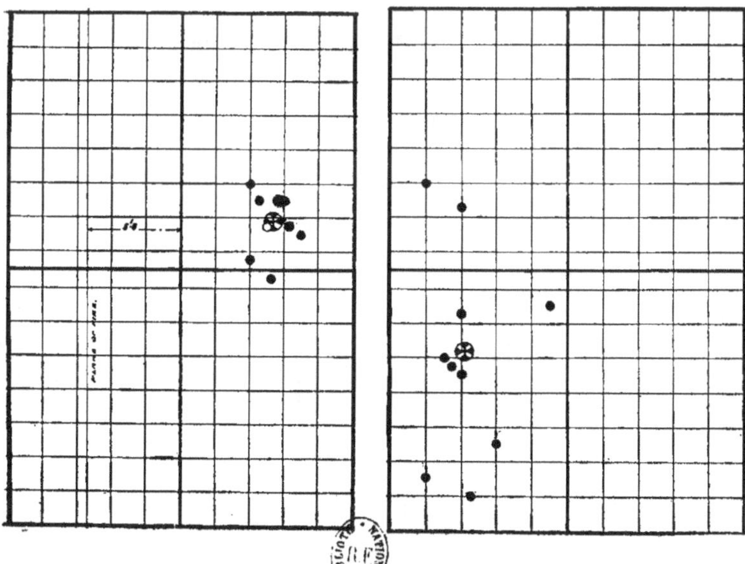

poste avancé d'observation. Puis viennent : *Kiel*, dont la défense n'est assurée que par des fortifications maritimes, *Friedrichsort* et ses deux forts, les fortifications de *Swinemünde*, celles de *Neufahrwasser*, aux bouches de la Vistule, celles de *Pilau* et de *Memel*, qui couvrent l'entrée du Frische-Haff et du Kurische-Haff.

La frontière maritime de la France, dont l'étendue est d'environ 2,700 kilomètres, est défendue par une ligne presque ininterrompue de points fortifiés. Les principaux ports militaires et de commerce sont protégés par de puissantes fortifications permanentes élevées tant du côté de la mer que de la terre; en outre, pour résister aux débarquements, toute la côte est semée de batteries. Dans ces dernières années pourtant, la plupart des anciennes batteries basses ont été remplacées par un moins grand nombre d'ouvrages permanents élevés et d'un grand relief; puis, au fur et à mesure de la construction de ces derniers, les anciennes batteries sont supprimées.

En Autriche, la *côte de l'Adriatique* est défendue par les forteresses de *Pola* et *Cattaro*. Sur des îles, en face de la côte, sont fortifiés *Lissa*, *Lezina*, *Lagosto*, *Curzola* et *Stagno*.



En Italie, la défense du golfe de Gênes est concentrée à Gênes et à La Spezzia. *Gênes* n'a pas grande importance, ni comme place maritime, ni comme forteresse de terre ferme. *La Spezzia*, le meilleur port de la Méditerranée et vaste place forte maritime, a de très puissantes fortifications. C'est là que se trouvent le plus grand arsenal et les principaux établissements techniques de la marine italienne. Les côtes de la mer de Sicile et de l'Adriatique sont faiblement fortifiées. *Messine* et *Tarente* sont les stations de la flotte de guerre au sud de l'Italie. Le premier de ces points doit servir de base aux troupes qui opéreraient en Sicile; il a une citadelle et quelques batteries de côte. Les fortifications de Tarente ne sont pas encore achevées.

Les divers États arment toutes leurs positions fortifiées côtières de canons du plus fort calibre. Les canons de Bange des batteries de côte françaises portent à dix kilomètres ; les batteries de côte allemandes sont armées de canons Krupp qui portent encore plus loin.

Les plus récents canons de côte peuvent lancer leurs projectiles avec une précision suffisante. Sous ce rapport sont particulièrement intéressantes les expériences de tir faites avec un canon de 8 pouces, du système Buffington-Crozier, représenté avec son affût à éclipse sur la planche ci-contre. Il fut tiré, sur des cibles de 15 pieds de hauteur et 20 de large, 10 coups en 14 minutes 42 secondes, par un vent faible. Le plus grand écart, par rapport au centre de la cible, fut inférieur à 4 pieds (voir sur la planche la figure n° 1 où chaque carré correspond à un pied carré). Dans une seconde expérience, exécutée avec un vent assez fort, l'écart maximum atteignit 6 pieds. (Voir le dessin n° 2) (1).

Toutefois, la défense des côtes est rendue difficile pour la raison suivante : malgré tous les ingénieux appareils imaginés pour mesurer les distances, le tir des batteries de côte contre des buts mobiles et à peine visibles, comme les navires assaillants, est très difficile. Un bâtiment, n'ayant même qu'une vitesse de 18 kilomètres à l'heure, se déplace de 50 mètres en 30 secondes, tandis que, pour tirer 2 coups d'un canon de côte, il faut environ 5 minutes. Avec des servants très bien instruits, ce temps peut être réduit à 3 et même 2 minutes ; mais, en tout cas, la probabilité d'atteindre reste très faible.

Défense<br>des côtes<br>américaines Aux États-Unis, on emploie, pour la défense des côtes, les canons pneumatiques Zalinski, qui lancent, au moyen de l'air comprimé, des projectiles explosifs. Les figures de la planche ci-contre représentent ces engins à l'état d'installation et en cours de transport.

Ces canons pneumatiques font maintenant partie de l'armement définitif de Boston, New-York et San Francisco. Ils lancent des projectiles contenant plus de 200 kilogrammes d'explosifs. Les premières pièces de ce genre construites à l'usine *Pneumatic Gun and C°* se mouvaient autour d'un essieu de rotation situé à l'arrière ; mais les plus récents commandés par le gouvernement des États-Unis sont munis de tourillons placés vers le milieu de leur longueur et sont disposés comme les canons ordinaires sur des affûts de côte. La seule différence, c'est que les canons pneumatiques, n'ayant pas à subir de fortes pressions intérieures, sont formés de trois tubes minces, réunis entre eux bout à bout. Les tourillons sont creux et c'est par eux qu'arrive, d'un réservoir puissant, l'air comprimé qui, de ces tourillons, passe par un tube spécial à l'arrière du canon, et de là, enfin, dans la chambre de charge. Le réservoir contient une provision d'air comprimé qui suffit pour un très grand nombre de coups. Le mécanisme d'introduction de cet air dans l'âme est constitué par tout un système très ingénieux d'ouvertures, de soupapes et de pistons ; il est disposé de façon telle qu'aussitôt après la sortie du projectile de la pièce l'arrivée de l'air est interrompue.

D'après le traité passé par le gouvernement des États-Unis, le tir doit s'exécuter avec la rapidité suivante : pour les projectiles chargés à 200 kilogrammes d'explosifs, trois coups à la minute, et six coups pour ceux chargés à 40 kilogrammes seulement (2).

---

(1) *Journal of the United States Artillery*, 1895.
(2) *Razviédtchik*, 1893, n° 120.

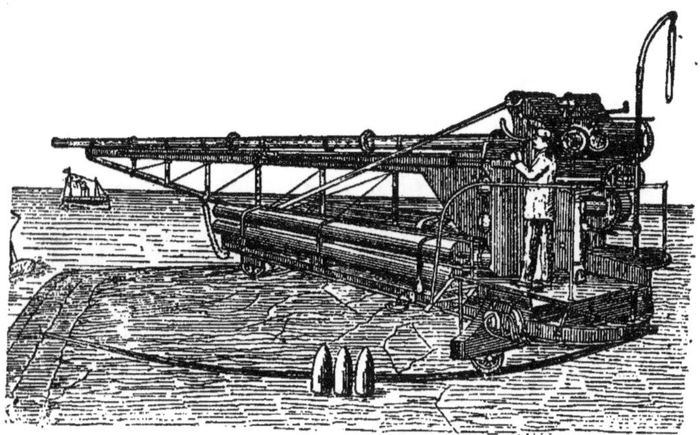

Canon à installation fixe.

Canon transportable

Position de route.

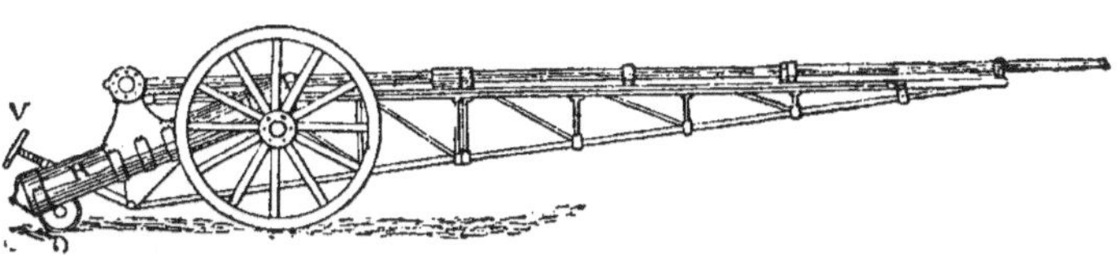

Position de tir



La Guerre Future (p. 162, tome III.)

La portée, d'après ce même traité, doit être la suivante :

Environ 1,855 mètres pour les projectiles contenant 200 kil. d'explosif.
   —    3,265          —          —        80    —
   —    4,160          —          —        40    —
   —    5,080          —          —        20    —

Dans le tir contre une surface horizontale de $360 \times 90$ pieds carrés, on doit obtenir les résultats suivants :

A la distance de  930 mètres. . . . . . .   87 $^o/_o$ de coups au but.
   —    1,855     —  . . . . . . . .  74       —
   —    2,755     —  . . . . . . . .  61       —
   —    3,690     —  . . . . . . . .  46       —
   —    5,550     —  . . . . . . . .  45       —

On pourrait croire qu'avec la précision et la puissance destructive des projectiles actuels, les navires cuirassés feront taire promptement les batteries de côtes et commenceront ensuite tranquillement à bombarder. Mais pour éviter ce danger on a commencé à construire, dans les fortifications côtières, des tourelles cuirassées. Une figure du Tome II représente une de ces tourelles du système Grüson.

*Emploi des tourelles cuirassées par les batteries de côtes.*

Les tourelles de côtes, pour 2 canons, ont un diamètre de 9 à 11 mètres. Les plaques de leurs cuirasses pèsent plus de 10,000 kilog. et la seule partie tournante de la tourelle pèse 1 million de kilog. La rotation peut s'effectuer à la main, mais ordinairement elle se fait à la machine. C'est aussi une machine qui comprime la glycérine dans la presse hydraulique servant à soulever les canons pour viser. Mais malgré tout aucune batterie de côte ne peut préserver les villes du bombardement, tant est grande la portée des projectiles actuels.

L'assaillant a toujours un grand avantage sur celui qui est forcé de défendre une longue ligne de côtes. Il peut choisir son heure et son point d'attaque. Il peut donc paraître subitement avec des forces supérieures à l'endroit qu'il lui est le plus commode d'attaquer. Autrefois les armées de terre, peu nombreuses et pas très mobiles, disposaient d'énormes moyens d'action contre les fortifications, tandis qu'en mer, un vaisseau de ligne n'était pas de force à agir contre une faible batterie de 4 canons de 24. Obligé de croiser près des côtes, il offrait, par suite de la lenteur de ses mouvements, un but commode à la batterie et ne pouvait rien lui faire avec ses projectiles. D'autre part, à cette époque, la concentration des forces et leur approvisionnement dépendaient plus qu'aujourd'hui de l'état de la mer et des vents régnants. Grâce à la vapeur, les navires sont plus libres de leurs mouve-

*Avantages qu'aura toujours l'assaillant dans la guerre de côtes.*

ments et leur vitesse de marche les a rendus plus propres au bombardement. En même temps la puissance de leur artillerie s'est augmentée et leur a permis de bombarder les ports à grande distance. Enfin la cuirasse les protège contre les coups terribles de l'ennemi.

Les navires de guerre actuels ont des cuirasses de l'épaisseur suivante : 1° de 45 à 50 centimètres sur les flancs à la ligne de flottaison ; 2° de 10 à 15 centimètres dans la partie moyenne du navire ; 3° de 6 à 9 centimètres pour les ponts cuirassés. Pour percer les premières, il faut des canons d'un calibre de plus de 40 centimètres. Pour percer les secondes il suffit de pièces de 25 à 30 centimètres — on peut même le faire avec des canons de 20 centimètres, mais à la condition qu'ils soient perfectionnés et d'une longueur de 50 calibres. Pour percer les ponts cuirassés on emploie des mortiers, parce que l'angle de chute des canons de 20 centimètres n'est que de 10° à 5,500 mètres et de 5° à 3,700. Enfin contre les parties non cuirassées d'un vaisseau, on se sert de canons à tir rapide du calibre de 10 à 15 centimètres.

Essais de rendre mobiles les canons consacrés à la défense des côtes.

On fait aujourd'hui dans les batteries de côtes des essais pour répondre à la mobilité des vaisseaux par celle des canons, en transportant ceux-ci d'un point à un autre au moyen de voies ferrées. La technique est arrivée récemment à construire des trains armés de canons et cuirasses comme le montre la figure suivante :

Train cuirassé et armé.

Mais tous ces engins ne garantissent encore que fort peu la défense d'une côte. Pour l'assurer il n'est d'autre moyen qu'une flotte puissante capable de tenir l'ennemi à distance. Aussi tous les États construisent-ils les bâtiments nécessaires, tant pour défendre leurs propres côtes que pour attaquer celles de l'ennemi.

Voici les données les plus récentes sur la composition des flottes des différents pays. — En 1895, d'après les documents fournis au Parlement français par le rapporteur de la commission du budget, Gerville-Réache, les flottes cuirassées devaient présenter la composition suivante:

Comparaison<br>des<br>flottes actuelles.

|  | CUIRASSÉS de 10,000 tonnes et au-dessus | Autres CUIRASSÉS sauf les garde-côtes | CUIRASSÉS, GARDE-COTES et CANONNIÈRES | TOTAL |
|---|---|---|---|---|
| Angleterre. . . | 22 | 32 | 15 | 69 |
| Italie . . . . . | 13 | 8 | 3 | 24 |
| Allemagne. . . | 4 | 12 | 23 | 39 |
| Autriche. . . . | — | 10 | 5 | 15 |
| France . . . . | 13 | 20 | 22 | 55 |
| Russie. . . . . | 4 | 11 | 19 | 34 |

On voit par ce tableau que c'est l'Angleterre qui a le plus grand nombre des cuirassés les plus puissants. — Tous les autres États ensemble ne peuvent opposer aux 22 cuirassés anglais de premier rang, que 34 colosses du même genre.

Le rapport est différent quant aux cuirassés de dimensions moindres et de garde-côtes. L'Angleterre n'en a que 47 de ce modèle et les autres pays en ont 141.

Si nous représentons par 100 le nombre de cuirassés existant en 1870, nous trouvons que ce nombre s'est accru depuis cette époque jusqu'en 1895 :

Pour l'Angleterre . . . . . . . . . . . . de 64 %
  — la France . . . . . . . . . . . . de 37
  — la Russie . . . . . . . . . . . . de 47
  — l'Allemagne . . . . . . . . . . . de 380

Pour l'Angleterre, le développement de la construction des cuirassés de la plus grande puissance, qui lui assure l'empire des mers, s'explique aisément par sa situation géographique. Il faut observer en effet qu'avec les bateaux à vapeur actuels, en admettant que pour un transport à petite distance, il soit possible d'embarquer un soldat par tonne de jauge, on arrive à conclure que, si la résistance n'était pas toute prête, il suffirait d'un beau jour d'été, pour débarquer sur les côtes anglaises 2 millions de soldats.

Il est clair qu'en présence d'un tel état de choses, l'Angleterre ne peut se croire en sécurité que si sa flotte possède, sur toutes les autres, une indiscutable supériorité. Il n'est donc pas étonnant, dès lors, qu'elle consacre toutes ses forces à ne pas perdre cette supériorité, ne fût-ce qu'un seul jour.

Dans l'Europe occidentale on est d'avis qu'un ou deux combats navals trancheront la question de l'empire de la mer au bénéfice du vainqueur et que le vaincu ne pourra pas de longtemps reconstituer de nouvelles escadres. Mais, d'autre part, il est permis de se demander : les escadres du vainqueur pourraient-elles — dans les conditions les plus favorables — écarter de son pays les ruines qu'y causerait l'interruption des communications maritimes ?

Chacun des belligérants s'efforcera évidemment de couper les communications maritimes de l'adversaire et de causer les plus grands dommages possibles à son commerce en bloquant ses ports et rades et en détruisant ou capturant ses navires marchands.

Examinons d'abord jusqu'à quel point le blocus des ports et rades est effectivement réalisable.

## II. Le blocus des ports et rades



Nous avons dit plus haut pourquoi, dans la guerre future, on ne pourra guère observer, pour les blocus, les mêmes règles qu'autrefois. Jadis on considérait le blocus comme fictif et même comme inacceptable, s'il se bornait à une simple déclaration non appuyée par les forces réelles obligeant à l'observer. Un tel blocus n'était pas accepté par les puissances neutres. Les principes fondamentaux du blocus admis dans un traité conclu par les puissances du Nord et proclamés, pour la première fois, dans une déclaration fameuse de l'impératrice Catherine II sur la neutralité, se résumaient comme il suit : 1° le pavillon neutre couvre la marchandise, à l'exception de la contrebande de guerre; 2° la visite d'un navire neutre par un navire de guerre doit s'opérer en observant les plus grands égards; 3° on compte comme contrebande de guerre : les munitions, les canons, la poudre, les boulets, armes, cartouches, pierres à fusil, mèches, etc.; 4° chaque puissance a le droit de faire convoyer ses bâtiments de commerce par un navire de guerre, et la déclaration du commandant de ce navire suffit alors pour garantir le pavillon et le chargement des bâtiments de commerce convoyés qui, dans aucun cas, ne sont soumis à la visite, quand ils sont accompagnés par un navire de guerre de leur nationalité; 5° un port n'est réputé en état de blocus que s'il y a danger manifeste d'y pénétrer. Un navire neutre ne peut être inquiété pour avoir pénétré dans un port lorsque devant ce port, même déclaré bloqué, il ne se trouvait pas de force bloquante effective, et celle-ci ne se fût-elle éloignée du port que momentanément, par suite du mauvais temps, pour refaire ses approvisionnements, ou pour toute autre cause.

Mais si, avec les moyens actuels de destruction, on voulait observer réellement ces règles, la conduite de la guerre navale en général, et surtout de la guerre de croisière, deviendrait impossible.

### Possibilité de forcer un blocus.



L'histoire nous apprend que, même au temps où l'on n'avait pas d'autres moteurs que le vent, des navires isolés et quelquefois même des escadres entières parvenaient à forcer un blocus et à prendre le large en passant inaperçus à côté des forces navales de l'ennemi.

Sous le règne de Philippe II, le port de Cadix fut attaqué par une flotte anglo-hollandaise de 170 voiles, bien qu'à sa rencontre eût été envoyée une flotte espagnole de 200 navires. — En 1744, 22,000 hommes de troupes françaises débarquèrent sur les côtes d'Angleterre sans que la flotte anglaise pût les en empêcher. — En 1753, une escadre française de 25 navires et une anglaise de 17 passèrent l'une à côté de l'autre, dans le brouillard, sans se voir. — En 1759, une escadre française sortit du port de Dunkerque, en forçant le blocus maintenu par 66 navires anglais. — En 1796, Brest était bloqué par une escadre anglaise et en outre, au large, mais tout près, se tenaient 13 navires anglais, tandis que 20 autres croisaient dans la Manche à l'ouest de Spithead où 30 autres encore se trouvaient réunis. Et cependant, malgré cette surveillance, 44 bâtiments français, portant un corps de troupes de 25,000 hommes, parvinrent à sortir de Brest et à opérer, huit jours plus tard, un débarquement sur les côtes d'Irlande. Au retour, un seul de ces bâtiments français fut pris par les Anglais. — En 1797, 4 navires français passèrent à côté d'une grande escadre anglaise et gagnèrent les côtes d'Irlande et du pays de Galles, tandis que l'année suivante un corps français débarquait en Irlande sans rencontrer de résistance. La même année, Napoléon gagna l'Égypte avec 300 navires et 40,000 hommes et y débarqua. C'est seulement 2 mois 1/2 plus tard que Nelson parvint à découvrir cette flotte près d'Aboukir. — En 1805, la flotte française, que Nelson surveillait depuis un an, sortit de Toulon, y revint ayant subi des avaries par suite d'une tempête, sortit de nouveau, rallia la flotte espagnole, s'en fut avec elle aux Indes-Occidentales et ce n'est qu'au retour qu'elle fut atteinte par Nelson près de Trafalgar.



Tous ces faits s'expliquent par l'effet des brouillards et des vents contraires. Mais depuis que les navires se meuvent à la vapeur, il leur est devenu d'autant plus facile d'éviter une rencontre avec l'ennemi ou de le suivre. Dans la guerre de Sécession américaine, les sudistes avaient des navires particuliers spécialement destinés à forcer le blocus des ports de la Caroline et de la Floride, pour porter à leurs troupes des armes et des munitions, ou pour exporter du coton en Europe. On a conservé le souvenir des pertes énormes infligées par les corsaires du Sud au commerce maritime des États du Nord. Tels furent les hauts faits du fameux corsaire l'*Alabama*. Nous rappelons encore un exemple plus récent, celui de la corvette à vapeur chilienne l'*Union* qui, le 17 mars 1880, força deux fois le blocus du port d'Arique en traversant toute une escadre pour aller embarquer des armes, puis reprendre la mer (1).

---

(1) Poyen, *Importance de l'artillerie de marine.*

La possibilité de tromper les navires ennemis a encore été confirmée par les manœuvres exécutées en Angleterre en 1888 précisément dans le but d'expérimenter la réalité des blocus. — Deux escadres anglaises représentaient l'ennemi et avaient l'Irlande pour base d'opérations : deux autres figuraient la flotte britannique appuyée sur l'Angleterre et l'Écosse. Le rapport entre ces flottes était numériquement de 2 à 3 — égal à celui qui existe entre celles de France et d'Angleterre. En même temps, l'Irlande jouait le rôle de la France.

D'abord les navires anglais bloquèrent l'ennemi dans les ports d'Irlande. Mais l'amiral Tryon, qui figurait l'ennemi, força le blocus, évita la flotte anglaise, frappa de contributions les villes ouvertes de la côte britannique, puis regagna les baies irlandaises de Bantry-Bay et Long-Sully sans être inquiété par la flotte « anglaise ».

Un aussi brillant succès montra qu'une escadre, quoique numériquement plus faible, mais composée de bâtiments rapides et bien commandés, pouvait mettre l'Angleterre à deux doigts de sa ruine, même sans livrer une seule bataille. Dans une lettre du 11 octobre 1888, adressée au *Times*, lord Brassey, appréciant ces manœuvres, signalait les grandes difficultés apportées au maintien des blocus par les torpilleurs : et il exprimait l'avis que, surtout pendant l'hiver, les difficultés et les dangers pour les navires bloquants seront très grands et ne pourront être écartés que si l'escadre de blocus dispose d'un grand nombre de torpilleurs, spécialement chargés de la protéger contre ceux de l'ennemi et armés de l'artillerie nécessaire pour les détruire. C'est seulement avec l'aide de ces torpilleurs qu'on pourrait selon lui fermer entièrement l'entrée des ports.

Le résultat de ces manœuvres et la lettre de lord Brassey produisirent en Angleterre une sorte de panique qui ne se manifesta d'ailleurs que partiellement dans les débats parlementaires, parce que les orateurs cherchèrent à calmer l'opinion publique.

De nouvelles manœuvres exécutées pendant l'été de 1893 confirmèrent la supériorité de la flotte chargée de la défense sur celle à qui incombait le rôle d'assaillant. L'Irlande et la Grande-Bretagne figuraient encore une fois deux territoires ennemis. Le problème posé à la flotte anglaise était de se rendre entièrement maîtresse de la mer d'Irlande — surtout dans le détroit de Saint-Georges, de façon à permettre le débarquement en Irlande d'un gros corps de troupes. Des deux côtés opéraient plusieurs escadres sous les pavillons : rouge — pour l'Angleterre, et vert — pour l'Irlande; ce qui faisait appeler, dans les journaux, les deux flottes : la *rouge* et la *verte*.

L'avantage resta à la flotte de la défense commandée par l'amiral Fitzroy. L'amiral Fairfax, qui commandait la flotte *rouge*, ne put pas empêcher la réunion des deux escadres *vertes* et remplir la tâche à lui confiée. Au cours

Études faites aux manœuvres anglaises de 1888.

Nouvelles expériences en 1893.

des opérations, toutefois, l'amiral Fitzroy se fût trouvé exposé, avec une seule de ces escadres, à l'attaque des deux escadres ennemies, si le brouillard ne l'avait protégé. Grâce à ce brouillard, il parvint à réunir les deux siennes et si, à ce même moment, il avait eu sous la main un certain nombre de torpilleurs — dont sa flotte comprenait trente — il aurait pu passer à l'offensive. Sans doute le brouillard est un fait accidentel. Toutefois cet accident n'est pas rare sur les côtes du Royaume-Uni. D'ailleurs, les torpilleurs de la flotte *verte* réussirent néanmoins à causer beaucoup d'inquiétude à l'ennemi et même, comme on l'admit, ils parvinrent à couler plusieurs croiseurs de la flotte *rouge*, non pourtant sans que les contre-torpilleurs de celle-ci ne parvinssent à détruire quelques-uns d'entre eux.

Les autres batailles livrées entre les deux flottes restèrent indécises. La flotte rouge, au dire des arbitres, perdit dans ces combats un cuirassé de 2e classe, six croiseurs de 2e classe, et trois canonnières de 1re classe; la valeur de ces navires représentait 2,130,000 livres sterling et l'effectif de leurs équipages s'élevait à 2,306 hommes. — La flotte verte perdit quatre croiseurs de 2e classe, vingt-quatre torpilleurs de 1re classe et deux de 2e classe, représentant ensemble une valeur de 1,295,000 livres sterling et montés par 1,604 hommes d'équipage. Les journaux spéciaux se montrèrent mécontents du résultat des manœuvres et critiquèrent les actes des deux amiraux.

Manœuvres navales françaises de 1895.

En 1895, les manœuvres françaises de la Méditerranée consistèrent à faire bloquer dans Ajaccio, par deux escadres alliées, une autre escadre qui figurait les forces françaises. Le problème posé à celle-ci était de forcer le blocus pour atteindre les côtes de Provence. L'amiral de Beauregard fut autorisé à employer, pour la réalisation de cette entreprise, la *défense mobile* de la Corse et de Toulon. D'après les règles posées pour le blocus, les bâtiments des escadres bloquantes étaient autorisés à s'approcher pendant le jour jusqu'à quatre milles, et la nuit, jusqu'à trois, d'une ligne passant par les points suivants de la côte corse : Ravellata, le cap Gargallo, le cap Rosso, les Sanguinaires, le cap Muro et Senetose. L'escadre bloquée pouvait forcer le blocus entre Ravellata et Senetose.

Le rayon d'action de la *défense mobile* de la Corse s'étendait entre les points susnommés de la côte jusqu'à trente milles de celle-ci. Le rayon d'action de la *défense mobile* de Toulon était compris entre les méridiens passant par Planier et le cap Ferrat, puis s'étendait à trente milles au large de la côte française. L'escadre bloquée pouvait se servir de toutes les stations de signaux établies sur les côtes de Corse et même sur celles de Provence entre Marseille et Villefranche. La vitesse de l'escadre bloquée était limitée à dix nœuds, tandis que les cuirassés des escadres alliées étaient autorisés à marcher à onze nœuds. Pour les croiseurs des deux partis, la vitesse devait être la même qu'aux manœuvres précédentes.

En se conformant aux conditions ainsi posées, il se trouva que les forces bloquantes, commandées par l'amiral de Maigret, furent exposées à de sérieux dangers de la part des bâtiments de la défense mobile tant de la Corse que de Toulon. — La composition des escadres était la même que lors des opérations précédentes, de sorte que les cuirassés de l'escadre de de Maigret ne disposaient pas de moyens suffisants de défense en fait de croiseurs-torpilleurs. On ne lui avait donné que trois de ces bâtiments, et encore trois simples torpilleurs. En outre de Maigret avait six croiseurs. L'escadre bloquée comprenait : cinq croiseurs, deux canonnières-torpilleurs et quatre torpilleurs, et elle semblait ainsi mieux pourvue d'éclaireurs que les escadres alliées.

Les conditions paraissaient donc quelque peu plus favorables pour l'escadre bloquée : mais, d'autre part, au cas où l'attaque des torpilleurs aurait été repoussée avec succès, les alliés devaient seulement suivre attentivement les côtes de Corse pour empêcher la sortie de l'escadre bloquée sur laquelle ils pouvaient compter prendre le dessus, grâce à leur supériorité de marche. Dans cette circonstance, les opérations ne furent guère dirigées en vue d'éclaircir quoi que ce fût de nouveau relativement au problème intéressant du blocus dans les conditions actuelles.

Le plan des amiraux alliés était le suivant : les cuirassés d'escadre, agissant indépendamment des croiseurs et des torpilleurs, devaient surveiller une partie importante de la côte, tandis que leurs éclaireurs devaient suivre tous les mouvements des éclaireurs et torpilleurs de l'escadre bloquée. Si ce plan eût été exécuté d'une façon irréprochable, le blocus aurait probablement atteint son but ; mais nous verrons que l'escadre bloquée parvint à s'échapper, grâce à une *ruse de guerre* bien simple. Le blocus fut déclaré le 23 juillet à quatre heures de l'après-midi. La nuit vint, sombre et répondant aussi bien que possible aux projets de l'amiral de Beauregard. Tous ses croiseurs et torpilleurs, couverts par la *défense mobile* de la Corse, se rendirent à quelque distance au nord d'Ajaccio, en longeant la côte à deux milles de distance. Là ils allumèrent leurs projecteurs, et les ayant dirigés vers le large, formèrent un écran aveuglant, qui dérouta les navires bloquants. C'était une ruse très simple, mais elle réussit admirablement. L'amiral de Maigret en conclut que l'escadre bloquée s'enfuyait dans la direction au nord d'Ajaccio, sous le couvert des rayons aveuglants de la lumière électrique dirigés vers la haute mer. En conséquence, les cuirassés d'escadre des alliés furent envoyés vers le nord et on ne laissa devant Ajaccio que le croiseur *Davout*. S'attendant à ce mouvement de l'ennemi, l'amiral de Beauregard prit immédiatement la mer avec ses cuirassés d'escadre et franchit heureusement la ligne de blocus. — On dit bien que son passage fut remarqué par le *Davout*, mais le commandant de ce navire ne fit rien pour l'empêcher. Il ne se lança pas à la chasse de de Beauregard et ne fit rien savoir à de Maigret. D'où l'on peut vraisemblablement conclure que le *Davout* ne s'aperçut réellement pas de la sortie des cuirassés d'escadre de l'amiral de Beauregard. Néanmoins, quelqu'un qui s'est occupé de ces manœuvres donne comme probable, — et le journal *La Marine française* confirme le fait, — que le *Davout* fut témoin du forcement du blocus et n'entreprit rien.

Les croiseurs de l'escadre bloquée maintinrent leur éclairage toute la nuit; et le matin du 24 juillet, les cuirassés de cette escadre étaient complètement hors de portée.

Une chose assez amusante, c'est que, pendant quelque temps, l'amiral de Maigret ne se douta pas du forcement de blocus accompli et que, toute la journée du 24 juillet, les alliés continuèrent de surveiller Ajaccio. Le soir du 24 un doute naquit dans l'esprit de l'amiral de Maigret et il envoya vers la côte un éclaireur pour avoir des nouvelles de l'ennemi. Il chercha aussi à en découvrir en observant les postes de signaux de celui-ci : mais ce fut en vain. Le blocus continua, et, dans la nuit du 25, les croiseurs et torpilleurs de l'escadre bloquée, ayant échappé aux éclaireurs des alliés, forcèrent heureusement leur passage d'Ajaccio vers le nord. Un des croiseurs les aperçut, leur donna la chasse et signala leur sortie : mais on ne fit nulle attention à ses signaux et les alliés continuèrent à surveiller les cuirassés de l'escadre bloquée. C'est au matin du 25 que les amiraux apprirent la vérité : ils en furent complètement abasourdis.

On peut ajouter que les navires de la *défense mobile* de la Corse aidèrent bien peu les navires bloqués. Les alliés s'emparèrent de quatre torpilleurs au moment où les équipages de ceux-ci étaient en train de déjeuner : mais deux autres prétendirent avoir fait sauter le cuirassé *Magenta* de l'escadre de blocus.

Ce qu'on en a pu<br>conclure.Ces opérations ne semblent guère avoir permis de formuler de conclusions bien utiles. La *Marine française* dit à ce propos : « Les manœuvres de 1895 montrent, plus clairement encore que les opérations précédentes, la faiblesse d'organisation de notre flotte. Elles confirment de la manière la plus frappante les jugements sévères dont elle a été l'objet depuis quelques années. Il serait injuste de dire que ces défauts se sont multipliés. Nous sommes les premiers à reconnaître que, dans ces derniers temps, des progrès ont été réalisés : car, malgré tous les obstacles, les idées nouvelles ont gagné du terrain. »

Il est curieux d'observer que les opérations exécutées par les escadres françaises et anglaises ont compris également l'emploi logique des éclaireurs sur une plus grande échelle que précédemment, montrant ainsi l'utilité croissante des croiseurs rapides pour les flottes de guerre modernes.

Cette leçon certes n'est pas neuve : car nous savons que Nelson lui-même se plaignait du manque de frégates. En tous cas, les manœuvres annuelles auront au moins contribué à augmenter l'importance attachée aux navires torpilleurs. En plus, les opérations de 1895 font voir nettement que les amiraux doivent largement insister sur l'utilisation des éclaireurs dans les circonstances les plus diverses.

On comprend que les manœuvres en général ne puissent donner une idée complète de ce qui se passera à la guerre, puisque les conditions les plus importantes de la guerre n'y sont pas réalisées : telles que le résultat de l'effet des armes, du courage et de la crainte. Même l'ingéniosité et l'endurance sont loin d'y donner toute leur mesure. Mais quoi qu'il en soit, les manœuvres des flottes anglaise et française sont, malgré tout, instructives. Elles ont montré qu'il est extrêmement difficile de s'assurer la pleine domination même d'une partie relativement faible de la surface de la mer.

Mais en admettant que l'on puisse réussir à bloquer tel ou tel port déterminé, on ne peut songer à fermer absolument tous les ports d'un pays ennemi et, par conséquent, ses croiseurs pourraient néanmoins paraître sur les mers et gêner le commerce même de la puissance disposant des flottes les plus redoutables.

**La défense des côtes par les torpilles, autrefois et aujourd'hui.**

En Angleterre a prévalu l'opinion (1) qu'en cas de guerre le meilleur moyen de protéger le commerce anglais serait d'enfermer les navires ennemis dans leurs ports, de façon qu'ils ne puissent échapper au blocus qu'en s'exposant à une destruction inévitable. En 1877, quand la Grande-Bretagne crut à la guerre avec la Russie, des croiseurs furent envoyés pour observer tous les ports où se trouvaient des navires sous pavillon russe (2). Mais il est très douteux que l'exécution du blocus de tous ces ports eût été possible à cette époque : et actuellement il n'y a pas de doute que de tels efforts seraient vains.

S'approcher assez d'un port pour en fermer réellement l'entrée serait chose bien plus difficile aujourd'hui qu'autrefois, quand les torpilles sous-marines étaient inconnues ou encore trop imparfaites. Les torpilles éclatant au choc étaient bien employées depuis longtemps ; mais elles n'ont pris de

Défense des côtes par les torpilles.

_______

(1) Amiral Colomb, *La guerre navale.*
(2) Lord Brassey, *Papers and Adresses.*

l'importance qu'à dater du commencement de ce siècle, lorsque le colonel Colt, l'inventeur du revolver, proposa au gouvernement de l'Amérique du Nord ses torpilles qui faisaient explosion par l'effet d'un courant électrique à la distance de 5 milles marins (plus de 9 kilomètres).



La première application sérieuse des torpilles à la défense des côtes remonte à 1854, et au commencement de la guerre d'Orient d'alors. Si, dans la mer Baltique, les flottes alliées anglaise et française se contentèrent, après la prise de Bomarsund, d'un bombardement assez inoffensif de Sweaborg et n'entreprirent rien contre Cronstadt, qui à cette époque n'était pas fortifié du côté du Nord, c'est très probablement par crainte des torpilles qui en défendaient les approches.

Cette inaction provoqua le rappel de l'amiral Napier. Son successeur ordonna de rechercher les torpilles et en fit relever un assez grand nombre. Deux bâtiments anglais, le *Merlin* et le *Tirfely*, exécutèrent une reconnaissance devant Cronstadt, se heurtèrent à la barrière constituée par les torpilles et furent fortement secoués par l'explosion de deux d'entre elles, qui leur causa certaines avaries (1).

Cette explosion est représentée ci-dessous.

Explosion de deux torpilles sous des navires anglais devant Cronstadt.

---

(1) *Die Torpedos in ihrer historischen Entwickelung.* — Berlin, 1878.

Ces torpilles russes inventées par le professeur Jacobi constituaient alors quelque chose d'entièrement nouveau. Elles avaient la forme d'un cône dont le sommet était fixé à une chaîne maintenue par des pierres et autres corps pesants et agissant comme une ancre. L'intérieur de ces engins, formés d'une feuille de zinc, était divisé en deux chambres. La chambre inférieure contenait une faible charge de poudre, dans la supérieure était une sorte d'étoupille, formée d'un tube que brisait la secousse produite au moment du choc ; ce qui faisait tomber une petite boule dont la chute amenait le mélange d'une certaine quantité de chlorate de potasse avec de l'acide sulfurique (1) et, par suite, l'inflammation de la charge. Les figures ci-dessous représentent une coupe de cette torpille et la vue d'ensemble de deux engins de ce genre installés et prêts à fonctionner.

Torpilles russes<br>en Crimée.

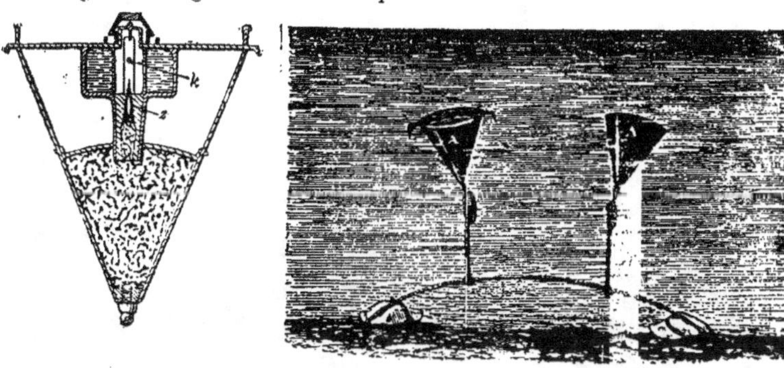

Torpilles sous-marines au temps de la guerre de Crimée.

Emploi<br>des torpilles<br>pendant<br>la guerre<br>de Sécession<br>américaine.

Le peu d'effet produit par ces torpilles sur les navires dont il a été question plus haut pouvait provenir de ce que leur charge était insuffisante ou, plus probablement, de ce que, faute d'une fermeture assez hermétique, la poudre en avait été quelque peu gâtée par l'humidité. Ces torpilles n'étaient pas, d'ailleurs, judicieusement placées. Elles se trouvaient à une distance de terre supérieure à la portée des batteries de côte, de sorte que les alliés purent les relever bien tranquillement : ce qu'ils firent en faisant précéder les grands bâtiments par de simples chaloupes, de sorte que, dans les batteries russes elles-mêmes, on s'étonnait de l'adresse avec laquelle s'effectuait cette opération.

Pendant la guerre de Sécession américaine les Confédérés firent grand usage des torpilles. Sept monitors et onze bâtiments en bois des Fédéraux

---

(1) *Die Torpedos in ihrer historischen Entwickelung.* — Berlin, 1878.

furent entièrement détruits par ces engins, et sept autres en éprouvèrent de graves avaries. Cela fut d'autant plus remarqué que, pendant toute la guerre, l'artillerie des Sudistes ne réussit pas à détruire un seul bâtiment Nordiste et ne causa que des avaries insignifiantes à un petit nombre d'entre eux.

Les torpilles employées alors étaient aussi de la plus primitive organisation. C'étaient simplement des tonneaux remplis de poudre et qui faisaient explosion au choc des navires, ou bien par le moyen d'une mèche ou encore sous l'action d'une corde spéciale qu'on tirait de la côte (1).

Pour illustrer ce qui vient d'être dit, nous donnons ici la représentation de barrières défensives formées par des torpilles et de l'explosion d'une de celles-ci éclatant automatiquement au choc d'un monitor.

Barrières de torpilles et explosion de l'une d'elles sous un monitor.

Pendant la guerre de 1859. Pendant la guerre austro-française de 1859, le baron Ebner parvint à remplacer les torpilles flottantes éclatant au choc d'un navire, par des torpilles fixées à des pieux et faisant explosion non plus par l'effet d'un choc accidentel, mais à la volonté d'un officier qui les enflammait au moyen d'un courant électrique.

Les torpilles flottantes, qui détonent par le choc, offrent l'inconvénient d'interdire l'approche des ports ou des côtes devant lesquelles on les établit, non seulement à l'ennemi mais aux bâtiments mêmes de la défense. Les « torpilles d'observation » (*Beobachtungs-Minen*), imaginées par Ebner, étaient reliées par des fils conducteurs isolés à une forte batterie électrique

______

(1) Brassey, *British navy*.

établie dans un poste spécial organisé sur la côte, au fond d'une baie. Dans une chambre noire disposée à ce poste pour servir d'observatoire, une vue générale du port venait se peindre sur un verre dépoli, où étaient également marqués les emplacements de toutes les torpilles. Quand un bâtiment ennemi s'approchait d'un de ces points, l'observateur installé au poste n'avait qu'à presser sur un ressort pour fermer un courant et faire détoner la torpille correspondante. Les engins Ebner ne furent point appelés à fonctionner à l'époque dont il s'agit, mais ils n'en constituent pas moins l'un des systèmes appliqués de notre temps à la défense des côtes.

Nous ajouterons maintenant quelques données sur les expériences exécutées avec les torpilles électriques employées de nos jours.

La première qui fut faite sur une échelle convenable est due au gouvernement anglais et remonte à 1874. La carcasse du navire *Oberon* fut disposée à cet effet de façon à représenter l'*Hercule* considéré à cette époque comme l'un des plus puissants cuirassés alors à flot. Des charges de coton-poudre humide, dont le poids variait de 500 à 33 livres, furent disposées à différentes profondeurs et distances du bâtiment: tout fut en outre préparé pour mesurer la pression qui devait se produire au moment de l'explosion, au moyen de *crushers*, — appareils spéciaux fixés au bâtiment dans la partie qui se trouvait au-dessous de la ligne de flottaison. Chacun de ces appareils consistait en un petit cylindre d'acier muni d'un piston, et dans lequel se trouvait une petite boule de cuivre que le piston écrasait plus ou moins lors de l'explosion indiquant ainsi la pression développée au moment de celle-ci. Les dimensions de la boule étaient mesurées soigneusement au micromètre avant et après l'explosion.

Il fut ainsi reconnu nécessaire, pour détruire le plus puissant navire, d'obtenir, suivant le calcul des uns, une pression de 5,000 livres par pouce carré, et, de 12,000 livres, suivant le calcul des autres.

Des expériences ultérieures, faites par des ingénieurs suédois et danois à Karlscrona, montrèrent d'ailleurs que ces calculs théoriques n'ont pas d'importance, car il est facile de développer une force bien supérieure à 12,000 livres.

Les figures ci-contre (page 178) représentent: la première, l'explosion de 100 livres, et la seconde, celle de 25 livres de poudre.

Des expériences postérieures faites dans le port de Cadix ont donné les résultats suivants. On fit éclater une torpille disposée à 640 mètres, au moyen d'une batterie électrique. Elle était chargée de 97 1/2 kilogs de dynamite comprenant 75 % de nitro-glycérine. Elle était mouillée à 5 mètres au-dessous du niveau de l'eau en un point où la profondeur de celle-ci atteignait 16 m. 50. La longueur totale du câble conducteur du courant électrique était de 997 mètres. Au poste de signaux on avait deux éléments Leclanche

Expériences<br>faites<br>en Angleterre<br>en 1874.

Explosion de 100 livres de poudre.

Explosion de 25 livres de poudre.

et au poste électrique d'où l'on déterminait l'explosion, 14 grands éléments Bunsen. L'explosion souleva une colonne d'eau de forme parabolique, large de 96 mètres à la base et de 33 mètres de hauteur. Au moment qui suivit l'explosion, une masse d'éclaboussures en forme d'écume s'éleva jusqu'à une hauteur de 101 mètres. Le volume d'eau, ainsi lancé par l'explosion de la torpille, fut évalué à 119,676 mètres cubes.

Torpilles de fond<br>adoptées<br>en Angleterre. Dans la marine anglaise on a adopté deux sortes différentes de torpilles de fond, savoir : 1° des torpilles de 500 livres employées comme contre-torpilles, ou, comme on les appelle : torpilles d'observation (*observation mines*) c'est-à-dire que l'on enflamme à portée même de la côte, et 2° des torpilles de 72 livres que leur mode de chargement permet de faire détoner également soit par le choc (*electro-contact*) soit mécaniquement (*electro mechanical*). En outre, en employant certains procédés, on peut organiser promptement des torpilles au moyen de n'importe quels matériaux analogues.

Les torpilles qu'on fait détoner de la côte sont sous le contrôle immédiat d'une personne installée à terre et qui les fait agir. Les choses sont combinées de façon telle qu'au moment du passage d'un navire ennemi sur les torpilles, on peut en faire éclater 6 à la fois ou même davantage. La personne qui dirige ce service choisit sur la côte un poste d'où l'on puisse observer sans être vu. Admettant que la charge de chaque torpille soit de 500 livres de pyroxyline, nous trouvons que l'effet destructeur se fera sentir sur un espace d'un diamètre de 60 pieds. Par suite, en évaluant à 60 pieds la largeur moyenne des vaisseaux de guerre, nous en arrivons à cette conclusion que 6 torpilles de 500 livres établies en ligne constitueront une force destructive capable de défendre un passage de 720 pieds de large.

Les torpilles de fond, dites *observation mines*, de la marine britannique sont chargées à 500 livres de pyroxyline. Elles sont représentées ci-dessous et la figure voisine est un plan schématique de la façon dont sont disposées six de ces torpilles sur une chaloupe chargée de les mouiller.

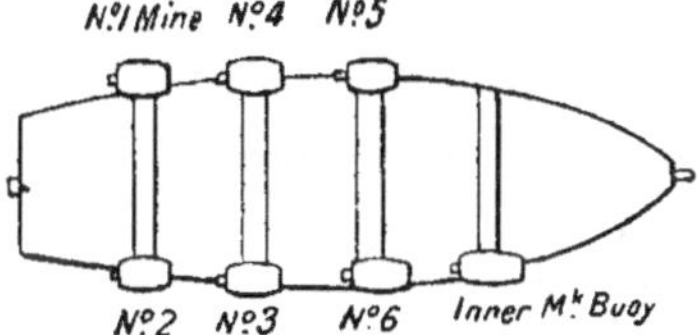

Schéma de la disposition
des torpilles sur une chaloupe.

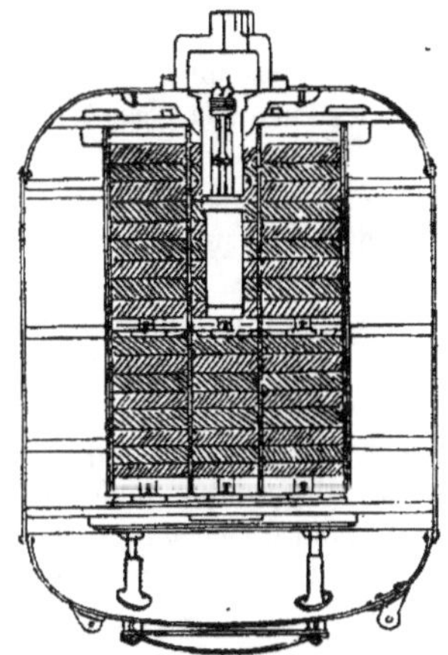
Torpilles de fond
qu'on fait éclater de la côte.

Le corps de la torpille est fait de feuilles de tôle. Sa charge est renfermée dans 22 boîtes de cuivre qui occupent les 2/3 de la capacité de la torpille. Chacune d'elles est munie d'ouvertures permettant d'humecter la pyroxyline qu'ils renferment : dans la boîte centrale est ménagé le logement du vase en verre qui doit servir d'étoupille pour faire détoner la pyroxyline humide. Ce verre contient des rondelles de pyroxyline sèche au milieu desquelles on introduit le tube par où doit arriver le courant électrique.

Les torpilles sont maintenues en place au moyen d'ancres et de câbles. Comme la tendance à flotter des torpilles de 500 livres exerce sur leur câble une traction égale à 100 livres, il faut que ces câbles soient très solides : surtout si la torpille est placée dans un fort courant ou exposée à des mouvements de flux et de reflux un peu intenses. Le poids de l'ancre est d'environ 5 quintaux ; il est en fer forgé courbe à pointes plates.

Les torpilles de fond qu'on fait éclater de la côte se mouillent avec une chaloupe ordinaire de 42 pieds. Quelques navires ont des embarcations spéciales pour ce service ; mais une chaloupe ordinaire y suffit parfaitement.

Il faut avoir soin de mouiller ces torpilles de façon qu'elles aient toujours au moins 12 pieds de câble au-dessous d'elles ; — l'expérience a en effet prouvé que, dans certains cas, par explosion de torpilles trop voisines du fil amenant le courant électrique, celui-ci pouvait se trouver rompu

Comment on les dispose.

avant l'explosion des autres torpilles de la même ligne. La meilleure profondeur où placer ces sortes d'engins est à 50 pieds au-dessous du niveau de l'eau. — La figure ci-dessous montre une série de ces torpilles mises en place.

La torpille à choc galvanique est destinée, comme son nom l'indique, à éclater par son choc contre la coque même d'un navire et par conséquent elle n'a pas besoin d'une charge aussi forte que celle des torpilles qu'on fait éclater de la côte et qui doivent défoncer un bâtiment en le frappant à distance. Aussi la charge des premières n'est-elle que de 75 livres de pyroxyline humide — quantité suffisante pour endommager très fortement, sinon

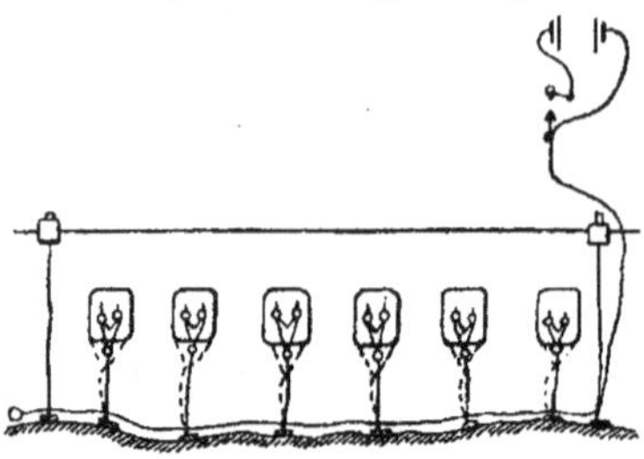

Ligne de torpilles de fond mises en place.

pour couler complètement à fond tous les navires existants. — Cette torpille se trouve sous un contrôle tellement absolu du poste de la côte, qu'elle peut à volonté être mise hors d'action et pour ainsi dire rendue inoffensive en enlevant simplement une cheville qui ferme le courant électrique. D'un autre côté, son organisation particulière ne lui permet pas d'éclater autrement que par sa rencontre avec la coque d'un navire ou sous l'effet d'un choc violent quelconque.

Les deux figures ci-contre nous montrent : la première, l'organisation des torpilles galvaniques à choc, et la seconde, un schéma de leur installation.

Le câble employé pour ces engins, dans la marine britannique, est d'une construction semblable à celui de toutes les autres torpilles : sa longueur est de 1000 yards. Il se divise en 8 parties des dimensions suivantes : 6 parties de 100 yards chacune et 2 de 200 yards. Les extrémités de toutes les parties sont un peu détordues. Comme on le voit sur le plan schématique, chaque torpille communique avec le coffre de disjonction par un câble de 100 yards de longueur et chacun de ces coffres est à son tour relié au coffre de réunion par un câble de 200 yards de long. Le maître-câble qui réunit ce dernier coffre à la batterie est à 7 brins et du même modèle que les câbles employés avec les torpilles qu'on fait éclater de la côte.

Dans la figure (page 182), nous représentons une expérience faite en Angleterre sur une torpille mouillée par 10 pieds de profondeur avec une charge presque moitié moins forte que celle des torpilles actuelles, c'est-à-dire de 276 livres de poudre, correspondant comme puissance à

Plan de la défense du Port de Cherbourg.

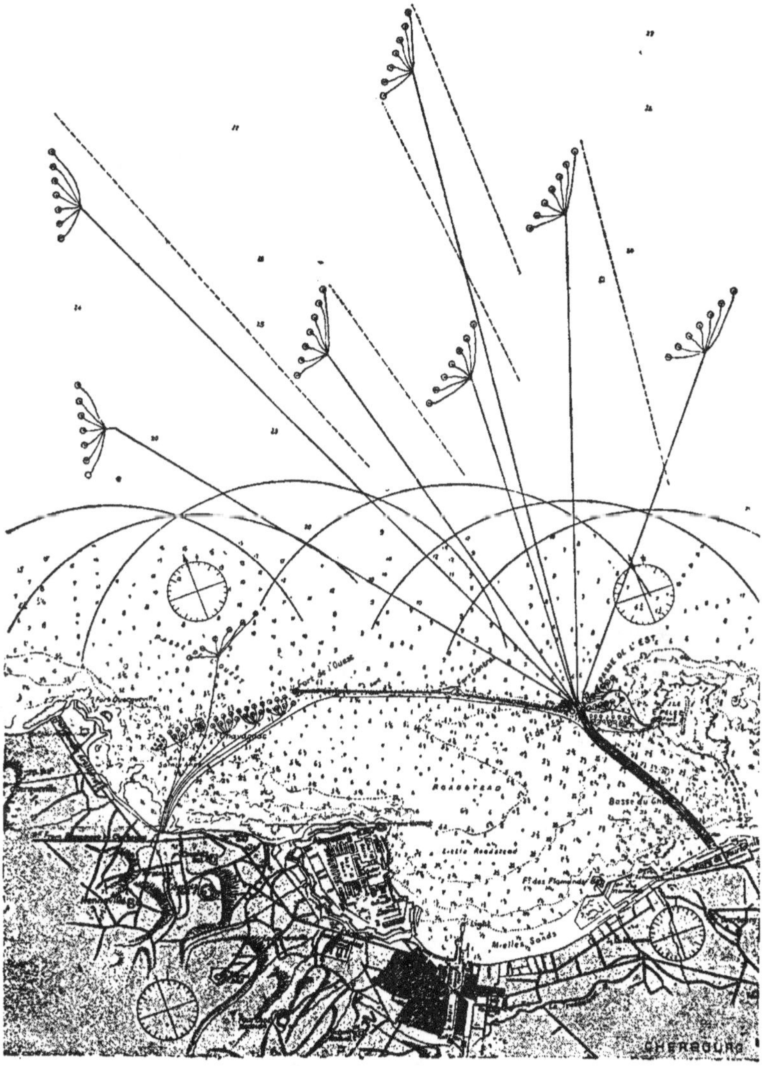


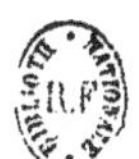

**La série des lignes terminées en éventail représente un schéma de la disposition des câbles à torpilles, à l'extrémité desquels sont placés quelques-uns de ces engins.**

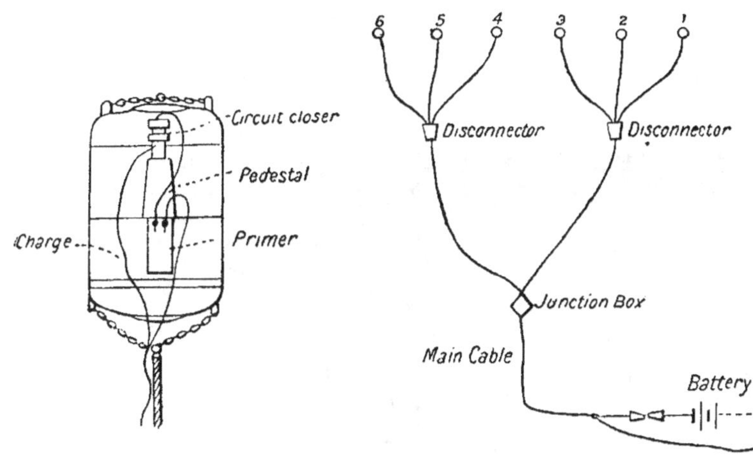


Torpille galvanique à choc.

Le *circuit closer* ferme le courant : le *pedestal* supporte l'appareil électrique, le *primer* est le vase en verre amorceur, le reste est la *charge*.

Schéma d'une installation de torpille galvanique à choc.

Le *disconnector* est la boîte d'où se ramifient les courants, la *junction box* est celle où ils se réunissent ; le *main cable* est le maître câble conduisant à la batterie électrique (*battery*.)

80 kilogrammes de dynamite. La colonne d'eau, même avec cette charge, atteignit déjà 280 mètres de hauteur (1).

Comme la longueur du câble peut être très grande, les bâtiments qui bloquent un port ne doivent pas s'approcher à moins de 3,800 mètres des points les plus avancés de la côte (2).

Comme exemple de la défense d'une côte, nous donnons dans la planche ci-contre le plan de la défense de Cherbourg.

La défense passive des ports ne se fait pas uniquement au moyen de torpilles de fond. Sans doute ces torpilles seules sont capables d'empêcher les grands bâtiments de forcer l'entrée d'un port. Mais aux torpilleurs et autres petits navires, on peut en fermer l'accès de la façon la plus effective en tendant à travers l'entrée des câbles ou des chaînes. Toutefois, si fortement établies que soient de telles barrières, des navires solidement construits les rompent d'un seul coup, comme une simple ficelle, — ainsi

Autres moyens employés pour la défense des ports.

---

(1) *Die Aufgabe der Torpedos beim Angriff Vertheidigung*, etc. (Le rôle des torpilles dans l'attaque, la défense, etc.). *Jahrbücher für die deutsche Armee und Marine.*

(2) Sleeman, *Torpedoes and Torpedo Warfare.*

que l'a prouvé clairement, il y a quelques années, le bélier torpilleur *Polyphemus* en brisant les chaînes disposées à l'entrée du port de Berehaven. Dans ce cas on avait supposé, d'après des calculs préalables, qu'avec une série d'obstacles successifs représentés par des câbles, on finirait par arrêter

Barrages
de chaînes.
Leur efficacité.

le bélier. Mais au moment même du choc, au lieu d'arrêter le bâtiment, ou, comme d'aucuns le craignaient, de se soulever le long de l'étrave du bélier et d'en balayer le pont, les câbles et les chaînes se rompirent immédiatement et ne gênèrent pas le moins du monde la marche du *Polyphemus*.

Néanmoins un barrage de chaînes constitue un très efficace moyen de protection contre les torpilleurs. — Au cours de la dernière guerre entre le Japon et la Chine, l'entrée du port de Weï-Haï-Weï était barrée par une chaîne et des câbles. Et chose assez drôle, les excellentes qualités de cette chaîne se manifestèrent précisément lors de la fuite honteuse des torpilleurs chinois. La hâte que mirent les commandants de ces torpilleurs à se sauver hors de portée du feu de leurs propres navires et des navires ennemis fut si grande, que la plupart ne trouvèrent pas exactement l'endroit où s'ouvrait la chaîne; et il leur arriva de s'empêtrer dans les grappins du barrage où ils furent broyés par le feu de l'artillerie des deux flottes.

Parmi les autres formes de défense passive on peut citer le procédé ancien, mais assez satisfaisant, qui consiste à couler dans les passes des coques de navires. On peut encore causer à l'ennemi une foule d'embarras en tendant à quelques pieds au-dessous de l'eau des cordages, des filets, etc. qui se prendront dans les hélices de ses bâtiments lorsqu'ils voudront franchir la passe. Toutefois, en temps de guerre, l'organisation de ces défenses passives improvisées dépendra en grande partie de l'esprit d'entreprise et de la hardiesse des défenseurs, et dans ce domaine de la défense il y a, pour les inventeurs, une source inépuisable de recherches.

### Contre-torpilles.

La technique, il est vrai, a imaginé de son côté toute une série de moyens pour détruire un barrage de torpilles. Il y a pour cela trois procédés : se servir de contre-torpilles, ou opérer par « balayage », ou bien enfin employer des grappins. Le but de toutes ces opérations est de préparer aux navires un passage libre et sans danger à travers le barrage de torpilles. Mais comme l'opération du « balayage » ne peut s'exécuter qu'en restant hors de la portée du tir de l'ennemi, il ne faut l'entreprendre qu'aux extrémités d'un barrage, là où les assaillants croient possible de trouver des groupes de torpilles avec des batteries cachées. — D'autre part, pour contre-torpiller, ce qui peut toujours se faire sous le feu de l'ennemi, — l'essentiel est d'aller vite. Il est surtout désirable que tout ce travail s'effectue le plus machinalement possible, afin que la réussite n'en soit pas empêchée par quelque trouble que des incidents inattendus pourraient amener dans l'état moral des hommes qui l'exécutent.

*Destruction des barrages.*

Le contre-torpillage consiste à détruire un barrage de torpilles en mouillant une série de torpilles dans le voisinage des premières et les faisant détoner.

*Contre-torpillage et contre-torpilles.*

Une ligne ordinaire de contre-torpilles consiste en douze torpilles de 500 livres, du même modèle que celles d'observation.

Actuellement les torpilles sont disposées sur beaucoup de bâtiments dans des chaloupes spécialement organisées pour le contre-torpillage. Sur les autres navires on se sert ordinairement pour cela de simples chaloupes non pontées. Sept bancs de bois solides, semblables à ceux qu'on emploie pour installer les torpilles d'observation, avec, à chacune de leurs extrémités, le dispositif nécessaire pour mouiller une torpille, sont disposés en travers de la chaloupe. Par-dessus ces bancs, comme pour les torpilles d'observation, sont établies, tout autour de la chaloupe, de légères tringles auxquelles est fixée une enveloppe en toile qui recouvre le bord. Toutes les rames et les agrès ordinaires des embarcations sont enlevés.

La chaloupe ainsi préparée est amenée près du bord pour recevoir les engins. Avant tout on y charge les ancres avec les câbles et tous les accessoires nécessaires pour mouiller une torpille à l'extrémité de chaque banc : les ancres sont attachées au bord de façon à quasi toucher l'eau.

C'est seulement une fois tout en place qu'on embarque les torpilles elles-mêmes. Les six premières sont chargées de la même manière que les torpilles d'observation : les autres alternativement de chaque bord de la chaloupe, leurs extrémités supérieures tournées vers l'étrave. Les torpilles sont disposées avec de petites bouées, dans l'ordre indiqué sur la figure suivante.

La nuit, pour que le passage soit visible, on éclaire les bouées, qui sont si solidement construites et tellement éloignées du point où se produit l'explosion qu'elles restent en place même après que la ligne de contre-torpilles a détoné. Et une fois débarrassé des torpilles, le passage apparaît, grâce à ces feux, nettement visible.



Schéma de la disposition des contre-torpilles sur une chaloupe.

Quand les torpilles et leurs accessoires sont embarqués de cette manière, on attache les fils conducteurs ; puis on fixe les extrémités de ces fils aux torpilles, qui sont ensuite fermées.

Une des batteries électriques est placée sur un vapeur qui remorque la chaloupe chargée des contre-torpilles et l'autre est sur le navire ou bien est transportée sur une embarcation remorquée spécialement à cet effet. Enfin, à chaque extrémité des conducteurs on fixe un petit pavillon rouge afin que l'officier qui dirige la chaloupe puisse toujours les apercevoir et les avoir sous la main. En même temps, les extrémités des conducteurs sont rattachées, tant sur le vapeur que sur la chaloupe avec la batterie.

Lorsque tout est prêt ainsi sur l'embarcation qui porte les contre-torpilles, l'équipage n'a plus qu'à attendre l'ordre d'agir. A l'approche du moment favorable, un remorqueur à vapeur ou une canonnière prend la chaloupe à la remorque. L'extrémité d'un des conducteurs est remise au navire qui se trouve le plus voisin du lieu de l'opération, ou à l'embarcation qui porte la batterie et qu'on remorque en même temps que celle chargée des contre-torpilles, jusqu'à ce que lui soit fait le signal de jeter l'ancre. Enfin quand l'ordre est donné, on détermine les explosions dont la figure ci-dessous représente l'effet.

Explosion d'une ligne de contre-torpilles.

Le balayage (*sweeping*) est le procédé le plus pénible et le moins sûr pour détruire un barrage de torpilles; mais si on l'exécute sans se presser et sans être exposé au feu de l'ennemi, on peut, de cette façon, débarrasser un assez large espace. Avant d'envoyer des chaloupes à la recherche des torpilles au moyen du balayage, l'endroit où l'on soupçonne un barrage de ces engins est soigneusement étudié à marée basse, afin de voir si quelques traces n'en apparaissent pas alors à la surface de l'eau. Si l'on en aperçoit il faut les détruire par le feu des canons à tir rapide et des canons revolvers de l'escadre. Quand la marée est remontée de quelques pieds, il faut envoyer des embarcations opérer le balayage, en notant soigneusement les endroits où quelques traces d'un barrage de torpilles sont apparues à marée basse. Pour exécuter ce balayage on emploie deux chaloupes.

La figure ci-contre montre comment se fait l'opération.

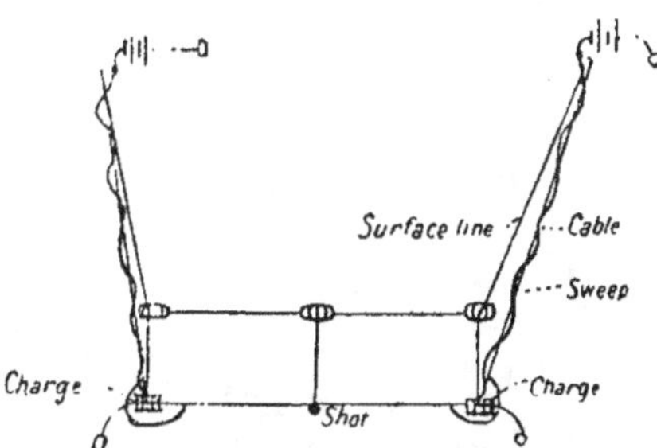


Plan du balayage d'un barrage de torpilles.

Les deux embarcations choisies pour exécuter le balayage doivent avoir le moins de tirant d'eau possible, afin que la chance de se heurter à quelque torpille soit réduite pour elles au minimum.

L'emploi des grappins.

Le relèvement des torpilles au moyen de grappins est peut-être le procédé le plus efficace pour détruire les conducteurs, parce qu'en général, il n'exige pas de précaution spéciale et que cette opération est la moins visible de toutes. Le but du travail fait avec les grappins est d'enlever, non pas les torpilles elles-mêmes, mais seulement les fils électriques destinés à en déterminer l'explosion ; aussi la chose se fait-elle ordinairement non loin de la côte où il y a plus de chance que les conducteurs ne soient immergés qu'à une profondeur relativement faible.

Pour cette opération, qui est aussi une sorte de balayage, il faut deux grappins : l'un, du modèle habituel et l'autre appelé *Chat*, sorte de petite ancre munie d'une charge explosive. Cette dernière consiste en 2 livres 1/2 de pyroxyline, renfermées dans une cartouche amorcée et pourvue de détonateurs. Autour de cette charge sont disposés trois grands crochets d'acier, recourbés extérieurement, et à l'un des détonateurs de cette charge est fixée l'extrémité d'un conducteur électrique soigneusement isolé, dont l'autre extrémité se rattache à une batterie électrique portée par la chaloupe; tandis que le second détonateur de la cartouche est mis, par un fil, en communication avec la terre. Le grappin est simplement remorqué par l'embarcation.

Pour mettre cet appareil en œuvre il est préférable de prendre une chaloupe à vapeur, mais une petite yole est, au besoin, parfaitement suffisante. Et quoiqu'on ne puisse garantir le succès de ce procédé sur un fond rocheux, il n'est pas douteux qu'en cas de guerre ce ne soit le plus fréquemment employé pour détruire les torpilles.

La figure ci-dessous représente une scène empruntée aux manœuvres navales anglaises de 1892, où l'on voit l'ennemi cherchant à détruire une estacade de torpilles.

Destruction des estacades de torpilles.

Les torpilles électro-mécaniques.

Les torpilles électro-mécaniques seront employées pour barrer l'entrée d'un port ennemi. Elles possèdent ce grand avantage de pouvoir être promptement mouillées, soit directement par un navire, soit avec des chaloupes et alors dans les emplacements et dans l'ordre qu'on juge le meilleur.

La disposition de ce genre de torpilles est entièrement semblable, comme on le voit par la figure suivante, avec celle des torpilles électriques détonant au choc. La seule différence c'est qu'ici la batterie se trouve à l'intérieur même de la torpille et consiste en deux éléments munis de fils conducteurs dont les extrémités aboutissent à deux disques entre lesquels une couche de sucre, d'abord délayé, puis desséché, forme une lame isolante qui les sépare l'un de l'autre. Quand la torpille est mise à l'eau, le sucre fond peu à peu et les extrémités des conducteurs finissent par se toucher et par fermer ainsi le courant; ou, pour mieux dire, ce courant se ferme alors quand la torpille reçoit un léger choc qui la force à s'incliner de côté.

Il est facile de comprendre que lorsqu'on mouille ces torpilles, il faut avoir le plus grand soin de les placer bien verticalement pour que le sucre qui joue le rôle d'isolateur reste sec jusqu'au dernier moment. Sur ces torpilles le flux et le reflux ont autant d'effet que sur les torpilles à choc galvaniques; les inconvénients des deux systèmes sont les mêmes. Il y a eu des cas de torpilles mécaniques arrachées à leur ancre et emportées par le courant, ce qui faisait courir un grand danger aux bâtiments amis. En général ces torpilles sont, pour former une estacade, les moins sûres de

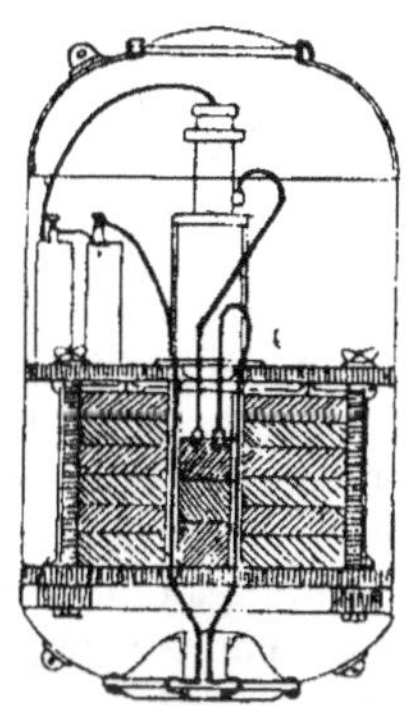

Torpille électro-mécanique

celles actuellement existantes. Mais, ainsi qu'on l'a dit plus haut, il peut se présenter des cas où la rapidité avec laquelle on peut les établir l'emporte sur tous leurs graves inconvénients.

En somme, on peut dire que ces torpilles feront courir de très grands risques aux bâtiments qui voudront les franchir, mais ce n'est pas assez pour qu'on puisse les considérer comme un moyen de protection tout à fait sûr.

En tout cas, les bâtiments qui forment un blocus doivent toujours se tenir à certaine distance de terre, parce que les torpilles qu'ils auront fait éclater pourront être reposées de nouveau.

Et nous retrouvons ici la lutte technique dans le domaine des torpilles comme dans tous les autres. Pourtant il n'est pas douteux que les bloqués n'aient, à ce point de vue, un grand avantage sur ceux qui les bloquent.

Car les premiers savent exactement où se trouvent les torpilles et ils peuvent les faire éclater à tout instant, tandis que ceux qui bloquent, même après avoir fait éclater avec succès toute une ligne de torpilles, ne sont jamais certains de ne pas se heurter à d'autres torpilles encore. En outre, la défense a entre les mains une autre arme puissante contre laquelle on n'a jusqu'ici découvert aucun moyen de se défendre : ce sont les torpilles mobiles et dirigeables.

### Importance des torpilles mobiles qu'on peut diriger de la côte.

Torpilles<br>mobiles<br>et dirigeables.

Les torpilles des différents systèmes n'ont, comme nous venons de le voir, qu'une sphère d'action très limitée, et la torpille automatique, une fois lancée, est exposée en route à une foule d'accidents. Quant aux estacades formées par des torpilles, elles peuvent être démolies par les procédés sus-indiqués. Il est donc naturel que les inventeurs aient cherché à combiner des torpilles, qu'on puisse conduire comme des chevaux, avec cette seule différence que les rênes aient une longueur incomparablement plus grande. L'idée de torpilles, qu'on puisse diriger de la terre, n'est pas nouvelle et a déjà été réalisée. Le long de la côte, on tend un câble qui permet d'amener un courant électrique aux points d'où l'on veut lancer les torpilles. Chacune de celles-ci est munie d'un moteur électrique agissant sur une hélice et qui fait mouvoir également un gouvernail et un appareil à signaux. La torpille et les appareils qu'elle porte sont réunis par des câbles électriques aux postes de lancement.

La figure ci-dessous représente le premier système d'estacades établies au moyen de torpilles de ce genre.

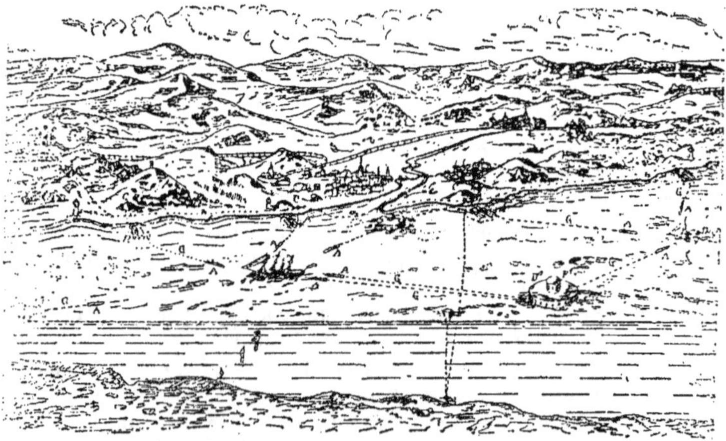

Protection d'une côte au moyen de torpilles mobiles.

En 1877, un jeune homme, nommé Brennan, horloger à Melbourne, proposa au gouvernement anglais un nouveau moyen, imaginé par lui, de diriger les torpilles. Ce procédé fut approuvé en principe et, pour permettre à Brennan de le perfectionner, le gouvernement anglais le prit à son service, avec 2,000 livres sterling d'appointement annuels.

Actuellement, le gouvernement anglais a le droit exclusif de se servir de cette invention. Il l'a payé plus de 150,000 livres sterling. Ce mode de défense constitue une protection très efficace pour les nombreux ports anglais et, par suite des résultats merveilleux et incontestables qu'il a donnés, il faut le considérer comme un chef-d'œuvre de génie mécanique.

La disposition de la torpille Brennan est représentée ci-dessous.

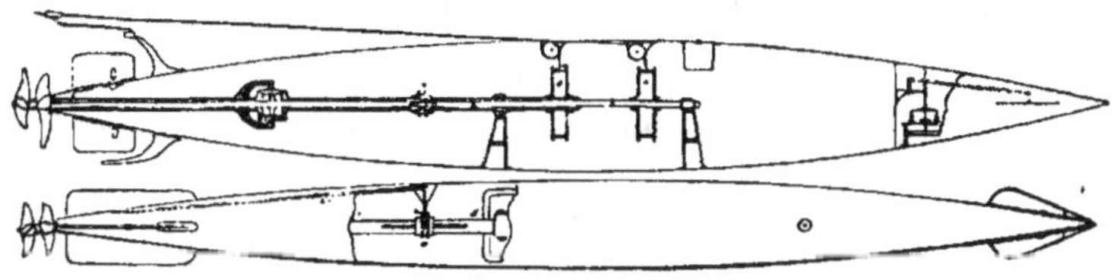

Torpille Brennan.

L'*Engineering* donne sur la torpille Brennan les indications suivantes (1) :

Sa force motrice se trouve en dehors et non en elle-même comme dans la torpille Whitehead. Pour la faire mouvoir dans l'eau, on se sert d'une machine spéciale qui peut développer jusqu'à 100 chevaux de force nominale. Cette machine fait tourner avec une vitesse énorme deux grands tambours, sur lesquels s'enroulent deux fils d'aciers minces mais très solides, du genre de ceux qu'on emploie pour les pianos, mais plus gros. Les deux autres extrémités de ces fils s'enroulent sur deux petits tambours placés à l'intérieur de la torpille. Le dispositif est tel que, quand les fils s'enroulent sur la machine de la côte, dans la torpille ils se déroulent très vite. Les dévidoirs de la torpille communiquent avec deux cylindres dentés et peuvent agir dans divers sens, par suite de quoi les hélices fonctionnent comme dans la torpille Whitehead. Le résultat final est que, plus fortement les fils sont enroulés par la machine établie à terre et plus rapidement tournent les hélices de la torpille; plus grande est, par conséquent,

_______________

(1) Armstrong, *Torpedoes and Torpedo-Vessels*, 1896.

sa vitesse, ou, en d'autres termes, la torpille se meut d'autant plus vite en avant qu'on semble la tirer avec plus de force en arrière.



La partie la plus ingénieuse de la torpille, c'est la machine du gouvernail, grâce à laquelle elle est entièrement dans la main de l'homme qui la dirige, à partir du moment où elle est lancée jusqu'à celui où elle rencontre un bâtiment ennemi, ou bien revient à son point de départ. On peut la faire manœuvrer et modifier, de 40 degrés à droite ou à gauche, sa direction primitive. Mais elle ne peut revenir d'elle-même en arrière et, après un exercice, il faut la ramener en la remorquant avec une chaloupe.

L'appareil qui sert à gouverner est disposé de façon telle qu'on peut faire varier la direction simplement en modifiant la vitesse de rotation des tambours mûs par la machine installée à terre.

Le mécanisme, qui maintient la torpille Brennan à une profondeur déterminée et constante pendant qu'elle se meut dans l'eau, ressemble beaucoup à celui, déjà décrit, de la torpille Whitehead; mais il y a cette petite différence que, dans la torpille Brennan, le gouvernail qui maintient l'horizontalité est placé en avant et non en arrière, de sorte qu'il est manœuvré directement et non à l'aide d'un servo-moteur, comme dans la torpille Whitehead. La torpille est aussi maintenue dans une direction rectiligne par des sortes de nageoires horizontales, placées de chaque côté, en avant des hélices.

L'appareil qui gouverne en profondeur est composé d'un pendule et d'une soupape hydrostatique. Ils produisent presque le même effet que dans le compartiment hydrostatique des torpilles Whitehead; et comme le gouvernail est tout près, l'action directe produite par le mécanisme est assez puissante. On dispose naturellement la soupape à la profondeur où l'on désire que la torpille se maintienne.

Le mécanisme établi sur la côte se compose de deux tambours que font tourner avec une grande vitesse deux machines à haute pression et à action directe. Les parties agissantes de ces machines sont soigneusement séparées des fils qui partent des tambours pour empêcher que ceux-ci ne puissent s'emmêler avec elles. Les tambours tournent librement sur des treuils et sont reliés entre eux de façon telle que l'on puisse régler la vitesse de chacun au moyen d'un frein particulier sans modifier celle de la machine qui les actionne. En outre, par suite même du dispositif, si la vitesse d'un tambour diminue, celle de l'autre augmente dans la même proportion.

La charge, formée de pyroxyline et d'une cartouche-amorce, est placée à l'avant de la torpille. Elle pèse environ 200 livres, ce qui suffit pleinement pour couler à fond le plus puissant des cuirassés qu'on ait jamais construits. — L'homme qui dirige la torpille peut la suivre des yeux pendant sa marche en observant pendant le jour, la fumée, et pendant la nuit, la lumière dégagée par une flamme que produit l'engin à la surface de l'eau.

En résumé, dit Armstrong, il n'est pas douteux que la torpille Brennan ne soit une arme très utile pour défendre les passes étroites et les entrées des rades. A l'entrée Est de Solent (Portsmouth), par exemple, on en a installé une et on peut compter qu'elle atteindrait tout bâtiment ennemi qui se hasarderait à forcer ce passage. En pareil cas elle constitue une arme bien plus dangereuse que la torpille Whitehead : d'abord parce qu'on peut pleinement compter sur son fonctionnement et ensuite parce qu'il n'est presque pas possible à un navire de l'éviter au moyen d'une manœuvre. D'un autre côté, s'il n'est pas apporté de modifications radicales à ses dimensions ni à son mode de fonctionnement, il est évident qu'elle n'est pas applicable dans les combats navals, puisqu'elle ne pourrait être mise en œuvre que par un bâtiment ayant jeté l'ancre.

Mais il est arrivé pour le secret de l'invention Brennan, payé 3,750,000 fr. par le gouvernement de la Grande-Bretagne, ce qui arrive pour tous les secrets : un autre inventeur a perfectionné l'invention qui par cela même a été mise à la portée de tout le monde.

A l'Exposition de Chicago figurait une torpille dirigeable du système Sims et Edison, adoptée par les Etats-Unis (1).

*La torpille Sims-Edison.*

Nous donnons ici le dessin de cette torpille.

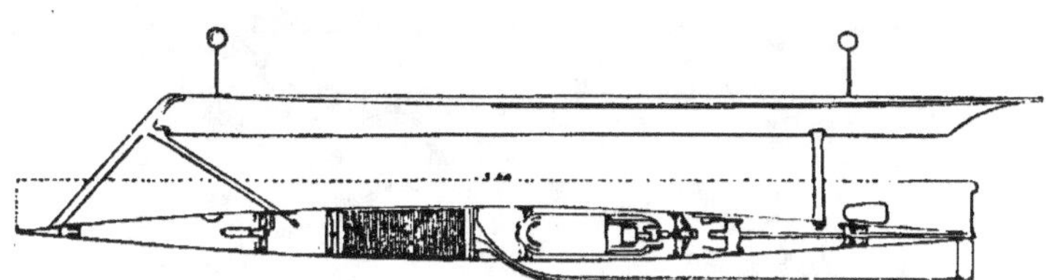

Torpille dirigeable de Sims et Edison.

Elle se compose d'un corps, ou flotteur, et d'un appareil torpillant semblable à celui de Whitehead et de Howell, de forme cylindrique avec les extrémités quelque peu coniques. Elle comprend quatre compartiments, une hélice motrice et un gouvernail. Sur le corps de l'engin se dressent, au-dessus de l'eau, deux tiges grâce auxquelles on peut suivre les mouvements de la torpille. D'ailleurs, sa marche est suffisamment indiquée par le remous qu'elle produit dans l'eau.

---

(1) Grille et Falconnet, *L'art militaire à l'Exposition de Chicago.*

Dans le compartiment antérieur se trouve une charge de pyroxyline, dans le suivant, un câble enroulé, dans le troisième, un moteur électrique, dans le quatrième, le mécanisme qui commande le gouvernail. L'autre extrémité du câble est reliée à une batterie électrique qui se trouve sur la côte ou sur le pont du bâtiment qui fait agir cette torpille. Ce câble enroulé dans un compartiment de la torpille n'a pas moins de 3,500 mètres, de sorte que l'engin peut être lancé jusqu'à de très grandes distances : ce qui ne permettra déjà plus aux navires de blocus, de s'approcher de la côte à moins de 3,500 mètres. La torpille Sims-Edison a 21 pieds de long et 21 pouces de diamètre. Son poids, avec sa charge, est de 1359 kilogr. Son hélice a un diamètre de 30 pouces et fait 750 à 800 tours par minute, ce qui donne une vitesse de 20 à 22 nœuds. On peut ramener l'engin à son point de départ, sans enrouler le câble. La figure ci-dessous montre comment on le dirige d'un poste établi à terre, ou de dessus un navire.

Direction de la torpille Sims-Edison

Quoique cette torpille soit destinée à flotter à la surface de l'eau, ce qui est nécessaire pour qu'on puisse la diriger, elle n'offre cependant qu'un objectif trop petit aux coups que l'on voudrait diriger contre elle. Dans une expérience exécutée en présence du général Abbott, il fut tiré contre cet engin 13 coups à 2 distances différentes, avec des projectiles qui contenaient 96 grosses balles, et l'on constata 5 trous sur le corps de la torpille. Mais elle n'en resta pas moins complètement en état de service. Les expériences démontrèrent aussi qu'une torpille Sims-Edison, venant heurter un obstacle tel qu'un mât fixé par des ancres, passait par-dessous et continuait sa route sans aucune avarie.

Le gouvernement des Etats-Unis a commandé des torpilles de ce genre pour en munir les principaux ports de la Confédération.

Ainsi le danger, dont les menacent les torpilles dirigeables, ne permettra vraisemblablement plus aux bâtiments, chargés de maintenir un blocus, de s'approcher d'une côte à moins de 3,500 mètres. Et comme les batteries de côte peuvent étendre leur tir jusqu'à 10 kilomètres, quoique sans grande précision, il est vrai, à pareille distance, on peut admettre qu'en tous cas les navires jugeront prudent de se tenir en mer à des distances de plus de 3,500 mètres : circonstance qui donnera aux bâtiments rapides d'aujourd'hui la possibilité de forcer le blocus.

### Forces nécessaires pour maintenir un blocus.

A l'époque des navires à voiles, une escadre de blocus n'avait à surveiller la sortie du port qu'au moment où le vent lui était favorable. Le reste du temps, elle pouvait se relâcher dans sa garde. Et cependant, même alors, on admettait que pour bloquer effectivement un port, il fallait un nombre de navires double de celui qui s'y trouvait renfermé (1) ; mais maintenant, avec les navires à vapeur, cette proportion même semblera sans doute insuffisante. Difficulté actuelle du blocus.

L'escadre de blocus devra tenir constamment ses bâtiments sous vapeur et toujours en mouvement, afin de ne pas laisser sans surveillance un seul point des environs du port et d'éviter pourtant les coups de la côte, ainsi que les torpilles et torpilleurs, auxquels il serait naturellement plus facile de frapper un navire immobile qu'un navire en marche. Il résultera de là une grande dépense de combustible et une tension continuelle des forces du personnel. Aussi l'amiral lord John Elliott soutient-il qu'un effectif

----

(1) « Pour garder un passage, il faut avoir une armée presque double de celle qu'on veut empêcher de passer. » *L'Art des armées navales.* Paul Hausse, Lyon, 1637, p. 96.

double de celui de l'ennemi serait insuffisant pour assurer un blocus effectif (1).



Mais en admettant même que cette proportion du double fût convenable et qu'au cas d'une guerre européenne la flotte anglaise pût rentrer tout entière en Europe et s'y unir aux flottes de la Triple-Alliance contre celles de la France et de la Russie — hypothèse improbable, car l'Angleterre ne peut laisser sans défense ni ses colonies ni ses côtes — nous trouvons encore que ces quatre puissances réunies ne disposeraient pas de forces suffisantes pour le blocus. C'est ce que prouvent les chiffres ci-dessous :

### Effectif des navires et des équipages en 1894 (2).

| | ÉQUIPAGES | | NOMBRE DE BATIMENTS | | TORPILLEURS |
|---|---|---|---|---|---|
| | OFFICIERS | TROUPE (en milliers d'hommes) | CUIRASSÉS | NON CUIRASSÉS | |
| Angleterre. . . | 2,800 | 42 | 81 | 280 | 155 |
| Allemagne. . . | 900 | 15 | 31 | 35 | 150 |
| Italie . . . . . | 900 | 21 | 25 | 77 | 159 |
| Autriche . . . | 680 | 12 | 18 | 32 | 63 |
| Total . . . | 5,280 | 90 | 155 | 424 | 527 |
| France . . . . | 2,277 | 41 | 66 | 160 | 230 |
| Russie. . . . . | 1,573 | 38 | 55 | 72 | 180 |
| Total . . . | 3,850 | 79 | 121 | 232 | 410 |

On voit par là que, contre les 155 cuirassés de l'Angleterre et de la Triple-Alliance, la Russie et la France peuvent en présenter 121. Et en cas de neutralité de l'Angleterre, les 74 cuirassés de la Triple-Alliance en trouveraient devant eux 66 français et 55 russes.

Mais écoutons ce que disent à ce sujet les écrivains français (3) :



« Si l'Angleterre entreprend, comme au temps jadis, le blocus de nos ports, ses escadres ne réussiront pas à empêcher la sortie simultanée de plusieurs de nos navires qui se seraient réunis en arrière de la ligne de blocus et pourraient brusquement se présenter sur un point où les Anglais

---

(1) Lord Brassey, *Papers and Adresses*.
(2) Manuel de marine de Durassier et Valentino. (D'après la *Minerva*.)
(3) La Loi du nombre en marine.

seraient numériquement le plus faibles. Admettons que notre flotte de la Méditerranée soit répartie entre les six ports qui présentent un mouillage sûr. Les Anglais entreprennent de bloquer ces ports. Mais pour cela il leur faut avant tout mettre devant chacun d'eux une force double de la nôtre. Et cela fait, l'amiral anglais ne peut pourtant pas encore être tranquille. Car il n'en resterait pas moins possible à nos navires de se glisser à travers la ligne de blocus et de se réunir en un point convenu : par exemple, devant l'un des ports bloqués où nos forces se trouveraient alors supérieures à celles de l'escadre de blocus.

« Pour être entièrement certains du succès, les Anglais devraient entretenir devant chacun de nos ports autant de navires que nous en aurions dans tous les six ensemble. C'est-à-dire que si nous avions 60 bâtiments sur les côtes de la Provence, de la Corse et de l'Afrique française, les Anglais devraient en avoir 360. Ainsi donc, pour agir offensivement, il leur faudrait des forces quintuples de celles de leurs adversaires, par exemple de la Russie et de la France réunies. Et si les Anglais renonçaient à prendre l'offensive, alors ce serait l'interruption de leur commerce maritime et de leur industrie, c'est-à-dire un désastre pour l'Angleterre ».

En tout cas, pour établir le blocus des ports ennemis, il faudrait un si grand nombre de navires, qu'il serait impossible de surveiller aussi les petits ports, dans lesquels peuvent cependant se trouver ou être armés des canonnières ou des torpilleurs. Enfin ces torpilleurs peuvent même être amenés d'un port dans un autre par la voie de terre.

En France, l'attention s'est déjà portée sur cette organisation du transport des torpilleurs par voie ferrée. La figure ci-contre (page 196) (1) représente le chargement d'un torpilleur sur un train de chemin de fer.

Transport<br>des torpilleurs<br>à terre<br>par voie ferrée.

Si l'on en croit des renseignements fournis par les journaux allemands, en Russie aussi ont été effectués des transports de torpilleurs de Pétersbourg à la mer Noire (2).

Certains écrivains militaires anglais admettent ouvertement qu'il n'est pas dans la Manche un seul point qui ne soit dans le rayon d'action stratégique des torpilleurs ayant leur base d'opération sur la côte opposée. Et nous avons déjà dit ce que pouvaient faire les torpilleurs en matière de destruction de bâtiments de commerce.

Sous ce rapport on ne se fait pas d'illusion en Angleterre (3). Il est difficile de présenter un tableau plus pessimiste que ceux, tracés par les auteurs anglais, des dangers courus par les navires de commerce.

L'expérience de tous les temps passés montre le danger qui menace

---

(1) Partiot, *Transport d'un torpilleur par chemin de fer.*
(2) *Neue militärische Blätter*, 1896.
(3) Brassey, *Naval Annual.*

Chargement d'un torpilleur sur un train.

ces bâtiments entre l'île de Wight et le Nore. Des embarcations à voile, que les vaisseaux de guerre anglais pouvaient, s'ils les rencontraient, prendre pour des bateaux de pêche, et même de simples chaloupes à rames ont fait, dans le détroit, des deux côtés de Douvres, une foule de prises en s'approchant inopinément des bâtiments de commerce et s'en emparant à l'abordage. Et l'on peut être certain que, dans la guerre future, les navires de commerce anglais devront se garer non seulement des torpilleurs, mais même d'innombrables barques et chaloupes à vapeur, de navires du cabotage et même d'embarcations fluviales qui s'organiseront pour faire des prises en s'armant de torpilles portées.

Danger
que
les torpilleurs
feront courir
aux escadres
de blocus.

. Et comme, aujourd'hui, les torpilles qui défendent l'entrée d'un port peuvent non seulement faire explosion d'elles-mêmes par l'effet d'un courant, mais encore être envoyées jusqu'à 3,500 mètres, à la rencontre des navires de blocus — ce qui oblige ceux-ci à rester au moins à cette distance — les torpilleurs enfermés dans un port pourront choisir le moment favorable pour se lancer en mer et agir.

Il est bien vrai que les bâtiments chargés d'un blocus peuvent prendre leurs précautions contre les torpilleurs — renforcer le service de garde et s'entourer de filets protecteurs. Mais ces moyens sont peu sûrs et absolument impuissants contre les bateaux sous-marins, dont nous avons, dans un chapitre spécial, décrit et représenté par des figures le dispositif et la manière d'opérer. Et il est très probable que chaque port important, si même il ne disposait pas d'un au moins de ces bateaux préparé en temps de paix, se hâterait d'en organiser un dès le début de la guerre.

## III. Combats entre les navires isolés, les escadres et les flottes.

Les bâtiments actuels et leur armement diffèrent plus de ceux du passé — et même d'un passé très récent encore — que les fusils à petit calibre d'aujourd'hui ne diffèrent des primitives arquebuses. Il semblerait donc que l'on dût être unanime à reconnaître que la guerre navale future ne ressemblera pas à celles d'autrefois. Pourtant on se heurte à des opinions tout à fait opposées.



On est très peu renseigné dans le public sur ce que nous promet la guerre navale future.

De temps à autre on entend, il est vrai, émettre l'opinion que les grands et puissants cuirassés actuels ne seront pas en état de justifier les espérances qu'on a mises en eux. Les canons, les éperons et l'emploi, sur une grande échelle, des torpilleurs dans les combats futurs, détruiront promptement ces colosses.

Les torpilleurs engagés dans les combats seront exposés aussi à de grands dangers. De l'avis de la plupart des spécialistes, les bâtiments de tous les autres genres qui prendront part à de grandes batailles en sortiront tellement avariés que, pour le reste de la guerre, ils ne pourront plus entrer en ligne de compte.

Mais la masse du public est convaincue, comme d'une vérité indiscutable, que, cependant, les guerres continueront toujours et que chaque génération trouvera moyen de surmonter les difficultés provenant des changements apportés aux modèles des navires et à l'armement.

Pour se faire une opinion sur d'aussi importantes questions, il faut jeter un coup d'œil sur les résultats des luttes maritimes dont on peut tirer des conclusions pour la tactique navale future.

Et si nous poussons nos investigations jusqu'à un passé déjà très loin de nous, c'est parce qu'il est nécessaire de montrer que, de nos jours, il s'est fait, en quelques années, dans la marine, de plus grands changements qu'on n'en voyait autrefois au cours d'un siècle entier. En outre, nous trouvons dans le passé quelques faits, comme par exemple l'emploi de l'éperon et l'incendie des navires, qui peuvent être encore instructifs pour nous aujourd'hui.

D'ailleurs, dans ses mémoires immortels, Napoléon insiste sur ce que les guerres d'Alexandre, d'Annibal et de César, quoique exécutées avant l'invention de la poudre, n'en sont pas moins aussi nécessaires à étudier que les guerres contemporaines, parce qu'il existe, en art militaire, des principes indépendants des modifications et du perfectionnement des armes (1). D'après la même considération, quel que soit le caractère de nos études sur la guerre navale future et ses conséquences, il est indispensable de nous rendre compte aussi bien de la tactique des galères de la' marine à voiles, que des opérations plus modernes des flottes à vapeur — non pas, naturellement, pour écrire une histoire de l'art militaire naval, mais seulement dans les limites que comporte notre étude.

### La situation des équipages sur les galères d'autrefois et sur les cuirassés d'aujourd'hui.

Avant tout, il faut observer que les premiers renseignements relatifs à des combats navals ne remontent qu'à l'année 480 avant J.-C. ; ensuite, que, depuis cette date jusqu'à la bataille de Lépante, c'est-à-dire pendant plus de 2,000 ans, les moyens d'attaque et de défense, en dépit même des canons introduits dans l'armement des galères, n'ont pas varié.

Les peuples de l'antiquité avaient des flottes militaires dans toute l'acception du terme, c'est-à-dire composées de navires spécialement construits, équipés et armés pour la guerre. D'ailleurs, la tactique de ces premiers temps était très simple. Les navires de guerre se rangeaient sur deux ou trois lignes parallèles, rarement sur une seule, sauf quand ils se disposaient en forme d'arc; dans ce cas les deux pointes de l'arc étaient tournées vers l'ennemi. Le combat commençait aux ailes et de là s'étendait jusqu'au centre où se trouvait l'amiral.

Les galères comportaient jusqu'à cinq rangs de rames et leur équipage atteignait alors 500 hommes. Ordinairement avant le combat on carguait les voiles et on ne se servait que des rames pour marcher à l'ennemi. Puis on s'approchait les armes à la main et on tentait l'abordage. A partir de ce moment commençait le combat réel, comme en terre ferme.

Par suite de tout cela, le choix des positions, au moment du combat, était assez indifférent. Néanmoins, on considérait comme un avantage

------

(1) Capitaine D..., *Art militaire naval* (Revue de l'armée belge, 1895).

d'être au vent de l'ennemi et de le forcer à combattre avec le soleil dans les yeux.

Si l'une des flottes ne carguait par ses voiles, l'autre passait rapidement à côté d'elle, et cherchait à couper ses drisses (les cordages qui maintiennent les voiles déployées).

Les galères, dont les derniers types existaient encore au xviii° siècle, se cuirassaient pour marcher au combat : de grandes plaques métalliques couvraient leurs flancs, à leur avant se dressait un éperon — énorme solive de bois ferrée à l'extrémité — destiné à percer le flanc des navires ennemis. Deux autres poutres pointues étaient placées à droite et à gauche de l'étrave pour soutenir l'éperon. On les appelait les épotides. Tout autour du bâtiment était organisé une sorte de retranchement appelé cataphracte, du haut duquel les soldats lançaient des traits (1).

*Le recrutement des galériens au moyen âge et jusqu'à Louis XIV.*

Après avoir attaqué l'ennemi, toutes les galères étaient plus ou moins privées de l'emploi de leurs rames, qui se brisaient au moment de la rencontre, de sorte que le plus adroit des combattants obtenait une importante supériorité après le premier choc. Les rames étaient maniées sur les galères par des forçats et des criminels. Les gouvernements du moyen âge n'étaient pas scrupuleux sur le choix des moyens pour augmenter le nombre de leurs rameurs. Henri IV ordonait à son général des galères de garder les forçats pendant six ans, « même si leur condamnation n'était que pour une moindre durée ». Cette disposition fut maintenue par ses successeurs et persista jusqu'au temps de Louis XIV. Ainsi, dans les listes des forçats, on en rencontre un très grand nombre qui, condamnés à servir sur les galères deux ans seulement, y restaient cependant quinze années et davantage. « Et cela se passait, en France, dit M. P. Clément, à l'époque où vivaient Lamoignon et Domat, au siècle de Pascal, de Bossuet et de La Bruyère. »

Colbert, s'occupant d'organiser la marine de Louis XIV, écrivait aux présidents de Parlement, le 11 avril 1662 : « Le roi m'a chargé de vous écrire ces lignes en son nom, pour vous dire que Sa Majesté, voulant compléter les équipages des galères, et les renforcer par tous les moyens possibles, désire que vos provinces envoient le plus qu'il se pourra de criminels aux galères, et que même on remplace la peine capitale par la condamnation à servir sur les galères.... »

Quelques présidents, semble-t-il, furent embarrassés par cet ordre; mais d'autres s'efforcèrent avec zèle de se conformer aux désirs du ministre. Un de ces dignitaires, nommé Claude Pellaux, faisant un rapport sur

---

(1) Renard, *l'Art naval.*

la condamnation de cinq hommes aux galères, ajoutait : « Il n'a pas dépendu de moi que le nombre des condamnés ne fût plus grand ; mais malheureusement on n'est pas le maître des juges. » Dans ces conditions, il est clair que le nombre des condamnés dut s'accroître notablement. D'après un document de 1676, il s'élevait alors à 4,710 ; mais les galères étaient insatiables et la mort y faisait de terribles ravages.

Pour combler les vides, le gouverneur de Marseille suggéra à Colbert l'idée d'envoyer aussi aux galères les vagabonds et les gens sans aveu. Toutefois le ministre n'approuva pas cette mesure, objectant que ce châtiment pour une telle faute n'était pas fixé par la loi.

Mais plus tard la loi fut modifiée dans ce sens et tels individus que l'on punirait à peine aujourd'hui, des vagabonds, des indigents, des contrebandiers, allèrent remplir les bagnes. On a beaucoup parlé des mauvais traitements infligés aux forçats chrétiens sur les galères turques ; le nombre en était grand et le sort affreux.

A la bataille de Lépante (1571), que nous représentons ci-dessous, La tactique navale d'alors.

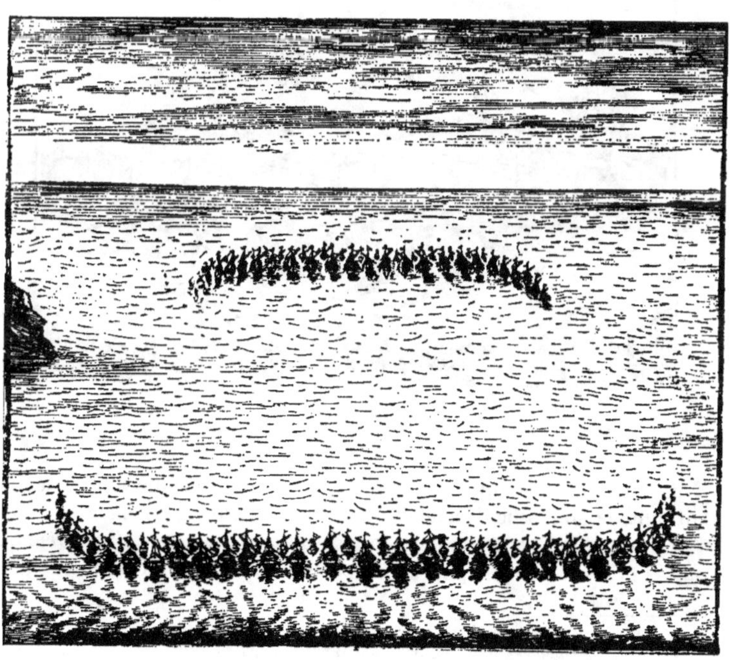

Ordre de bataille des galères.

pour montrer l'ordre de bataille et le commencement de l'attaque par une
partie des galères (dont la tactique était toujours la même que dans l'antiquité bien que les anciennes balistes et catapultes eussent été remplacées par les canons) les 260 galères de la flotte turque portaient 15,000
forçats chrétiens; elles furent vaincues par les 205 galères de la flotte chré-
tienne (1).

La ligne de bataille était divisée en trois parties : au centre on plaçait
les galères les meilleures et les mieux armées ; aux ailes les plus légères et
les plus maniables. Nous pouvons nous faire une idée approximative de la
façon dont on dirigeait ces navires aux rames si nombreuses, en nous
représentant les chaloupes réunies dans un port pour attendre le commencement d'une course dont on va donner le signal.

Commencement de l'attaque des galères.

Le combat ne commençait aussi qu'aux petites distances, comme dans
l'antiquité et son issue dépendait d'une lutte à l'arme blanche (2).

L'époque la plus florissante en France pour les galères fut le règne de
Louis XIV. Colbert ne négligea rien pour en augmenter le nombre. Mais la

Comment<br>les<br>rameurs étaient<br>traités<br>sur les galères.

(1) *L'Art des armées navales*, par Paul Hoste. — Lyon, 1697.
(2) *Betrachtungen über Seetaktik aus fremden Quellen.* — Berlin, 1892.

vie n'était pas plus douce sur les galères françaises que sur celles de Turquie. Elle était tellement dure que beaucoup de prisonniers préféraient se suicider ou se mutilaient eux-mêmes, pour y échapper. Il est vrai, dit Clément, que Colbert ne négligeait rien pour améliorer matériellement les galères ; mais il faut avouer que tous ses efforts ne tendaient qu'à obtenir un meilleur travail des forçats et à les faire durer plus longtemps. Un voyageur de la fin du xviie siècle, Dumont, raconte que l'habillement et la nourriture des galériens étaient au-dessous de tout et que les maladies étaient très répandues parmi eux. Les traitements qu'on leur infligeait étaient des plus brutaux et quand, au cours de quelque manœuvre, on exigeait le silence, pour obliger les forçats à se taire, on leur fourrait dans la bouche un bâillon de bois qui les empêchait de parler.

Il n'était pas rare que, dans les combats navals, le quart ou le tiers des navires fussent coulés à fond et que les infortunés rameurs ne trouvassent dans les flots la fin de leur malheureuse destinée.

Quoique l'équipage des navires modernes ne soit pas formé de prisonniers, condamnés au travail forcé, il n'en comprend pas moins en grande partie des hommes qui ne sont pas là de leur plein gré et dont le sort, en temps de guerre, est loin d'être enviable. Examinons seulement le genre de vie que mène l'équipage d'un torpilleur pendant une campagne. Privés de nourriture chaude, énervés et secoués par les saccades irrégulières du navire et les ébranlements de la machine, constamment mouillés d'eau de mer de la tête aux pieds, aveuglés par la vapeur et la fumée, sachant qu'ils ne peuvent se fier à leur boussole, ni se servir du sextant, les matelots d'un torpilleur sont soumis à une fatigue et à une tension nerveuse qui, en deux ou trois jours, abattent toute l'énergie qu'on peut attendre d'une créature humaine (1).

*Situation des équipages modernes.*

Sur les cuirassés prêts au combat et dont l'équipage est au complet en temps de guerre, la vie ne sera pas plus facile. Mais lors du combat même, que deviendront les blessés ? Pour ceux-ci, comme le dit l'amiral Makaroff (2), il n'y a pas de place sur les vaisseaux actuels ; et les combats qui ont déjà eu lieu prouvent que le nombre de ces blessés sera très considérable. En outre, de l'avis des spécialistes, les gigantesques bâtiments modernes périront en plus grande proportion encore que les anciennes galères, car les rencontres de ces colosses offriront bien plus de dangers que celles des minuscules navires d'autrefois.

Ainsi, au point de vue de l'insouciance pour la vie des équipages, nous

(1) Revue de l'armée belge : *Torpilles et torpilleurs.*
(2) Amiral Makaroff, *Boïévié élémenty soudoff.*

voyons assez de ressemblance entre les temps anciens et notre époque actuelle de progrès et de civilisation.

### Opérations des navires à voiles.

Le remplacement des rames par les voiles.

Grâce à l'invention de la boussole et à la découverte de l'Amérique, la sphère de la navigation s'était beaucoup étendue. L'extension prise par le commerce obligea de perfectionner la voilure des navires, d'en augmenter le nombre et les dimensions.

Le remplacement des rames par les voiles rendit les manœuvres plus difficiles et exigea des marins plus instruits. Quand on se mit à naviguer sur l'Océan, on reconnut l'impossibilité d'y continuer l'emploi de la rame, et la difficulté de faire marcher de concert des navires à voiles et des galères. Cela conduisit à abandonner l'emploi des rames sur l'Océan, tandis que dans la Méditerranée les flottilles à rames persistèrent quelque temps encore.

Le succès du développement de l'artillerie ne fut pas moindre. En tous cas, son emploi exigea des modifications dans l'architecture navale, et des bâtiments plus grands, par suite de l'augmentation constante du calibre et du nombre des canons.

Les bombardes — sortes de mortiers, propres seulement au tir courbe par-dessus les bordages du navire — purent, grâce à l'invention des sabords qui remonte à la fin du xviᵉ siècle — être remplacées par des canons, dont le tir de plein fouet était plus précis et plus puissant.

Le tonnage des navires de ce temps variait de 300 à 400 tonnes. L'Etat même ne possédait qu'un très petit nombre de ces bâtiments, que le plus souvent il louait à des armateurs particuliers. Toutefois la grande hétérogénéité des escadres ainsi formées fit bientôt comprendre la nécessité de constituer les flottes avec des navires de modèles plus uniformes.

Ces différentes causes amenèrent une transformation complète des flottes de guerre.

Abandon de l'éperon.

Depuis que les galères avaient tant perdu de leur importance, l'éperon n'en avait plus aucune. En naviguant à voiles, on ne pouvait plus songer à se mouvoir librement dans toutes les directions. Puis, pour donner un choc vigoureux, il fallait une vitesse d'au moins 6 nœuds ; mais rarement on avait un vent assez fort et assez favorable pour cela, et se fût-il rencontré, qu'on n'eût pas pu en profiter pour donner un coup d'éperon, sans sacrifier l'utilisation de son artillerie.

Les navires eussent été obligés de s'exposer à être enfilés par la bordée entière de l'ennemi, et ils eussent risqué, avant d'en être arrivés assez près, de voir leur mâture emportée. Tout cela fit abandonner l'éperon pendant trois siècles et demi. L'emploi des voiles exigeait aussi une tactique plus perfectionnée. Tout d'abord on considérait comme évident que celui qui, voulant agir offensivement, savait prendre la meilleure situation par rapport au vent, avait déjà l'avantage sur son adversaire.

Mais néanmoins, pendant les deux siècles écoulés depuis la bataille de Lépante jusqu'en 1774, on ne trouve aucun système bien défini de conduite d'une flotte au combat.

Cette période abonde en rencontres plus ou moins sanglantes, d'un intérêt historique réel, qui toutefois sont plus riches en exemples stratégiques, qu'en exemples tactiques. Le plus grand désordre régnait alors dans les flottes, tant au cours des marches que pendant les combats.

Les Hollandais furent les premiers qui songèrent à former leurs navires en ligne pour faciliter la marche d'une escadre. Cette formation devint celle de combat depuis la bataille navale livrée en rade du Texel, entre le duc d'York et l'amiral hollandais Opdam qui, pour la première fois, conserva rigoureusement l'ordre de bataille de ses navires pendant l'affaire.

Nouvelle<br>tactique navale.

Cet ordre s'introduisit après l'abandon des galères, quand les vaisseaux, ayant perfectionné leurs formes, devinrent des vaisseaux de ligne et surtout depuis que l'artillerie eût été tout entière établie le long du bord des bâtiments.

Ainsi la formation de front fut adoptée par les navires à voiles dans les nombreux combats de cette époque et servit de base à l'établissement de la nouvelle tactique qu'elle comportait (1).

Nous citons ici les instructions données par le comte de Lindsey aux capitaines de son escadre en 1635.

« S'il nous arrive, dit-il, d'apercevoir en mer une flotte quelconque avec laquelle, d'après nos hypothèses ou renseignements, il faille mesurer nos forces, je m'efforcerai avant tout de me placer au vent — si je suis sous le vent — par rapport à elle, et toute mon escadre doit en faire autant, dans l'ordre voulu. Et quand nous engagerons le combat, aucun bâtiment ne doit s'aviser d'attaquer le vaisseau amiral, vice-amiral ou contre-amiral ennemi, cette tâche revenant respectivement à moi, à mon vice-amiral, ou à mon contre-amiral, si nous pouvons leur donner la chasse. Les autres navires doivent se choisir un adversaire « autant qu'ils le pourront » et s'aider l'un l'autre quand les circonstances l'exigent, sans gaspiller leur poudre contre les petits navires et les transports, mais en attendant, pour tirer, d'être bord à bord avec l'ennemi. »

_______________

(1) Capitaine D..., *l'Art militaire naval.*

Ces règles de combat, assez confuses, pouvaient en effet s'appliquer à des bâtiments de toute sorte et ne contribuaient pas à assurer la supériorité d'une classe de navires sur une autre (1).

L'épisode le plus saillant de cette époque fut la destruction de la flotte espagnole en 1588.

**Désastre de l'*Invincible* *Armada*.**

L'*Invincible Armada*, partie des côtes d'Espagne, avait pour objet de dompter la protestante Angleterre qui s'était permis de dédaigner les menaces de l'Espagne et de l'Eglise romaine.

Sa mission était de nettoyer la Manche, puis de se diriger sur la Hollande pour y prendre des troupes réunies par le prince de Parme et exécuter ensuite un débarquement dans la Tamise.

Cette flotte, formée de lourds bâtiments surchargés à l'avant de tours énormes, n'était nullement disposée pour opérer dans une mer étroite et resserrée, sans ports de refuge, pleine de dangers et où régnaient des vents et des courants variables ; elle devait forcément y essuyer un désastre à la première tempête. Le duc de Medina, qui la commandait, n'avait d'ailleurs aucune expérience de la navigation. Il s'en remettait entièrement à l'amiral, et ce dernier, sans se préoccuper de s'assurer un refuge en cas de besoin, jeta l'ancre à l'entrée de la petite rade de Calais, assez incommode pour le débarquement de troupes nombreuses.

Les navires anglais, dont 17 appartenant au Gouvernement et 200 équipés par les comtés, plus petits mais mieux commandés que les navires espagnols, se tenaient sur la défensive, en se contentant d'inquiéter l'ennemi quand l'occasion s'en présentait.

Toutefois, un soir, avant que n'éclatât le mauvais temps, ils dirigèrent sur la flotte espagnole 8 brûlots qui y jetèrent un affreux désordre. Les bâtiments de l'*Armada* levèrent l'ancre. A ce moment commença la tempête et, à peu d'exceptions près, tous périrent. Par quoi nous voyons quelle arme terrible le brûlot était à cette époque.

On comprend donc qu'on ait cherché à prendre des mesures pour en atténuer les effets. Or, une des causes de la puissance de cet engin était la façon même dont les navires étaient massés au moment du combat ; ce qui faisait que le brûlot, lancé par le vent sur cette masse, incendiait toujours quelque bâtiment. En outre, on observa qu'avec un tel désordre on n'obtenait, aussi bien dans la défense que dans l'attaque, que de très médiocres résultats. Il fallait donc changer de tactique, et dès la fin du xvii<sup>e</sup> siècle, nous voyons apparaître un ordre de bataille différent (2).

_______

(1) Amiral Colomb, *la Guerre navale.*
(2) *Ibidem.*

C'est à cette époque en effet que remonte l'origine d'une nouvelle tactique, comportant l'observation de certains principes pendant les marches et les manœuvres d'une escadre, savoir : 1° manœuvrer de façon à rester au vent ou à prendre le vent ; 2° se former en ligne de file pour combattre. Une fois la lutte engagée, les plus audacieux marins profitaient des circonstances pour mettre une partie de la ligne ennemie entre deux feux, ou pour la traverser et la rompre en plusieurs parties, ou encore pour agir sur une de ses extrémités et la tourner pour l'envelopper. Mais ces entreprises étaient rares et souvent elles ne réussissaient pas.

Il sera donc vrai de dire qu'en 1774 on en finit réellement avec la tactique de front qui, à proprement parler, ne prouvait que l'absence de toute tactique.

Mais les dangers courus par les navires au combat n'étaient relativement pas encore très grands. Les vaisseaux et frégates à voiles, en bois, de ce temps-là, possédaient, en présence des moyens d'attaque d'alors, de hautes qualités de résistance. Sans doute ils n'étaient pas invulnérables, et la plupart des boulets traversaient leur coque ; mais cette vulnérabilité se compensait par leur viabilité très grande. Ainsi des avaries à deux ou trois voiles ou agrès n'empêchaient pas un navire de gouverner ; deux ou trois dizaines de canons pouvaient être mis hors de combat, sans empêcher les autres de continuer le feu. Enfin toute la manœuvre du navire se faisait à bras d'hommes, sans le secours de machines à vapeur et il n'existait pas de ces appareils délicats dont la destruction ou les avaries suffisent à mettre un bâtiment hors de combat (1).

Les bâtiments pouvaient s'approcher de l'ennemi, à portée de pistolet, de sorte que l'affaire se décidait à l'abordage et qu'il n'y avait pas à craindre d'être coulé.

Peu à peu commencèrent à paraître des principes plus rationnels. Et d'abord, le principe fondamental de toute la tactique tant sur terre que sur mer, applicable aussi bien dans l'antiquité qu'au moyen âge, celui que Gustave-Adolphe avait appliqué comme Annibal et que Napoléon poussa jusqu'à la perfection dans toutes ses campagnes, de 1796 à 1814 : « Neutraliser une partie des forces de l'ennemi pour tomber pendant ce temps sur le reste avec des forces supérieures. »

Progrès tactiques successivement réalisés.

Les amiraux anglais et hollandais du xvii<sup>e</sup> et du xviii<sup>e</sup> siècle, appliquant habilement cette tactique, tiraient toujours avantage de leur situation au vent de l'ennemi.

Opdam, Tromp, Ruyter ne s'en préoccupaient pas. Le plus souvent ils se

---

(1) Amiral Makaroff, *Boïévié élémenty soudoff.*

bornaient à concentrer les différents éléments de leur flotte contre un seul de la ligne ennemie, ce que permettait tout particulièrement la formation de front adoptée par leurs adversaires les Français. Ce fut seulement Nelson qui, plus tard, sut donner à ses formations tactiques une perfection particulière et les mettre en harmonie avec la situation.

La guerre de croisière.    Les Français se voyant vaincus, leurs forces navales détruites et dans l'impossibilité d'arriver à quelques résultats à l'aide de leurs escadres, se tournèrent vers la guerre de croisière. Ce fut l'époque de Jean-Bart, de Cayeux, du Casse, Duguay-Trouin, le fameux corsaire de Saint-Malo qui, dès l'âge de 24 ans, fut élevé au grade de capitaine en second, en récompense des nombreuses prises qu'il avait faites. Ces corsaires étaient des marins très expérimentés qui se distinguèrent dans une foule de petits combats partiels, mais ne prirent jamais part à une bataille vraiment digne de ce nom. Ils faisaient ce qu'on appelle aujourd'hui la guerre de croisière ou de course.

Combat de la *Wespe* avec le *Frolic* (1).

Abandon de la tactique linéaire et adoption d'un nouvel ordre de bataille.    Pendant la guerre de l'indépendance des Etats-Unis, la tactique linéaire était presque abandonnée, mais il y en eut encore des exemples, les commandants d'escadre n'ayant pas le courage de la délaisser complètement.

_______________

(1) Masloy, *History of the Navy*.

Quelques plans des combats livrés au cours de cette guerre, en 1779, montreront mieux que toutes les explications quel était l'ordre de bataille d'alors.

Si nous nous représentons un abordage, comme il est figuré sur la figure ci-contre, abordage qui n'avait lieu qu'après un long combat d'artillerie, on doit croire que sur les bâtiments qui s'abordaient il ne restait pas une créature vivante.

La marche du combat est représentée sur le plan. Ce combat dura 43 minutes.

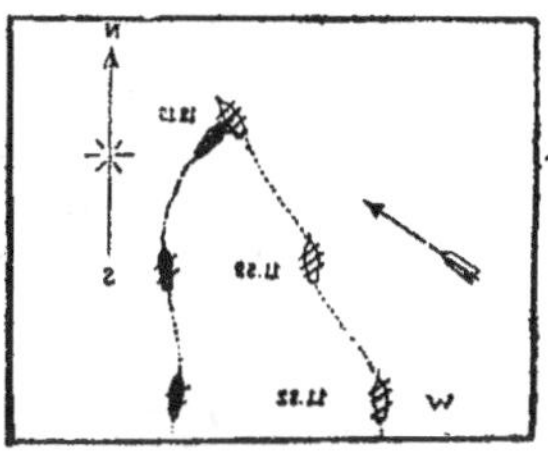

Plan du combat
de la *Wespe* et du *Frolic*.

La frégate *Wespe*, qui remporta la victoire, avait 18 canons et 138 hommes d'équipage. Elle attaqua le brick *Frolic* de 22 canons et 110 hommes, qui convoyait des navires de commerce.

Voici le total des pertes dans ce combat :

|  | Tués. | Blessés. | Total. |
|---|---|---|---|
| *Wespe* . . . . . . . . . . | 5 | 5 | 10 |
| *Frolic* . . . . . . . . . . | 15 | 47 | 62 |

Le combat du *Bonhomme Richard* contre la *Serapis*.

Plus instructif encore est le combat entre le navire américain le *Bonhomme Richard* et la frégate anglaise *Serapis*, que représente la figure de la page 206. Ce combat naval, qui dura 3 h. 1/2, de 7 h. à 10 h. 1/2 du soir, est unique en son genre dans l'histoire de la marine militaire, en raison de l'endurance dont firent preuve les deux adversaires. Les deux bâtiments s'étant rencontrés s'attaquèrent immédiatement, et entamèrent une lutte acharnée qui cessa seulement quand les deux éléments hostiles — le feu et l'eau — menacèrent les combattants d'une ruine complète.

Le *Bonhomme Richard* était un simple bâtiment de commerce armé de canons. Il en avait reçu 42 pouvant lancer, en une bordée, un poids de fonte égal à 557 livres anglaises.

Aux premiers coups, deux de ses 6 canons de 8 livres présentèrent des fentes et par suite on jugea dangereux de se servir des autres. De sorte que, dès le début du combat, le *Bonhomme Richard* fut privé de sa grosse artillerie et qu'il ne lui resta que 30 canons dont la bordée totale représentait seulement un poids de 441 livres anglaises.

La *Serapis* était une frégate toute neuve, n'ayant que quelques mois de navigation. Son armement était de 50 canons, dont la bordée pesait 600 livres.

La figure ci-dessous montre quelle était la position des deux bâtiments lors du combat qu'ils se livrèrent, et comment ils manœuvrèrent à cette occasion.

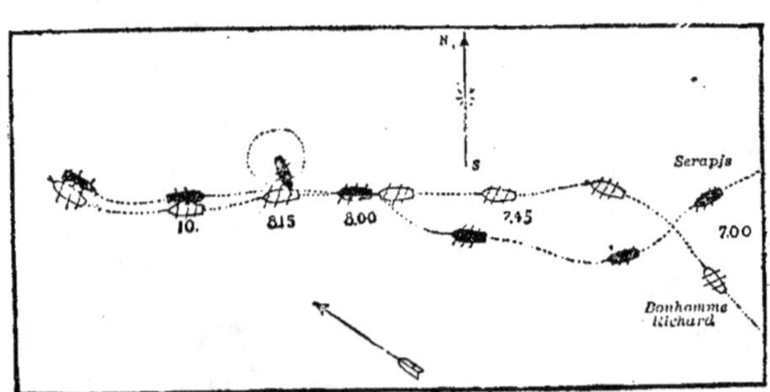


Manœuvres du *Bonhomme Richard* et de la *Serapis* pendant leur combat.

En comparant les éléments de combat et les pertes éprouvées par les deux adversaires, nous trouvons les chiffres suivants :

| NOM DU NAVIRE | NOMBRE DE CANONS | POIDS DE LA BORDÉE | EFFECTIF DE L'ÉQUIPAGE | TUÉS | BLESSÉS | TOTAL DES PERTES | DURÉE DU COMBAT |
|---|---|---|---|---|---|---|---|
| *Bonhomme Richard.* . | 42 | 557 | 304 | 49 | 67 | 117 | 3 heures 1/2 |
| *Serapis.* . . . . . . . | 50 | 600 | 320 | 29 | 68 | 117 | |

Dans les combats du temps de la Révolution française et de l'Empire, les Français ne surent pas s'assimiler les nouveaux principes de tactique et continuèrent de s'en tenir aux erreurs passées. La formation de front fut conservée; partout on attendit l'attaque au lieu d'attaquer soi-même. Relativement à la situation « sous le vent », on n'avait pas d'idée bien arrêtée, et si on se trouvait amené à combattre ainsi placé, on ne s'efforçait pas de lutter bord à bord, ou, si on le faisait, on se bornait à des mouvements inoffensifs sur l'une des ailes de l'ennemi.

En combattant dans ces conditions, les capitaines se trouvaient toujours dans l'indécision sur ce qu'ils devaient entreprendre.

Au contraire, chez les Anglais, point d'indécision. Leurs capitaines manœuvraient bien et exécutaient à temps les ordres donnés. Leurs mouvements combinés d'avance reposaient sur des principes, en partie contenus dans ceux fondamentaux rapportés ci-dessus, savoir : ils attaquaient chaque bâtiment français avec deux ou trois des leurs à la fois, tandis que, par une simple démonstration faite avec quelques navires, ils éloignaient le reste de l'escadre française sur lequel tombaient ensuite les navires anglais qui avaient déjà battu l'autre partie de cette escadre.

Dans les derniers temps qui précédèrent l'application de la vapeur à la navigation, on ne retrouve rien qui présente à ce point de vue un intérêt particulier.

Jusqu'à la moitié du siècle actuel les combats navals se livrèrent dans des conditions qui ont dû radicalement changer, parce que le vent a cessé d'avoir de l'importance et qu'on a pu revenir à l'emploi de l'éperon.

Les boulets pleins lancés par les canons lisses ne portaient pas loin, souvent n'atteignaient pas le but; et il était la plupart du temps facile de boucher par des moyens très simples, — un morceau de bois entouré de toile à voile, — le trou qu'ils avaient fait. Bien plus terribles étaient les boulets rouges qui tombaient dans les agrès et les voiles des navires; mais, dans ce cas encore, on avait les moyens d'éteindre le feu dès qu'il commençait à se déclarer. Et, comme on tirait à petite distance, l'instruction des canonniers était plus facile qu'aujourd'hui.

Les anciens marins étaient à la fois matelots et artilleurs ; ils allaient aussi à l'abordage ; il n'y avait point de spécialités aussi strictement distinctes que maintenant. Les commandements et leur exécution étaient aussi moins compliqués.

### Importance de la bataille de Lissa pour la tactique de l'avenir.

L'introduction de la vapeur comme moteur et ses conséquences.

Tant que le vent fut le seul moteur des navires, le résultat d'un combat dépendait beaucoup de la façon dont on savait manier les voiles, de la direction suivant laquelle on marchait à l'ennemi, et, en fin de compte, c'était l'abordage qui décidait l'affaire, comme, à terre, la baïonnette. Les moteurs à vapeur ont changé radicalement toutes ces conditions. Le cours du combat dépend entièrement de la vapeur et non du vent.

Les navires se meuvent beaucoup plus vite, et, — ce qui est plus important encore, — les mouvements de l'ennemi ne dépendant plus du vent, on ne peut plus les prévoir. Une flotte à voiles ne pouvait pas cacher les manœuvres qu'elle méditait ; la vapeur permet de les dissimuler jusqu'au dernier moment. En outre, les canons ont été perfectionnés et le feu d'artillerie permet de décider l'affaire à de grandes distances. Et quand, voulant se soustraire à ce feu terrible, des navires cherchent à combattre de près, ils courent le plus grand risque d'être coulés d'un coup d'éperon ou par des torpilles. Pour s'exposer le moins possible à ces dangers, les capitaines doivent être des hommes très instruits et des officiers expérimentés.

En outre, sur un navire, toute une série de spécialistes peuvent se trouver mis hors de combat pendant une affaire et cette circonstance, tout comme une fausse manœuvre de l'un quelconque d'entre eux, peut avoir pour le bâtiment de désastreuses conséquences.

A tout cela est venu se joindre encore un facteur qui rend très difficiles la marche et la direction du combat. Grâce à la vapeur, une flotte peut aujourd'hui, suivant les besoins, disséminer ou concentrer ses forces, augmenter ou diminuer le nombre des points d'attaque; elle peut choisir à son gré la distance de combat et la changer, au cours même de l'affaire, suivant les circonstances. Le plus faible peut chercher son salut dans la fuite. S'il n'est pas sauvé par le voisinage d'un port, ou si l'obscurité de la nuit ne le dérobe pas à l'ennemi, néanmoins et à défaut d'autres circonstances heureuses, il peut encore éviter la lutte, grâce à une supériorité de vitesse.

Pendant la campagne de Crimée, époque où, pour la première fois, des bâtiments de guerre à vapeur apparurent dans les flottes, les escadres alliées n'eurent pas à livrer de combats dignes d'attention.

Comme nous l'avons déjà dit, les navires de la mer Baltique étaient de qualité tout à fait inférieure : les vaisseaux à voiles et les frégates étaient pour la plupart en bois de pin, peu solides et très médiocrement armés ; tellement qu'à chaque navigation d'exercice entre les ports du golfe de Finlande, beaucoup éprouvaient diverses avaries. Il ne fut pas possible d'en constituer une escadre pour une navigation prolongée dans les mers lointaines, et on eut de grandes difficultés à en tirer quelques bâtiments isolés capables de se rendre, de Cronstadt, aux côtes de la Sibérie Orientale.

Quant à la flotte de la mer Noire, qui s'était distinguée au combat de Sinope, elle dut ensuite s'enfermer dans Sébastopol, sans affronter la lutte, et finalement elle fut coulée à l'entrée du port pour en barrer l'accès (1).

L'expérience de la guerre de Crimée a définitivement prouvé que les bâtiments à voiles ne peuvent plus rivaliser d'importance militaire avec les navires à vapeur; depuis ce moment les jours de la marine à voiles, par tous pays, furent comptés.

En outre tous les marins acquirent la conviction, qu'étant données les nouvelles conditions du combat, il fallait protéger les navires par une cuirasse.

Lors de la guerre de Sécession américaine, le nombre des bâtiments de guerre proprement dits était très petit, et ce furent en grande partie des bâtiments de commerce, transformés en navires de guerre, qui se livrèrent des combats. Mais chacune des rencontres qui eut lieu entre de réels bâtiments de guerre, conduisit à conclure que les navires sans cuirasse ne pouvaient pas lutter avec les cuirassés.

La guerre de 1866, entre l'Autriche et l'Italie, éclaira un peu plus la question des conditions nouvelles des batailles navales. Les deux flottes autrichienne et italienne se trouvèrent en présence dans la mer Adriatique : la première commandée par le contre-amiral Tegethoff; la seconde, par l'amiral Persano. La bataille livrée à Lissa fut très remarquable et eut une grande influence sur les idées en fait de tactique navale (2).

---

(1) *Revue des opérations du ministère de la Marine russe.*
(2) *OEsterreichs Kämpfe,* 1866.

Du côté des Italiens prirent part à la lutte :

7 frégates cuirassées ;
1 vaisseau cuirassé à tourelles ;
2 corvettes cuirassées ;
2 chaloupes canonnières cuirassées et 22 vapeurs à roues cuirassés.

Du côté de l'Autriche il y avait :

7 frégates cuirassées,
et 20 bâtiments de guerre non cuirassés.

L'escadre autrichienne était formée en trois divisions : la première, à l'avant, comprenait les 7 cuirassés ; 7 grands navires en bois (1 vaisseau de ligne, 5 frégates, 1 corvette) composaient la deuxième ; enfin la troisième et dernière était formée de 10 canonnières et schooners à hélice. Chaque division était accompagnée d'un vapeur à roues chargé de répéter les signaux.

Conformément aux instructions de l'amiral Tegethoff, la division cuirassée, lors de sa rencontre avec l'adversaire, devait rompre sa ligne et, si possible, couler quelques navires ennemis. En tout cas, il lui était prescrit de combattre le plus près possible, en agissant par bordées complètes et concentrées ; cette façon de combattre pouvant seule enlever à l'ennemi sa supériorité qui consistait surtout dans le nombre et l'armement de ses navires.

Vers 10 heures du matin, le 19 juillet 1866, l'escadre autrichienne aperçut droit devant elle la flotte ennemie, qui venait de se réunir sur la côte nord de l'île de Lissa.

Aussitôt, sur le vaisseau-amiral de l'escadre autrichienne, se succédèrent promptement les signaux suivants : « se préparer au combat » — « serrer les intervalles » — « les vigies à leur poste » — « marcher à toute vitesse » et enfin, à 10 h. 35 m. du matin : « les cuirassés doivent attaquer l'ennemi et le couler. »

En quelques instants tout était prêt pour combattre et les navires se lancèrent à toute vitesse sur la flotte cuirassée ennemie qui, s'étant promptement réunie, s'approchait en ligne de file.

Les deux flottes, marchant l'une sur l'autre, se trouvaient dans les formations indiquées dans le plan ci-contre, dû au commandant Poyen, de l'artillerie de marine française (1).

______________

(1) Poyen, *l'Artillerie de marine.*

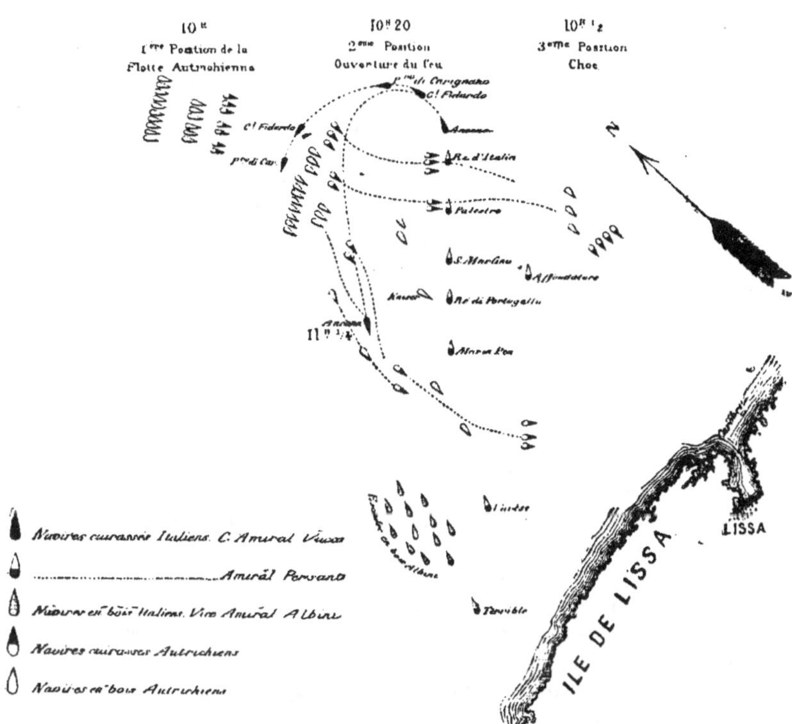


Plan de la bataille de Lissa, de 10 heures à midi et demi.

De tous les bâtiments italiens, 9 seulement étaient en état d'entrer immédiatement en lutte. L'amiral Persano avait mis son pavillon sur l'*Affondatore*. A 10 h. 43, le bâtiment qui tenait la tête de la flotte italienne, la frégate cuirassée *Principe di Carignano*, battant pavillon du contre-amiral Vacca, ouvrit le feu à la distance d'environ une encâblure (1).

Une division autrichienne répondit au feu sans ralentir sa marche. Bientôt une épaisse fumée enveloppa les deux flottes, ce qui fit que plusieurs cuirassés autrichiens, parmi lesquels le vaisseau-amiral, ayant perdu de vue la situation réelle des navires ennemis, pénétrèrent entre le premier et le second groupe de bâtiments italiens, c'est-à-dire tombèrent entre les fré-

-------

(1) Une encâblure vaut à peu près 200 mètres.

gates *Ancona* et *Re d'Italia*, séparant, par ce fait même, la tête de la ligne italienne du reste de la colonne.

Alors la plupart des cuirassés autrichiens de l'aile gauche se jetèrent à gauche contre la tête de la ligne italienne ; tandis que ceux de l'aile droite se portaient à droite pour entrer en lutte avec les navires les plus voisins. Le vaisseau-amiral, ayant observé qu'il se trouvait en arrière de la ligne italienne, se dirigea à gauche et s'élança sur le groupe italien du milieu qui, à ce même moment, inclinait à gauche, afin, sans doute, de tomber sur les navires en bois de la flotte autrichienne.

Mais les cuirassés autrichiens voisins, avec le vaisseau-amiral à leur tête, se jetèrent sur les italiens, et, tant au centre qu'à l'aile droite autrichienne, où les navires en bois entamaient la lutte avec les cuirassés italiens de queue, il se produisit une mêlée dans toute la force du terme, qui, peu à peu, s'augmenta et se résolut par le premier grand combat naval ayant le caractère d'une sorte de mêlée sauvage qu'on eût vu depuis l'adoption de la vapeur et des engins actuels de destruction.

Jusqu'à la fin de la bataille les bâtiments se poursuivirent l'un l'autre sans trêve, s'efforçant, soit d'éperonner les autres, soit d'éviter l'éperon qui les menaçait, ou se portant en toute hâte au secours d'un bâtiment voisin serré de près par l'ennemi.

Au milieu du grondement incessant de l'artillerie, les courses des navires italiens et autrichiens se coupaient mutuellement ; ils passaient fréquemment l'un à côte de l'autre, à portée de pistolet ou même bord à bord, chacun d'eux concentrant alors toute sa bordée sur l'adversaire.

Les nuages de fumée ne permettaient plus de distinguer les pavillons qui flottaient aux mâts, et ce fut un heureux hasard que les navires des deux pays se trouvassent peints de couleur différente : Persano avait fait peindre les siens en gris.



On peut à grands traits se faire une idée assez exacte de ce combat fameux en admettant qu'au moment de la lutte les navires étaient groupés de la manière suivante : la plus grande partie des navires autrichiens en bois qui, aussitôt après le forcement de la ligne italienne, s'étaient portés sur la droite de la division cuirassée, s'engagèrent avec les cuirassés de queue de la colonne italienne ; le flanc droit et le centre des cuirassés autrichiens s'engagèrent avec les cuirassés italiens de la partie moyenne de la ligne ; enfin le flanc gauche des cuirassés autrichiens et les bâtiments en bois de la queue s'engagèrent avec les navires italiens de tête placés sous le commandement de l'amiral Vacca.

Quand le vaisseau-amiral autrichien pénétra dans la ligne italienne, l'amiral Persano, sur l'*Affondatore*, était entre le *Re d'Italia* et le *Palestro*, en avant de la ligne de ses cuirassés ; et, se trouvant au milieu et en arrière des cuirassés autrichiens, il prit immédiatement part au combat en se lançant à l'éperon tantôt sur l'un, tantôt sur l'autre, de sorte que non seulement la plupart des cuirassés, mais même quelques vaisseaux de bois autrichiens durent se défendre pour éviter ses attaques.

Pendant que la première division entamait le combat, la deuxième, formée des navires en bois, obéissant aux signaux de l'amiral, cherchait à se former en ligne de bataille. En même temps, le commodore Petz, sur le vaisseau de ligne le *Kaiser*, aperçut devant lui, dans la direction de Lissa, la flotte de bois italienne. Voulant attaquer cette flotte, il se porta à droite et ordonna aux autres bâtiments de le suivre en ligne de file. Disposés en coin, les 7 plus grands navires de bois s'approchèrent et suivirent en ordre compact le *Kaiser*, à peu près dans l'ordre suivant : *Novara*, *Friedrich*, *Radetzky*, *Adria*, *Schwarzenberg* et *Donau*.

Les chaloupes canonnières de la 3ᵉ division marchaient sans conserver d'ordre déterminé. Quelques-unes restèrent en queue de la 2ᵉ division, d'autres obliquèrent à gauche, d'autres à droite et, en partie, se mêlèrent aux frégates que, suivant la marche du combat, elles soutinrent autant que possible.

Le capitaine de premier rang Ribotti, commandant le 3ᵉ groupe italien des cuirassés — l'arrière-garde — demeurés instacts après la première rencontre des cuirassés autrichiens, voyant le groupe du milieu vivement engagé, voulut venir à son aide ; mais, apercevant les vaisseaux de bois autrichiens séparés de leurs cuirassés, il ordonna de se porter à droite en se dirigeant sur eux, afin de les couper entièrement de la division cuirassée, espérant, en même temps, ouvrir un passage aux bâtiments de bois d'Albini qui le suivaient.

Le commodore Petz, ayant remarqué cette manœuvre et craignant de voir l'ennemi attaquer et couper de lui ses derniers bâtiments de bois, vira de bord immédiatement à droite et, sans hésiter, se lança avec ses navires de bois à la rencontre des cuirassés ennemis.

De la sorte, les vaisseaux de bois autrichiens de tête et les cuirassés italiens de queue s'approchèrent rapidement les uns des autres et, un instant après, les 7 vaisseaux de la seconde division autrichienne, ainsi que l'*Elisabeth* qui venait de les rallier, étaient canonnés par quatre cuirassés italiens : 3 bâtiments de Ribotti, et probablement le dernier vaisseau du groupe du milieu, le *San Martino*, qui, se dirigeant sur le *Re d'Italia* pour le soutenir, entrait en lutte avec les vaisseaux de tête de l'escadre non cuirassée autrichienne.

Les navires autrichiens ci-dessus indiqués prirent plus ou moins part à cette vive canonnade et soutinrent le vaisseau de ligne contre lequel tirait surtout l'ennemi. Mais à peine le combat avait-il commencé sur ce point que tout à coup, plus à gauche du *Kaiser*, se montra l'*Affondatore* s'avançant au milieu de la ligne des frégates et des canonnières. Après quelques tentatives pour éperonner, restées sans succès, il se dirigea enfin sur le vaisseau de ligne, essaya deux fois de le frapper de son éperon, et, en même temps, tira quelques obus de 300 livres dont un fit un effet terrible : il démonta un canon du pont, mit hors de combat 6 hommes du gouvernail en emportant le télégraphe des machines et la boussole.



Mais par d'adroites manœuvres, le *Kaiser* sut éviter le choc de l'*Affondatore*, et il lui envoya deux bordées qui ravagèrent le pont et le gréement et forcèrent le cuirassé à faire demi-tour. Quand, après une seconde tentative pour éperonner, les deux navires se croisèrent bord à bord, ils s'envoyèrent des volées de coups de fusil.

A peine débarrassé de ce dangereux adversaire, le *Kaiser* se trouva en vue de la frégate cuirassée *Re di Portogallo* qui, entre temps, avec les cuirassés du 3e groupe (l'arrière-garde), entretenait un feu roulant sur les navires autrichiens en bois qui tenaient la tête. Avec un sifflement et un nuage de fumée, les projectiles passaient par-dessus le *Kaiser* et allaient atteindre le *Novara*, le *Friedrich* et l'*Elisabeth* dont, à cet instant, le premier se trouvait à gauche et les deux autres à droite du vaisseau de ligne ; un des projectiles atteignit même le *Friedrich* au-dessous de la ligne de flottaison, de sorte que cette corvette se mit à faire 19 pouces d'eau à l'heure. Mais avec les pompes à vapeur elle parvint à s'en débarrasser.

Le nuage de fumée et de poudre qui enveloppait les combattants était tellement épais que le *Kaiser* n'aperçut le *Re di Portogallo* qu'au moment où ce dernier, marchant à toute vitesse pour l'éperonner, n'était plus qu'à très petite distance. Par un rapide virement de bord, le vaisseau de ligne aurait encore pu éviter le choc, mais alors l'*Elisabeth* et le *Friedrich*, qui ne se trouvaient qu'à une encâblure, couraient le danger d'être éperonnés.

Aussi, songeant à la grandeur et à la force qu'avait son navire, bien que non cuirassé, le commodore Petz préféra se lancer à la rencontre du cuirassé ennemi.

Le *Kaiser* obliqua d'abord quelque peu à gauche, puis mettant la barre « à tribord toute » et essuyant une bordée complète de son adversaire, mais en même temps, marchant à toute vitesse, il dirigea son étrave à peu près vers l'emplacement des machines du vaisseau ennemi. Il était alors 11 heures juste, — il y avait 17 minutes que le premier coup de canon avait été tiré. Le capitaine Ribotti, comprenant cette hardie manœuvre, redressa au dernier moment son bâtiment à droite, ce qui affaiblit le choc, et le *Kaiser* passa à tribord du cuirassé, non sans que la secousse du choc et la bordée essuyée à si petite distance ne lui eussent causé des pertes sérieuses ; son beaupré et son gréement d'avant furent démolis, si bien que peu après son mât de misaine tomba en arrière sur la cheminée en recouvrant la partie de celle-ci qui était encore debout. Une partie des ornements de l'avant tombèrent en même temps sur le pont du bâtiment ennemi.

Mais le *Re di Portogallo* éprouva également des avaries importantes, quoique non dangereuses. Il perdit ses deux ancres et quelques embarcations; les affûts des quatre canons de débarquement, qui se trouvaient à l'avant, furent brisés; un des canons tomba à la mer, en même temps que le bastingage était démoli sur une longueur de plus de 60 pieds. Quant au *Kaiser*, malgré ses propres avaries, il envoya une bordée de sa batterie d'avant sur le *Re di Portogallo* qui penchait fortement à bâbord. Cette bordée, tirée à quelques mètres, atteignit le navire au-dessous de la cuirasse et un projectile de 24 livres tomba sur le pont ; immédiatement après furent encore tirées promptement plusieurs bordées complètes.

Mais à peine le *Kaiser* avait-il réussi à se débarrasser aussi héroïquement de son adversaire non moins résolu et l'avait-il perdu de vue, qu'à la distance de 4 encâblures se montrait une frégate cuirassée, la *Maria Pia*, avec qui le *Kaiser* entra en lutte. A ce moment deux projectiles pleins, lancés par les Italiens, atteignirent avec tant de bonheur le vaisseau de ligne, dont la seconde batterie était presque hors d'état d'agir, que sa cheminée fut traversée et une partie de sa batterie d'avant détruite. Enfin, les projectiles firent naître un commencement d'incendie à tribord et l'avis arriva de la chambre des machines que, par suite des avaries de la cheminée, on ne pouvait plus entretenir que très peu de feu dans les foyers. L'incendie, qui s'était déclaré dans la mâture au-dessus de la cheminée, commençait aussi à se répandre de plus en plus ; le gouvernail fut avarié par un projectile ; les hommes à l'avant du navire, sur le pont et dans la 2ᵉ batterie, ne pouvaient qu'avec difficulté prendre part à l'action. En un mot, le bâtiment n'était plus en état de combattre, si bien que son capitaine dut se décider à l'éloigner du théâtre de la lutte.

Le *Kaiser* mit alors le cap sur le port de San-Giorgio, accompagné de la plupart des navires en bois et de quelques canonnières qui, pendant la lutte des deux bâtiments, avaient entretenu un puissant feu d'artillerie et attiré sur elles l'attention des cuirassés ennemis. Quelques-uns de ces navires en bois avaient été, entre temps, fortement endommagés, comme par exemple le *Schwarzenberg*, qui avait reçu sept coups dans ses œuvres vives, un dans son mât de misaine et un au-dessous de la flottaison, à la suite duquel toutes les pompes avaient dû se mettre à l'œuvre pour empêcher la voie d'eau d'être fatale au navire. — Sur l'*Adria* également, beaucoup d'avaries dans le gréement et les embarcations : le pavillon déchiré, un commencement d'incendie et 6 hommes blessés.—Le feu menaçait la soute aux poudres, sauvée seulement par la présence d'esprit du sous-chef, qui y fit lancer des torrents d'eau. — En même temps le feu était étouffé dans les autres parties du navire, et le charpentier sut si bien aveugler les voies d'eau causées par les projectiles que le navire embarqua très peu. — La *Novara*, dans cette affaire, perdit son capitaine, 6 tués et 20 blessés.

Tandis que, de cette façon, la queue de la ligne des cuirassés italiens demeurait inactive, par suite de l'intervention, inattendue pour elle, des vaisseaux en bois, — les deux bâtiments de tête, sous les ordres du contre-amiral Vacca, ayant tourné à droite, continuèrent leur marche et s'éloignèrent ainsi du groupe central qui, au bout de quelque temps, se trouva isolé, et, étant attaqué par les principales forces de l'escadre cuirassée autrichienne, se vit bientôt dans une situation dangereuse.

A ce moment le vaisseau-amiral *Ferdinand-Max* éperonna deux cuirassés italiens, mais sans résultat, les deux coups ayant été portés obliquement.

Au second coup, qui frappa par bâbord l'un des cuirassés italiens, le mât d'artimon de celui-ci et sa corne tombèrent sur le *Ferdinand-Max*; le bâtiment de tête du groupe central ennemi — la frégate cuirassée *Re d'Italia* — fut, aussitôt après la rupture de la ligne, entouré par quatre cuirassés autrichiens dont le *Ferdinand-Max*.

Lutte<br>du<br>Ferdinand-Max<br>avec<br>le Re d'Italia.

Le cuirassé *Palestro* voulut venir à l'aide de son voisin, mais deux cuirassés autrichiens lui barrèrent la route et ouvrirent sur lui un feu très violent.

Les flancs cuirassés du *Palestro* résistèrent avec succès aux projectiles autrichiens, et le coup d'éperon du *Ferdinand-Max* ne lui fit pas non plus grand mal, à ce qu'il semble. Mais un obus perça l'arrière dans sa partie non cuirassée et vint tomber dans le logement des officiers près de la soute aux poudres; le feu s'y déclara, si bien que le bâtiment dut aussitôt virer à droite pour chercher un emplacement libre où il pût éteindre l'incendie qui commençait.

Pendant ce temps, le *Re d'Italia* eut son gouvernail brisé, probablement par un projectile; si bien qu'à partir de ce moment il se trouva tout à fait isolé au milieu de plusieurs cuirassés autrichiens. Sur le *Palestro*, comme vient de le dire, commençait un incendie et, pour se mettre en sûreté, il s'était dirigé vers le nord. Le *San-Martino* s'était engagé à quelque distance dans la direction du sud-ouest, probablement avec le *Don-Juan* et, plus tard, aussi avec le *Ferdinand-Max*.

De son poste de combat, le contre-amiral Tegethoff, avec son état-major, suivait la marche de l'affaire avec un calme qui excitait l'étonnement même de ses ennemis. Il ne pouvait pas manquer d'apercevoir la situation critique du *Re d'Italia* dont les manœuvres, depuis que son gouvernail était désemparé, se bornaient à se porter en avant et en arrière.

Le vaisseau se défendait en faisant feu de toutes ses pièces, d'un bord et de l'autre, et tout l'équipage fut appelé sur le pont pour résister à un abordage possible. Mais bientôt après ce vaisseau reçut un choc qui devait amener une catastrophe.

Le capitaine de premier rang baron Sterneck, qui commandait son navire du haut des haubans d'artimon, le dirigea à petite vitesse par le travers de bâbord sur le *Re d'Italia* et à la distance de 60 mètres ordonna tout d'un coup de stopper la machine. Le *Re d'Italia* ayant remarqué le vaisseau-amiral autrichien venant droit par le travers de son navire, se mit à marcher à toute vitesse en avant pour éviter le choc ou au moins l'affaiblir. Mais ici une frégate autrichienne lui barrant le chemin, il lui fallut alors faire de nouveau, à toute vitesse, machine en arrière, et, en passant d'un sens du mouvement à l'autre, au moment où le navire était presque immobile, le *Ferdinand-Max* lui porta un coup de flanc. Avec toute sa masse de 4,500 tonnes, le cuirassé, marchant à une vitesse de 11,5 nœuds, s'enfonça dans le flanc du *Re d'Italia*, près des machines, brisant tout sur son passage, cuirasse et doublage, sur une étendue de 137 pieds carrés, dont 79 au-dessous de la flottaison.

A peine avait eu lieu ce choc, — auquel personne sur les ponts inférieurs du *Ferdinand Max* ne s'attendait et qui renversa tout ce qui s'y trouvait — que le mécanicien, comme il en avait reçu l'ordre d'avance, fit à toute vitesse machine en arrière, et réussit à dégager son éperon qui s'était enfoncé à 6 pieds 1/2 de profondeur dans la coque du navire ennemi, mortellement atteint.

Désastre de la frégate cuirassée *Re d'Italia*.

Sous l'effet du coup le *Re d'Italia* s'inclina d'abord doucement, d'environ 25°, sur bâbord, puis tout d'un coup se rejeta sur tribord, l'eau se précipitant alors dans l'ouverture béante, et coula presque aussitôt.

La figure de la page ci-contre représente le moment de cette catastrophe.

Ce fut terrifiant, même pour le vainqueur, de voir à côté de lui s'enfoncer dans les flots le bâtiment ennemi et d'apercevoir son brave équipage, — qui tirait encore du pont et des hunes, — perdre peu à peu le point d'appui sous ses pieds, puis de contempler les hommes roulés par les vagues et finalement le magnifique navire disparaissant pour toujours à une profondeur de près de 500 mètres.

Au moment où le vaisseau coulait, on vit des hommes du *Ferdinand-Max* montés sur l'arrière, évidemment pour arracher le pavillon qui flottait à la corne d'artimon ; mais deux braves officiers, Razetti et del Canto, s'y opposèrent, et le navire s'abîma dans les flots avec le pavillon national flottant encore.

Il était alors 11 h. 20 minutes : soit 37 minutes écoulées depuis le commencement de l'action.

Silencieux, les vainqueurs contemplaient la place où, quelques instants auparavant, se dressait encore un redoutable ennemi et où maintenant de nombreux marins du navire coulé, ayant pu à temps se jeter à l'eau, luttaient avec la mort. Mais bientôt s'éleva retentissant un hourrah formidable de tous les bâtiments autrichiens témoins de l'exploit accompli par leur vaisseau-amiral, qui sortit de ce choc terrible sans autres avaries que son avant brisé, — comme on le voit sur la figure ci-contre.

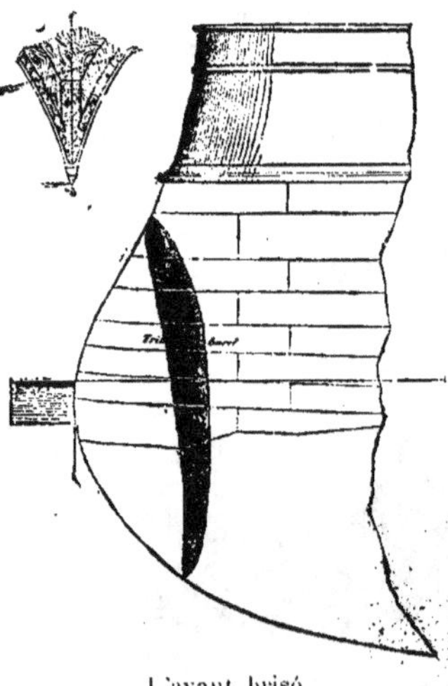

L'avant brisé
du cuirassé *Ferdinand-Max*.

A ce moment apparut subitement à tribord un vaisseau italien — probablement l'*Ancona* — marchant à toute vitesse et se dirigeant sur le *Ferdinand-Max*, dans l'intention évidente de l'éperonner. Mais le capitaine Sterneck sut éviter ce coup dangereux et les deux bâtiments passèrent si près l'un de l'autre que les canonniers ne purent même pas servir leurs pièces.

Le vaisseau italien tira quelques coups dont la fumée pénétra par les sabords du *Ferdinand-Max ;* on n'aperçut pas toutefois de projectiles, et il faut admettre que les canons n'avaient été chargés qu'à poudre.

Les deux adversaires se séparèrent ensuite sans autres actes d'hostilité.

Ainsi se termina le court, mais acharné combat des escadres cuirassées.

A midi 10 minutes, le contre-amiral Tegethoff fit le signal aux vaisseaux de « se rallier ». Le *Kaiser* qui, par suite des avaries signalées plus haut, avait été obligé de cesser la lutte, s'en fut, accompagné par le *Friedrich,* le *Seehund* et la *Reka,* que suivaient en ligne de file les frégates *Schwarzenberg, Radetzky, Adria, Donau,* les canonnières *Hum, Wall, Streiter,* et enfin le vapeur à roues *Hofer.*

Mais pendant que sur le *Kaiser* on s'efforçait, tout en marchant, d'arrêter la propagation de l'incendie, reparut tout à coup, sur la gauche des navires de bois, l'*Affondatore,* qui, après sa vaine tentative d'éperonner le *Kaiser,* avait décrit un grand arc de cercle à droite et ayant, pendant ce temps, réparé autant que possible ses avaries, filait en rasant la côte nord de l'île de Lissa, et menaçait de couper la route au vaisseau de ligne autrichien. Trois fois il sembla s'élancer pour éperonner le *Kaiser ;* mais celui-ci, quoique grièvement blessé, se défendit avec une grande bravoure et, malgré ses avaries, malgré l'incendie, tira bordée sur bordée et tint à distance son dangereux adversaire.

Le *Kaiser* fut d'ailleurs activement soutenu par les navires en bois qui le suivaient et plus tard par deux frégates cuirassées, le *Don Juan* et le *Prinz Eugen,* qui criblèrent l'*Affondatore* d'une grêle d'obus et de balles, sans se préoccuper de plusieurs cuirassés ennemis, le *Carignano,* le *Castelfidardo,* le *Re di Portogallo,* l'*Ancona* et le *Varese,* qui, s'étant ralliés au signal de Vacca, avaient ouvert à longue portée un feu d'artillerie d'ailleurs inefficace.

A la troisième tentative, l'*Affondatore* passa à grande vitesse à une encâblure, mais brusquement vint sur bâbord, suivit quelque temps encore le *Kaiser* qui continuait le feu régulier et ininterrompu de ses canons de l'avant, puis enfin rallia l'escadre italienne non cuirassée, ayant éprouvé des avaries à ses ancres et à son pont qu'avaient traversé quelques projectiles, dont un avait mis le feu dans ses parties basses. — Le *Kaiser* lui envoya en chasse un dernier coup de canon à la distance de 10 encâblures (2,000 mètres).

Voici quelles furent les pertes des deux flottes :

Sur l'escadre autrichienne : 2 capitaines, 1 aspirant et 35 hommes tués ; 15 officiers et 123 marins blessés — soit en tout hors de combat : 18 officiers et 158 hommes, dont 4 officiers et 95 hommes sur le vaisseau-amiral.

Les avaries des navires étaient insignifiantes; à l'exception du *Kaiser*, qu'il fallut vingt-quatre heures pour nettoyer et remettre en ordre, tout le reste de l'escadre restait entièrement prêt à combattre.

De la flotte italienne, 2 bâtiments étaient coulés : le *Re d'Italia* et le *Palestro* ; les autres cuirassés étaient plus ou moins avariés, et le *Re di Portogallo* avait beaucoup souffert. Seul le *Terribile* et les navires en bois s'en tiraient sans dommages.

Les équipages italiens avaient aussi fait des pertes sérieuses. Avec le *Re d'Italia* avaient péri environ 400 hommes; avec le *Palestro*, 230. Sur les autres bâtiments, il y avait eu 16 hommes tués et 114 blessés.

De l'équipage du *Re d'Italia*, qui comprenait 600 hommes, il fut sauvé 9 officiers et 139 marins dont 116 par le *Principe Umberto* et les autres par le *Messagiero*, la *Stella d'Italia* et l'*Affondatore*. 18 hommes parvinrent à gagner à la nage la côte de Lissa ; où ils trouvèrent un accueil empressé.

Sur les 250 hommes de l'équipage du *Palestro*, il n'y eut de sauvé que 1 officier et 19 hommes.

Comme la bataille de Lissa eut lieu au moment même où étaient en cours les pourparlers avec la Prusse, il n'y eut pas d'hostilités ultérieures; l'armée italienne se retira devant l'armée autrichienne et conclut avec elle un armistice de quatre semaines.

Dans leurs rapports, les deux amiraux furent unanimes à reconnaître qu'à l'avenir les combats navals se décideront surtout à l'aide de l'éperon.

### Les dernières batailles navales.

Comme nous l'avons déjà dit, la guerre de 1870, entre la France et l'Allemagne, ne fournit pas de conclusions instructives sur la question des batailles navales.

La guerre maritime de 1877 entre la Russie et la Turquie présente quelque intérêt au point de vue tactique, par suite de l'usage qu'on y fit des torpilles sur une plus grande échelle. Au cours de cette campagne les deux partis recoururent assez souvent à l'emploi des torpilles et des torpilleurs.

La guerre maritime turco-russe de 1877.

Nous avons déjà décrit des combats où ces nouveaux engins de guerre jouèrent un rôle. Mais il faut encore rappeler l'explosion, survenue le 11 mai, du cuirassé turc à deux tourelles, *Loufti-Djélil*.

Quand ce vaisseau jeta l'ancre devant Braïloff, avec l'intention évidente de bombarder la ville, une des batteries russes ouvrit le feu contre lui à la distance d'environ 5 kilomètres avec des canons à grande portée de 15 centimètres.

Une autre batterie, armée de canons de siège de 25 livres, ouvrit

Comparaison de la pression (en nombre de livres anglaises par pouce carré, dans les chaudières des bâtiments de guerre) de 1844 à 1897.

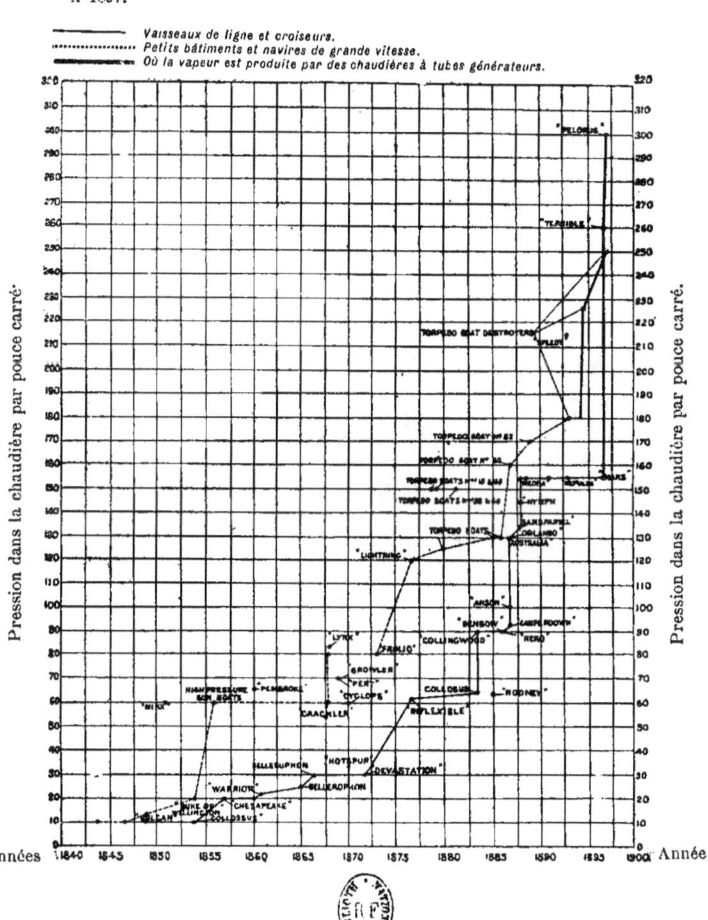

également le feu sur le vaisseau turc et le canonna pendant environ vingt-cinq minutes. Tout à coup, sur le cuirassé s'éleva une petite colonne de fumée blanche, accompagnée d'une énorme flamme de 6 mètres de hauteur et d'un épais nuage de fumée sombre et de vapeur, mêlé de divers objets noirs. Quand cette fumée se fut dissipée, le navire avait disparu sous l'eau. On a donné divers explications de la destruction du *Loufti-Djélil*; on a beaucoup parlé du tir *courbe* des batteries russes contre le pont mal protégé du cuirassé. Probablement un de leurs projectiles tomba dans la chaudière à vapeur qui fit explosion.

Depuis l'année 1880 environ, on a travaillé, dans tous les pays, avec une activité fiévreuse, à résoudre le problème de construire un vaisseau muni d'une cuirasse assez solide pour résister aux plus puissants projectiles de l'artillerie. *Progrès accomplis depuis 1880.*

Et cette circonstance a conduit à perfectionner l'artillerie, en même temps qu'à généraliser l'emploi des torpilles, ce qui, ensuite, a fait chercher à augmenter la vitesse de tous les cuirassés nouvellement construits.

En outre, depuis l'adoption des projectiles explosifs et du tir courbe, il a fallu cuirasser les ponts des navires. Puis l'emploi de la poudre sans fumée, plus puissante que l'ancienne, et de projectiles durcis, a rendu insuffisante la protection que donnaient les cuirasses.

Les modèles de navires se sont modifiés sans cesse, et, actuellement, on rencontre dans une même escadre des bâtiments de valeur très diverses, les uns cuirassés complètement, les autres en partie, d'autres encore pas du tout. Cette variété de modèles n'a nullement pour cause des rôles différents auxquels conviendrait mieux tel type que tel autre; elle est tout simplement le résultat de l'augmentation graduelle de poids et de calibre des canons, parallèlement à quoi s'est accrue l'épaisseur des cuirasses, laquelle à son tour a fait modifier la force des machines et, par-là même, la vitesse des cuirassés. Et, malgré tout, les bâtiments sans cuirasse et les torpilleurs ont des vitesses que les cuirassés n'atteignent pas.

Que se passera-t-il lors des combats entre escadres cuirassées, dans les conditions nouvelles, créées par la variété des modèles de cuirassés, par le renforcement de l'artillerie, par le perfectionnement des torpilles, etc.? C'est ce que ne peuvent pas prévoir même les spécialistes qui connaissent parfaitement les questions maritimes. Depuis l'adoption de la vapeur comme moteur, on a peu de données expérimentales; en outre, dans les combats qui ont eu lieu jusqu'ici, on s'est servi d'armes moins perfectionnées que celles d'aujourd'hui, ou l'on s'en est servi dans des conditions trop inégales. Ce qui ne permet pas de conclure comment se passera un combat naval, entre deux flottes européennes modernes d'égale force, et comment il se terminera.

Tome III. — Jean de Bloch. — *La Guerre future.*          15

Rappelons encore ici quelques-uns des combats navals les plus inté-ressants de ces temps derniers.



Lors des différends qui s'élevèrent en 1879, entre le Chili et le Pérou, et donnèrent lieu à des combats sur mer, il se produisit quelques rencontres navales de diverse nature. Le combat de Punta-Angamos où périt le monitor *Huascar* est notamment très instructif.

Deux cuirassés chiliens, le *Cochrane* et le *Blanco Encalada*, attaquèrent le monitor péruvien *Huascar*. Le dessin ci-dessous indique comment ces trois navires manœuvrèrent pendant la lutte.

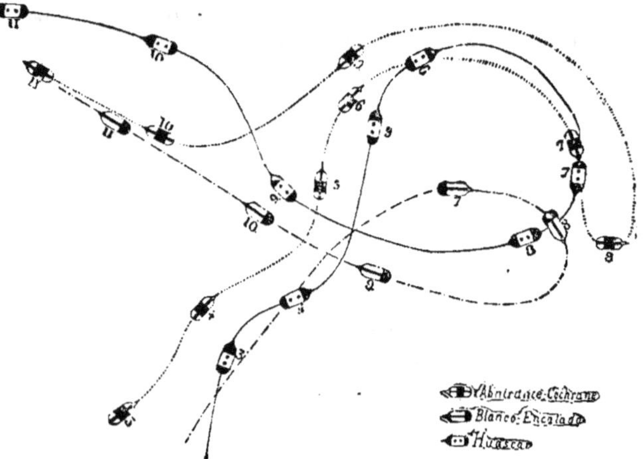


Manœuvre des cuirassés chiliens et du monitor péruvien pendant la lutte.

D'après le rapport d'une commission américaine nommée pour étudier à fond la marche de cette affaire, sous la présidence du général Rogers, voici quels projectiles furent lancés par les bâtiments en présence :

**Nombre de coups tirés par les cuirassés chiliens et le monitor péruvien**

| | OBUS | | | PROJECTILES de MITRAILLEUSES | BALLES DE FUSIL |
|---|---|---|---|---|---|
| | de 9 kilogr. | de 3 kilogr. | de 113 kilogr. | | |
| *Cuirassés chiliens :* | | | | | |
| Cochrane . . . . | 45 | 12 | 16 | 450 | 1,000 |
| Blanco . . . . . | 31 | 6 | 6 | 350 | 1,000 |
| *Monitor péruvien :* | | | | | |
| Huascar. . . . . | 40 | » | » | » | » |

Résultats
du combat
entre le *Huascar*
et deux
cuirassés
chiliens.

Pour le monitor, le nombre des coups heureux, sur le total des coups tirés, a été dans le rapport de 1 à 13 ; tandis que pour les cuirassés chiliens, qui allaient au feu pour la première fois, les servants des pièces étant bien moins expérimentés, un tiers seulement des projectiles atteignirent le but. Sur le *Huascar* on retrouva les traces de 25 projectiles et il en avait été lancé contre lui 76.

Les 25 obus Palliser de 113 kilogrammes se répartirent entre les différentes parties du *Huascar* de la façon suivante : dans la ceinture cuirassée de la coque, 10, dont 7 percèrent la cuirasse ; dans la tourelle, 4, dont 2 percèrent la cuirasse ; dans le poste de combat cuirassé du capitaine, 3, dont 2 percèrent la cuirasse ; dans les parties en bois et les hauts du navire, 8.

Une grande partie des projectiles qui percèrent la cuirasse éclatèrent dans son doublage.

La figure ci-dessous représente l'aspect du monitor *Huascar* après le combat.

Le *Huascar* après le combat.

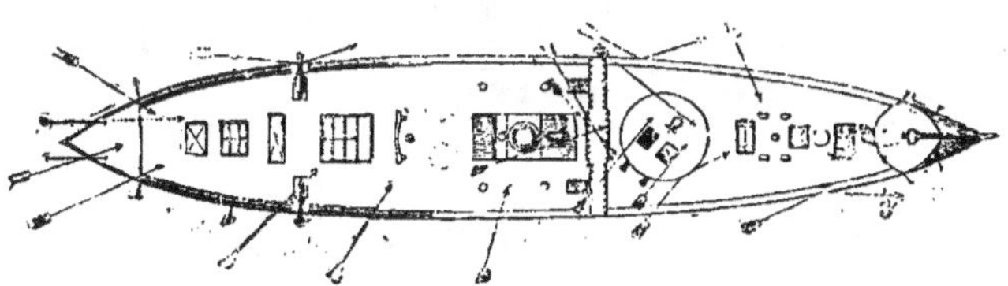

Plan du *Huascar* avec indication des projectiles qui l'ont atteint.

Les endroits où le *Huascar* fut frappé par des projectiles sont indiqués par des flèches.

Dès les premiers coups, 2 projectiles coupèrent la drosse du gouvernail et tuèrent les hommes placés à la roue ; 1 tomba dans la tourelle, la ravagea et tua 2 hommes qui s'y trouvaient pour diriger le bâtiment.

On voit ci-dessous des coupes de la tourelle où tombèrent les projectiles.

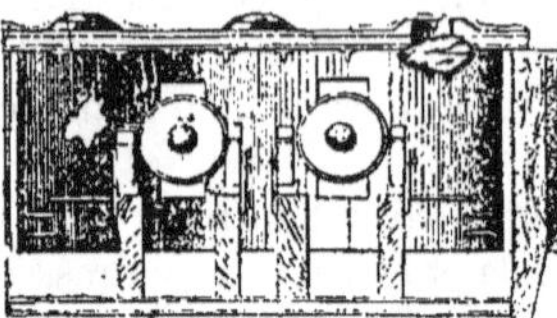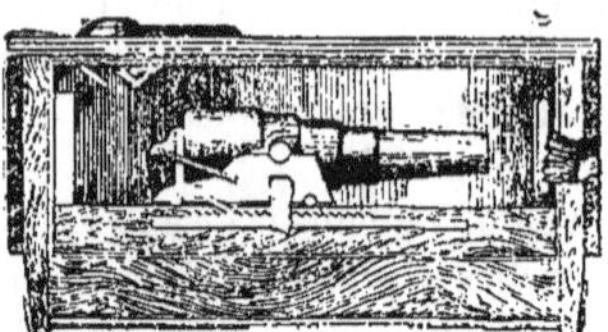

Coupes de la tourelle ravagée par les projectiles.

Deux autres tuèrent les servants de la tourelle et atteignirent également le second et le troisième lieutenant du capitaine. Le poste de combat de celui-ci fut dévasté par 3 projectiles qui tuèrent l'amiral commandant et son lieutenant; 1 coup frappa les hommes qui se tenaient sur la plateforme. Le personnel des mécaniciens, qui se trouvait en bas dans la chambre des machines, n'eut pas à souffrir des coups. Un obus atteignit un canon Armstrong de 12 et le brisa, comme le montre la figure ci-dessous.

Canon Armstrong de 12 livres, brisé par un projectile.

Les canons légers, mitrailleuses et armes portatives des Chiliens leur servirent à balayer les hunes ennemies et le pont des servants et tirailleurs qui s'y trouvaient. Le *Huascar* fut forcé de se rendre, et l'on constata que le mécanisme du gouvernail était fort endommagé et le poste de combat du capitaine entièrement ravagé.

Les navires chiliens souffrirent peu. Au début de l'action l'état du *Huascar* laissait fort à désirer. Il avait beaucoup perdu de sa vitesse, parce que son pont était surchargé et ses machines en mauvais état. La cuirasse des navires chiliens était notablement plus épaisse que la sienne et cette circonstance, jointe à une vitesse plus grande et aux facultés manœuvrières meilleures de ces navires, contribua à leur assurer la victoire.

La cheminée du *Huascar* fut complètement démolie; ce qui montre que la partie médiane d'un navire est la plus exposée, et que, par conséquent, il faut que le capitaine puisse commander son navire d'un autre point. Et cela explique aussi pourquoi tous les officiers du *Huascar* furent tués l'un après l'autre. La commission américaine susmentionnée finit par conclure que seuls peuvent prendre part à des batailles navales les bâtiments dont l'artillerie est très puissante et la marche très rapide, ou ceux dont la cuirasse très épaisse mettrait tout leur équipage complètement à l'abri. La figure ci-dessus (page 227) où sont indiqués les points du *Huascar* atteints par les projectiles confirme ces conclusions (1).

L'expédition du Tonkin en 1885 n'a pas donné lieu à des batailles navales pouvant servir d'indication sur ce que seront les opérations des cuirassés dans les guerres futures; mais l'emploi des torpilles y fut instructif. Deux chaloupes ordinaires dont la longueur ne dépassait pas 14 mètres et pourvues de torpilles s'attaquèrent, dans la nuit du 14 au 15 février 1885, à une frégate chinoise de 3,500 tonnes et la coulèrent. Cette frégate s'était mise à l'abri des fortifications dans le port de Cheip, et l'amiral français Courbet se trouvait, avec son escadre, à une distance de quelques milles marins de ce port. Des chaloupes à vapeurs françaises franchirent cette distance sans être aperçues, cachées par l'obscurité de la nuit et, après avoir coulé la frégate, elles revinrent tranquillement à leur vaisseau-amiral (2).

Les opérations navales, pendant la guerre du Chili de 1891, n'ont rien appris non plus d'instructif sur le rôle des cuirassés dans les batailles futures; mais elles ont confirmé de nouveau l'opinion de ceux qui prévoyaient l'avenir brillant des torpilleurs dans leur lutte avec les cuirassés. Le croiseur-torpilleur *Almirante Condell* en ligne de file avec l'*Almirante Linch* entrèrent à vitesse moyenne et sans être remarqués de personne, le 23 avril 1891, dans la rade du port de Colbar. L'attaque de ces navires fut dirigée contre le tribord du cuirassé congressioniste *Blanco Encalada* et sur l'avant de ce cuirassé.

L'*Almirante Condell* s'en approcha d'abord et, à environ 100 mètres,

<hr>

(1) Poyen, *l'Artillerie navale.*
(2) *Betrachtungen über Seetaktik aus fremden Quellen*, 1892.

lança une torpille contre l'avant, mais sans succès; alors il s'approcha davantage, et passant à bâbord du cuirassé, lança une deuxième torpille qui toucha le but — le cuirassé ouvrit alors le feu — puis une troisième qui atteignit également; après quoi le croiseur s'éloigna. L'*Almirante Linch* s'approcha également tout près du *Blanco Encalada*, lança d'abord une torpille, qui n'atteignit pas, revint sur bâbord et en lança une seconde qui frappa le cuirassé en son milieu. Deux minutes après le *Blanco Encalada* coulait.

Cette attaque à la torpille avait duré en tout 7 minutes. Pendant ce temps les croiseurs-torpilleurs étaient tout près du cuirassé et, pendant environ 4 minutes, ils s'étaient trouvés sous un feu d'artillerie des plus vifs qui, pourtant, ne leur avait causé que des dommages insignifiants (1).

*La guerre sino-japonaise.* — Ensuite est venue la guerre sino-japonaise dont les batailles ont éveillé l'intérêt général, et dont partout on s'est efforcé de tirer des conclusions sur la valeur des différents modèles de navires et des divers engins de combat. Nous donnons ici une description de la bataille de Ya-Lou, d'après la *Revue militaire de l'étranger* (2).

*La bataille de Ya-Lou.* — La flotte chinoise comprenait 10 vaisseaux de guerre; les Japonais avaient à peu près le même nombre d'unités de combat que leurs adversaires, mais aucun de leurs bâtiments ne pouvaient lutter de puissance avec les deux cuirassés chinois, le *Chen-Yuen* et le *Ting-Yuen*. En ce qui concerne l'artillerie, il suffira de dire que la proportion des canons de gros calibre était plus considérable du côté des Chinois, mais que les pièces de moyen et de petit calibre des Japonais (à peu près toutes à tir rapide), constituaient le principal armement des navires de l'amiral Ito et dépassaient sensiblement comme nombre les canons du même type des bâtiments chinois. Notons en passant que, suivant toutes probabilités, ni d'un côté ni de l'autre, les projectiles n'étaient chargés avec les explosifs actuellement en usage dans les marines européennes.

Enfin la flotte japonaise, moins bien protégée que la flotte chinoise, avait des qualités évolutives supérieures à celles de son adversaire, soit en raison de sa vitesse, soit par suite de l'habileté de ses chefs et de l'instruction de ses équipages.

Le 17 septembre, l'escadre japonaise était formée de deux divisions:

*a*) La division légère, composée de 4 croiseurs sous les ordres du général Sinoura;

---

(1) Boudilovski, *Voïennyé floty*, 1882.
(2) *Revue militaire de l'Étranger*, n° 807, 1895.

L'armée chinoise.

*b)* La division principale, commandée par l'amiral Tsuboï.

A 11 heures et demie, les vigies signalèrent de la fumée à l'horizon. L'escadre japonaise, faisant un à-droite, se porta aussitôt dans la direction où elle supposait devoir rencontrer l'ennemi.

L'escadre chinoise, de son côté, avait aperçu, à 10 heures et demie, la fumée des navires japonais; l'amiral Ting donna immédiatement l'ordre d'appareiller, et les deux flottes marchèrent à la rencontre l'une de l'autre à une vitesse moyenne de 7 à 8 nœuds. La première idée de l'amiral chinois avait été de former son escadre en 2 divisions, disposées en lignes de file juxtaposées. Mais soit que les ordres de l'amiral aient été mal exécutés, soit que les différences de vitesse des navires aient amené les commandants de bâtiments les plus rapides à transgresser les ordres de leur chef et à se placer à hauteur de leurs chefs de file, soit enfin que l'amiral lui-même ait renoncé à cette formation qui présentait de nombreux inconvénients tactiques, l'escadre chinoise exécuta la marche d'approche en ligne de front

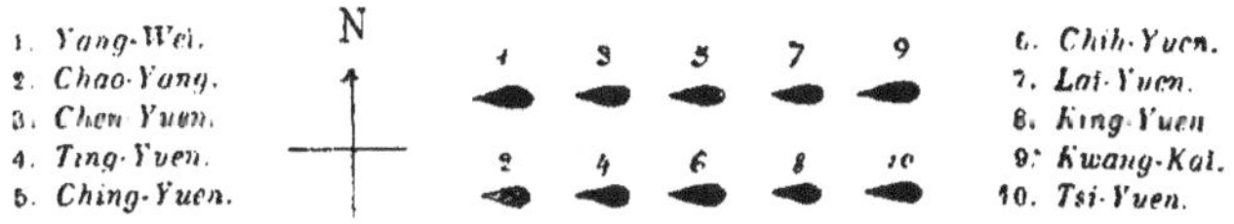

comme on le voit sur la figure. Cette formation d'après les spécialistes était très défectueuse.

La faute, commise par l'amiral Ting ne pouvait échapper à l'amiral Ito; dès que celui-ci put se rendre compte de la formation adoptée par son adversaire, il modifia ses dispositions primitives; au début du mouvement, il avait formé son escadre en deux divisions accolées, chacune en ligne de file; mais, en voyant la longue ligne de front que lui opposait l'amiral Ting, il comprit tout le parti qu'il pouvait tirer de l'ordre en ligne de file qui devait lui permettre d'exécuter son tir par le travers, plus puissant que son tir de chasse; la disposition de l'artillerie sur la plupart de ses bâtiments recommandait ce mode de combat.

En présence d'un adversaire peu manœuvrier et indécis, la formation adoptée par l'amiral Ito avait des chances de succès; il n'en eût pas été de même si l'amiral Ting eût pris une formation initiale massée, qui lui eût permis de faire expier aux Japonais leur audacieux et long défilé, pendant le combat, au tour de l'escadre chinoise.

La figure suivante montre la disposition des escadres chinoise et japonaise avant le commencement de l'action.

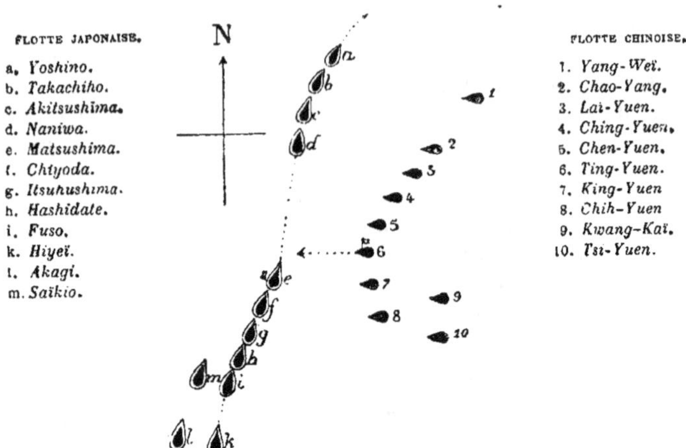




Quoi qu'il en soit, les deux divisions de l'escadre japonaise furent placées l'une derrière l'autre en ligne de file, la première composée des navires rapides et légers, la seconde plus puissante, mieux armée, mais traînant à sa suite 3 bâtiments, mauvais marcheurs, qui jouèrent, comme on le verra plus loin, au cours du combat, un rôle épisodique, non sans gloire, mais dont l'intervention fut plutôt un embarras qu'un auxiliaire vraiment efficace.

Ceux-ci reçurent l'ordre de se porter soit en queue, soit sur le flanc non exposé.

Le *Fuso*, qui semblait, en raison de sa faible vitesse, devoir être rangé dans la catégorie des bâtiments d'arrière-garde, fut rattaché à l'escadre principale, afin de lui permettre de prendre une part sérieuse au combat, où sa muraille bien protégée et sa puissante artillerie devaient lui permettre de remplir convenablement sa mission.



A 12 heures 50, les Chinois ouvrirent le feu les premiers à une distance de 5 à 6,000 mètres; leur tir trop court n'eut aucun effet. Pendant ce temps les Japonais, qui avaient continué à se rapprocher de la flotte ennemie, en se gardant bien de riposter et de dépenser ainsi leurs munitions sans profit, dans un tir incertain, avaient changé de direction; la division de tête, tournant l'escadre chinoise par le tribord, avait ouvert à 3,800 mètres un feu violent sur son aile droite; ses projectiles incendièrent le *Yang-Weï*, qui s'enfuit dans la direction de la côte où il fut détruit le *Chao-Yang*, qui sombra presque sur place; pendant que la division principale, le *Matsushima* en tête, suivait le mouvement de la division volante, celle-ci, apercevant des torpilleurs chinois à bâbord et craignant une attaque de ce côté, tourna immédiatement à gauche pour leur donner la chasse; de son côté, la division principale, poursuivant sa manœuvre concentrique autour de l'escadre chinoise, sans cesser son tir par le travers, se portait sur les derrières de la gauche ennemie, lorsque l'amiral Ito, qui la dirigeait, s'aperçut qu'un de ses navires, l'*Hiyeï*, qui n'avait pu suivre de près le mouvement, était dans une situation très critique; la division légère fut immédiatement rappelée pour lui porter secours.

Comme on le voit sur la figure précédente, ce bâtiment, en raison de sa faible vitesse, avait été laissé en arrière avec l'*Akagi* et le *Saïkio;* l'amiral Ito, voulant utiliser la rapidité de ses meilleurs navires, pensa avec raison que les avantages fournis par l'appoint des canons des trois petits croiseurs seraient fortement contrebalancés par la gêne qu'ils apporteraient dans la manœuvre; ceux-ci, livrés à eux-mêmes, durent se trouver dans un grand embarras. Si, à terre, sur un champ de bataille, il est possible d'évacuer sur l'arrière et de mettre en sûreté tout ce qui est ou devient impedimenta au cours de la lutte, il n'en est pas de même sur mer où le champ d'action de l'ennemi n'a pas de limites; le mouvement circulaire du gros de l'escadre devait forcément découvrir les croiseurs qui se tirèrent d'ailleurs d'une situation périlleuse par un remarquable coup d'audace.

Le commandant de l'*Hiyeï*, comprenant qu'il n'avait plus le temps ni l'espace nécessaires pour défiler devant le front de l'escadre chinoise, qui s'avançait sur lui, se dirigea dans l'intervalle de deux navires de la ligne ennemie, dont la formation était déjà un peu débandée, et, après avoir essuyé un feu des plus violents, parvint à se dégager; il reprit même plus tard son poste de combat, après avoir éteint l'incendie qu'il avait à bord.

L'*Akagi*, qui, par suite de sa position initiale sur le côté extérieur de l'escadre, avait pu passer devant le front de la ligne ennemie sans être obligé de prendre, comme l'*Hiyeï*, la corde de l'arc parcouru par la flotte japonaise, s'aperçut de la situation critique du croiseur et, poussé par un sentiment de solidarité très chevaleresque, se porta, à toute vapeur, à son secours; il fut criblé de projectiles principalement par les deux navires chinois, le *King-Yuen* et le *Chih-Yuen*, acharnés à la perte de l'*Hiyeï;* mais en détournant ainsi une partie des feux de l'ennemi, il contribua à sauver son camarade de combat et à sortir, sinon intact, du moins flottant encore fièrement, de cette lutte inégale, où, comme l'*Hiyeï*, il récolta encore plus d'honneur que de coups.

Les mouvements des cuirassés chinois et japonais, pendant le combat qui vient d'être décrit, sont indiqués sur la figure suivante.

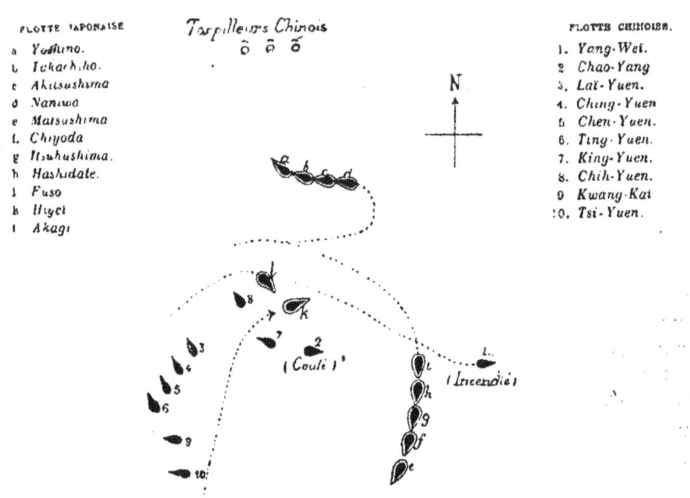



La division légère, ramenée à toute vitesse de sa diversion contre les torpilleurs chinois, arriva à temps sur le lieu même de l'engagement pour couvrir la retraite des deux vaillants petits croiseurs. — Passant entre l'*Akagi* et ses assaillants, elle envoya sur ceux-ci une bordée de tribord, qui les rappela à la réalité d'un combat plus sérieux.

Il y a lieu de remarquer qu'une des torpilles lancées contre l'*Akagi* par un des navires de l'escadre chinoise, à la distance de 50 mètres, passa sous le croiseur et ressortit de l'autre côté sans atteindre son but.

Au moment où se passait ce double épisode, la division volante et la division principale, que leurs évolutions respectives avaient amenées à marcher en sens inverse l'une de l'autre, se trouvaient aux deux extrémités d'un même diamètre, dont la masse des navires chinois occupait le centre; l'escadre de l'amiral Ting, ainsi prise entre deux feux, souffrit cruellement de l'artillerie ennemie. Cette phase du combat est représentée sur la figure suivante.

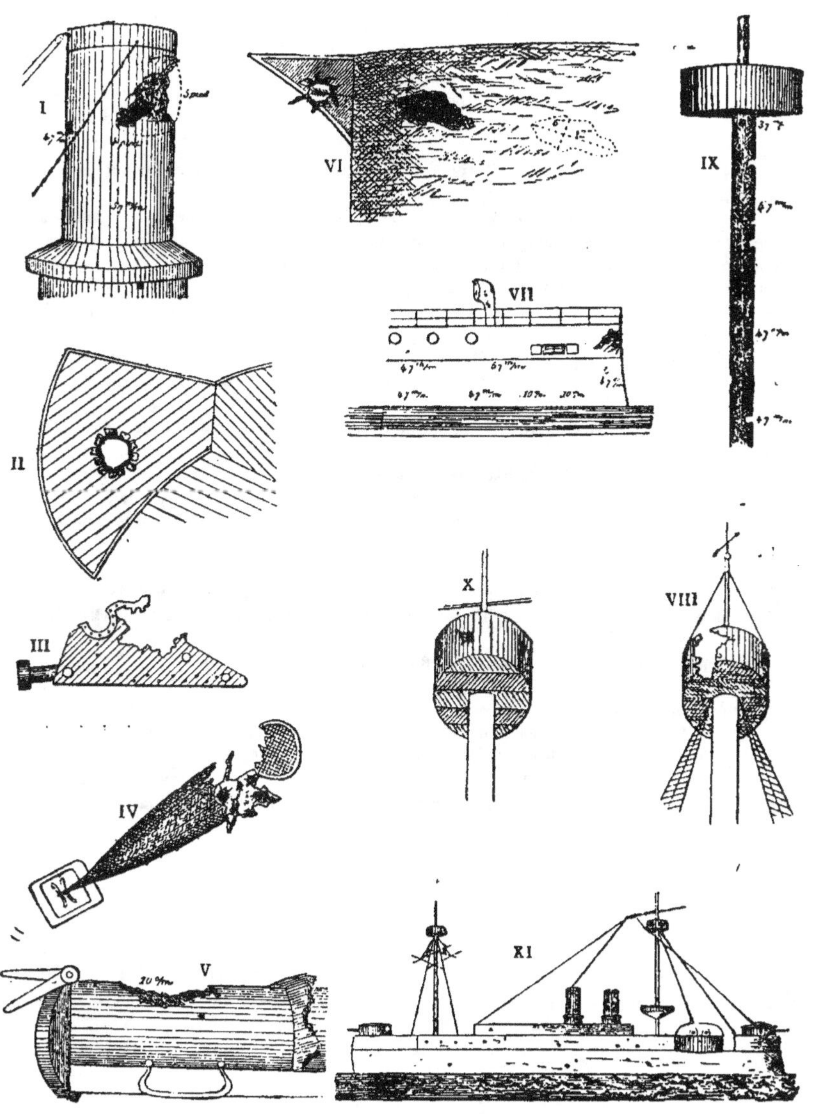



LA GUERRE FUTURE (P. 235, TOME III.)

Fig. I. — Effet produit par l'explosion d'un projectile de 10 c/m de canon à tir rapide, sur une cheminée de navire.

Fig. II. — Blindage protecteur d'un canon de 15 c/m percé par un projectile de même calibre. Le projectile a frappé l'affût du canon à sa partie supérieure, puis, en éclatant, il a brisé la partie inférieure du même affût, l'a soulevé et renversé sur le pont du navire. Tous les servants ont été tués.

Fig. III. — Effet produit sur un affût de 15 c/m par l'éclatement d'un canon après perforation de son blindage protecteur.

Fig. IV. — Effet produit par l'éclatement d'un obus de 10 c/m à tir rapide sur une torpille Whitehead, après que le même projectile eût déjà rencontré et détruit une torpille et un appareil de lancement.

Fig. V. — Appareil lance-torpilles frappé par un obus de 10 c/m de canon à tir rapide.

Fig. VI. — Poste de combat atteint par un obus de 10 c/m de canon à tir rapide. Le projectile a laissé une trace profonde de 3 pouces, longue de 12 et large de 6.

Fig. VII. — Avant d'un navire frappé par 7 coups de canons de différents calibres à tir rapide.

Fig. VIII. — Hune de misaine. Elle a été atteinte par un projectile de 10 ou 15 c/m, au moment où l'officier qui s'y trouvait annonçait de là 2,000 yards de distance. Cet officier et les 6 hommes avec lui ont été tués ; les canons placés sur la hune ont été endommagés.

Fig. IX. — Grand mât atteint par 20 projectiles de 37 et 47 m/m.

Fig. X. — Mât de misaine frappé par des canons à tir rapide de 47 ou 57 m/m, qui ont tué les 4 hommes qui s'y trouvaient.

Fig. XI. — Vue prise par tribord. Tous les coups de canons à tir rapide de 10 c/m et 47 m/m ont porté au-dessous de la ceinture cuirassée ; par bâbord un projectile de 32 c/m a éclaté dans les soutes à charbon sans produire d'avaries particulières ; un projectile explosif de 15 c/m a aussi atteint la soute à charbon de bâbord, sans la traverser et sans éclater.

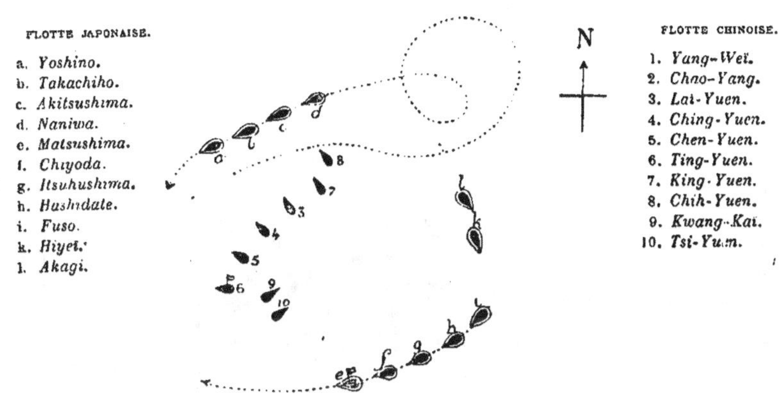


A partir de ce moment, il devient impossible de suivre, avec précision, les évolutions des deux flottes. Il suffira de dire que la division légère, après avoir assailli de ses feux le *King-Yuen* et le *Chih-Yuen*, défila de nouveau devant le front de l'escadre chinoise, pendant que la division principale exécutait une manœuvre analogue en sens inverse.

A ce moment, presque tous les bâtiments des deux flottes étaient en feu ; les navires des ailes de la ligne chinoise, en raison même de leur position, avaient plus particulièrement souffert ; comme on l'a vu, le *Chao-Yang* était coulé et le *Yang-Weï*, en flammes, allait s'échouer ; les Japonais le faisaient sauter le lendemain de la bataille.

La figure ci-contre (page 236) représente les débris du cuirassé *Yang-Weï*.

Le *Tsi-Yuen*, qui se trouvait à l'aile opposée, en retard sur la ligne principale, abandonna le champ de bataille à 3 heures de l'après-midi, sous le prétexte que ses affûts, ses tourelles et ses plates-formes avaient été plus ou moins désorganisés par suite de la rapidité du tir de ses propres canons (Krupp de 15 centimètres et de 21 centimètres).

A la suite de cette retraite précipitée, qui ressemblait à une fuite, le capitaine Fong, commandant du *Tsi-Yuen*, fut traduit devant un conseil de guerre et décapité pour crime de lâcheté devant l'ennemi. L'équipage n'avait eu que 7 hommes mis hors de combat au moment où le capitaine Fong abandonna son poste, et il est constaté par le rapport de M. Hoffmann, chef mécanicien à bord du *Tsi-Yuen*, que le personnel du navire avait très courageusement fait son devoir pendant la phase du combat à laquelle il avait pu prendre part.

Quant au *Kwang-Kaï*, voisin du *Tsi-Yuen*, son rôle au cours de la bataille n'est pas très nettement connu ; il semble avoir associé son sort à

Débris du cuirassé *Yang-Weï*.

celui du *Tsi-Yuen*; ce qui paraît certain, c'est qu'un moment donné, il disparut du champ de bataille et qu'on le retrouva à 11 heures du soir échoué sur un récif à 25 kilomètres à l'est de Talien-Wan.

Les quatre navires des ailes de la ligne chinoise ayant été ainsi mis hors d'action, il semble que le feu de la plus grande partie de l'escadre de l'amiral Ito ait été concentré sur les deux puissants cuirassés de l'amiral Ting, le *Ting-Yuen* et le *Chen-Yuen*; ces deux navires ne paraissent pas avoir été sérieusement endommagés par le tir de l'artillerie japonaise; en tout cas, si les superstructures furent détruites, il est certain que leurs cuirasses ne se sont pas laissé entamer par les plus gros projectiles.

Les cuirassés et l'artillerie. D'où l'on a tiré cette conclusion, que les gros cuirassés n'avaient rien à craindre des croiseurs, même armés de pièces de gros calibre. En se prononçant ainsi, on a négligé un des termes essentiels du problème que l'on croyait pouvoir résoudre, nous voulons parler de la distance de tir; les Japonais sont généralement restés, dans leurs évolutions autour de l'escadre chinoise, assez loin du but, et l'on ne saurait affirmer que si un obus envoyé à 3,000 mètres n'a causé aucun dommage sérieux à une cuirasse de 35$^{\mathrm{cm}}$,5, le même projectile, à une distance deux ou trois fois moindre, n'aurait pas traversé une plaque de même épaisseur.

Si le *Chen-Yuen* et le *Ting-Yuen* se tirèrent, sans trop de dommage, de cette lutte d'artillerie, il n'en fut pas de même du *King-Yuen* et du *Chih-Yuen*. Pris entre les feux de l'escadre légère et la puissante artillerie de

Effet d'un projectile japonais, tombant sur le bâtiment de transport chinois *Kaw-Sching*.

LA GUERRE FUTURE (P. 236, TOME III.)

l'escadre principale, les deux bâtiments furent tous les deux coulés. Les quatre navires restants réussirent à s'échapper et à gagner la côte.

La victoire avait coûté assez cher aux Japonais; au moment où l'amiral Ito s'acharnait, avec une grande partie de l'escadre, contre les deux cuirassés chinois, dont il ne parvenait pas à entamer les œuvres vives, le *Matsushima* reçut un projectile de 12 pouces, qui, éclatant dans sa batterie de canons à tir rapide, démolit une pièce, fit sauter une certaine quantité de munitions et mit 49 hommes hors de combat; le *Matsushima* fut tellement désemparé que l'amiral Ito dut transporter son pavillon sur l'*Hashidate*.

Les petits bâtiments l'*Hiyeï* et l'*Akagi*, dont nous avons signalé la conduite héroïque au début de l'action, étaient aussi fortement endommagés.

Enfin le *Saïkio* n'échappa que par miracle à une destruction complète; le fait est assez curieux pour qu'on s'y arrête un instant.

On sait quelle était la valeur du *Saïkio* comme navire de guerre; c'était moins une unité de combat qu'un simple yacht de plaisance mis à la disposition du chef d'état-major de la marine, pour lui permettre d'assister aux péripéties de la lutte entre les deux flottes. Le *Saïkio* avait bien reçu l'ordre de se tenir, autant que possible, en dehors de la zone dangereuse; mais soit que l'amiral Kavayata ait voulu, malgré tout, prendre part au combat, soit que la vitesse trop faible du *Saïkio* l'ait laissé isolé et sans appui, soit enfin que les projectiles chinois aient été le chercher à grande distance, il paraît établi qu'à un moment donné il se trouva très rapproché de la ligne ennemie. Un obus ayant gravement endommagé ses organes de direction, le petit bâtiment, ne pouvant plus gouverner, se trouva dans une situation très périlleuse; en face du *Chen-Yuen* et du *Ting-Yuen*, qui lui donnaient la chasse, il essaya de se diriger avec le concours de ses deux hélices; mais en exécutant cette manœuvre, il se rapprocha à 80 mètres des deux cuirassés. Il se passa alors un incident caractéristique, qui constitue l'un des plus intéressants épisodes de cette bataille : les deux navires chinois, ne pouvant se rendre compte de la cause qui amenait sur eux le petit croiseur, pensèrent qu'il se portait résolument à leur rencontre pour essayer d'éperonner l'un deux. Devant cette apparente menace, les cuirassés manœuvrèrent en vue de parer le coup mortel auquel ils se croyaient exposés; leur hésitation sauva le *Saïkio*, qui, échappant à ses ennemis, parvint, quoique très endommagé, à rallier l'escadre.

Ce fait est particulièrement intéressant, parce qu'il montre la valeur de l'éperon dans la mêlée; ici il n'a joué assurément qu'un rôle moral d'ailleurs involontaire; mais si l'influence de sa menace est telle que les commandants des navires cuirassés soient assez troublés par l'approche d'un petit croiseur de commerce, mal habillé en navire de guerre, pour perdre leur sang-froid

Résultats donnés<br>par l'emploi<br>de l'éperon.

et laisser échapper une proie aussi facile, il faut en conclure que l'éperon reste l'arme la plus redoutable dont on puisse disposer dans un combat naval.

Il convient de remarquer que c'est une arme d'un maniement si délicat, dans sa toute-puissance, que les Japonais n'ont pas tenté de l'employer ; ils ont pensé, avec juste raison, que, par l'habileté de leur manœuvre, ils arriveraient à mieux tirer parti du canon que les Chinois, embarrassés par une formation rigide, qui rendait impossible l'utilisation complète des pièces disposées sur les flancs des différents navires. Il était dès lors inutile de risquer le sort de leurs bâtiments dans un abordage très chanceux.

Pour résumer en quelques lignes cet exposé de la bataille navale de Ya-lou, il suffira de rappeler que l'amiral Ito, en évoluant autour de la flotte chinoise, continuellement prise entre deux feux et, pour ainsi dire, investie, réussit à mettre en œuvre, à chaque instant de la lutte, tous ses moyens d'action, tandis que l'amiral Ting dut se contenter de ripostes partielles, soit qu'il ait jugé difficile de modifier sa formation initiale sous le feu de l'ennemi, soit que la passivité inhérente au caractère chinois lui ait fait conserver ses dispositions primitives.

Ce ne fut qu'au moment où le désordre (1) se mit dans l'escadre chinoise que les différents bâtiments, plus ou moins isolés les uns des autres, purent faire usage, d'ailleurs sans unité de direction, de toute leur artillerie, soit en chasse soit par le travers.

Il n'y eut pas, à proprement parler, de poursuite, les munitions étant épuisées, et les Japonais se trouvant, moralement et physiquement, exténués par les efforts d'une lutte qui avait duré cinq heures ; l'amiral Ito se contenta de gouverner, avec son escadre, parallèlement à la direction suivie par la flotte chinoise. D'ailleurs la nuit était venue, et, dans ces conditions, il eût été bien imprudent de trop se rapprocher d'un ennemi disposant de torpilleurs ; ceux-ci n'auraient peut-être pas laissé échapper l'occasion de prendre, à la faveur de la nuit, la revanche de leur inaction au cours du combat.

A ce moment, l'amiral Ito dut amèrement regretter d'avoir laissé sur les côtes de Corée sa flottille de torpilleurs, qui lui aurait permis d'achever sa victoire.

---

(1) Les Japonais doivent une partie de leurs succès aux dispositions prises pour mettre leurs signaux à l'abri du feu de l'ennemi ; par contre, sur la plupart des bâtiments chinois, les cordages servant à hisser les signaux furent rapidement coupés ; à partir de ce moment, chacun gouvernant à sa guise, le désordre se mit dans l'escadre de l'amiral Ting.

La *Revue maritime* tire du combat de Ya-lou les conclusions suivantes : la cuirasse semble assurer une certaine protection. Le *Ting-Yuen* et le *Chen-Yuen* ont pu supporter, sans avaries particulières dans leurs parties essentielles, la grêle de projectiles qui se sont abattus sur eux pendant quelques heures (1). Les superstructures du pont, les hunes de combat et les cheminées furent criblées de coups et à moitié détruites, mais la cuirasse était intacte et nulle part elle ne fut percée. Sur 120 traces de coups qu'on y retrouva plus tard, 4 seulement indiquent que les projectiles des grosses pièces s'y étaient enfoncés de 3 pouces.



En tous cas, malgré la solidité dont avait fait preuve leur cuirasse, les deux cuirassés avaient éprouvé de sérieuses avaries. Non seulement tout ce que la cuirasse ne protégeait pas y avait été brisé, mais en outre des canons avaient été démontés et à chaque minute se déclaraient des incendies. Sur le *Chen-Yuen*, on en éteignit huit; sur le *Ting-Yuen*, trois ou quatre, jusqu'au moment où, vers 4 heures, en éclata un vraiment sérieux.

Mais le nombre des tués et blessés, assez grand des deux côtés, fut moindre cependant qu'on ne pouvait s'y attendre, parce qu'on avait ordonné aux hommes de se coucher sur les ponts, autant que possible, et grâce aussi aux nombreux sacs de sable répandus à l'intérieur des batteries pour empêcher les ricochets des éclats de bois ou de fer.

Sur le *Ting-Yuen* furent blessés l'amiral Ting et son conseiller, l'Allemand Hanneken; l'Anglais Nicols, officier d'artillerie, fut tué.

Les pertes des Japonais furent bien moindres, et jusqu'à 3 heures 1 2, leurs bâtiments, à l'exception de ceux de l'arrière-garde, n'éprouvèrent que relativement peu d'avaries sérieuses.

Mais, après ce moment, eux aussi se trouvèrent à leur tour dans une situation critique. Deux projectiles de gros calibre atteignent l'un après l'autre le *Matsushima* et y mettent hors de combat 120 hommes, tant sur le pont que dans la batterie; dans la batterie seulement, 40 hommes sont tués et 60 blessés; un officier d'artillerie est mis en lambeaux, on ne retrouve que sa casquette. Un canon Canet de 32 centimètres est endommagé et mis hors d'action.

A l'avant, le tableau est effrayant : un canon Armstrong de 12 centimètres est brisé et jeté à la mer; tout est détruit et démoli : le capitaine et

---

(1) Deux grands canons Krupp de 30ᶜᵐ,5, établis dans la tourelle d'avant du *Chen-Yuen*, furent, dès le début de l'engagement, paralysés par un projectile qui brisa le mécanisme hydraulique servant à les mouvoir; le *Ting-Yuen* eut également une pièce barbette brisée à la fin du combat.

le premier lieutenant sont tués; un incendie éclate qui se propage assez rapidement.

Le *Matsushima*, bien qu'ayant tant souffert, pouvait encore se tenir sur l'eau; pas un de ses organes essentiels n'était hors d'état de fonctionner. Mais l'amiral Ito fut obligé de transférer son pavillon sur le *Hashidate*, pour terminer le combat, qui touchait à sa fin.

Vers quatre heures, le feu se ralentit des deux côtés, faute de munitions.

Les cuirassés chinois, qui avaient tiré déjà près de 200 projectiles (197) de leurs gros canons et plus de 250 de leurs canons de 6 pouces, commencent à manquer d'obus ordinaires. Ils sont obligés de ne tirer sur les Japonais qu'avec leurs projectiles d'acier, dont l'effet sur les navires non cuirassés est moins puissant.

Il est probable que les Japonais, après une canonnade ininterrompue de 3 heures, manquent aussi de projectiles, — car leur attaque devient moins énergique.

On peut dire que cette journée appartient entièrement à deux éléments du combat: la vitesse et le canon; tandis que l'éperon, contrairement à ce qui s'était passé à Lissa, n'y joua aucun rôle — et que la torpille, arme relativement nouvelle, n'eut l'occasion que de montrer son insuffisance de précision, provenant peut-être de quelque inexpérience dans son maniement et de son mauvais état de conservation.

Néanmoins, il serait prématuré de condamner la torpille, parce que son rôle ne fut pas ce qu'il aurait dû être ; dans des mains plus habiles, elle aurait, sans doute, atteint son but. En tout cas, n'est-ce pas l'emploi des torpilles qui empêcha qu'il n'y eût des coups d'éperon de portés pendant le combat? N'est-ce point par crainte des torpilles que l'amiral Ito se maintint toujours à bonne distance de l'ennemi? Il n'est pas douteux que la torpille n'ait contribué au triomphe de la vitesse et du canon et, dans une certaine mesure aussi, de la cuirasse (1).

En réalité, l'amiral Ito dut son succès à l'artillerie et à sa rapidité de marche. Grâce à la vitesse et aux qualités manœuvrières de ses bâtiments, il put, avec de simples croiseurs, tenir à distance une flotte qui comprenait, outre des croiseurs cuirassés, de puissants cuirassés d'escadre.

N'est-ce pas encore grâce à cet important élément qu'il put, au début de l'action, envelopper l'aile droite de la flotte chinoise et lui détruire deux bâtiments? N'est-ce pas, enfin, faute d'une vitesse assez grande que les

------

(1) Armstrong, *Torpedoes and Torpedo-Vessels*.

bâtiments de son arrière-garde furent forcés de supporter l'assaut de tous les navires ennemis?

Après une expérience aussi décisive, il faut admettre que la vitesse de marche est et sera toujours la qualité indispensable d'un bâtiment de guerre. Un vaisseau pourra peut-être se passer des autres éléments d'attaque et de défense, mais de celui-là — c'est-à-dire de la vitesse — jamais.

Pendant la bataille de Ya-lou, il se produisit un fait relatif à l'attaque par les torpilles. Le *Fou-Long*, un des deux torpilleurs de 1ʳᵉ classe des Chinois, s'approcha du vapeur japonais *Saïkio* et lui lança deux torpilles de ses tubes d'avant. Toutes deux ratèrent ou, comme dit Tchoï, l'officier qui commandait les torpilleurs, le *Saïkio* les évita. Après cela, le torpilleur n'avait plus autre chose à faire que de filer le long du bord de l'ennemi et à quelque distance. Tchoï a prétendu qu'il était passé à une distance de 40 pieds et que les Japonais en avaient éprouvé une si grande peur, qu'ils avaient jeté leurs armes. Il lança à bout portant une torpille par le travers, mais sans doute elle plongea et passa par-dessous le bâtiment adverse. Quant au *Fou-Long*, il ne reçut aucun projectile.

Le tir des canons actuels étant efficace à des distances bien plus grandes que la portée des torpilles, ces canons permettent à un vaisseau quelque peu mobile de lutter très sérieusement dans les limites de ces distances. En outre, avec la grande quantité de projectiles qui tomberont sur toutes les parties des bâtiments engagés, n'y a-t-il pas à craindre des explosions prématurées des réservoirs d'air des torpilles ou même de leurs chambres à charge, qui sont si peu protégées contre le tir?

Les explosions des projectiles allument si facilement des incendies sur les ponts, dans les mâts, les passerelles, les embarcations, en un mot dans tout ce qui est aisément inflammable, qu'il semble nécessaire d'exclure entièrement le bois des matériaux employés à ces diverses constructions sur les bâtiments de guerre.

Si l'on tient compte du grand nombre de projectiles lancés des deux côtés et si l'on admet que nos artilleries d'Europe auraient un tir plus efficace que celles qui luttaient à Ya-lou, il devient évident que deux escadres européennes, avec leurs moyens d'action, se feraient des avaries bien plus sérieuses que celles constatées au combat dont nous venons de donner la description — et qui pourtant n'étaient pas sans gravité.



A en juger par les coups heureux qui atteignirent le *Matsushima* et d'autres navires, on peut admettre sans hésitation que deux escadres européennes également bien commandées seraient obligées de cesser la lutte pour s'en aller le plus vite possible se réparer dans leurs arsenaux respectifs.

Telle est, d'ailleurs, l'opinion de sir A. Beresford (1), qui dit qu'en prévision d'un tel état de choses, il sera nécessaire d'avoir de nombreux arsenaux pour répartir entre eux le travail de réparation des navires; il faudra aussi, dit-il, des réserves d'hommes nombreuses, des approvisionnements de charbon sur des points choisis dès le temps de paix; il faudra, enfin, constituer une flotte de réserve avec de vieux bâtiments bien armés d'artillerie moderne pour porter le coup décisif, quand les escadres, d'abord engagées, abandonneront la mer par suite des avaries éprouvées dans les premières rencontres.

Cette opinion découle logiquement de certains résultats de la dernière bataille navale; elle est d'accord avec celle de White (2), qui soutient qu'avec les moyens actuels de destruction, les bâtiments d'aujourd'hui ne supporteront pas plus d'un seul combat sérieux.

L'amiral Werner arrive presque aux mêmes conclusions (3):

1° Les croiseurs cuirassés, c'est-à-dire ceux dont le pont seulement est protégé par une cuirasse descendant au-dessous de la ligne de flottaison, n'ont aucune, ou du moins n'ont qu'une faible importance comme navires de combat;

2° Les types de bâtiments employés jusqu'à ce jour comme avisos ne sont pas propres à ce service;

3° Les navires destinés aux opérations militaires ne conviennent à ce rôle que si, tant le navire lui-même que ses machines, son équipage et tous ses canons, y compris ceux à tir rapide, comme aussi tous les appareils pour la transmission des ordres, sont complètement à l'abri des obus;

4° On ne peut utiliser comme croiseurs que les navires qui, d'après leur construction même, peuvent être en même temps employés comme bâtiments de combat;

5° Ce n'est pas le poids mais le nombre des canons qui influe sur l'issue d'une affaire;

6° Par suite de l'effet puissant des canons à tir rapide, il faut, avant le commencement d'un combat, enlever du pont d'un bâtiment tout ce qui peut être détruit par les projectiles;

7° Il faut surtout s'occuper sérieusement des mesures à prendre à l'avance pour écarter les dangers d'incendie;

8° La force destructive des projectiles des canons à tir rapide est très

_________

(1) *Naval and Military Record*, 27 septembre 1894.

(2) *Army and Navy Gazette*, 27 septembre 1894.

(3) *Militärisch-politische Blätter* : Ce que nous apprend la bataille navale de Ya-lou par le contre-amiral von Werner.

grande, et par suite, on peut admettre qu'après chaque combat naval, les parties non cuirassées des bâtiments seront tellement endommagées qu'il faudra les réparer immédiatement.

Si, au combat de Ya-Lou, les torpilles n'ont pas joué un rôle assez remarquable, la guerre sino-japonaise ne permet pas moins de formuler, relativement à ces engins, quelques conclusions instructives.

Dans son ouvrage, Armstrong (1) reproduit le récit d'un témoin oculaire, officier anglais, qui se trouvait auprès de l'amiral Ting. Nous donnons, de ce récit, les parties caractéristiques, en laissant de côté les détails qui ne peuvent intéresser que les spécialistes.

Avant de décrire les effets de l'explosion d'une torpille sur le *Ting-Yuen*, il faut rappeler les dispositions arrêtées sur ce bâtiment pour en fermer les cloisons étanches. L'auteur montre que, sous ce rapport, il n'y avait rien à critiquer, mais il ajoute que les revêtements de caoutchouc, destinés à empêcher l'entrée de l'eau, n'étaient pas en bon état.

« L'attaque à la torpille, dit l'auteur, qui finit si malheureusement pour nous, eut lieu vers 4 heures du matin. Au sud d'Ita-Hou, on aperçut des fusées de signaux lancées par nos embarcations de garde. Aussitôt quelques-uns de nos bâtiments ouvrirent le feu. Nous-mêmes, nous en fîmes autant, mais je ne pus découvrir le but contre lequel on tirait. Au bout de quelque temps nous cessâmes le tir et j'aperçus aussitôt quelque chose de sombre qui flottait à environ un demi-mille de distance. Nous ouvrîmes le feu contre cet objet, et je courus sur une plate-forme élevée près de la grande boussole, pour mieux voir. Avec une jumelle, j'aperçus un torpilleur à deux cheminées qui venait sur nous par le travers de bâbord. Quand il ne fut plus qu'à 300 yards, il mit la barre à bâbord. Au moment où il virait, je m'aperçus que nous l'avions atteint sérieusement, car la vapeur s'en échappait en grande abondance. Quelques secondes après une torpille nous frappait à l'arrière. Une explosion suivit et une secousse terrible, comme en doit produire, il me semble, un tremblement de terre. L'explosion fut accompagnée d'un grondement sourd. Sur le pont s'écroula une colonne d'eau qui dégageait une odeur forte et répugnante.

« Quelques secondes après le trompette donna le signal de « fermer les cloisons étanches » (ce petit retard n'eut pas de fâcheuses conséquences pour le navire). Après cette sonnerie, je descendis en bas voir si toutes les portes étaient bien fermées. Et là je vis que l'eau s'ouvrait un passage par l'écoutille du magasin de réserve. En même temps, dans ma chambre qui se trouvait à côté de ce magasin, il y avait près d'un pied d'eau. Le cuirassé

_______________

(1) *Torpedoes and Torpedo-Vessels*, 1896.

s'inclinait déjà quelque peu. Près de là, il y avait encore quelques écoutilles, mais je ne remarquai pas si l'eau y pénétrait. Ayant vu que dans cette partie du bâtiment — à l'arrière de la traverse cuirassée centrale — les portes des compartiments étanches étaient fermées, je courus à la chambre des machines. Là je fus frappé de voir que, dans le compartiment de bâbord, l'eau montait rapidement, et les ingénieurs mécaniciens me dirent que la machine de bâbord s'était arrêtée. Les portes à coulisses des corridors et des passages laissaient arriver l'eau, mais pas assez cependant pour qu'on pût leur attribuer l'inondation de la chambre des machines ».

Il fallut échouer le *Ting-Yuen* et en retirer les canons à tir rapide ; et même, sur la côte, malgré toutes les mesures prises pour le sauver, il s'enfonça peu à peu dans les flots.

« Dans la nuit du 6 février, continue l'auteur, les Japonais exécutèrent une seconde attaque à la torpille ; mais, quoique les canonniers de notre côté eussent ouvert le feu, nous n'aperçûmes pas un seul des torpilleurs ennemis ; nous ne pouvions non plus entendre nettement les explosions des torpilles japonaises, au milieu du grondement de nos canons (nous étions à 3,000 mètres des bâtiments attaqués). Cette attaque amena la destruction d'un croiseur, d'un bâtiment d'instruction et d'une chaloupe à vapeur.

« Le torpilleur qui nous avait coulés fut au jour trouvé flottant aux environs du port. Il portait six trous de projectiles : deux dans la chambre des chaudières, deux dans sa cheminée, un à l'extrémité antérieure de son appareil lance-torpilles central et un à l'avant. Tous ces trous avaient été faits par des projectiles de canons de 3 et 6 livres. On trouva en outre beaucoup de traces de balles de fusil, mais pas un seul trou produit par elles. Un des projectiles avait atteint le tuyau de vapeur de la chambre de chauffe et naturellement la vapeur avait causé la mort de tous les hommes qui s'y trouvaient. Trois cadavres gisaient dans la chambre et un autre, celui de l'ingénieur-mécanicien, sur le pont supérieur, mais également brûlé. Sur le même pont supérieur se voyaient quelques traces, rares d'ailleurs, semblables à des taches de sang, indiquant que quelque marin de l'équipage y avait été blessé. Plus tard nous apprîmes, je ne sais jusqu'à quel point la chose était vraie, que le reste de l'équipage du torpilleur était mort de froid. Quant aux autres avaries du torpilleur, il faut mentionner qu'un projectile atteignant l'avant avait détruit la chambre établie sur ce point. »

Au combat de Toyoshima nous voyons que quelques torpilleurs japonais luttèrent avec succès contre les vaisseaux de guerre chinois.

La figure ci-contre montre un bâtiment chinois coulant à fond. Elle a été faite d'après une photographie prise au cours même du combat par un officier japonais.

Vaisseau chinois coulé à fond.

Presque tous les spécialistes ont dit leur mot des conclusions qu'il faut tirer du combat de Ya-lou, quant à la guerre future.

La plupart arrivent à conclure que la destruction mutuelle des flottes engagées est plus que probable. Mais en même temps les Parlements votent, pour la construction de cuirassés perfectionnés, des sommes encore plus fortes que les années précédentes.

Conclusions<br>quant à<br>la guerre future.

# Quelques conclusions
# sur les batailles futures

# I. Difficultés de maintenir la formation et la direction des escadres pendant le combat.

Conditions
actuelles
d'un combat
d'escadre.

Pour se rendre compte du caractère qu'auront les combats futurs entre des bâtiments isolés et entre des escadres entières, il faut avant tout bien connaître les conditions dans lesquelles a lieu aujourd'hui un combat d'escadre.

On comprend qu'une escadre voulant attaquer ou se défendre doit adopter une certaine formation. La marche et l'issue du combat dépendront beaucoup de la formation adoptée. — Nous allons donc examiner les principales et les plus généralement usitées.

Formation en ligne de file.

La formation la plus simple, c'est la ligne de file, indiquée sur la figure.

C'est celle qu'il est le plus facile aux navires de conserver et beaucoup d'amiraux la considèrent précisément comme la formation de combat dans laquelle il faut se trouver quand on est en vue de l'ennemi.

De cette formation on peut passer à plusieurs autres représentant des figures géométriques établies d'avance; comme par exemple la ligne de front, où tous les bâtiments sont disposés parallèlement l'un à l'autre, par le travers, avec entre eux des intervalles déterminés.

Ligne de front.

D'aucuns considèrent cette formation comme extrêmement avantageuse; mais d'autres la trouvent incommode pour combattre parce qu'elle facilite à l'ennemi le forcement de la ligne. La divergence d'opinions en matière de formations conduit à recommander de choisir une sorte de terme moyen, c'est-à-dire une formation telle que tous ou au moins la plupart des bâtiments puissent se servir de leur artillerie en avant, en arrière et par le travers, mais surtout en avant—car toute la question est d'arriver à mettre le plus vite possible l'ennemi dans l'impossibilité de continuer la lutte. Une formation de ce genre se présente sous l'aspect d'un triangle dont le sommet est tourné vers l'ennemi — et où les bâtiments sont placés sur les deux côtés de l'angle. C'est la formation dite en coin.

Une circonstance dont il faut encore tenir compte si l'on veut bien comprendre les batailles de l'avenir, c'est que les navires, pour éviter de se heurter entre eux, et conserver la possibilité d'agir, doivent se trouver à certaines distances les uns des autres. Et voici les conditions que les spécialistes formulent quant à la détermination de ces distances :

1° Pour que des bâtiments puissent se soutenir mutuellement, il faut qu'ils soient au moins à 200 mètres de distance l'un de l'autre.

2° Pour qu'ils puissent tirer avec succès et poursuivre l'ennemi de leur tir jusqu'à ce qu'ils en soient à petite distance, par exemple à moins de 800 mètres, il faut qu'ils se placent à l'intérieur ou sur le lieu géométrique des points d'où il verraient la tête de la ligne ennemie sous un angle de 10°, et que le premier bâtiment soit au milieu de la corde d'un arc de circonférence de 800 mètres de rayon.

3° Pour se servir avec succès des torpilles et pour que la formation conserve sa régularité, la distance entre les navires ne doit pas dépasser 400 mètres.

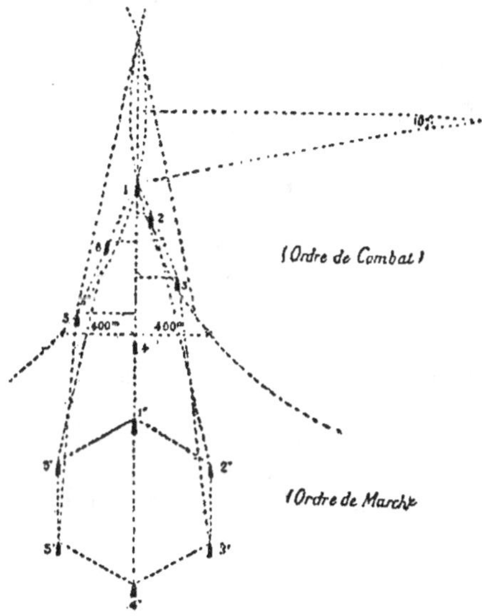


Formation en coin.

Le cuirassé de tête se trouve au sommet de l'angle; les quatre autres sont échelonnés sur les côtés de cet angle, la distance entre eux n'étant pas de plus de 200 mètres par le travers; le 6° cuirassé est à la queue en ligne avec celui de tête. Si une escadre comprend 12 bâtiments, on recommande de la séparer en deux : la seconde suivant la première à 3,000 mètres et la soutenant.

S'il y a plus de 6 unités de combat, mais moins de 12, les dernières unités à partir de la septième peuvent se tenir derrière le cuirassé de queue des six premières, en ligne avec celui-ci et le bâtiment de tête.

On voit plus clairement encore l'importance de cette formation tactique par la figure suivante, qui représente l'escadre anglaise à sa sortie de Tché-Fou, en novembre 1894.

L'escadre anglaise à Tché-Fou.

Un constructeur bien connu de la marine anglaise, White, a fait à la *Royal United Service Institution* une conférence sur les nouvelles constructions fixées par le programme de 1889. Il a exposé entre autres choses un dessin représentant ces nouveaux types de navires, allant au combat.

Nous reproduisons ici ce dessin, tel que l'a donné le *Graphic*, en 1894, d'après le croquis que lui avait fourni White.

Les navires anglais du modèle de 1889.

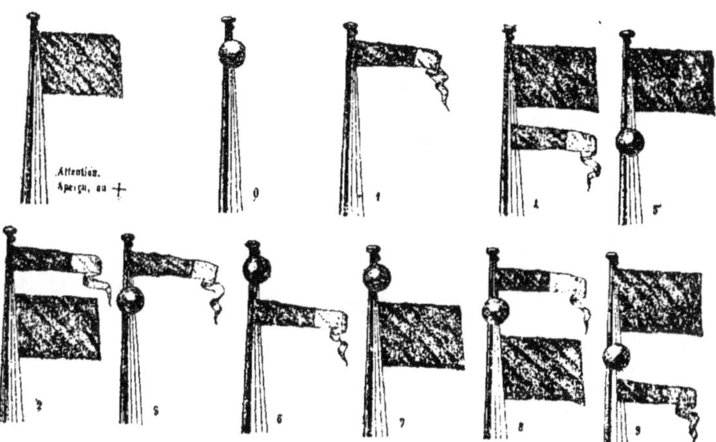

Pavillons de signaux

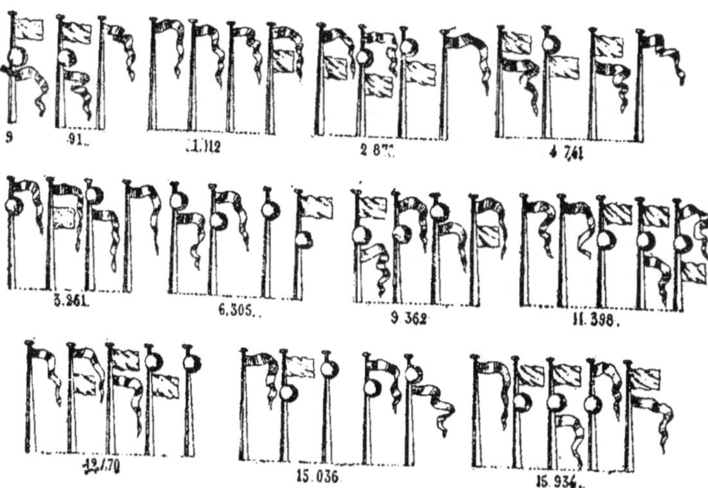

Modèles de relations entre bâtiments de guerre et de commerce.



La Guerre Future (P. 253, tome III.)

Mais la formation de combat dépend de la disposition primitive des bâtiments ennemis et de la façon dont ils manœuvrent.

Tous les ordres envoyés aux divers bâtiments de l'escadre pour les faire agir, — au cas où les instructions données à l'avance doivent être modifiées, — leur sont transmis par des signaux ou à l'aide de pavillons.

Pendant le combat on ne peut guère faire, naturellement, que des signaux optiques. Tant pour les besoins du temps de paix que pour ceux du temps de guerre, il existe dans chaque marine un dictionnaire de lettres, le mots et de phrases, désignés par des chiffres convenus, — de telle sorte que deux personnes, ayant chacune un exemplaire de ce dictionnaire, peuvent communiquer ensemble en se signalant réciproquement les numéros correspondant à ces mots, phrases, etc.

Nous donnons dans la planche ci-jointe les signaux qui représentent les chiffres de 0 à 9 et un modèle de transmissions entre bâtiments de guerre et de commerce (1).

Avant de faire un signal, il faut choisir, dans un local spécial établi sur le pont, les pavillons nécessaires pour l'exécuter, les réunir dans l'ordre voulu et les fixer à une drisse qui sert à les hisser sur un mât ou sur une vergue, afin qu'ils soient visibles à grande distance. Mais ce n'est pas tout. Quelquefois, pour permettre d'observer les pavillons, il faut les tendre artificiellement ; il ne suffit pas de les hisser. C'est ce qui arrive notamment par temps de calme ou quand les navires sont à l'ancre, ou encore quand ils marchent dans le sens du vent et avec la même vitesse.

Les moyens<br>de donner<br>des ordres<br>au cours<br>du combat.

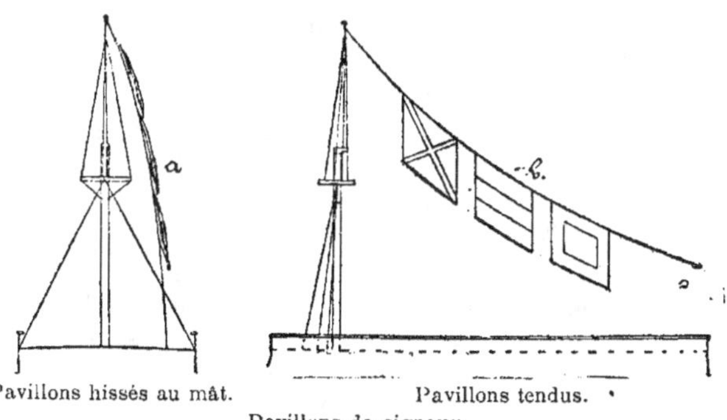


Pavillons hissés au mât.        Pavillons tendus.

Pavillons de signaux.

Mais souvent il est difficile de dechiffrer les signaux courts faits avec un

---

(1) Van Wetter, *Traité de télégraphie optique appliquée aux arts militaires.*

petit nombre de pavillons, parce qu'ils peuvent être cachés par le mât même du navire qui fait le signal, ou par la fumée, ou enfin par des navires qui se trouvent entre celui qui fait le signal et celui auquel il est adressé. Dans ce cas on demande une explication ce qui se fait en signalant : « Je vois un signal, mais je ne le comprends pas ». Alors on s'efforce de déplacer le signal pour l'établir sur un point d'où il soit mieux vu.

L'exécution de l'ordre prescrit par un signal commence au moment où ce signal est amené par le bâtiment qui l'a hissé : et on ne l'amène d'ailleurs pas avant d'avoir reçu la réponse : « Compris ! » C'est l'analogue du commandement « Marche ! » qui, dans les troupes de terre, suit un premier commandement, indiquant le mouvement ou la formation à exécuter. Enfin, pendant un combat, on se borne aux signaux les moins compliqués qui sont parfois indiqués par un seul pavillon. Par ce qu'on vient de dire, nous voyons combien facilement peuvent se produire des malentendus et confusions : et, si l'on tient compte du grand nombre des navires, il est clair que ces erreurs peuvent avoir de très dangereuses conséquences.

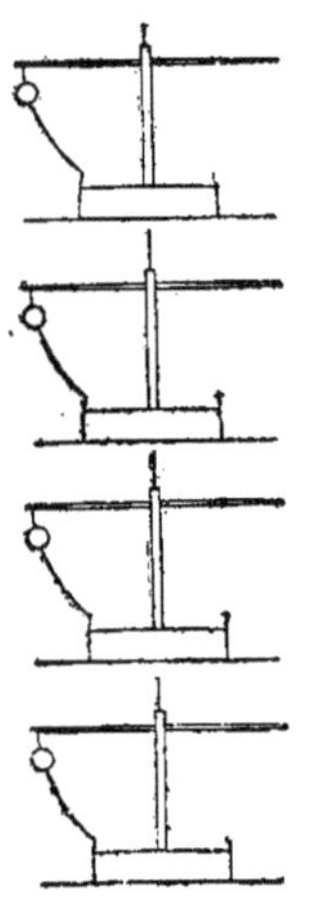

Les signaux de vitesse et de direction de marche.

Sphères pour indiquer la vitesse de marche d'un navire.

Mais, outre les signaux ci-dessus décrits, l'attention de tous les vaisseaux de l'escadre doit être constamment dirigée sur les signaux dont l'observation permanente est nécessaire en pareil cas, c'est-à-dire ceux qui indiquent la position du gouvernail — les cônes de gouvernail — et les sphères qui marquent la vitesse de marche. La position de ces sphères montre à chaque instant si le navire marche à petite, grande ou moyenne vitesse, s'il est arrêté ou s'il fait machine en arrière.

Les navires arboreront-ils en cas de guerre ces sphères et ces cônes, qui peuvent permettre aussi à l'ennemi de déterminer la vitesse et les mouvements probables des bâtiments ? — C'est ce que, d'après l'amiral Werner, il est difficile de dire. Mais, selon toute probabilité, on devra le faire, parce qu'en renonçant à ces signaux conventionnels, on risquerait trop d'amener des collisions entre les bâtiments de sa propre flotte. Il est évident que l'exécution des signaux, dans leurs diverses formes, exige malgré la suppression presque totale du gréement, la conservation de quelques mâts sur les bâtiments de guerre : et la manœuvre des sphères destinées à indiquer la vitesse oblige à y disposer une grande vergue, dans des conditions telles qu'elle puisse être facilement aperçue de tous les navires d'une escadre.

La nuit, on remplace les pavillons par des feux électriques et des fusées de diverses couleurs. Il faut naturellement une habitude spéciale, tant pour exécuter avec précision les signaux, que pour les comprendre. La plus petite erreur, le plus léger incident, empêchant l'exécution d'une manœuvre, peuvent amener une catastrophe — comme celle qui s'est produite lors de la fameuse rencontre des deux cuirassés anglais *Victoria* et *Camperdown*.

Le combat de Yalou a montré qu'avec les canons et les projectiles actuels, les mâts sont facilement et promptement abattus. Il faut observer d'ailleurs que les escadres opposées ce jour-là étaient inférieures en qualité à des escadres européennes; les équipages de l'une étaient mal instruits, ses capitaines, ignorants et irrésolus, n'agissaient que d'après les avis de conseillers européens — et malgré tout cela, on a vu quel résultat fut obtenu. Ce qui d'ailleurs n'est nullement étonnant : car les mâts des bâtiments actuels, garnis de hunes de combat, offrent un objectif trop étendu, comme

Vue du mât d'un cuirassé d'escadre.

on le voit par la figure de la page 255, qui représente le mât d'un cuirassé d'escadre.

Il ne faut pas oublier que la force des projectiles des canons à tir rapide suffit pleinement à briser un mât et à rendre ainsi l'exécution des signaux impossible.

Dans le combat de Ya-lou, un projectile atteignant un mât de l'*Akagi* le coupa net, comme on le voit par la figure ci-dessous :

Vue du mât du cuirassé l'*Akagi* brisé par un projectile.

Outre le mât fut démolie aussi la roue du gouvernail établie sur le pont supérieur. Les hommes qui se trouvaient sur ce pont furent atteints par des projectiles et des éclats, et durent quitter leur poste en toute hâte pour échapper aux flammes qui sortaient des cheminées endommagées. Cette circonstance rendit l'exécution des signaux impossible et empêcha tout échange d'explications entre les différents navires. Il n'avait même servi de rien que les capitaines, mis hors de combat, eussent été immédiatement remplacés par d'autres personnes prenant le commandement et que

Effet d'un projectile sur la tourelle cuirassée d'un canon, sur le navire *Akagi*

les équipages eussent gardé leur sang-froid, malgré les pertes éprouvées et les avaries des machines. — Ainsi, peu après le commencement de l'affaire, on ne pouvait déjà plus songer à diriger les opérations de l'escadre. Et cependant le feu de l'artillerie contre les navires était toujours terrible.

Mais dans les combats que nous venons de décrire, on n'employait pas encore de projectiles remplis des nouveaux explosifs.

Dans un récent article du journal *le Yacht*, à propos de l'influence qu'aura le perfectionnement des projectiles sur la construction des navires de guerre, on décrit comme il suit ces terribles effets destructeurs des bombes remplies de mélinite ou autres explosifs puissants — d'après des expériences exécutées sur la *Résistance*, la *Belliqueuse* et au polygone de Gâvres :

*Effets destructeurs des projectiles remplis des nouveaux explosifs.*

« Tout ce qui se trouve dans le voisinage du point d'éclatement est complètement détruit ; des milliers de débris de fer volent de tous côtés avec une vitesse énorme, crevant le pont et les cloisons du navire. Quand l'explosion a lieu sur un pont cuirassé, celui-ci est enfoncé sur une grande étendue. Des débris, lancés comme des projectiles, détruisent tout ce qui se trouve sur leur passage à l'intérieur du bâtiment. De plus, et outre l'action mécanique, l'acide carbonique et les différents gaz dégagés par l'explosion rendent pour longtemps l'air absolument irrespirable (1). »

Dans ces conditions, la direction, la manœuvre et en général le combat sont-ils possibles ?

L'ennemi, sachant de quelle énorme importance est le rôle joué par les capitaines dans le combat, ne manquera pas de diriger ses coups contre eux.

Autrefois, quand tous les mouvements se faisaient lentement, il ne pouvait résulter d'un retard ou d'un malentendu dans l'exécution d'un ordre le même danger qu'aujourd'hui où, en quelques minutes, peuvent se produire des collisions terribles.

La principale condition pour la conduite de la guerre navale, c'est que les divers pays disposent de commandants en chef entièrement aptes à remplir ces fonctions. Mais le rôle d'un amiral est devenu si difficile, qu'on se demande si l'on pourra trouver des hommes capables de le remplir. — Avec la grande mobilité des navires actuels, il n'est plus un chef d'escadre qui puisse agir d'après un plan arrêté d'avance. Il lui faut compter avec les incidents et les hasards qui peuvent survenir presque à chaque instant. Le meilleur plan peut se trouver, d'un moment à l'autre, entièrement bouleversé par l'ennemi.

*Importance du commandement, dont la difficulté sera bien plus grande qu'autrefois.*

Et les conditions exigées du commandement en chef doivent l'être

_______

(1) Brassey, *Naval Annual*, 1896.

aussi des capitaines, parce que, malgré la grande part qu'ont le hasard et la chance dans les combats navals, le résultat dépend encore ici, plus que partout ailleurs, des facultés d'un seul homme, le capitaine commandant un bâtiment.

Admettons, dit l'amiral Werner, qu'au moment où une escadre traverse la ligne ennemie, le vaisseau-amiral soit frappé et coulé — soit par l'effet d'un projectile ou d'un coup d'éperon d'un vaisseau ennemi ou ami, ou encore par une torpille;— chaque capitaine doit alors avant tout agir par lui-même, jusqu'à ce que l'amiral commandant en second ou le plus ancien capitaine ait pris le commandement et, après avoir modifié le numéro de quelques navires, soit de nouveau en état de diriger toute l'escadre.

De plus, on ne peut considérer aujourd'hui une flotte comme en état de combattre, que si chaque cuirassé y est flanqué d'un croiseur et d'un croiseur-torpilleur ou d'un contre-torpilleur (1). D'après cela, dans les circonstances actuelles, une escadre de 12 cuirassés représente 36 navires réunis sous un commandement général. Et si l'ennemi entre en lutte avec le même nombre de bâtiments, c'est au total 72 navires qui prendront part aux opérations.

Si l'on admet que les manœuvres sont l'image de ce qui se passera réellement en temps de guerre, un grand combat naval de l'avenir se présenterait à nous sous la forme indiquée par la planche ci-contre où est figurée la « bataille de Belfast entre deux escadres anglaises, en 1894 ».

On ne peut éviter cette question : Quels seront, avec les vitesses actuelles, les résultats des mouvements imprévus? Comme nous l'avons montré dans l'étude des batailles de Lissa et de Ya-lou, les escadres devront constituer de véritables unités tactiques, si elles ne veulent pas s'exposer à des catastrophes.

Le succès d'une opération militaire se définit comme il suit : obtenir dans le minimum de temps le maximum de résultats au moyen des armes dont on dispose. C'est en partant de ce principe que doivent être prises toutes les mesures relatives à des opérations de guerre. D'après la théorie, il faut marcher droit l'un sur l'autre, pour utiliser non seulement l'artillerie, mais les torpilles et les éperons; et comme les canons de tous les calibres sans exception peuvent agir aux distances qui ne dépassent pas 3,000 mètres, deux adversaires marchant l'un sur l'autre n'auront pour agir, avant le choc immédiat, qu'un temps très court, généralement dix minutes et rarement une demi-heure; et d'autant plus grande devra

---

(1) *The tactics best adapted for developing the power of ships.*

Combat aux manœuvres près de Belfast entre deux escadres anglaises, en 1894.

LA GUERRE FUTURE (P. 258, TOME III.)

être la tension d'esprit imposée aux commandants des navires pendant ce court espace de temps (1).

Tout cela nous conduit à conclure que les difficultés du commandement des flottes seront beaucoup plus grandes dans les batailles futures qu'elles ne l'ont été dans celles d'autrefois. Et si même on admet qu'au début d'une campagne, il se trouve assez d'hommes bien préparés au commandement, ces hommes-là deviendront promptement très rares, attendu que les capitaines des navires seront les plus exposés au danger d'être tués ou blessés.

(1) *Les Guerres navales de demain.*

## II. Difficultés du commandement des navires, en raison de la probabilité de mise hors de combat des capitaines et des équipages.



En étudiant l'effet de l'artillerie dans les batailles navales, nous avons vu qu'à toutes les conséquences indiquées comme résultant de ces effets, il faut ajouter encore la probabilité de mise hors de combat des capitaines et des équipages.

Le capitaine d'un bâtiment se trouve, pour ainsi dire, au cœur même de la lutte ; c'est lui qui le premier et devant tous les autres aborde l'ennemi, et ce que celui-ci cherchera tout d'abord et de toutes ses forces, c'est à le mettre hors de combat. Aussi organise-t-on pour les capitaines des postes de combat spéciaux, dont la disposition toutefois ne répond pas encore pleinement à son objet.

Le côté faible de ces postes actuels, c'est que d'abord ils pèsent d'un poids énorme sur les substructures en tôle de fer mince qui peuvent en être endommagées avec une facilité relative. Comme l'annulaire blindage des tourelles à barbette s'appuie sur le pont cuirassé, ainsi la cuirasse du poste de combat doit être supportée par ce pont ; c'est une surcharge considérable pour celui-ci, mais la sécurité du capitaine est à ce prix (1).

Et comme, sur la plupart des navires, il n'existe pas de blockhaus organisés de la sorte, il faut en conclure que la position des capitaines est très dangereuse.

Les exemples que nous avons donnés de la bataille de Lissa, du combat du *Huascar* et de la bataille de Ya-lou montrent bien qu'avec les canons à tir rapide actuels la tourelle du commandant sera criblée d'une grêle de projectiles explosifs.

En admettant même que la cuirasse de ces tourelles y résiste, il semble que les secousses produites par le tir de leurs propres canons, comme à Ya-lou, et par les chocs des projectiles ennemis, ainsi que l'effet des gaz méphitiques en rendront le séjour complètement impossible, comme l'affirment d'ailleurs les spécialistes. En outre, il peut se faire que non seulement les tourelles de commandement, dont la cuirasse est mince, mais les cuirassements de la coque et du pont eux-mêmes ne résistent pas aux effets de l'artillerie. Si, comme nous l'avons vu, les capitaines, malgré la cuirasse et autres dispositifs, sont insuffisamment protégés, on peut·

---

(1) Croneau, *Torpilles et cuirasses.*

L'*Indomptable*, cuirassé d'escadre français. (Longueur à la flottaison, 85m,30.)

Pont du bâtiment de guerre *Revenge*.

dire sans exagération que le pont supérieur du navire sera sans protection aucune. Or, il est des parties très essentielles du bâtiment que ne protège aucune cuirasse. Un simple coup d'œil jeté sur la figure ci-dessous, qui représente le cuirassé français *l'Indomptable*, nous montrera combien ces parties sont nombreuses.



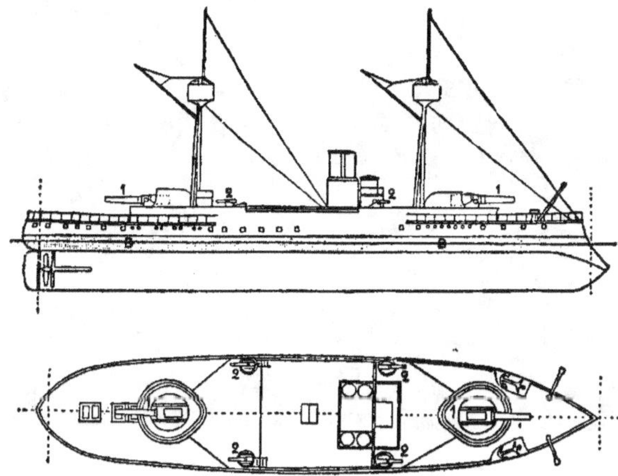

L'*Indomptable* (profil et plan). (Long. 85ᵐ,30 entre perpendiculaires.)

La surface striée BB représente la cuirasse dont la plus grande épaisseur est de 50 centimètres; cette cuirasse s'élève de 80 centimètres au-dessus de la ligne de flottaison et descend à 1ᵐ,50 au-dessous. Sur le pont supérieur, sont établis, comme nous le voyons, des canons de 42 c/m indiqués par le chiffre 1, et des canons de 10 c/m marqués 2; ils sont exposés, à découvert, en tout ou en partie, aux coups des projectiles ennemis. Pour donner aux lecteurs une idée du danger qui les menace, nous donnons ci-contre (page 262) une figuration d'un canon du *Redoutable* avec la cuirasse ou le bouclier qui le protège.

Un coup d'œil rapide sur cette figure montre qu'un seul coup heureux peut mettre hors de combat tous les servants de la pièce.

Comme nous l'avons déjà fait observer, à la bataille de Ya-lou, les opérations des escadres aux prises furent incomparablement au-dessous de ce qu'on peut attendre dans l'avenir de deux escadres européennes. En outre, on ne rencontrerait pas, dans un combat entre ces escadres, la lâcheté qui régnait parmi les Chinois. Or, les résultats de ce combat de Ya-lou furent néanmoins remarquables (1). Nous rappellerons seulement que deux obus tombés sur le *Matsushima* y mirent hors de combat 126 hommes et

_______

(1) *Militärische Jahresberichte*, 1894.

Canon avec sa plaque cuirassée du *Redoutable*.

détruisirent un canon. Mais si même les projectiles lancés de loin ne faisaient pas l'effet voulu, lors du rapprochement des navires les mitrailleuses et les armes portatives accompliraient leur œuvre destructive.

*Complexité des navires modernes et multiplicité de leurs machines.* Le maniement des mécanismes très compliqués des bâtiments actuels, disposés sur le pont supérieur se fait à main d'homme. Sur chaque bâtiment de guerre, outre la machine à vapeur qui le fait mouvoir, nous trouvons des machines dynamo-électriques, des pompes, les machines du gouvernail, celles des ventilateurs, celles qui servent à l'enlèvement des décombres, etc. Chaque canon, chaque chaloupe à vapeur exigent des mécanismes spéciaux et compliqués. Pour charger, viser et tirer avec les grosses pièces, pour soulever les embarcations, etc., il faut des machines. Ainsi, par exemple, le cuirassé *Sans-Pareil*, outre ses grandes machines à vapeur, n'a pas moins de 58 machines auxiliaires.

Un navire se divise en une foule de compartiments entièrement séparés les uns des autres et qui ne peuvent communiquer que télégraphiquement ou bien par des tubes acoustiques, une fois que le bâtiment est prêt à combattre. Si l'on songe que les fils électriques ont dans leur ensemble une longueur de plusieurs kilomètres, et si l'on y ajoute la foule d'autres appareils variés entassés dans la chambre des machines, où les hommes,

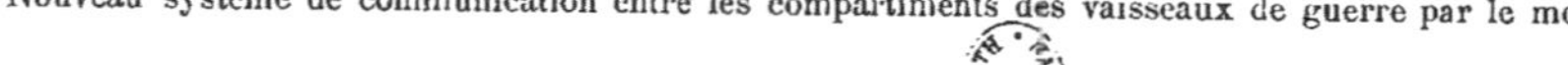

Nouveau système de communication entre les compartiments des vaisseaux de guerre par le moyen d'appareils tournants.

La Guerre Future (P. 262, tome III.)

Coupe longitudinale du croiseur cuirassé le *New-York*.

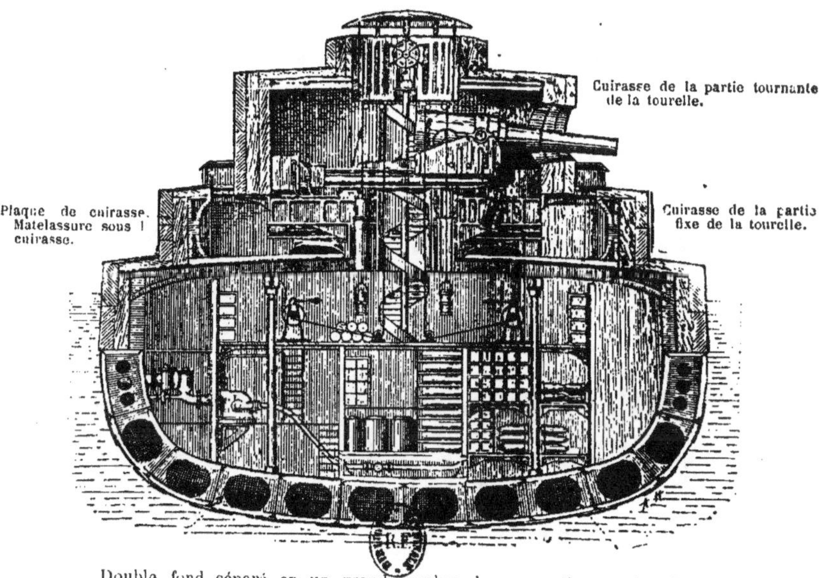

Coupe transversale (par l'axe de la tourelle) du cuirassé français

*Le Tonnerre*

Double fond séparé en un grand nombre de compartiments étanches.

éclairés artificiellement et séparés de leur chef, au milieu d'une chaleur insupportable, doivent, instantanément et avec une pleine intelligence de leur métier, exécuter les ordres qu'ils reçoivent télégraphiquement d'un chef invisible, alors qu'un retard d'une demi-minute ou une fausse manœuvre peuvent amener la destruction du navire par une torpille ou un coup d'éperon, alors seulement on se fera une idée de la complexité d'une unité de combat actuelle.

Pour la faire comprendre au lecteur non-spécialiste, nous avons représenté sur la planche ci-contre une coupe du croiseur cuirassé *New-York* et nous donnons ci-dessous une vue de la chambre des machines du *Blake*.

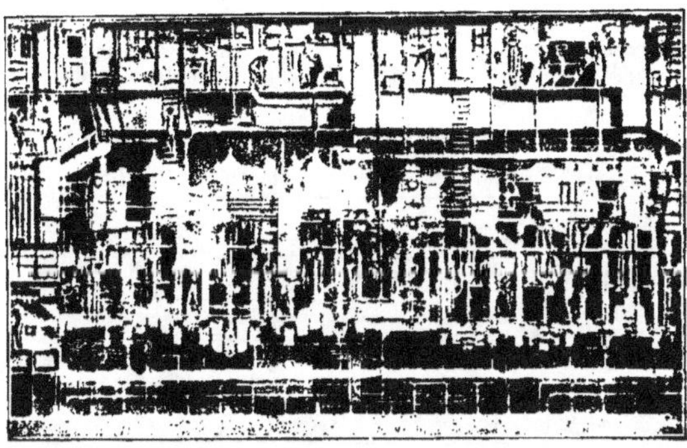

La chambre des machines du *Blake*.

Par suite de cette complexité du vaisseau moderne, la perte d'une partie de son équipage aura une importance extrême. Le danger d'une telle perte est incomparablement plus grand aujourd'hui que par le passé. Nos vaisseaux de guerre peuvent lancer une telle masse de projectiles que si seulement une faible partie de ceux-ci atteignent le bâtiment visé, surtout dans les parties peu ou point protégées par la cuirasse, la destruction sera complète et l'on n'évitera guère la perte de tout ou partie de l'équipage.

Le diagramme suivant, établi par Brassey, qui donne la force vive de la bordée lancée en une minute par les cuirassés modernes, montre quelle masse de projectiles ils peuvent jeter sur l'ennemi.

**Force vive de la bordée tirée en une minute par les cuirassés modernes.**

Les chiffres indiquent la force vive en tonnes-pieds et les dimensions des rectangles représentent la puissance de combat relative de chacun des cuirassés.

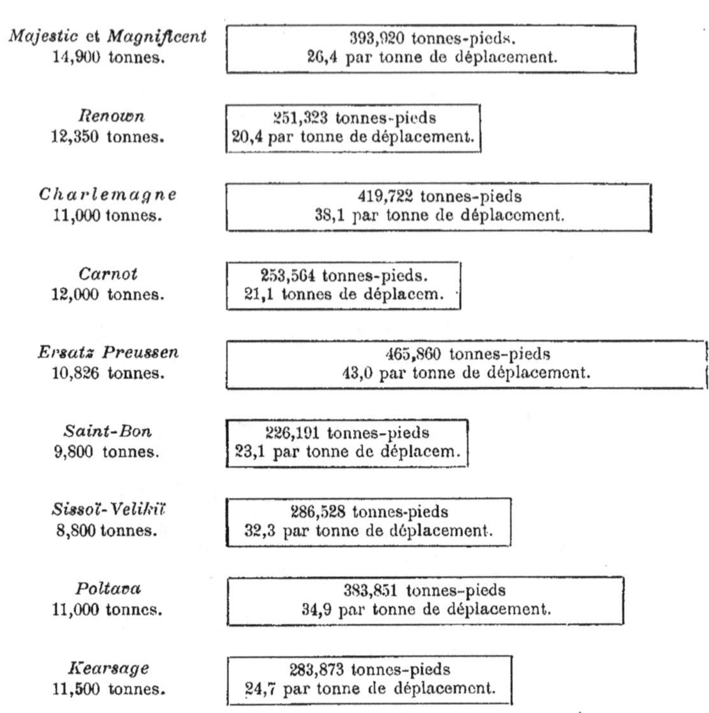



Ainsi la force vive de la bordée, lancée en une minute par les cuirassés actuels, s'élève jusqu'à 466,000 tonnes-pieds. L'expérience des guerres passées ne fournit même pas de matériaux de comparaison qui permettent d'apprécier l'effet destructeur de cette force terrible. Mais, néanmoins, si l'on en juge par le combat, étudié plus haut, du cuirassé *Huascar* dans la guerre du Pérou de 1879, alors qu'il n'y avait encore ni poudre sans fumée, ni canons à tir rapide, et si l'on en juge aussi d'après les résultats de la bataille de Ya-lou, en substituant par la pensée, aux Asiatiques sans instruction, des équipages français, anglais ou allemands, alors on arrive forcément à cette conviction qu'en un très court espace de temps, pas un homme ne restera vivant sur le pont d'un navire ni dans ses parties insuffisamment cuirassées.

Et le danger ne sera pas moindre pour les capitaines et les équipages sur des bâtiments plus mobiles que les cuirassés, sur les croiseurs, armés très puissamment aussi, comme on le voit par le tableau suivant :

Tableau des effets de l'artillerie dans les combats navals de l'avenir.
(D'après STEVERT).

| NOMS des CROISEURS | ARMEMENT DE GUERRE | | FORCE VIVE DU PROJECTILE de chaque pièce à la bouche en tonnes-pieds | VITESSE DE TIR de CHAQUE PIÈCE | FORCE VIVE représentée PAR LES PROJECTILES lancés en une minute par les canons de chaque calibre, en tonnes-pieds |
| | NOMBRE DE CANONS | CALIBRE | | | |
|---|---|---|---|---|---|
| *Powerful* et *Terrible*. . . | 2 | 9ᵖ,2 22 tonnes. | 10.910 | 2 en 3 minutes. | 14.547 |
| | 12 | 6ᵖ à tir rapide. | 3.356 | 16   3   — | 214.784 |
| | 16 | 12 liv. à tir rapide. | .423 | 10   1   — | 67.680 |
| | 12 | 3 liv. à tir rapide. | 80,3 | 10   1   — | 9.636 |
| | | | | | 306.647 |
| *Jeanne d'Arc*. . | 2 | 19ᶜᵐ. | 7.894 | 1 en 1 minute. | 15.788 |
| | 8 | 14ᶜᵐ à tir rapide. | 3.371 | 6   1   — | 161.808 |
| | 12 | 10ᶜᵐ à tir rapide. | 1.474 | 6¹/₂ 1   — | 114.972 |
| | 16 | 47ᵐᵐ. | 91.7 | 10   1   — | 14.672 |
| | 8 | 37ᵐᵐ. | | | |
| | | | | | 307.240 |
| *Carlo Alberto* . | 12 | 6ᵖ à tir rapide. | 3.356 | 16 en 3 minutes. | 214.784 |
| | 6 | 4ᵖ,7 à tir rapide. | 995,4 | 6   1   — | 35.834 |
| | 2 | 75ᵐᵐ à tir rapide. | 419,5 | 10   1   — | 8.390 |
| | 10 | 2ᵖ,2 à tir rapide. | 279,5 | 10   1   — | 27.950 |
| | 10 | 1ᵖ,4 à tir rapide. | | | |
| | | | | | 276.958 |
| *Rossia* (1) . . . | 4 | 8ᵖ. | 4.343 | 2 en 3 minutes. | 13.181 |
| | 16 | 6ᵖ à tir rapide. | 3.356 | 16   3   — | 286.379 |
| | 6 | 4ᵖ,7 à tir rapide. | 2.061 | 6   1   — | 74.196 |
| | 36 | petits à tir rapide. | 423 | 10   1   — | 84.600 |
| | 20 | de 12 livres. | 80,3 | | 12.848 |
| | 16 | de 3   — | | | |
| | | | | | 471.204 |
| *Broocklyn* . . | 8 | 8ᵖ. | 8.011 | 1 en 1 minute. | 64.088 |
| | 15 | 5ᵖ à tir rapide. | 1.834 | 6   1   — | 165.060 |
| | 12 | 6 liv. à tir rapide. | 156,6 | 10   1   — | 18.792 |
| | 4 | 1 liv. à tir rapide. | | | |
| | | | | | 247.940 |

(1) Faute de données sur la force des canons à tir rapide dont est armé le croiseur *Rossia*, nous avons mis dans le tableau les chiffres qui correspondent aux canons anglais de même calibre.

| NOMS des CROISEURS | ARMEMENT DE GUERRE | | FORCE VIVE DU PROJECTILE de chaque pièce à la bouche en tonnes-pieds | VITESSE DE TIR de CHAQUE PIÈCE | FORCE VIVE représentée PAR LES PROJECTILES lancés en une minute par les canons de chaque calibre, en tonnes-pieds |
| | NOMBRE DE CANONS | CALIBRE | | | |
|---|---|---|---|---|---|
| *Arrogant* . . . | 4 | 6ᵖ à tir rapide. | 3.356 | 16 en 3 minutes. | 71.595 |
| | 6 | 4ᵖ,7 à tir rapide. | 995,4 | 6 1 — | 35.834 |
| | 8 | 12 liv. | 423 | 10 1 — | 33.840 |
| | 1 | 12 liv. (8 quintaux). | 223,8 | 10 1 — | 22.238 |
| | 3 | 3 liv. | 80,3 | 10 1 — | 2.409 |
| | | | | | 145.916 |
| *Catinat* . . . . | 4 | 16ᶜᵐ à tir rapide. | 4.632 | 5 en 1 minute. | 92.640 |
| | 10 | 10ᶜᵐ à tir rapide. | 1.172 | 8 1 — | 93.760 |
| | 14 | 47ᵐᵐ à tir rapide. | 80.3 | 10 1 — | 11.242 |
| | 4 | 37ᵐᵐ. | | | |
| | | | | | 197.642 |
| *Buenos-Ayres* . | 2 | 8ᵖ (45 c.) à tir rapide. | 10.300 | 4 en 1 minute. | 83.400 |
| | 4 | 6ᵖ — — | 4.688 | 16 3 — | 100.011 |
| | 6 | 4ᵖ,7 — — | 2.061 | 8 1 — | 98.928 |
| | 12 | 3 liv. à tir rapide. | 91.7 | 10 1 — | 11.004 |
| | | | | | 292.343 |

## III. Tableaux de l'avenir
### d'après les expériences acquises aux manœuvres.

Que sera le combat naval? Quelles en seront les particularités? — Les expériences, aujourd'hui acquises, ne nous fournissent pas, comme nous l'avons déjà dit plus haut, de données suffisantes pour formuler une opinion définitive sur ce point. Pour avoir un tableau plus complet des batailles navales de l'avenir, il faut se tourner vers les résultats obtenus aux grandes manœuvres; mais à celles-ci manque un élément essentiel : le danger. 

L'amiral Werner dit que, si deux adversaires sont résolus et énergiques, nous pouvons nous figurer un combat naval comme celui de deux cerfs qui, emportés par la fureur, se jettent aveuglément l'un sur l'autre, s'embarrassent mutuellement dans leurs cornes et finalement succombent. Ou bien, si les combattants sont d'un caractère moins décidé, la bataille navale se présente comme une lutte d'athlètes, où les deux adversaires, avançant et reculant sur des lignes onduleuses, se canonnent à longue portée tant qu'aucun d'eux n'arrive à concentrer sur l'autre un feu intense pour lui porter un coup décisif.

Et dans les manœuvres, il en est de même, mais seulement les charges sont veuves de projectiles. Nous le répétons, il manque l'élément essentiel : le danger.

Examinons d'abord la lutte des torpilleurs contre les cuirassés.

En nous basant sur l'expérience des combats précédents, nous avons montré quel ennemi dangereux étaient déjà les torpilles, à une époque où les torpilleurs n'étaient pas perfectionnés comme ils le sont aujourd'hui.

Depuis lors, pourtant, ces engins et l'armement des navires ont fait des progrès extraordinaires.

On a donné aux torpilleurs jusqu'à des vitesses de 30 nœuds, c'est-à-dire de 55 kilomètres à l'heure. Au lieu de poudre on emploie des explosifs 4 fois plus puissants; les charges ont été augmentées et la précision du lancement des torpilles est devenue bien plus grande. Dans ces conditions, les opérations des torpilleurs dans la guerre future seront — à en juger par les manœuvres, — de deux sortes différentes : ou bien ils attaqueront les navires isolés, les escadres et les bâtiments de commerce, séparément ou par groupes, ou bien ils prendront part à des batailles navales.



Dans ce dernier cas, leurs opérations se présenteront, comme le montre la figure ci-dessous, sous la forme suivante (1) :

Fig. 1.          Fig. 2.

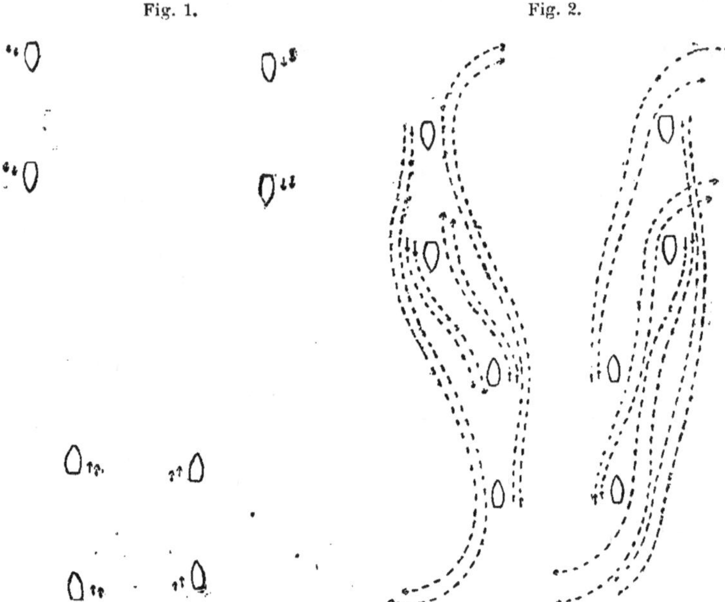

Opérations des torpilleurs pendant une bataille.
(On a figuré par des lignes ponctuées le mouvement des torpilleurs autour des cuirassés.)

Les torpilleurs, protégés contre le feu de l'ennemi par leurs cuirassés, les suivent pendant tout le cours de la bataille (fig. 1) et, au moment où les escadres se sont assez rapprochées, ils s'élancent avec une vitesse d'environ 20 nœuds de derrière leurs vaisseaux, lancent leurs torpilles contre les bâtiments ennemis, puis cherchent leur salut dans la fuite (fig. 2).

Toutefois cette tactique a beaucoup d'adversaires, dont un au moins fort autorisé, l'amiral Werner (2).

---

(1) *Betrachtungen über Seetaktik nach fremden Quellen.*
(2) Amiral Werner, *Der Seekrieg.*

Action d'un torpilleur au combat.

La Guerre Future (p. 268. tome III.)

Avant tout il se demande quelle sera la tactique de combat des torpilleurs et il arrive à conclure comme il suit:

Supposons les deux amiraux fondant le plus grand espoir sur leurs torpilleurs, nous devrons admettre que les adversaires s'approcheront entre 400 et 100 mètres et lanceront l'un sur l'autre leurs torpilles. Alors c'est une affaire de chance pour l'un ou pour l'autre : si tous deux réussissent, ils se détruisent mutuellement. Les hommes seront aveuglés et asphyxiés sans doute par les gaz que produit l'explosion des torpilles, avant même de couler.

Outre les torpilles lancées par les vaisseaux, il y a celles des torpilleurs et celles même portées par les simples chaloupes.

Au début du combat les torpilleurs s'abriteront derrière leurs vaisseaux, puis s'élanceront à toute vitesse sur l'ennemi, lanceront leurs torpilles et s'éloigneront en tout hâte.

Contre cette tactique, l'amiral Werner fait observer que ses partisans admettent l'apparition des torpilleurs comme imprévue, sans tenir compte des coups que leur portera l'ennemi avec ses canons à tir rapide. Mais, en réalité, longtemps avant le choc décisif, l'ennemi, avec ses longues-vues, aura reconnu à qui il a affaire.

L'amiral compare cette tactique des torpilleurs à celle qui consisterait, dans l'armée de terre, à mettre en croupe de chaque cavalier un gamin de 10 à 12 ans armé d'un revolver et d'un couteau qui, lors de la charge, sauterait de cheval et chercherait dans la mêlée à poignarder les soldats ennemis. — De même que ces enfants gêneraient leurs cavaliers et seraient écrasés dans la foule, les torpilleurs embarrasseront les mouvements de leur escadre et lui seront peut-être plus nuisibles qu'à l'ennemi.

Enfin, les vaisseaux répondront aux torpilles par des torpilles. Chaque cuirassé a des tubes pour en lancer.

Leur lutte contre les cuirassés.

Nous voyons donc combien diffèrent les opinions sur le rôle des torpilleurs à la guerre et l'importance qu'ils auront dans les combats livrés au large. En tout cas, toutes les nations maritimes se sont occupées de chercher des moyens d'éviter le dard du torpilleur et on a inventé une foule d'appareils pour en défendre les navires. De sorte qu'en même temps que les armes offensives, on a perfectionné les engins de protection.

Il est donc utile d'examiner les opinions des spécialistes, fondées sur les résultats des manœuvres.

Celles de la flotte française à Brest en ont donné de mauvais pour les cuirassés. Mais laissons la parole à l'auteur de *Stratégie navale* : « La flotte attendait la nuit une attaque des torpilleurs de la défense mobile. L'affaire devait se passer dans des conditions bien connues de l'amiral et il prit ses dispositions en conséquence. On mit en place les filets Bullivan, l'équipage

Cuirassé lançant une torpille.

était à son poste et on organisa un service de garde spécial. Les navires éclaireurs furent disséminés sur tout l'espace que l'ennemi devait parcourir et ensuite deux torpilleurs de haute mer furent chargés de garder l'entrée sud de la baie. En arrière de cette chaîne d'avant-postes, de petits navires à vapeur formaient une seconde ligne de surveillance.

« Quoique l'escadre eût ainsi pris toutes ses précautions, il faut reconnaître que l'état du temps favorisa les torpilleurs ennemis: nuit de brouillard, sans lune, avec, par moments, une pluie fine et drue. Il faisait tout juste assez clair pour se mouvoir. Vers 11 heures du soir, les éclaireurs signalèrent des torpilleurs au sud; au hasard on tira sur eux quelques coups, les torpilleurs disparurent et tout rentra dans l'ombre et le silence. L'attention sur les cuirassés redouble. Une heure passe ainsi. L'ennemi renonce-t-il à l'attaque projetée, parce qu'il s'est vu découvert? Tout d'un coup, peu après minuit, on entend le sifflement aigu d'un signal très voisin, presque au milieu de l'escadre. On dirige de ce côté les rayons des fanaux électriques et alors on aperçoit un torpilleur à 200 mètres du cuirassé le *Tonnerre* ; il était arrivé là sans que personne, des navires et chaloupes qui gardaient l'escadre, l'eût signalé.

« En même temps les navires éclaireurs poursuivaient un autre torpilleur. Puis, jusqu'au matin, l'escadre demeura sur ses gardes; mais au cours de la nuit il ne se produisit qu'une circonstance très digne d'attention et qui donne à réfléchir: la chaloupe à vapeur du vaisseau amiral le *Suffren* fut prise pour un torpilleur ennemi et les cuirassés la canonnèrent vigoureusement (1). »

Les mêmes résultats et le même danger de couler ses propres bâtiments ont été constatés aux manœuvres anglaises (2).

La petitesse relative et la légèreté des torpilleurs a permis de leur donner une autre supériorité sur les cuirassés, très avantageuse pour le combat : la vitesse de marche et la facilité d'évolutions. Depuis l'adoption de la vapeur, les opérations d'une flotte sont indépendantes du vent et du temps. Mais en outre une escadre peut maintenant concentrer ou disséminer ses forces suivant les besoins, augmenter ou diminuer le nombre de ses points d'attaque, choisir à volonté sa distance de combat et, suivant les circonstances, la changer au cours même de la lutte (3).

Le plus faible des combattants doit chercher son salut dans la fuite, si le voisinage d'un port ou l'arrivée de la nuit ne le dérobe pas à l'ennemi; il peut, à défaut d'autre chose, se sauver par sa seule vitesse de marche. Dans ces derniers temps on a mis sur les torpilleurs des machines si puissantes qu'ils peuvent chasser ou fuir à volonté tous les grands navires. D'après un rapport présenté, en 1893, à la Chambre des députés française par M. Gerville-Réache, il n'y avait, à cette époque, sur le globe, que 10 cuirassés dont la vitesse atteignît 18 nœuds (33 kilomètres, 2 à l'heure); tous les autres avaient une vitesse moindre.

---

(1) Enseignements des manœuvres, 1892.
(2) Journal of the Royal United Service Institution, *The tactic best adapted*, 1894.
(3) Poyen, *Importance de l'artillerie de marine.*

Par contre, d'après le même député, il existait au même moment des torpilleurs disposant des vitesses suivantes, dans la proportion ci-dessous.

De 18 nœuds (33,2 kilom. à l'heure) . . . . . . . 11 ou 12,9 %
— 19 — (35 — ) . . . . . . . . 9 — 10,6
— 20 — (36,8 — ) . . . . . . . . 20 — 23,5
— 21 — (38,7 — ) . . . . . . . . 36 — 42,4
— 22 — (40,5 — ) . . . . . . . . 2 — 2,3
— 24 — (45,2 — ) . . . . . . . . 3 — 3,5
— 25 — (47,6 — ) . . . . . . . . 2 — 2,3
— 26 — (47,9 — ) . . . . . . . . 2 — 2,3

Mais on ne s'est pas arrêté à ces vitesses colossales. En Russie et en Angleterre on a construit bon nombre de torpilleurs et de croiseurs-torpilleurs qui dépassent 30 nœuds. Les autres pays, naturellement, ne sont pas restés en arrière; maintenant on construit toute une série de navires dont la vitesse atteint 30 nœuds et dont le prix de revient s'élève à 700,000 marcks (875,000 francs) (1).

Cependant tout le monde n'accorde pas aux torpilleurs la même importance.

Cependant tous les écrivains militaires ne s'accordent pas à penser que dans les guerres futures les torpilleurs joueront un rôle important. Un collaborateur du *Naval Annual*, édité par Lord Brassey, James Thursfield, s'exprime ainsi : « Si l'on peut admettre que les manœuvres anglaises de 1893 représentent seulement à peu près ce qui se passerait dans la réalité, il en ressort qu'une flotte opérant dans des eaux accessibles à des torpilleurs peut compter voir chaque jour trois ou quatre de ses bâtiments succomber sous les coups des torpilles. Les résultats des opérations des torpilleurs qui composaient l'escadre chargée de la défense des côtes d'Angleterre (l'escadre *bleue*) furent appréciés comme il suit par les arbitres : « Les torpilleurs ont, par leurs attaques, mis hors de combat un vaisseau de guerre et six croiseurs de 2ᵉ classe. Par contre, les pertes de l'escadre de défense devraient être évaluées à 3 croiseurs de 2ᵉ classe et 27 torpilleurs détruits en cinq jours par suite d'une témérité déraisonnable qui peut être assimilée à un suicide.

« Ainsi l'expérience successive des manœuvres de trois années (1891, 1892 et 1893) montre que les torpilleurs de haute mer ont été évalués à une trop haute valeur comme arme d'attaque.

« Il semble juste de ne pas considérer un torpilleur en lui-même comme une unité proprement dite d'une escadre, mais bien comme une sorte de projectile particulier et très puissant, doué d'une très grande por-

---

(1) *Marine Rundschau. — Jahrbücher für Armee und Marine.*

tée qui peut varier suivant les circonstances : projectile dirigé en outre par une force intelligente capable d'en changer la direction pendant le parcours même de sa trajectoire, mais en même temps projectile exposé à être pris, détruit ou arrêté avant d'avoir atteint le but.

« Le torpilleur, comme le serait un semblable projectile, est très dangereux, et son influence sur toutes les combinaisons stratégiques, exécutées dans les limites de son action, sera dominante et décisive tant que le danger qu'il peut causer n'aura pas diminué. Les expériences répétées chez nous, comme par d'autres flottes dans des conditions calquées sur celles du temps de guerre — autant que la chose est possible aux manœuvres — semblent montrer que l'influence stratégique du torpilleur est bien plus puissante que ses facultés d'attaque, et que, si on le considère comme un projectile, il possède une précision remarquable, même à grande distance, mais avec l'inconvénient de pouvoir se détruire lui-même avant d'avoir exécuté son tir. En outre, la torpille a encore une propriété fâcheuse, c'est de prendre quelquefois un ami pour un ennemi. »

En France, les avis sur cette question sont aussi très divers.

*La France militaire* dit au sujet des manœuvres navales françaises : « Si les manœuvres de la flotte ont pu montrer la nécessité d'employer des torpilleurs pour le service d'exploration et de sûreté comme pour les attaques subites, on a remarqué d'autre part qu'ils sont loin d'avoir, sur la conduite de la guerre navale, la grande influence que leur attribuent certains spécialistes. Le vaisseau de guerre, avec sa formidable artillerie et ses canons à tir rapide, avec sa cuirasse, ses tourelles, ses compartiments étanches, etc., reste toujours l'âme de l'attaque. »

Un collaborateur de la revue allemande *Jahrbücher für die deutsche Armee und Marine* ajoute à cela : « Nous sommes pleinement d'accord sur ce point. » — L'amiral Werner est du même avis (1) :

« Ainsi, malgré toutes les qualités remarquables des torpilleurs, il ne faut pas leur attribuer, comme arme, une trop grande importance. Il est plus que douteux qu'ils soient en état de prendre part pendant le jour au combat entre deux escadres cuirassées, quand, sortant de derrière leurs vaisseaux et dans le feu de l'action, ils se précipiteront sur les navires ennemis avec de très grandes chances de frapper aussi bien un ami qu'un ennemi. Seront-ils capables de faire quelque chose la nuit, en haute mer? C'est ce que l'expérience montrera. Je ne pense pas, dit l'amiral Werner, que les torpilleurs soient en état de remplir semblable mission, et je les considère seulement comme utiles pour la défense des côtes, quand ils doivent essayer de

Opinion
de l'amiral
Werner.

_______________

(1) Amiral Werner, *Der Seekrieg.*

contraindre l'ennemi, par leurs attaques, à se tenir toute la nuit au large où ils continuent encore de le poursuivre, en l'inquiétant et l'énervant par l'obligation d'être toujours sur ses gardes. Mais si l'ennemi parvenait malgré tout à diriger son action contre le port, en dépit des fortifications des côtes, des torpilles et autres obstacles artificiels entassés pour sa défense, alors les torpilleurs devraient se sacrifier et attaquer directement, afin de faire, même au prix de leur propre destruction, au moins quelque mal à un adversaire plus fort. Pour cela, d'ailleurs, il ne faut qu'un petit nombre de torpilleurs. »

Que peuvent faire les torpilleurs en haute mer? Voilà certes une question, — et jusqu'ici restée sans réponse. Mais il est douteux qu'il soit facile de les détruire dans le peu de temps mis par eux à sortir de leur retraite, c'est-à-dire de derrière les cuirassés, pour se mesurer avec les navires ennemis. Avec leur rapidité de 50 kilomètres à l'heure, on ne pourrait guère tirer sur eux à petite distance beaucoup de coups bien dirigés.

La représentation photographique, non d'un torpilleur, mais d'un yacht de même dimension, marchant à cette vitesse de 50 kilomètres à l'heure, peut faire voir combien il serait risqué de compter atteindre souvent en tirant sur un but de ce genre.

Vue d'un yacht marchant à la vitesse de 50 kilomètres à l'heure.

L'idée qu'une escadre pourrait gêner les mouvements de ses propres torpilleurs peut aussi être juste; mais dans certains moments ou situations

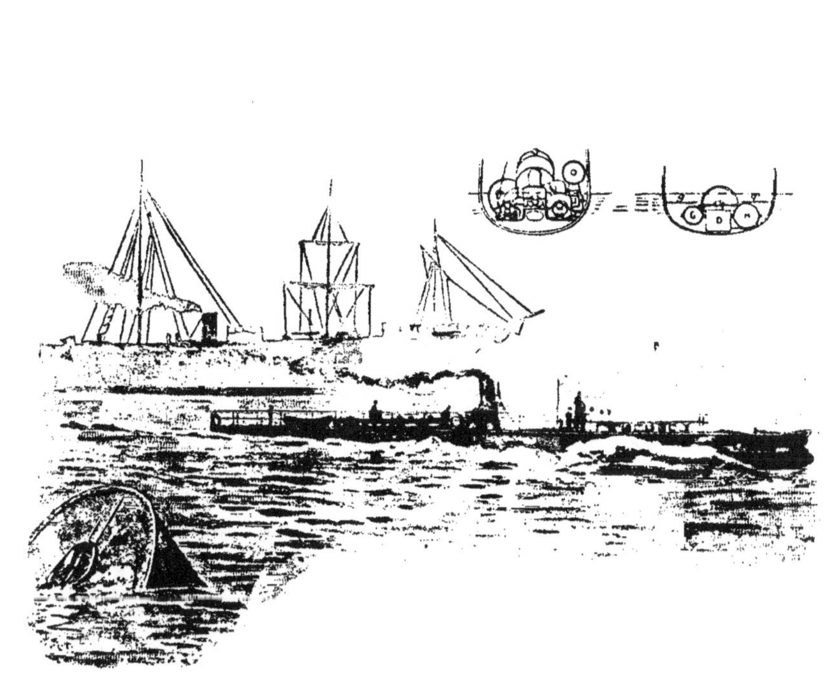

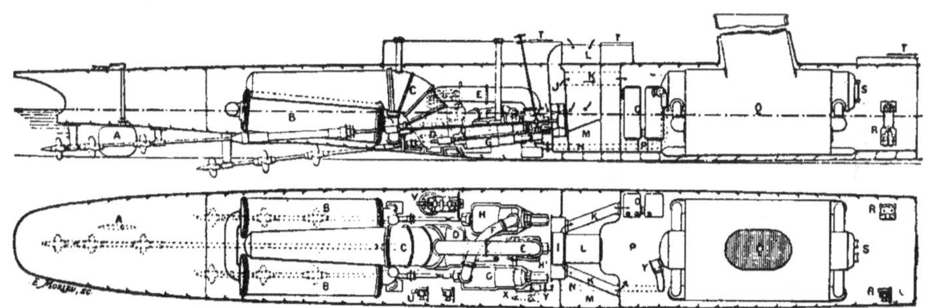

Navire du dernier modèle *Turbinia*, se mouvant avec une vitesse de 32 nœuds (60 kilom.) à l'heure, au moyen de turbines.

du combat, cette considération n'aura pas grande influence. Les torpilleurs sont réellement exposés au danger d'être écrasés ou coulés au milieu de la mêlée générale, tandis qu'eux-mêmes, avant leur disparition, couleront plus de leurs propres navires que de navires ennemis; mais cela n'arrêtera pas un adversaire résolu : le désir de se distinguer et de tenter la chance sera trop grand.

Et cela peut précisément être la cause des plus grands dangers pour les bâtiments de leur propre escadre exposés au choc des torpilles lancées par eux. Aux batailles, comme on le suppose, prendront part aussi des chaloupes porte-torpilles, pour le transport desquelles on a, nous l'avons dit plus haut, construit des navires spéciaux appelés transports-torpilleurs. Mais à ces petits torpilleurs aussi, certains spécialistes refusent toute importance pour le combat proprement dit. Ainsi lord Brassey dit à ce propos (1): « Quant aux torpilleurs transportés sur des navires, il faut signaler deux raisons, non sans valeur, qui limitent le nombre des cas où l'on pourra s'en servir. D'abord, quand un de ces transports sera resté sous le feu, même un temps assez court, les torpilleurs qu'ils portent seront, selon toute probabilité, démolis ; ensuite, il est très difficile de mettre les torpilleurs à la mer quand on veut en faire usage.

« Hors de ces deux circonstances, on pourra utiliser les torpilleurs de ce genre en vue de différents résultats. Si un navire en chasse un autre et si ce dernier s'est déjà réfugié dans quelque port où il soit impossible de le suivre, alors le navire qui donnait la chasse peut envoyer ses torpilleurs attaquer l'ennemi pendant la nuit. Le bâtiment poursuivi peut, à son tour, mettre ses torpilleurs à l'eau et attaquer son adversaire en continuant à tenir la mer. De même encore, si le temps est très bon, une escadre peut mettre à l'eau ses torpilleurs avant d'engager le combat et s'en servir au cours de celui-ci. Enfin, un navire poursuivi peut trouver utile, pour une cause quelconque, de mettre un torpilleur à l'eau et de le laisser sur sa route pour qu'il attaque ses poursuivants, — comme, par exemple, dans le cas où le navire poursuivi aurait éprouvé de nuit quelque avarie. — Ordinairement les torpilleurs transportés par les grands bâtiments sont destinés à jouer le même rôle que les torpilleurs de haute mer, avec cette différence qu'ils ont pour base d'opérations leur vaisseau même dont ils ne peuvent guère s'éloigner. »

_____

(1) Brassey, *Naval Annual*.

# IV. Coup d'œil sur les batailles navales futures



Les spécialistes ne peuvent pas encore prévoir exactement comment s'engageront et se dérouleront les batailles navales futures. Celles-ci différeront tant des batailles passées et seront tellement originales, qu'il est impossible de comparer les unes avec les autres.

Dans ces batailles navales futures, les mouvements des navires auront la rapidité de l'éclair, les armes agiront à très grande distance, les torpilles et les projectiles seront chargés des explosifs les plus puissants. Si l'on examine les études nombreuses des spécialistes sur la tactique navale future, on se heurte à des opinions si divergentes qu'il est impossible de s'y retrouver.

L'expérience récemment fournie par la bataille sino-japonaise de Ya-lou ne donne qu'une très faible idée de ce qui arrivera quand s'attaqueront des escadres européennes. La seule opinion qui paraisse bien confirmée est celle des écrivains qui soutiennent que le vainqueur — s'il y en a un — paiera chèrement sa victoire et que lui-même sortira du combat incapable de toute opération ultérieure.

Par toute une série d'observations et de preuves, nous avons montré qu'actuellement aucun pays ne peut songer à s'assurer sur un autre de supériorité sérieuse, quant à la valeur des navires et de leur armement. Partout on adopte les derniers perfectionnements et, dans l'état actuel de la technique, chaque invention nouvelle est promptement appliquée par toutes les puissances.

Beaucoup de modèles de navires ont vieilli; mais ces bâtiments de moindre valeur sont répartis assez également entre les nations. — Par suite, le sort des batailles futures dépendra de la supériorité de forces réalisée à un moment donné sur un point donné.

Sous ce rapport, même à forces égales, les considérations stratégiques joueront un rôle très important. Tel pays peut préférer éviter les batailles et employer sa flotte autrement. Il serait donc oiseux de faire des combinaisons à ce sujet.

Il suffira, pour le but que nous nous proposons, de comparer entre elles les forces navales des nations qui nous intéressent.

Mais ici se rencontrent quelques difficultés. L'ancien mode de comparaison, par tonne de déplacement, ne peut plus être appliqué uniformément aux cuirassés et non cuirassés, aux torpilleurs, contre-torpilleurs et croiseurs-torpilleurs. Par suite, les spécialistes ont recours à d'autres procédés.

Ainsi, le rapporteur de la commission française du budget en 1893, M. Gerville-Réache, a fait une comparaison des flottes des divers pays, en prenant comme base une escadre-type, formée de 3 cuirassés, 2 croiseurs, 1 contre-torpilleur et 6 torpilleurs.

Comparaison<br>des flottes<br>des divers pays

D'après ce rapport, voici combien d'escadres semblables devaient pouvoir mettre à la mer, en 1895, après achèvement des constructions en cours, les pays suivants :

<pre>
Angleterre. . . . . . . . . . . . .    22 escadres.
France . . . . . . . . . . . . . .    19   —
Russie. . . . . . . . . . . . . .      9   —
Allemagne. . . . . . . . . . . .       6   —
Italie . . . . . . . . . . . . . .     6   —
Autriche. . . . . . . . . . . . .      4   —
</pre>

Graphiquement traduits, ces chiffres donnent la figure suivante :

Nombre d'escadres.

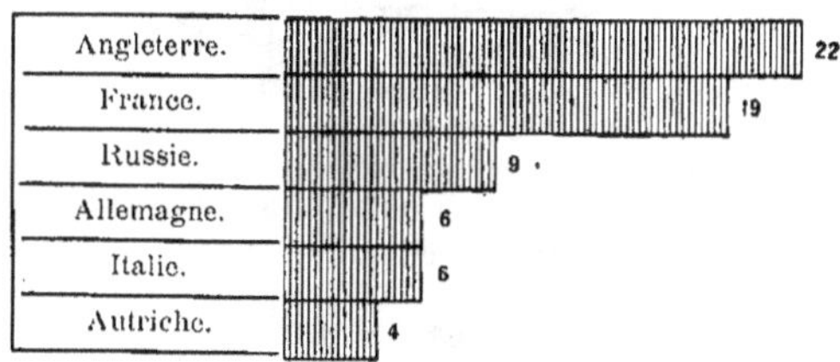


Ainsi, d'après ce rapport, la Triple Alliance pouvait mettre en ligne 16 escadres contre les 28 de la France et de la Russie. Mais si l'Angleterre se joignait à la Triple Alliance, celle-ci aurait 38 escadres à opposer aux 28 franco-russes.

Pour bien montrer les changements survenus depuis 1883, nous donnons en pour cent les forces relatives des flottes à cette époque, d'après Brassey, et en 1895, d'après Gerville-Réache. — Quoique les grandeurs comparées ne soient pas de même nature, l'opposition présente cependant quelque intérêt :

| | EN 1883 d'après Brassey en 0/0 | EN 1895 d'après Gerville-Réache en 0/0 | DIFFÉRENCE (en plus ou en moins) en 0/0 |
|---|---|---|---|
| Angleterre . . . . . . . . . | 39 % | 33 % | — 6 % |
| France . . . . . . . . . . | 24 | 29 | + 5 |
| Russie . . . . . . . . . . | 11 | 14 | + 3 |
| Allemagne . . . . . . . . | 11 | 9 | — 2 |
| Italie . . . . . . . . . . | 8 | 9 | + 1 |
| Autriche . . . . . . . . | 7 | 6 | — 1 |
| | 100 % | 100 % | |

Ou graphiquement :

### Forces relatives des flottes en %.

En 1883, d'après Brassey.      En 1895, d'après Gerville-Réache.

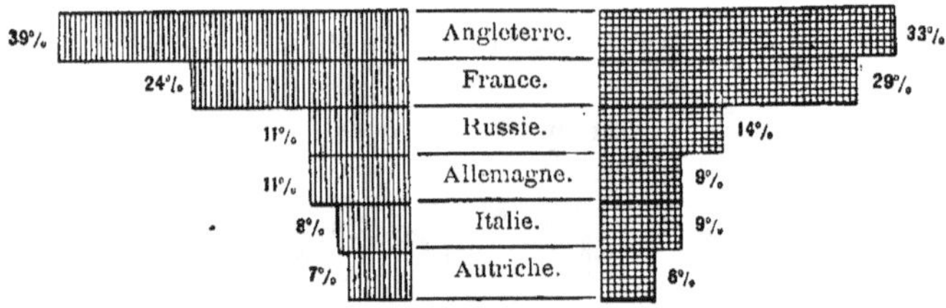


Ce qu'elles ont gagné ou perdu de 1883 à 1895.

Si nous comparons les forces de la France et de la Russie aux forces de la Triple Alliance, nous trouvons ce qui suit :

| | 1883 | 1895 | |
|---|---|---|---|
| La Double Alliance . . . . | 35 % | 43 % | a gagné + 8 % en 1895. |
| La Triple Alliance . . . . . | 26 | 24 | a perdu — 2 — |

Nous constatons ainsi une augmentation de forces au profit de la France et de la Russie. Mais comme l'Angleterre et l'Allemagne, ayant perdu 6 0/0 et 2 0/0 de plus que les autres États, s'efforcent de réaugmenter leur flotte, l'ancien rapport se rétablira promptement. Le moindre effort tenté par un pays pour accroître sa flotte oblige les autres pays à en faire autant.

qu'ils peuvent parcourir sans refaire du charbon. — C'est ce que montrent les chiffres suivants :

| | LES CUIRASSÉS CONSTRUITS | |
|---|---|---|
| | jusqu'en 1885. | après 1885. |
| Ont une vitesse de . . . . . . | 12,2 à 14,4 nœuds. | 16,3 à 16,6 nœuds. |
| Une force nominale, par 100 tonnes de déplacement, de . . . | 68,0 à 80,6 chevaux. | 128,0 à 146,1 chevaux. |
| Peuvent, sans renouveler leur charbon, parcourir. . . . . . | 2,340 à 3,810 milles. | 5,100 à 5,510 milles. |

Observons toutefois que les derniers chiffres sont contestés par des personnes très compétentes. On soutient que ce sont là seulement des évaluations théoriques, reposant sur des résultats d'expériences. Il faut tenir compte de ce que, dans les cuirassés modernes, il y a parfois jusqu'à 80 machines à vapeur qui, toutes, consomment du combustible. Dans l'état actuel des choses, alors que la question des approvisionnements de combustible est encore insuffisamment étudiée, on peut, lors des opérations des escadres, se heurter à de grandes difficultés (1).



Pour apprécier ces indications nous avons fait, d'après les données de Brassey (2), le calcul de la force en chevaux correspondant à une tonne de charbon prise dans les soutes. Voici les résultats :

| | Une tonne de charbon correspond à une force de |
|---|---|
| Sur 36 navires construits jusqu'en 1880 . . . . | 6,5 chevaux (nominale). |
| — 6 — de 1880 à 1884. . . . | 7,0 — |
| — 20 — de 1885 à 1889. . . . | 9,9 — |
| — les bâtiments construits de 1890 à 1896. . | 8,8 — |

Ces chiffres montrent que, malgré l'augmentation énorme de l'approvisionnement de charbon emporté par les navires, comme la puissance des machines s'est encore accrue davantage, le rapport entre la force nominale et la quantité de combustible embarquée n'est pas aussi favorable qu'à une époque antérieure. Mais il faut dire que la force totale des machines n'est utilisée qu'exceptionnellement, ce qui améliore un peu le rapport entre la force et la quantité de charbon brûlée. Néanmoins, la question du combustible reste plus importante que jamais.

En réunissant les données ci-dessus, nous arrivons à conclure que les États capables de composer leurs escadres des navires les plus rapides et les mieux approvisionnés en charbon auront l'initiative dans les batailles

---

(1) Chief Inspector of Machinery Williams, *The Steam Navy of England*. — Londres, 1896.

(2) Brassey, *Naval Annual*, 1896.

De sorte que vienne une guerre, le nombre des navires sera plus grand qu'en 1883 et leur puissance bien plus considérable, mais les rapports entre les unités de combat des flottes resteront les mêmes. Seulement il est encore une circonstance avantageuse pour les pays qui n'ont augmenté leurs dépenses pour la marine que dans ces dernières années, c'est que les plus grands progrès dans la construction ont été réalisés à cette époque. Les Etats dont la plupart des navires sont de construction récente, possèdent les plus parfaits comme cuirasse, vitesse et armement. Les avantages assurés par ces qualités peuvent l'emporter de beaucoup sur la supériorité numérique en unités de combat.

Une vitesse plus grande de marche donne à l'amiral qui commande une escadre de nombreux avantages tant au point de vue tactique que stratégique. L'adoption de doubles machines avec deux hélices a rendu les navires bien plus maniables ; maintenant on commence même à leur en donner trois ; ce qui est très important, surtout pour les croiseurs dont grâce à cela le rayon d'action est fort augmenté.

Avec les anciens procédés de chauffage des chaudières, on brûlait beaucoup plus de charbon. Mais on a perfectionné ces chaudières et les machines, et il en résulte une grande économie de combustible.

Pour garantir les vaisseaux contre l'effet des torpilles d'une estacade ou lancées contre eux, on les subdivise en de nombreux compartiments-étanches. Le cuirassement a été aussi l'objet de perfectionnements dignes d'attention ; en même temps qu'on diminuait la cuirasse de pourtour, on a recouvert le pont avec des plaques d'acier, afin de mieux abriter les œuvres vives du bâtiment contre les projectiles qui tombent sur ce pont.

Puis est venu l'accroissement du calibre des pièces et leur meilleure disposition à bord, qui leur permet d'agir dans un plus grand nombre de directions différentes.

Toutefois, malgré l'apparition des nouveaux navires, les anciens sont encore en service. Il nous faut donc donner ici des indications sur la date de construction des cuirassés, leurs vitesses, la force de leurs machines, le chemin qu'ils peuvent parcourir sans refaire du charbon ; — on trouvera, pour les non-cuirassés, des renseignements analogues dans le chapitre intitulé : *La guerre de croisière et de course.*

Ces indications montrent que sur le total des cuirassés existants (266) plus de la moitié (143) sont antérieurs à 1885. De tous les pays européens, c'est l'Allemagne qui a la plus grande proportion de vieux vaisseaux (65,6 0/0). C'est la Russie qui a la moindre (43,5 0/0). Pour les autres pays, ce rapport varie de 50,6 0/0 (Angleterre) à 60 0/0 (Autriche).

Les cuirassés d'avant 1885 sont inférieurs aux cuirassés plus récents, tant comme force des machines et vitesse, qu'au point de vue du chemin

navales et s'efforceront sans doute de faire le plus de mal possible à l'ennemi dans les combats en haute mer. Elles formeront, selon toute vraisemblance, de petites escadres avec leurs meilleurs marcheurs pour les employer à chercher l'ennemi. Mais comme il n'est pas facile d'obliger l'adversaire à accepter un combat en pleine mer, le début de la campagne sera marqué par certaines lenteurs dans les opérations, tandis que le mouvement des navires de commerce sera très probablement arrêté.

En tout cas, les conditions des futures batailles navales ne seront plus les mêmes que par le passé. Dans les combats qui ont eu lieu jusqu'ici, la vitesse des navires ne dépassait pas 8 à 12 nœuds, tandis que les cuirassés construits depuis lors marchent à une vitesse moyenne de 16,6 nœuds et quelques-uns même de 20, et que celle des non-cuirassés atteint 26.

Avec ces vitesses et la variété de modèles et d'armement des navires que l'on rencontre aujourd'hui, il est difficile de se représenter une bataille navale.

Nous en donnons ici le tableau très artistiquement décrit dans l'article *Seetaktik aus fremden Quellen*, et qui représente le moment où les vaisseaux en arrivent au contact : « Dans cette mêlée pas un navire ne conserve de direction déterminée : il ne peut ni rester en place ni entrer dans une formation régulière ; il lui faut éviter les éperons ou les torpilles de l'ennemi : il lui faut donc avancer ou reculer, ou au besoin virer de l'un ou de l'autre bord. Par suite, pas un vaisseau ne peut se contenter d'une surface de mer moindre que le cercle correspondant à son rayon de giration : les distances et les intervalles s'agrandissent donc et toute formation régulière disparaît.

« Dans les intervalles passent les vaisseaux à éperons et les torpilleurs ; les grands navires cherchent, au milieu de ce désordre, à tirer quelques coups heureux de leurs canons : ceux qui ont des éperons et les torpilleurs marchent à toute vitesse, essayant de se servir de leurs armes. Partout des vaisseaux poursuivant et poursuivis, des chocs épouvantables, des bâtiments qui coulent. » Et le plus terrible en tout cela, c'est qu'on risque aussi bien d'être coulé par ses propres navires que par ceux de l'ennemi.

Comme nous l'avons déjà dit souvent, dans chaque compte-rendu des manœuvres annuelles, nous voyons signaler des cas de feux d'artillerie échangés à bout portant, entre deux bâtiments amis, tirant l'un contre l'autre. Avec le tir à blanc, on peut sans doute arrêter ces canonnades, sans qu'elles aient causé de dommage matériel ; mais dans un combat on n'y parviendrait pas avant que les coups n'eussent eu les plus graves conséquences.

Avec l'armement actuel, le combat d'artillerie de deux escadres de même force et de même vitesse aboutira, selon toute vraisemblance, à leur destruction mutuelle. Mais si l'une des escadres, grâce à la portée plus

Tableau d'une bataille navale future.

Ce que donnera le combat d'artillerie.

grande de ses canons ou à la marche plus rapide de ses navires, peut cribler l'autre de projectiles tout en restant hors de portée de ses coups, alors la destruction de l'escadre la moins rapide est inévitable. Un seul coup réussi d'un gros canon peut causer des avaries considérables, même au plus puissant cuirassé. Mais le mieux protégé de ceux-ci peut être aussi gravement atteint par une artillerie relativement faible. Depuis l'adoption des obus explosifs, il a souvent suffi d'un seul de ces projectiles pour percer une cuirasse et, en pénétrant dans le navire, le mettre hors de combat. Les nouveaux projectiles explosifs détruisent tout autour du point où ils éclatent.

Le combat de Ya-lou, bien que livré entre navires de médiocre puissance, avec, d'un côté, des chefs peu capables et une inégale habileté de part et d'autre à se servir des canons, a prouvé que les mâts, les drosses et roues du gouvernail ainsi que les cheminées seront détruits dès le début de l'action. De même l'équipage qui se trouvait sur le pont a été tué ou écrasé par les débris tombant de tous côtés ou brûlé par les flammes qui s'échappaient des cheminées brisées. Dans de telles conditions, toute transmission d'ordres et tous rapports entre les navires devront cesser et la direction d'ensemble de l'escadre sera impossible, même si nous admettons que, dans le feu de l'action et dans le remplacement continuel des hommes mis hors de combat par d'autres, ceux qui sont chargés des signaux conserveront leur sang-froid et la netteté d'esprit nécessaire pour s'acquitter de leurs fonctions. Chacune des terribles armes modernes, — les canons, l'éperon, la torpille — promettent à notre siècle de civilisation de bien beaux résultats pour la prochaine bataille navale.

Mais la question est de savoir quel résultat décisif on peut obtenir avec telle ou telle arme. Et cette question reste jusqu'à présent sans réponse ; les données qui peuvent permettre de la résoudre étant encore trop rares pour qu'on en puisse tirer une conclusion quelconque. Il n'est pas étonnant qu'elle préoccupe beaucoup les spécialistes en Angleterre. Ainsi, dans une Revue anglaise (1), on trouve un article du capitaine Sterdy, commandant un navire de guerre anglais, qui traite la question, mise au concours, de l'importance relative de l'artillerie, des éperons et des torpilles dans la tactique navale. Ce mémoire a été récompensé par une médaille d'or.

*Effets des canons, des torpilles et des éperons.* De l'opinion des hommes les plus compétents, recueillie ainsi sur ce sujet, il ressort que les canons, les torpilles et les éperons, tant ensemble que séparément, seront également dangereux pour les navires.

Il n'est pas douteux qu'au cours des batailles navales futures, se produisent souvent des accidents fâcheux susceptibles d'avoir les plus

(1) *Journal of the United Service Institution.*

Vue à vol d'oiseau du cuirassé *Inflexible.*

# OPINIONS SUR L'IMPORTANCE RELATIVE DE L'ARTILLERIE, DE L'ÉPERON ET DES TORPILLES

## DANS LES COMBATS ENTRE BATIMENTS ISOLÉS

| | | | |
|---|---|---|---|
| L'éperon. | Sir Edmond Free-mantle. | Ouvrages récompensés, 1880. | Conclusions générales en faveur de l'éperon. |
| | Sir George Elliot. | Conférences à la United Service Institution, 1884. | L'éperon sera le principal facteur de la victoire dans les combats navals futurs. |
| | Amiral Colomb. | Conférences à la même Institution, 1871. | L'éperon est supérieur au canon. |
| | Capitaine Ben-bridge Hoff. U. S. N. | Tactique navale moderne, 1885. | L'éperon est l'arme la plus terrible d'un navire. |
| Le canon. | Amiral Long. | Conférences à la United Service Institution, 1892. | Au début du combat le canon a l'avantage, mais à la fin on emploie ses eperons. |
| La torpille. | Lieutenant Sturdee. | Ouvrage récompensé. | Dans un engagement, la torpille, comme arme principale, a l'avantage sur l'éperon. |

| | | | |
|---|---|---|---|
| L'éperon. | Sir Edmond Freemantle. | Travail récompensé, 1880. | Attribue une grande importance à l'éperon. |
| | Amiral Bourgois-Jurien de la Gravière. | | |
| | Amiral comte Gueydon. | | |
| | Sir George Elliot. | | |
| | Capit. Benbridge Hoff. U. S. N. | Tactique navale moderne, 1885. | |
| | L'auteur de «Battle of Port Saïd.» | 1881. | L'arme la plus puissante, c'est l'éperon. |
| | Capitaine Noël. | Etude d'un rapport de Sir George Elliot, 1884. | Dans un combat général, l'éperon est l'arme la plus importante. C'est contre l'éperon, comme étant l'arme la plus terrible, qu'il faut se protéger sous tous les rapports. |
| | Capitaine Werner. | 1873. | |
| Le canon. | Sir Edmond Freemantle. | Conférence à l'Institution. | Le combat s'est engagé par d'habiles manœuvres, avec emploi de l'artillerie. On s'est servi de l'éperon pour la défense et de la torpille suivant les circonstances. |
| | Lieutenant Waineright. U. S. N. | Conférences à l'Institution des Etats-Unis, 1890. | Au début, pour rendre inoffensive une partie de la flotte ennemie, il faut employer l'artillerie, puis l'éperon. L'importance des torpilles a été exagérée. |
| | Amiral Colomb. | | Dans un combat entre deux flottes, les canons sont supérieurs aux éperons. |
| | Amiral Long. | Conférences à la réunion des constructeurs de navires, 1892. | La première phase d'un combat, c'est le combat d'artillerie; après cela il faut se rapprocher et se servir des torpilles et des éperons. |
| Le canon et l'éperon. | Sir William Dowell. | Conférences à l'Institution, 1881. | Le canon et l'éperon sont de même valeur. On ne peut considérer la torpille que comme une arme auxiliaire. |
| La torpille et l'éperon. | Lieutenant Sturdee. | Ouvrage récompensé. | Une flotte doit chercher à se tenir en dehors de la sphère d'action des torpilles et attaquer l'ennemi avec des torpilleurs. Par suite, c'est le canon qui paraît être l'arme principale du navire. |

désastreuses conséquences en raison de l'extraordinaire force destructive des engins actuels de combat. Ainsi, par exemple, s'il arrive à un bâtiment d'en éperonner un autre, sans avoir lancé d'abord la torpille chargée dans son tube d'avant, il y a de grandes chances pour que le choc fasse éclater cette torpille; et cela menace le navire d'un danger d'autant plus grand qu'on peut s'attendre à voir éclater, en même temps, toutes les autres torpilles emmagasinées sur ce même navire à proximité de la première.

Le combat de Ya-lou a été très instructif sous ce rapport. Un officier de marine qui en fut témoin oculaire écrit à l'amiral La Reveillère : « Voici ce que j'ai observé dans ce combat; les torpilles Whitehead, placées au-dessous de la ligne de flottaison dans les tubes destinés à les lancer, se sont trouvées très dangereuses. En présence de l'incendie, les Chinois ont même cru devoir les jeter dehors. »

On avait pensé qu'avec l'emploi du fer pour construire les vaisseaux, les incendies deviendraient très rares. Cependant c'est le contraire qui est arrivé. Le combat de Ya-lou a encore montré que les munitions, emmagasinées d'avance à l'arrière en assez grande quantité, pouvaient incendier et détruire une partie de cet arrière. L'explosion survenue sur le *Matushima* lui a fait encore plus de mal que les projectiles ennemis. L'amiral Ting fut blessé par sa propre artillerie, qui fit sauter la passerelle sur laquelle il se trouvait.

D'où cette conclusion qu'il faut se garder non seulement de l'ennemi, mais des dangers de l'incendie de son propre navire, du tir de ses propres canons ou de l'explosion des munitions emmagasinées à proximité des pièces.

A toutes ces observations désolantes, il faut encore ajouter qu'on ne peut pas être sûr de ne pas voir les canons à dynamite employés dans les combats. Alors leurs projectiles peuvent causer encore de plus grands ravages. Enfin, qui peut affirmer que les engins actuels ne seront pas perfectionnés et qu'on n'arrivera pas, dans un avenir prochain, à lancer, avec les canons ordinaires, des torpilles chargées d'une grande quantité de substances explosives ?

Un écrivain autorisé, le capitaine Moch, considère même ce problème comme déjà résolu. Et sommes-nous certains que les sous-marins n'arriveront pas à une perfection telle qu'ils seront en état de prendre part au grand drame de la guerre navale future ?

Mais, sans même nous occuper de ce qui peut devenir possible dans l'avenir, nous devons admettre que, dès maintenant, à l'exception d'un très petit nombre de bâtiments, les flottes actuelles ne pourront pas entrer en lice même avec les modèles de navires les plus perfectionnés actuels, et cela pour les raisons que nous avons déjà exposées.

Déjà les navires les plus récents, en présence de la poudre sans fumée et des canons à tir rapide de gros calibre qui s'introduisent partout, sont considérés comme ne répondant plus à ce qu'on doit attendre d'un vaisseau de guerre dans toute l'acception du terme. Et voici ce qu'on demande dès aujourd'hui au bâtiment de guerre futur : « Le vaisseau de guerre de l'avenir, dit l'amiral Werner (1), dans ses études sur la guerre navale, ne peut être qu'un vaisseau à batterie, amélioré, où toute la batterie sera protégée par une enceinte cuirassée; le corps du bâtiment, en avant et en arrière de la batterie, s'élève un peu au-dessus du pont qui la porte, de façon qu'un pont supérieur légèrement cuirassé protège seulement l'espace occupé par la batterie. Le vaisseau dispose ainsi d'un feu puissant, en chasse, en retraite et par le travers. Des canons à tir rapide placés sur le pont supérieur sont aussi protégés par une cuirasse, de même que les mâts de signaux. La roue du gouvernail est également établie sur le pont supérieur, mais non sur une passerelle. L'amiral et le capitaine, quand ils sont à proximité de l'ennemi, doivent trouver sur ce pont supérieur un abri temporaire; c'est indispensable s'ils ne veulent pas commettre un véritable suicide.

« Toute la direction du feu et du vaisseau lui-même doit être entièrement aux mains du capitaine. Un pont léger cuirassé, au-dessous de la batterie, protège les machines. Deux mâts, au lieu d'un seul, donneront plus de chance de pouvoir faire les signaux. Des réseaux en gros fil de fer ou de légères traverses cuirassées aux extrémités de la batterie la protègent contre le feu d'enfilade, et des réseaux de fil de fer placés entre les pièces arrêtent les éclats d'obus ».

La figure ci-dessous représente un vaisseau de ce genre. Si on le compare avec les modèles donnés plus haut, il est facile de voir combien peu

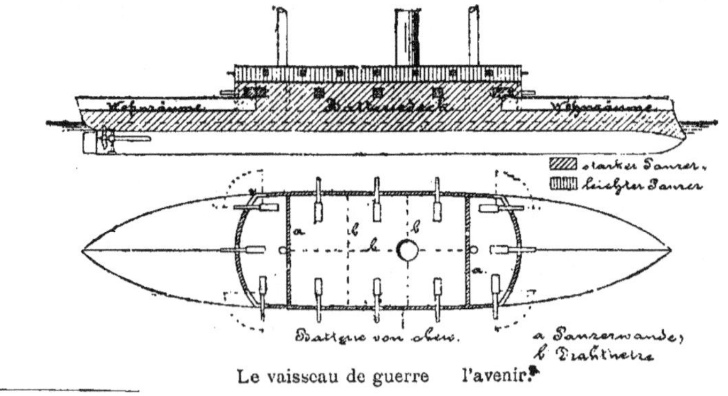

Le vaisseau de guerre de l'avenir.

(1) *Der Seekrieg.*

de bénéfice on a retiré, en général, des milliards dépensés jusqu'à présent pour la construction des flottes actuelles.

Ainsi, même si elle n'aboutit pas à la destruction mutuelle complète des vaisseaux engagés dans la lutte, la future guerre navale entre les flottes européennes d'aujourd'hui devra, en tous cas, les mettre promptement dans l'impossibilité de continuer la lutte; le moins qui puisse leur arriver étant de se trouver réduits à l'état de débris, sans aucune valeur pratique pour des opérations militaires ultérieures; parce que les avaries éprouvées par les deux flottes adverses seront telles qu'avant qu'elles n'aient pu les réparer, la guerre se terminera précisément par suite de l'interruption des communications maritimes, — si même les opérations menées à terre n'ont pas encore eu, pour ce moment, de résultat décisif.

L'état actuel des choses oblige encore à se demander si tout l'appareil militaire d'aujourd'hui, tant à terre que sur mer, n'est pas devenu tellement complexe que son maniement est au-dessus des forces humaines.

Il ne faut pas non plus perdre de vue les innovations que nous apportera prochainement l'avenir. Les découvertes et les inventions se succèdent si rapidement que tel navire, jugé hier excellent pour la navigation et le combat, se trouve maintenant, par suite des exigences croissantes de la tactique, qui nous conduisent à un nouveau système d'armement, réduit à n'être plus qu'un souvenir historique.

En présence des terribles dangers dont sont menacées les flottes opposées, de se voir mutuellement détruites par les projectiles, les torpilles, les éperons, et autres engins nouveaux du même ordre qui, sans nul doute, apparaîtront encore, comme aussi par suite des incendies qui peuvent se déclarer sur les navires, des gaz méphitiques qui peuvent asphyxier les équipages, etc., — il est impossible de ne pas se poser cette question : Est-ce une aveugle routine ou quelque autre genre de folie qui pousse les autorités dirigeantes à jeter ainsi, dans ce gouffre de constructions navales, des milliards et des milliards qu'on pourrait si bien utiliser autrement, ne fût-ce qu'en les consacrant à écarter les très sérieux dangers qui menacent les gouvernements eux-mêmes et toute l'organisation sociale actuelle des États occidentaux de l'Europe?

# Les croisières et la guerre de course

# I. Le droit maritime et la course

L'adoucissement des mœurs, la connaissance plus complète que les nations ont l'une de l'autre et la communauté d'intérêts qui se développe graduellement entre elles ont eu ce résultat que, si le respect de la propriété privée, en temps de guerre en terre ferme, n'est pas encore posé comme une loi fondamentale, tout au moins il est admis par tous les peuples civilisés. De là semblerait découler, comme conséquence logique, que ce principe a été pratiqué et le sera également en temps de guerre navale. Mais de fait, il n'en est pas ainsi. Ce principe n'est admis en général que pour le premier genre de guerre; la guerre navale a non seulement conservé à un haut degré les vieux usages barbares, mais à juger par ce qu'on sait, on peut s'attendre à voir l'avenir nous apporter de plus grandes misères encore.

Pour le montrer, il nous faut présenter un aperçu historique de la théorie et de la pratique du droit maritime.

### Le droit maritime et la course jusqu'en 1856.

Aux temps passés, quand la civilisation était encore dans l'enfance, la guerre avait le caractère d'une lutte pour l'existence, et cet état de choses s'est prolongé longtemps encore après que les nations furent sorties de l'état barbare. Toute la population d'une ville conquise était mise à mort, non point dans l'emportement de la lutte, mais froidement après la victoire. Inutile de dire que du moment où l'on faisait si peu de cas de la vie humaine, il ne pouvait être question de respecter la propriété.

C'est ainsi qu'au Moyen Age la piraterie constituait une très lucrative industrie. Aux xii<sup>e</sup> et xiii<sup>e</sup> siècles, les mers fourmillaient de pirates formés en sociétés ou bandes régulièrement organisées et qui répandaient partout

La guerre de course avant 1856

la crainte et la terreur. Malgré leurs rivalités mutuelles, les villes italiennes, aux xiiie et xive siècles, conclurent des alliances, soit entre elles, soit avec d'autres pays, et posèrent, pour la navigation, des règles générales et déterminées qui devaient avoir partout force de loi. Il fut institué un consulat maritime qui précisait clairement les droits des belligérants à l'égard de leurs ennemis. A la fin du xve siècle, on avait admis déjà les règles suivantes: il faut faire une différence entre les corsaires et les pirates. Les premiers, pourvus de lettres de marque pour faire la course, sont, par là même, investis d'un caractère officiel et doivent se soumettre à un contrôle régulier, contrairement aux pirates ou brigands maritimes qui opèrent pour leur propre compte.

En outre, un corsaire est tenu d'amener sa prise dans le port d'où il est parti, et il ne peut en disposer qu'après qu'elle lui a été attribuée par un tribunal.

Les règles fondamentales posées par le consulat maritime furent, en général, réellement observées. La propriété privée de l'ennemi, sous pavillon ennemi, avait le même sort qu'elle a encore de nos jours, à la fin du xixe siècle. Elle était même de bonne prise quand elle était couverte par un pavillon neutre. Mais la propriété des neutres, même sous pavillon ennemi, était respectée quoique alors déjà eût été signalée l'inexactitude du principe : « le navire emporte la charge ».

Toutefois, jusqu'au xvie siècle, la politique commerciale, en général, ne tenait qu'une place insignifiante dans les guerres entre les grandes puissances européennes; c'est seulement la découverte du Nouveau-Monde et de la route maritime de l'Inde qui fit comprendre toute l'importance du commerce. Depuis lors, presque toutes les guerres navales ont eu pour but de nuire au commerce ennemi.

Mais, dès cette époque, la France commença de négliger les prescriptions du consulat maritime jusqu'à ce qu'enfin, dans les dernières années du xvie siècle, on n'admît plus comme légale la prise d'un navire appartenant à une puissance amie, dont le chargement était la propriété de l'ennemi. Ainsi fut introduit un nouveau principe: « Le pavillon couvre la marchandise ».



Les premières tentatives faites pour établir le respect de la propriété privée sur mer n'apparaissent réellement qu'au xviiie siècle, et elles ont été exprimées dans les documents suivants :

1° Dans un acte de 1780 sur la neutralité armée, par lequel la Russie établissait un système de principes libéraux au profit de la navigation et du commerce; — plus tard, en 1800, ces principes furent de nouveau affirmés et admis.

2° Dans certaine convention conclue en 1785, entre la Prusse et l'Amérique du Nord, et dont une des conditions renfermait le principe du respect de la propriété privée sur mer, d'après entente mutuelle des deux pays: si la guerre était déclarée entre les deux parties contractantes — disait littéralement l'article 23 de la convention — on devra laisser partir librement et sans difficultés tous les bâtiments de commerce dont elles se servent pour échanger les produits des divers pays et qui sont spécialement destinés au transport des objets nécessaires à la vie et des moyens de subsistance.

3° Dans le droit prussien publié en 1796.

Avant cela, tous les professeurs de droit national avaient admis l'ancien droit de la guerre relativement au butin : Albert, Gentil, Grotais, Bynkerschok étaient des partisans déterminés de ce droit ; Puffendorf et Justin Gentil, moins obstinés, se contentaient de la ratification du droit aux prises, par une convention, et de la limitation des violences en temps de guerre, aux plus indispensables.

Mais les guerres qui suivirent empêchèrent l'application pratique des principes posés. La force brutale fit taire les revendications de la justice.

Napoléon Ier introduisit son système de blocus continental : les décrets de Berlin et de Milan (1806-1807) interdirent non seulement tout commerce mais toutes communications avec l'Angleterre et spécialement l'importation des marchandises de provenance anglaise, tant en France que dans tous les autres pays alliés de la France.

La Grande-Bretagne répondit au blocus continental par un blocus perpétuel et sans merci des côtes de l'Europe.

Le Conseil des ministres anglais décida que, non seulement toutes les côtes, localités et ports de la France et des pays alliés et en général de tous ceux où ne flottait pas le pavillon anglais étaient considérés comme bloqués, mais que tout commerce avec ces pays et leurs colonies était interdit.

La France, le Danemark et la Russie adhérèrent au système continental en 1807, l'Autriche et la Suède en 1809. Le gouvernement des Etats-Unis interdit à ses sujets, par l'acte « non intercourse » du 1er mai 1810, tout commerce avec les pays européens belligérants. En 1812, la Russie et la Suède se refusèrent à observer le système continental; enfin la chute de Napoléon Ier y mit fin en France.

L'état des choses resta tel jusqu'à la guerre de Crimée.

**La Convention de Paris sur le droit maritime et son application.**

Pour voir faire quelques pas en avant sur ce terrain, il faut nous transporter au milieu du xixe siècle, quand la guerre de Crimée amena enfin une détermination plus heureuse des règles du droit maritime.

La Convention de Paris.

Jusqu'à ce moment, la France avait défendu et appuyé le principe d'après lequel étaient passibles de confiscation, en même temps que les bâtiments ennemis, tout le chargement qui s'y trouvait, même quand il appartenait à une puissance neutre ; mais elle admettait que les bâtiments neutres devaient être respectés même quand leur chargement était la propriété de l'ennemi.

Au contraire, l'Angleterre admettait le respect de la propriété neutre sous pavillon ennemi et confisquait la propriété ennemie sur les bâtiments neutres.

En un mot, la France frappait le navire, et l'Angleterre le chargement.

Ayant déclaré la guerre à la Russie, ces deux puissances crurent de leur devoir d'agir sous ce rapport d'après un même principe. Pour conserver l'amitié des pays neutres, elles résolurent de s'abstenir de tous actes pouvant leur causer du dommage ; elles décidèrent de procéder, en général, libéralement et même de ne donner aucunes lettres de marque pour la course (1).

Ce nouveau système, proclamé par la loi du 30 mars 1854, fut définitivement confirmé par la déclaration de 1856, dont voici les termes :

1° La course ne doit plus exister et les puissances contractantes s'interdisent de donner, à l'avenir, des lettres de marque ;

2° Les bâtiments, naviguant sous pavillon neutre, seront respectés, même s'ils sont chargés de marchandises appartenant à l'ennemi, à l'exception de la contrebande de guerre ;

3° Les chargements non utilisables pour les opérations militaires ne peuvent être confisqués sur les navires de commerce, même si ces derniers naviguent sous pavillon ennemi ;

4° La légalité d'un blocus est subordonnée à l'existence réelle des moyens d'en assurer l'exécution.

Pays qui<br>la repoussèrent.

Toutes les puissances se rallièrent à cette déclaration, à l'exception de l'Espagne, du Mexique et des États-Unis. Le gouvernement de ce dernier pays s'exprima à ce propos de la manière suivante : « C'est actuellement un principe généralement admis, au moins pour les opérations militaires en terre ferme, que la vie et les propriétés des personnes qui ne prennent point part à la lutte doivent être respectées. Tout ce qui sert de base à cette règle doit être appliqué aux personnes et objets transportés par mer, aux sujets des pays belligérants et à leurs biens. On peut admettre que le vif désir d'adoucir les cruels usages de la guerre par la déclaration de l'inviolabilité de la pro-

---

(1) Liebrecht, *La guerre maritime.* — Bruxelles, 1885.

priété privée sur mer, comme on l'avait déjà fait pour la propriété privée sur terre, ait été le principal motif de la suppression de la course par le Congrès de Paris.

« Les États-Unis sont tout disposés à s'unir à ce désir du Congrès. Mais leur gouvernement ne peut admettre de différence entre l'attaque opérée par un vaisseau de guerre et celle d'un bâtiment armé pour la course. Par conséquent, les États-Unis se déclarent prêts à voter la suppression de la course, si les puissances européennes s'accordent avec eux sur ce point : qu'aux bâtiments de guerre aussi, de toute espèce, il sera interdit de s'emparer de la propriété privée. »

Pour l'inviolabilité de la propriété privée, dans la guerre navale, se sont prononcées : la Russie en 1860, dans ses rapports avec les Etats-Unis ; l'Angleterre et la France, cette même année, dans leur guerre avec la Chine, mais seulement sur la base de la réciprocité ; et c'est sous cette condition qu'en 1866, l'Italie, l'Autriche et la Prusse ont adhéré à cette entente.

La campagne de 1870 donna aussi une nouvelle direction aux opérations maritimes.

Aussitôt après la déclaration de guerre, le gouvernement prussien s'efforça d'armer des sortes de corsaires pour lutter contre les bâtiments de guerre français.

Le 18 juillet 1870, le roi de Prusse publia, au nom de la Confédération de l'Allemagne du Nord, un décret décidant que les navires de commerce français ne seraient ni pris ni confisqués par les bâtiments de guerre de la Confédération, à l'exception de ceux qui seraient passibles de confiscation même dans le cas où ils appartiendraient à un Etat neutre. Mais dès le 24 juillet 1870, une ordonnance royale organisait une flotte auxiliaire de volontaires — « la défense navale ». — Et sur chacun des navires qui furent offerts par des particuliers pour opérer contre les bâtiments de guerre ennemis et jugés aptes à ce service, le gouvernement envoya un officier de la marine de guerre prussienne; le reste de l'équipage pouvant se composer de volontaires.

Cette organisation était-elle bien d'accord avec l'esprit du premier paragraphe de la déclaration de Paris? N'était-ce point là tourner l'interdiction d'armer des corsaires? Le gouvernement français appela sur ce point l'attention de la Grande-Bretagne et demanda son avis sur l'armement, décidé par l'ordonnance du 24 juillet, de corsaires volontaires.

Le premier ministre anglais d'alors, qui était lord Granville, répondit que l'armement d'une flotte volontaire ne lui semblait pas contraire à la déclaration de Paris.

Quoique la flotte française fût, sous tous les rapports, plus forte que la flotte allemande, elle ne profita point, nous l'avons déjà dit, de sa supériorité ; et grâce à l'incapacité du gouvernement du second Empire, elle ne prit presque aucune part aux opérations militaires.



Tout se réduisit à l'envoi de deux corvettes à marche rapide dans la Manche et la mer du Nord pour empêcher le trafic maritime de l'ennemi. — Et pourtant, bien qu'on eût fait si peu, le nombre des navires arrêtés fut considérable : parce que, quand se répandit en Angleterre la nouvelle que le gouvernement de la République n'avait pas l'intention de confisquer les navires allemands, beaucoup de ceux-ci, qui se trouvaient dans les ports anglais, prirent la mer et tombèrent aux mains des Français.

Le service de ces deux corvettes, pendant les froids de l'hiver, dans la mer du Nord, fut d'ailleurs des plus dangereux et des plus difficiles. Ces bâtiments durent fournir une partie de leur équipage à chaque navire capturé dont l'équipage était à son tour pris à leur bord. Une telle façon d'opérer finit même par devenir très dangereuse. Car il y eut un cas où, pendant le transport à Calais d'un grand nombre de prisonniers ainsi recueillis, l'une des corvettes risqua de tomber entre leurs mains, grâce à leur grande supériorité numérique sur son propre équipage.

Aussi fallut-il se décider entre l'abandon de la tâche entreprise et la destruction des navires ennemis capturés. L'auteur d'un article « La marine en 1870-1871 », paru dans la *Nouvelle Revue*, assure que l'équipage et le capitaine du *Desaix* ne se résignèrent qu'avec une grande répugnance à ce dernier parti.

L'Allemagne protesta contre ces opérations de la flotte française, dans une Note du 27 janvier 1870. Les Français, disait cette Note, n'observent par le droit des gens sur mer. Le bâtiment de guerre le *Desaix* a détruit à coups de canons trois navires de commerce allemands : le *Ludwig*, le *Vorwärts* et la *Charlotte*, au lieu de les conduire dans un port pour examiner s'ils étaient passibles de confiscation. Cette plainte resta sans effet, parce que, comme dit l'auteur de l'article cité, nécessité n'a pas de loi, et que les procès-verbaux de capture des bâtiments avaient été dressés très régulièrement, conformément aux prescriptions internationales en vigueur.



La participation prise aux opérations militaires par la flotte française eut pour résultat de paralyser la navigation et le commerce de l'Allemagne. Par tout le globe les navires allemands se cachèrent dans les ports neutres en attendant la fin de la guerre et ce fut, dans toutes les sociétés d'assurance maritimes, une émotion continuelle. Il n'y eut d'exception que pour les vapeurs allemands transatlantiques qui pouvaient compter sur la vitesse de leur marche.

Un exemple digne d'être retenu, de ce que peut faire un ennemi valeureux, fut l'exploit accompli par le navire allemand l'*Augusta*. Ce bâtiment évita les croiseurs ennemis, inquiéta les ports français, pénétra même dans l'embouchure de la Gironde et s'y empara de trois navires, puis s'en fut à Vigo où il attendit la fin de la guerre.

En novembre et décembre 1870, le gouvernement allemand, par manière de représailles, ordonne d'arrêter 40 citoyens notables dans les villes de Gray, Vesoul et Dijon et de les conduire en Allemagne. L'Allemagne ne proclama pas la liberté de s'emparer des bâtiments français et de leur chargement, comme conséquence de l'accomplissement d'actes semblables par la France. Mais quand le gouvernement allemand remarqua, dit Bluntschli, qu'une telle disposition protégeait le commerce français et neutre aux dépens du commerce allemand, il déclara aux pays neutres, le 12 janvier 1871, que la conduite de la France l'obligeait à revenir sur sa décision de s'abstenir de poursuivre et de capturer les bâtiments de commerce français.

En même temps était fixée la date où cette nouvelle disposition devait entrer en vigueur. Mais, par suite de l'armistice et de la paix qui fut conclue bientôt après, il n'y eut pas lieu d'appliquer cette mesure.

Waraker soutient qu'en 1875, la Russie s'attendant à une guerre avec l'Angleterre engagea des pourparlers pour se procurer des corsaires et que non seulement la chose eut lieu, mais que toutes les délibérations des autres États, sur les moyens d'affaiblir l'Angleterre en détruisant son commerce, les amenèrent à se prononcer ouvertement et très naturellement sur la question de l'armement de corsaires ou de bâtiments privés sous une dénomination quelconque (1).

> Ce que fit la Russie en 1875 pour constituer une flotte de corsaires.

Ce que dit Waraker au sujet de la Russie n'est pas tout à fait exact. En réalité, elle acheta, en 1878, à Philadelphie, pour les transformer en croiseurs, les vapeurs suivants : *State of California* inscrit sur les listes de la flotte russe, sous le nom d'*Evropa*, puis le *Colombus* devenu l'*Asia* et le *Saratoga*, aujourd'hui *Afrika*, aux prix respectifs de : 400,000 — 275,000 et 330,000 dollars.

Voici comment furent constitués les équipages de ces bâtiments. L'idée d'acheter des croiseurs en Amérique était venue au commencement de 1878. Le 26 mars, l'ordre fut envoyé à Cronstadt, et deux jours plus tard, les états-majors et les équipages, 66 officiers et 606 hommes, étaient prêts. Le 30 mars, toute l'expédition, formée en 3 divisions, se rendit sur la glace, à Oranienbaum, d'où elle fut envoyée, par chemin de fer, dans un port de la Baltique. Là, les officiers et les équipages s'embarquèrent sur le vapeur allemand nolisé *Cimbria* et seize jours après, ils arrivaient heureusement aux États-Unis, dans l'État du Maine.

Ainsi fut organisé un détachement de croiseurs qui, d'après l'opinion

---

(1) *Naval Warfare of the Future*. — Londres, 1892.

sus-mentionnée de lord Granville, n'était pas en opposition avec la déclaration de Paris.

Quant à la façon d'agir à l'égard des navires des pays neutres, voici les dispositions qui furent prises à ce sujet.

Lors de la déclaration de guerre entre la Turquie et la Russie, en 1877, le gouvernement russe décida que les bâtiments turcs, se trouvant dans les ports russes au moment de la déclaration de guerre, pourraient en sortir librement, dans un délai déterminé suffisant pour leur chargement, pourvu qu'ils ne fissent pas de contrebande de guerre. Quant aux sujets des pays neutres, il leur fût offert de continuer sans aucune gêne leurs relations commerciales avec les ports et les villes russes. En même temps, il fut prescrit aux autorités de se conformer strictement aux dispositions de la déclaration de Paris de 1856. Pour protéger les navires contre les estacades de torpilles à leur entrée dans les ports du littoral, il fut décidé que tout bâtiment, en arrivant dans un port, s'arrêterait en dehors de l'estacade, qu'un officier russe se rendrait à bord et, après s'être assuré de la régularité de ses pièces, l'introduirait dans le port; les mêmes mesures furent appliquées pour la sortie.

De son côté, le gouvernement turc accorda aux bâtiments russes qui, le 26 avril 1877, se trouvaient dans les ports de Turquie, un délai de cinq jours pour sortir des eaux turques. A cet effet, ces navires pouvaient recevoir des autorités locales des lettres de garantie, pour se rendre librement dans les ports russes ou neutres les plus voisins, sans passer toutefois par les détroits de la Méditerranée, dans la mer Noire ou inversement.

Examinons maintenant les opérations des belligérants dans la guerre plus voisine de nous, celle du Japon avec la Chine en 1894, qui donna lieu à un fait très intéressant au point de vue du droit et de la légalité : la destruction du vapeur anglais *Kow-Shing* dont il fut tant parlé. Comme on sait, ce vapeur avait à bord des troupes chinoises qu'il devait transporter à Tchémoulpo. Le vapeur était convoyé par des bâtiments de guerre chinois. Une division japonaise rencontra ce convoi, le 25 juillet, près de l'île Lopooul, au sud de Tchémoulpo et l'attaqua immédiatement. Les Chinois prirent bientôt la fuite ; mais un seul de leurs navires parvint à se sauver; les deux autres se soumirent à leur sort : l'un fut pris, l'autre se jeta à la côte et fut détruit par les Japonais.

Le *Kow-Shing* reçut l'ordre de suivre les Japonais. Les Chinois qui se trouvaient à bord s'opposèrent à l'exécution de cet ordre ; alors les Japonais proposèrent aux Européens de quitter le bâtiment, après quoi, en quelques bordées, ils le coulèrent (1). Par la suite fut soulevée une discussion : les

---

(1) *Mittheilungen aus der Gebiete des Seewesens.*

Japonais avaient-ils le droit, d'abord de commencer les hostilités le 25 juillet 1894, avant une déclaration de guerre officielle? L'auteur des articles *Seekriegsrecht und Seekriegsführung* (Le droit de la guerre maritime et la conduite des opérations sur mer) dit que les hommes compétents en droit international contestent qu'une déclaration de guerre officielle soit nécessaire en toutes circonstances, parce que l'état de guerre peut naître de lui-même. En tous cas, les rapports entre la Chine et le Japon étaient tendus à l'extrême; et toute mesure militaire prise par l'un des deux pays, pour maintenir sa situation en Corée, menacée par l'autre, devait être considérée comme un acte d'hostitité.

Pendant le reste de cette guerre furent observés les principes qui sont généralement admis en matière de droit de guerre maritime.

Les Japonais, conformément à leur déclaration, voulaient que la propriété privée fût respectée sur mer, tant qu'elle n'était pas contrebande de guerre, mais les Chinois ne répondirent pas par la même règle. Pourtant on n'a pas entendu parler de prises, sans doute parce que les deux belligérants s'abstinrent de lancer des croiseurs. Après leur défaite de Yalou, les Chinois semblent avoir perdu toute envie d'entreprises maritimes. En outre, il leur manquait un chef et directeur général de toutes leurs ressources militaires. Les Japonais avaient réuni toutes leurs forces dans le nord et furent tellement raisonnables qu'ils n'entravèrent pas les mouvements des pavillons neutres sous lesquels s'opéraient, dans ces eaux, la plupart des relations commerciales, bien que quelques chargements renfermassent de la contrebande de guerre. Les Japonais savaient bien que les circonstances ne leur permettaient pas de se mettre de nouveaux ennemis sur les bras, et qu'une violation manifeste de la neutralité aurait forcé tous les États européens à prendre des mesures qui pouvaient avoir, pour le Japon, un caractère très hostile (1).


### Les théories de l'avenir sur la destruction du commerce.

La guerre franco-allemande, avec ses résultats si frappants et la défaite sans exemple de la France, devait amener un renversement dans les idées sur la conduite de la guerre moderne.

En 1872, au Congrès des États-Unis, on discutait la tactique de la guerre future et à ce sujet on s'adressa à l'amiral Porter qui faisait autorité.

La destruction du commerce dans la guerre future.

---

(1) *Mittheilungen aus der Gebiete des Seewesens.*

La question suivante lui fut posée : « Si, au début de la dernière guerre, nous avions disposé de 30 vapeurs armés croisant entre l'Europe et New-York, auraient-ils eu autant d'importance que toute une flotte ? » Il répondit : « Ils auraient fait deux fois plus de besogne. Je le dis sans hésitation, parce que les navires que nous avions ne pouvaient rien entreprendre ni mener à bien. Nous n'avons pas eu pendant toute la guerre un bâtiment capable de couler un forceur de blocus, sauf le *Vanderbilt*. Deux autres de nos cuirassés n'étaient bons qu'à la défense des côtes. En cas de guerre avec l'Angleterre ou la France, il faudrait chercher à couper les routes commerciales de ces pays. L'Angleterre ne pourrait pas soutenir six mois la lutte avec les vapeurs que nous enverrions après ses vaisseaux de guerre. Notre flotte forcerait la ligne des vaisseaux de guerre anglais et leur donnerait la chasse, de sorte qu'une tactique de ce genre dans la conduite d'une guerre contribuerait plus à la conclusion de la paix qu'une lutte livrée avec des cuirassés et de lourds bâtiments. »

Dans son compte rendu sur l'année 1875, le même amiral Porter dit encore :

« C'est seulement et uniquement par la destruction du commerce d'un grand État en guerre avec nous que nous pourrions le forcer à conclure la paix à des conditions avantageuses. » D'où il suit que des bâtiments en fer, semblables à l'*Alabama*, croisant dans l'Océan pour couler les navires ou accomplir d'autres actes de destruction, contribuent plus à l'obtention de la paix qu'une douzaine de lourds cuirassés naviguant pour combattre un adversaire de même espèce et de mêmes dimensions. D'après ces principes, l'amiral proposa à l'Amérique de constituer une flotte de croiseurs en bois rapides, d'au moins 1,200 tonnes de jauge, avec de très puissantes batteries et d'une vitesse d'au moins 15 nœuds.

En France, les mêmes mesures furent recommandées par Dislère et le baron Grival. Les opinions de ces deux spécialistes concordent parfaitement. Tous deux fouillent l'histoire de France pour y chercher des exemples semblables. Le baron Grival dit très nettement, que si jamais la France était entraînée dans une guerre avec une grande puissance maritime, elle devrait diriger tous ses efforts contre le commerce et la production de son adversaire ; ce serait le moyen le plus efficace, et même le seul, de forcer celui-ci à accepter les conditions de paix qu'on lui proposerait.



On soutient qu'au point de vue maritime l'Angleterre est cinq fois plus forte que la France ; et cette supériorité, évidemment, provient de ce qu'elle constitue un État insulaire isolé, tandis que la France est, pour plus de la moitié, un pays continental. On admet qu'avec une telle supériorité de l'Angleterre, on peut facilement prévoir l'issue malheureuse, pour la France, des luttes navales.

Mais il ne faut pas oublier que, du 1ᵉʳ février 1793 au 31 décembre 1795, les Français capturèrent 2,095 bâtiments de commerce, tandis que leurs pertes, pendant cette même période, ne dépassèrent pas 319 navires. Si le génie de Napoléon, qui écrivait à Bernadotte : « J'ai 100 vaisseaux de ligne et pourtant pas de flotte », avait su consacrer les mêmes dépenses à construire des navires de moindres dimensions, rapides et bien armés, les opérations de croisière, sur n'importe quelle mer, eussent été couronnées de succès.

Un auteur contemporain, l'amiral Jurien de la Gravière, apprécie cette même question dans son étude : *La Marine d'aujourd'hui*; et tout en renonçant, avec regret, à s'efforcer de conquérir la supériorité maritime. Il admet que la destruction du trafic commercial maritime ennemi reste la dernière ressource du plus faible des deux belligérants et qu'un plan d'opérations semblables devrait forcément être adopté si jamais les circonstances obligeaient la France à entrer en lutte sur mer avec la Grande-Bretagne.

L'amiral Aube, qui fut ministre de la Marine française en 1886, donna pour la première fois, d'une façon semi-officielle, à la Chambre des Députés de France, la théorie de la course dans ses parties essentielles. Il exposa que si on fait la guerre à une nation riche, il faut, par tous les moyens, éviter les batailles navales, et diriger toutes ses forces contre le commerce ennemi.

Cette menace causa en Angleterre une grande émotion, qui conduisit à poser une question au cabinet de Paris. Le gouvernement français crut nécessaire de répondre que tout ce qu'avait dit l'amiral Aube ne représentait que son opinion personnelle sur la question. Mais, depuis lors, on se mit à construire des croiseurs en Angleterre, avec plus de hâte encore qu'en France.

On comprend que les esprits, étant ainsi disposés, la construction de torpilleurs de haute mer de grandes dimensions, si bons pour la guerre de croisière, qui fut entreprise sur une très grande échelle, ait entretenu l'inquiétude. Les théories sur la destruction sauvage, inhumaine, des bâtiments de commerce reçurent une nouvelle confirmation.

Dans un article de la *Nouvelle Revue*, signé d'« Un officier de marine en retraite » et intitulé *Etudes sur la guerre navale*, dont l'auteur était, comme on le sut par la suite, M. Charmes, nous lisons ce qui suit : « Un torpilleur aperçoit un navire marchand dont le chargement représente plus de valeur que n'en transporta jamais galère vénitienne ; son équipage et ses passagers sont au nombre de quelques centaines. Le torpilleur doit-il annoncer sa présence par un signal quelconque, et faire savoir à ce navire qu'il n'attend que le moment favorable pour le couler ? Mais alors le capitaine marchand répondrait par des coups de canon qui couleraient le torpilleur avec son brave commandant, tandis que le navire marchand continuerait tranquillement sa route. Le torpilleur devra donc, au contraire, suivre de loin ce bâtiment ; il s'en approchera la nuit et le coulera avec son chargement, son équipage et ses passagers, puis s'en ira chercher ailleurs d'autres navires à détruire. Tous les coins de l'Océan verront s'accomplir des atrocités semblables... Il est des hommes qui protesteront contre cela ; quant à nous, vous voyons, dans les croiseurs, un nouvel effet des lois du progrès, qui conduira finalement à la suppression de la guerre. »

Des actes de ce genre ne diffèrent en rien du brigandage maritime et on comprend qu'en présence de ces héroïques exploits, accomplis par des croiseurs de guerre et des torpilleurs, les cruautés des corsaires privés du moyen âge ne nous étonneraient nullement.

Dans ces conditions, la guerre navale moderne constituerait simplement un retour à celle des temps barbares.

Dans un ouvrage sur *Les guerres navales de demain*, par le commandant Z... et H. Montéchaut, nous trouvons l'appréciation suivante : « La guerre industrielle a ses règles précises, constantes et invariables : tomber sans pitié sur le plus faible et fuir sans honte devant le plus fort. Nos torpilleurs ou croiseurs devront immédiatement se cacher dès qu'ils apercevront un vaisseau de guerre, même non supérieur à eux comme puissance de combat, mais capable de leur opposer quelque résistance ».



De nos jours s'est établie partout l'opinion que la guerre navale future sera une guerre industrielle, « une guerre de croiseurs sans miséricorde » ; et, par conséquent, on ne doute point que les États refuseront de se lier les mains par des traités et conventions quelconques.

On en donne, entre autres, la preuve suivante :

Partout il a été admis que le bombardement des villes ouvertes ne doit pas être permis ; ainsi, dans une instruction française adressée aux officiers de marine, on trouve ce qui suit : « Le bombardement des villes est une opération permise en cas de guerre pour obliger ces villes à se rendre, si elles ne le font pas de bonne volonté. Les villes ouvertes ne doivent pas être bombardées, surtout si elles ne font pas de résistance (1) ».

Et de fait, dans les instructions données en 1870 à l'escadre française au sujet du bombardement, on lit : « Je vous propose de respecter absolument l'inviolabilité des villes ouvertes, attendu que, sauf des circonstances non prévues par l'instruction, les opérations de l'escadre doivent se borner à bloquer strictement les ports de commerce allemands ».

Mais depuis lors, comme on sait, en prévision de la guerre future,

_______________

(1) Aide-mémoire de l'officier de marine, 1892.

l'humanité a fait un notable pas en arrière. Dans cette guerre future, personne n'a de pitié à espérer. Rien ne peut mieux en donner la preuve que les procédés de la marine anglaise.

Le 24 août 1889, le capitaine du *Collingwood* envoyait à la municipalité de Peterside la note suivante : « Par ordre du vice-amiral commandant la 2ᵉ division de l'escadre, j'ai l'honneur de vous informer que la contribution de guerre imposée à votre ville s'élève à 150,000 livres sterling. Je vous invite à donner au porteur une garantie du paiement rigoureux de la somme exigée. Tout en regrettant d'être obligé de demander une aussi forte somme à la population d'une ville paisible et laborieuse, je ne puis faire autrement, en raison des contributions considérables imposées par vos navires au port florissant de Belfast. Je dois ajouter que si les officiers envoyés par moi ne sont pas de retour dans un délai de deux heures, la ville sera brûlée, ses navires coulés et ses usines détruites. Votre serviteur, R. A. HARRIS, capitaine de la marine de Sa Majesté ».

Cette lettre fut, à l'époque, imprimée dans tous les journaux, mais ne souleva aucune protestation. A une question posée sur ce sujet à la Chambre des Communes, le lord de l'amirauté répondit vaguement. Il est évident que c'est précisément ainsi qu'agira l'Angleterre à l'avenir; et comme, dans les questions maritimes, sa voix a plus d'importance que celle de tous les autres pays, il ne restera à ces derniers qu'à suivre son exemple (1).

Comme on le voit par les documents de Martens, dans la dernière guerre russo-turque de 1877-1878, la convention de Paris ne fut pas observée; et, quoique d'après les traités, les bouches du Danube dussent rester neutres, le ministre de la guerre turc proclama ce qui suit : « Comme le Danube doit constituer une ligne de défense, la navigation sur ce fleuve est interdite et les navires qui violeront cette défense seront confisqués ».

Le comte Andrassy protesta contre cette disposition par une dépêche envoyée à l'ambassadeur austro-hongrois à Constantinople. « La liberté de la navigation du Danube, écrivait-il, est garantie par des traités; et les prétentions de la Porte de dominer sur ce fleuve et de considérer le Danube comme une ligne de défense lui appartenant exclusivement sont contraires à la liberté de navigation qui se trouve sous la protection du droit international des États européens. » Mais on sait que cette protestation n'eut aucun résultat et que la navigation sur le Danube fut suspendue pendant plusieurs mois.

---

(1) Détails de l'incident survenu à Peterside : Voir Rettlich, *Prisenrecht und Fluss-chiffahrt* (Le droit de prise et la navigation fluviale. — Hambourg, 1892.

La dernière guerre chilienne a montré encore combien peu précises sont les idées quand il s'agit du droit de la guerre navale.

On sait qu'au début de la révolution, presque toute la marine chilienne prit parti pour le Congrès contre le président Balmaceda et qu'il ne resta aux ordres de celui-ci que des torpilleurs et trois vaisseaux envoyés à l'étranger qui ne purent arriver à destination avant la fin de la guerre.

Sur la question de savoir comment un État neutre doit procéder à l'égard d'un vaisseau de guerre appartenant à un parti non reconnu comme belligérant, Geffcken donne, dans la *Revue du droit international*, l'opinion formulée par le ministre anglais Caning, lors de la lutte pour la délivrance de la Grèce : « La puissance dont les croiseurs paraissent sur la mer doit être considérée comme belligérante ou comme pirate. Il n'y a pas de milieu ». Or, aux pirates on ne reconnaît aucuns droits, et tout le monde est libre de les détruire. D'après cela, c'eût été chose parfaitement régulière, au point de vue de la forme, qu'un bâtiment neutre quelconque, rencontrant en mer un vaisseau chilien des congressistes, l'eût attaqué et coulé; — « mais, néanmoins, cette façon d'opérer ne se justifierait guère », observe Geffcken. Il faut encore noter la fin de l'article de Geffcken : « Ainsi nous voyons, dit-il, par ces quelques cas, que dans le domaine du droit de la guerre maritime, beaucoup de questions sont encore ouvertes et beaucoup laissées à l'arbitraire. Nous voyons, en tout cas, qu'il faudra encore bien du travail pour formuler des règles précises et rigoureusement observées, et qu'actuellement il est impossible de dire avec certitude ce qui arrivera dans la guerre future : qui l'emportera, de l'humanité ou des intérêts du pays? Nous croyons qu'on agira sagement en s'attendant au *pire*, en réglant ses résolutions d'après cela et en prenant ses mesures en conséquence ».

Ce qui peut être ce *pire* — nous l'avons déjà dit. Mais, même s'il existait des conditions parfaitement réglées, les relations commerciales par mer seraient très gênées. Le projet d'une instruction russe pour le cas de guerre contient, par exemple, ce qui suit :

Le gouvernement fait connaître par une déclaration les choses qui doivent être considérées comme contrebande de guerre. En attendant cette déclaration, il faut tenir pour telles : le charbon de terre, tous les produits alimentaires et tout ce qui peut servir à augmenter la puissance des forces ennemies sur terre et sur mer.

Quant aux objets ici mentionnés, avant de les déclarer contrebande de guerre, la plus grande prudence est recommandée aux croiseurs qui doivent soigneusement examiner s'ils sont réellement destinés à l'ennemi. Nous voyons par là quelle latitude déjà est laissée aux capitaines, et il n'est pas difficile de comprendre que, dans de telles conditions, le trafic maritime sera considérablement réduit.

Un autre paragraphe de cette instruction s'exprime ainsi : « Si un gouvernement ennemi arme des corsaires, le croiseur qui rencontre un de ces navires et s'en empare doit procéder avec lui comme avec un navire de commerce ennemi. Mais si, à l'examen des papiers du corsaire, celui-ci ne paraît pas avoir été régulièrement armé comme tel, les officiers et l'équipage doivent être traités comme des pirates. »

Il est bien clair qu'aucun gouvernement n'hésiterait à munir ses navires de lettres de marque leur donnant le droit de faire la chasse aux bâtiments de commerce ennemis. Ainsi la détermination de ce qu'il faut considérer comme contrebande de guerre se trouverait à la merci de personnes très peu sûres.

Dans ces dernières années, toute une série d'articles et de brochures ont paru en France et en Angleterre au sujet de la future guerre navale.

De tous ces écrits, dus presque exclusivement à des spécialistes, on peut conclure que l'Angleterre et la France sont prêtes à donner des lettres de marque pour la course. Et c'est pleinement logique. Autrement, que signifieraient ces grands sacrifices que s'imposent les gouvernements pour soutenir leurs vapeurs particuliers?

Nous ne pouvons examiner en détail toute cette littérature; mais nous donnerons ici les principales observations de l'un des plus sérieux de ces traités, dont l'auteur est le juriste Waraker : *Naval Warfare* (La guerre navale).

Waraker signale les dangers qui menacent l'Angleterre, même et surtout si elle s'avisait de rester puissance neutre. Son commerce serait certainement anéanti : « On peut dire avec une quasi-certitude que les belligérants procéderaient ainsi; ils savent qu'on ne peut briser la puissance anglaise qu'en détruisant son commerce ».



Et ensuite, il faut se demander : La Convention de Paris peut-elle rester obligatoire, dans les intérêts des puissances neutres? Exécuter cette convention, c'est, au point de vue pratique, faire passer le commerce des belligérants aux mains des neutres. Mais la suppression de l'inviolabilité du commerce enlèverait toute importance à ce transfert. A ce sujet, Waraker dit : « Il n'est pas de convention par laquelle une puissance se considérerait comme liée en temps de paix, si cette convention lui causait des dommages sérieux. Et cependant, il lui faudra l'observer en temps de guerre. »

Personne ne soutiendra, sans doute, qu'aucune loi ou habitude puisse jamais forcer une nation libre à se faire du tort à elle-même, à se priver de ses moyens de défense ou à les amoindrir et les affaiblir.

La seule chose que puisse, en pareil cas, exiger la morale et le droit international, c'est que l'État qui a conclu une convention, dès qu'il reconnaît le caractère douteux de l'entreprise et en comprend la portée, déclare n'en pas accepter les conditions désavantageuses, sans attendre que le moment soit venu de les remplir et que les autres pays aient pris leurs dispositions pour s'y conformer. Nous admettons volontiers qu'il est immoral de se baser sur des dangers ou des difficultés douteuses et qu'un pays, en dénonçant une convention, doit fournir la preuve que l'exécution de ses prescriptions l'exposerait à de sérieux et immédiats dangers. Mais sur ce point, comme sur toutes les questions internationales, il faut laisser à chaque nation le soin de juger par elle-même.

*Comment on doit comprendre les conventions internationales.*

Telle est la manière de voir, tant des spécialistes du droit international que des moralistes.

Ainsi Martens admet que « si l'exécution d'une convention entraîne la ruine d'un des contractants, la convention est de nul effet ».

D'autre part, Mommsen, dans son *Histoire romaine* (I, 403) dit : « Toute nation met à bon droit son orgueil à rompre par les armes les traités, ruineux pour elle, qu'elle a signés ».

Fereira va plus loin encore, en disant : « Les conventions ne sont pas obligatoires si elles sont sans avantage pour l'un des contractants ».

Spinosa soutient que les conventions perdent leur caractère obligatoire, dès qu'ont disparu les dangers qui les avaient fait conclure.

Heime dit : « Les considérations politiques nationales peuvent, dans certains cas extraordinaires, annuler toute convention et alliance dont l'exécution serait notablement dommageable pour les parties contractantes ». (*Esseys*, II, 27).

Paley expose qu'il est impossible d'établir une analogie complète entre les conventions particulières et internationales : « Si l'exécution d'une convention peut asservir une nation ou la priver des avantages politico-commerciaux sur lesquels elle a le droit de compter d'après sa situation ou d'après d'autres circonstances, nous pensons qu'en présence de tels inconvénients nous sommes obligés de mettre en question les obligations dont il s'agit (*Mos. Phil.*).

Toute l'histoire nous montre qu'aucune convention offrant un danger sérieux ou même une gêne douteuse à une puissance contractante ne constitue, en cas de guerre, un obstacle à l'action de cette puissance.

*Beaucoup ne sont pas observées en cas de guerre.*

Par le traité d'Utrecht, Louis XIV s'était obligé à démanteler la place de Dunkerque, mais cette clause ne fut jamais exécutée et plus tard, par un nouveau traité, cette mesure fut rapportée.

D'après le traité de neutralité armée de 1780, la Russie, entre autres choses, avait accepté le principe : « bâtiment libre, chargement libre ».

Mais quand éclata la guerre de 1788, la Russie, comme la Suède, sans hésitations aucunes, écartèrent ces conditions.

Quand fut conclue la paix de Berlin en 1806, Napoléon imposa au roi de Prusse l'obligation de réduire son armée au chiffre de 42,000 hommes. Mais quoique, par crainte de Napoléon, ce traité eût été exécuté à la lettre et en apparence, il fut néanmoins tourné de telle façon que, grâce au système de service court, imaginé par Stein et Scharnhorst, on put mettre, en 1813, 200,000 soldats en ligne.

Plus tard, par le traité de Paris de 1856, la Russie s'obligea à respecter la neutralité de la mer Noire et à ne pas construire de fortifications en Crimée. Mais quand la guerre franco-prussienne occupa les deux nations ennemies, la Russie se débarrassa aussitôt de ses obligations.

L'un des paragraphes complémentaires dudit traité portait que tous les différends internationaux seraient tranchés par une troisième puissance ; mais quand, en 1859, le conflit fut sur le point d'éclater entre la France et l'Autriche, c'est en vain que lord Melbourne voulut persuader ces deux puissances de régler leur différend de cette façon.

En 1870, lord Granville s'efforça aussi sans succès de soumettre la difficulté soulevée entre la France et l'Allemagne à une troisième puissance : pourtant il ne s'agissait que d'une question d'étiquette, et un tiers pouvait bien être considéré comme compétent pour la trancher. Au lieu de cela, cette violation d'étiquette fut pour la France la cause du plus affreux désastre qu'ait enregistré l'histoire.

De même encore, le traité de 1864 qui suivit la guerre germano-danoise avait décidé, tout en laissant le Schleswig du Nord pendant quelque temps sous l'autorité allemande, que la population de ce pays aurait droit de déclarer par un vote si elle voulait appartenir à l'Allemagne ou au Danemark ; mais quand les habitants du Schleswig demandèrent à voter pour trancher cette question, on leur répondit par un refus pur et simple.

Par le traité de Paris de 1856, six puissances s'étaient engagées à respecter l'indépendance et l'intégrité territoriale de la Turquie et avaient garanti solidairement l'observation de cette clause. D'après les articles XI et XIII de ce traité, la mer Noire était déclarée neutre, ses eaux et ports ouverts à tous les bâtiments de commerce et son accès interdit pour toujours au pavillon de guerre de toutes les nations riveraines ou non. Le Tsar et le Sultan « s'engagent à ne pas organiser ni entretenir d'arsenaux militaires sur ses côtes ». — « Toute violation des conditions du présent traité sera considérée par les puissances soussignées comme motif de déclaration de guerre ».

Mais la Russie a détruit l'unité territoriale de la Turquie et les autres puissances ont laissé faire ; d'autre part, les articles XI et XIII ont été biffés par la Russie en 1870. Ainsi s'explique que les traités puissent être annulés pour des motifs importants, chaque puissance étant d'ailleurs libre d'apprécier elle-même si l'importance de ces motifs est suffisante.

Si un traité doit léser le sentiment national et les intérêts nationaux, il ne constitue plus qu'un « lien de paille » qu'on peut toujours briser.

On ne peut pas compter sur l'application des principes du traité de Paris.

A propos du degré auquel les traités peuvent être obligatoires en temps de guerre, Waraker (1), s'occupant spécialement de l'Angleterre, raisonne comme il suit :

« De qui peut-on attendre l'application des principes du traité de Paris? Est-ce de la France, qui a privé les puissances neutres de la possibilité de s'occuper de commerce jusqu'à ce que sa puissance maritime fût complètement détruite, — qui, lors des guerres de la Révolution et de Napoléon Ier, foula aux pieds tous les droits des neutres et n'observa, à l'égard des autres nations, aucune des obligations ou coutumes admises au nom de la bienveillance et de la justice, — qui, récemment encore, dans sa guerre du Tonkin, élargit considérablement ses prétentions en matière de conduite de la guerre et s'arrogea les droits des neutres, en prévision des guerres navales futures en Europe?

« Est-ce de l'Amérique, qui déclare illimités les droits des belligérants en temps de guerre, — qui, malgré les perpétuelles concessions par elle exigées des belligérants, quand elle était neutre, appliquait elle-même, dès qu'elle devenait belligérante à son tour, les droits de la guerre dans toute leur étendue, et ne se gênait pas pour violer les droits reconnus aux nations neutres, — qui opérait des arrestations de vive force sur le vaisseau anglais *Trent*, employé au transport des passagers, — qui attaquait ses ennemis dans un port neutre, et voulait s'emparer, à proximité d'un port bloqué, d'un bâtiment qui se dirigeait vers un port ouvert?

« La nécessité pressante et l'importance qu'il y avait, pour l'Amérique, à maintenir l'unité de sa Confédération, non seulement fut mise en avant par elle pour justifier des actes de ce genre, mais bien des personnes parmi nous trouvèrent qu'il y avait là en effet une justification de ces actes. Ne pouvons-nous pas en effet nous trouver dans des difficultés semblables? Et la conservation de notre indépendance, de notre existence même, ne présente-t-elle pas autant d'importance? ».

Après avoir accusé la Russie, elle aussi, d'avoir violé nombre de traités et d'engagements au sujet de la Bulgarie et des confins asiatiques, Waraker continue :

« Peut-on compter que ces puissances se tiendront elles-mêmes dans le cadre où elles veulent enfermer l'Angleterre? Assurément non ! Quand

______

(1) Waraker, *Naval Warfare.*

une puissance quelconque s'est mise sur le pied de guerre, alors elle utilise toute sa force sous toutes les formes et de toutes les façons où cette force peut servir ses intérêts ; elle passe à travers tous les obstacles qu'on croirait devoir lui opposer sous forme de traités et de discours académiques. Les coutumes chevaleresques, a dit un roi, ne comptent plus en temps de guerre.

« La guerre n'est pas un jeu qu'on puisse jouer suivant des règles déterminées ; et ce n'est pas un procès où l'on puisse réclamer le bénéfice du droit. La guerre, c'est une lutte par la force brutale pour la vie ou la mort. Si l'on pouvait soumettre la guerre à certaines règles, c'est-à-dire si des conventions étaient obligatoires pour les belligérants, pourquoi n'en conclurait-on pas qui limiteraient l'effectif des armées et d'après lesquelles on ne permettrait de construire que des vaisseaux en bois ? Pourquoi ne reviendrait-on pas à l'arc et aux flèches comme armes offensives et à la cuirasse comme arme défensive, afin de pouvoir se battre comme au moyen âge sans perte d'hommes, — le seul danger couru par les combattants se bornant au risque d'étouffer sous leur cuirasse ou d'être foulés aux pieds et écrasés, s'ils ne parvenaient pas à s'enfuir assez vite avec leur armure, à cause de son poids ? Comme tout cela serait humain, romantique et sans danger !

« Mais pourquoi toutes les nations ne s'entendent-elles pas pour faire trancher, par le jugement d'un tiers, les différends soulevés entre elles ? Avec un pareil procédé on arriverait au moins à savoir non pas qui est le plus fort, mais qui a tort ou raison.

« Et pourquoi, d'une façon générale, puisque nous en sommes sur ce chapitre, — pourquoi ne pas conclure des conventions de telle nature que nous n'ayons plus envie d'avoir des conflits ? Sans doute, c'est absurde — mais ce n'est pas plus absurde que de demander que des Etats, amenés à se combattre, ne fassent pas tous leurs efforts pour s'assurer la victoire.

« En un mot, tel étant l'état des choses, nous répondrons de la manière suivante :

« Si les autres puissances ne veulent pas maintenir en vigueur les traités qu'elles ont conclus, l'Angleterre non plus ne peut pas être liée par des traités.

« Si l'Angleterre, sans se préoccuper de ce que font les autres puissances, veut rompre d'anciens traités qu'elle juge nuisibles pour elle, à quoi servirait-il aux autres de se casser la tête et pourquoi ne pas laisser tout en l'état ? Quand la guerre commencera, il sera temps de songer à ce qu'il faut faire : « Laissez à la guerre ce qui appartient à la guerre ! »

« Examinons tranquillement, tant que règne la paix, comment l'Angleterre peut faire face à la tempête si elle éclate.

« Là où ses ennemis pourront mettre un bâtiment à la mer, l'Angleterre en peut lancer trois contre leur marine marchande.

« Sur les navires de commerce à marche rapide actuellement à la mer, la France n'en a qu'un et l'Allemagne six, tandis que l'Angleterre en a quinze. Sur ceux de deuxième rang, c'est-à-dire d'une vitesse de 18 à 18 1/2 nœuds, l'Angleterre en a 17, l'Italie et l'Allemagne chacune un. L'Angleterre possède à elle seule un tiers de tous les bâtiments de commerce qui existent et les quatre septièmes du total des vapeurs. Pas un navire ennemi ne devrait pouvoir sortir de ses ports sans qu'un bâtiment anglais, au moins de même force, ne le poursuive et ne l'attaque.

« L'Angleterre a encore une autre supériorité à la guerre : ce sont ses nombreux dépôts de charbon. Comment les corsaires ennemis tiendront-ils la mer s'il ne leur est pas possible de remplir à temps et régulièrement leurs soutes ? Où l'ennemi prendra-t-il du charbon, même pour ses corsaires ? Admettons qu'aux manœuvres de 1890, il ait été constaté que les bâtiments peuvent se réapprovisionner en pleine mer au moyen de navires charbonniers : — mais c'était en temps de paix, en un moment où personne ne songeait à s'emparer de ces navires. En temps de guerre, ceux-ci fussent devenus sans doute la proie de l'ennemi, s'ils n'avaient pas été gardés par un vaisseau de guerre.

« Ainsi donc, il est assez clair que les corsaires ennemis ne pourraient pas se ravitailler de charbon en pleine mer et qu'il leur faudrait rentrer chez eux pour refaire leurs approvisionnements ; que, par suite, ils ne pourraient entreprendre que de courtes expéditions et se verraient souvent exposés au danger d'être attaqués par un adversaire plus fort qu'eux. Mais les Anglais, cependant, ont sous la main leurs dépôts de charbon dans tous les pays du monde.

« Est-ce que la conséquence immédiate de ce fait ne doit pas être de débarrasser à bref délai la mer d'ennemis ? »

Plus loin Waraker donne l'exposé suivant de la force relative des flottes de guerre :

|  | Angleterre | France | Italie |
|---|---|---|---|
| 1° Cuirassés de 1re classe, avec cuirasse de 18 pouces et au-dessus. . . . . . . . . . . . . . . . . . . . . | 22 | 16 | 10 |
| 2° Autres cuirassés . . . . . . . . . . . . . . . . . . | 14 | 23 | 5 |
| 3° Croiseurs et canonnières de plus de 900 tonneaux. | 166 | 60 | 23 |
| 4° Chaloupes canonnières de 600 tonneaux . . . . . | 47 | 10 | 13 |
| 5°    —    de 200  — . . . . . | 32 | 30 | 13 |
| 6° Navires de guerre ayant une vitesse de plus de 14 nœuds . . . . . . . . . . . . . . . . . . . . . . | 168 | 79 | 48 |
| | 449 | 218 | 112 |

|  |  |  |  | Angleterre. | France. | Italie. |
|---|---|---|---|---|---|---|
| 1° Bâtiments d'une vitesse de 20 nœuds et au-dessus. |  |  |  | 31 | 5 | 13 |
| 2° | — | 19 | — | 43 | 10 | 2 |
| 3° | — | 18 | — | 12 | 14 | 10 |
| 4° | — | 17 | — | 19 | 8 | 9 |
| 5° | — | 16 | — | 28 | 6 | 1 |
| 6° | — | 15 | — | 9 | 17 | 9 |
| 7° | — | 14 | — | 26 | 19 | 4 |
|  |  |  |  | 168 | 79 | 48 |

On voit par là, dit Waraker, que l'Angleterre dispose d'un nombre considérable des marcheurs les plus rapides : elle en a plus de six fois autant que la France ; et quant aux navires de seconde catégorie comme vitesse, elle en a encore plus de quatre fois autant que la France.

Nous ne pourrions discuter les conclusions de Waraker, sans sortir du cadre de notre ouvrage. Observons seulement qu'il va trop loin dans ce qu'il dit sur l'inobservation des traités : car il leur enlève toute signification. En réalité, la question doit être examinée dans chaque cas, suivant les circonstances, c'est-à-dire suivant le danger auquel pourraient s'exposer les contractants, en remplissant les conditions du traité.

La régularité des relations exige, en règle générale, qu'on observe une promesse donnée. S'il n'en était pas ainsi, alors il n'y aurait plus dans l'existence d'entreprise possible; et de même, dans les relations internationales, il ne pourrait y avoir d'entente pacifique ; il serait non seulement impossible d'éviter la guerre, mais même de la terminer jamais.

Ensuite Waraker commet une grande erreur en oubliant que, si forte soit-elle sur mer, l'Angleterre ne pourrait éviter, malgré tout, avec les engins actuels de destruction, la suspension de son trafic maritime commercial. Lui-même d'ailleurs emprunte à Solly une citation dont il reconnaît la justesse : « La nouvelle du naufrage d'une douzaine de navires de commerce, arrivant à Londres, ferait tellement monter le prix des assurances maritimes que le commerce anglais cesserait indubitablement d'exister. »



La question, par conséquent, se réduit à ceci : Les flottes unies de l'Angleterre et de la Triple-Alliance trouveront-elles moyen d'assurer la liberté des mers, si la France et la Russie concentrent en réalité leurs efforts sur la destruction des relations commerciales ? Au cas d'une réponse négative à cette question, les puissances de la Triple-Alliance et, particulièrement, l'Angleterre devront éprouver toutes les conséquences de la famine.

Rappelons ici les paroles du Secrétaire du département de la marine des États-Unis, prononcées en appréciant les résultats des essais du croiseur *Columbia* (1) : « Une douzaine de bâtiments semblables, à mon avis, arrêteraient le commerce de n'importe quel pays ; ces navires nous garantissent donc complètement contre les attaques de toute puissance ayant des intérêts commerciaux, quelles que puissent être ses prétentions, l'importance de ses flottes cuirassées ou l'agressivité de sa politique étrangère. Et que de temps ne faudrait-il pas à l'ennemi pour détruire cette douzaine de bâtiments ? »

Ainsi nous voyons combien d'écrivains autorisés se prononcent pour une guerre impitoyable.

Nous voyons en outre quelle énorme différence il y a dans la manière de comprendre le « droit » de la guerre sur terre et sur mer.

Le principe fondamental du droit des gens, quand il s'agit de la guerre en terre ferme, c'est que la propriété privée de l'ennemi est inviolable, quoique, en cas de nécessité, elle puisse être saisie sous forme de contributions de guerre ou de réquisitions, et même par la force, si l'on rencontre de la résistance.

Dans la guerre navale, au contraire, le principe est encore de nos jours en vigueur, d'après lequel la propriété privée de l'ennemi est susceptible d'être attaquée militairement. C'est à quoi fait allusion Gœthe, dans la deuxième partie de *Faust*, quand il dit : « Je ne voudrais pas de la navigation. Guerre, commerce et piraterie sont trois choses qu'on ne peut séparer l'une de l'autre ! »

Un tel état de choses ne se modifie pas vite; au contraire, l'opinion régnante actuelle, c'est que, dans la guerre future, la course sera autorisée sur une échelle plus grande qu'on ne l'avait jamais vu au moyen âge.

Observons qu'aujourd'hui, d'après les lois généralement admises, peuvent être capturés et considérés comme de bonne prise :

1° Tous les navires de commerce naviguant sous pavillon ennemi;

2° Tous les navires de commerce sous pavillon neutre portant de la contrebande de guerre ;

3° Tous les navires de commerce, sans distinction de pavillon, qui forcent ou essayent de forcer un blocus, pour entrer dans un port ou en sortir.

Dans ces trois cas la prise doit être effectuée par un vaisseau de guerre.

Mais, pour tourner cette règle, tous les États cherchent à comprendre dans leur flotte, sous forme de croiseurs auxiliaires en temps de guerre, les vapeurs de commerce, qui déjà se considèrent en toute circonstance comme des bâtiments de guerre.

Ainsi nous avons dit que, pour s'assurer un grand nombre de navires de commerce de ce genre, le gouvernement allemand avait passé des con-

----

(1) Brassey, *The Naval Annual*, 1894.

trats avec des compagnies de navigation à vapeur; contrats qui lui donnent le droit d'exiger, lors de la construction de nouveaux bâtiments, l'observation de certaines indications données par le ministre de la marine.

Le gouvernement anglais paie aux sociétés qui font des voyages sur l'Atlantique et qui possèdent des bâtiments à marche rapide des subventions, pour les bâtiments construits conformément aux demandes de l'Amirauté et susceptibles d'être employés comme croiseurs en temps de guerre.

Le gouvernement français aussi alloue une prime pour la construction des bâtiments; et de plus, pour encourager la construction des vapeurs aptes à la course, il leur donne encore une subvention auxiliaire.

La Russie a, comme on sait, une « flotte volontaire », composée de vapeurs rapides employés, pendant la paix, au transport des passagers et des marchandises, mais tout prêts aussi, en temps de guerre, à prendre la mer sous pavillon militaire, pour courir sus au commerce ennemi et résister à ses croiseurs.

L'Italie, enfin, malgré la situation difficile de ses finances, paie également des primes pour les constructions navales et accorde des avantages particuliers aux bâtiments de grande vitesse (filant au moins 14 nœuds). Ces primes atteignent un total de 150,000 livres par an.

Mais même sans ces navires, tous les États maritimes disposent aujourd'hui d'assez de croiseurs, pour entreprendre immédiatement des opérations, dont les conséquences peuvent influer sur l'issue de la guerre en terre ferme, ainsi que nous le montrons dans la partie économique de notre ouvrage.

## II. Les croiseurs de guerre et les navires de commerce transformés en croiseurs.

### Importance des croiseurs.

Comment les belligérants se serviront de leurs croiseurs.

Selon toute vraisemblance, l'intérêt des opérations de guerre navale se concentrera, en grande partie, dans la guerre dite « de croisière », parce que les circonstances ne permettront que rarement aux escadres de véritables bâtiments de guerre de se livrer des batailles régulières.

Les deux belligérants, disposant de moyens puissants de destruction, se tiendront à distance jusqu'à ce que l'un ou l'autre croie pouvoir se servir avec pleine certitude de ses armes, dans des conditions particulièrement favorables qui lui donnent une supériorité évidente sur l'adversaire. Ce genre d'opérations exclut plus encore la possibilité d'un combat régulier, d'une méthodique *bataille rangée*. Mais marcher à l'ennemi sans avoir de son côté une supériorité manifeste, c'est chose très risquée. On peut bien sans doute, en pareil cas, remporter une victoire apparente et acquérir de la gloire; mais le vainqueur s'expose lui-même à ne sortir de la lutte, qu'affaibli pour tout le reste de la campagne. D'ailleurs, si l'on a affaire à une flotte manœuvrant bien et disposant d'un service d'éclaireurs bien organisé, on ne pourra guère l'obliger à accepter le combat malgré elle.

On ne fait pas la guerre pour l'honneur et la gloire, mais bien pour l'obtention d'un résultat déterminé; résultat qu'on peut définir, d'une façon générale, en disant qu'on s'efforce de soumettre l'adversaire à sa volonté. Pour atteindre ce but, il faut exercer sur cet adversaire une pression ou une action puissante. Et l'on ne saurait mieux y arriver qu'en occupant le territoire et détruisant les sources de la richesse du pays que l'on combat. Or, parmi ces sources, il faut compter toutes les opérations commerciales de ce pays; elles sont, en effet, pour lui des moyens de s'entretenir, de se procurer des revenus et c'est par elles que se constituent les finances nationales. De sorte qu'en détruisant le commerce d'un pays, on atteint par là même ses revenus et sa puissance financière sans laquelle la conduite prolongée d'une guerre est impossible.

Or, une grande partie du trafic commercial se fait par mer et la marine marchande en est l'instrument indispensable. Par conséquent, en frappant la flotte de commerce d'un État, on l'atteint, en même temps, dans ses intérêts les plus essentiels. En outre, beaucoup de pays ne peuvent se procurer que par la voie maritime les matières alimentaires dont ils ont besoin ; par conséquent, en barrant cette voie, on peut les menacer dans leur existence même (1).

*On s'en prendra au trafic commercial de l'ennemi et à ses navires de commerce.*

Nous avons déjà vu combien est grand, dans toutes les flottes, le nombre des torpilleurs de différents modèles. Or, comme ces torpilleurs ont une vitesse de marche que ne peuvent atteindre les bâtiments de commerce, comme, en outre, les torpilleurs récemment construits ont un approvisionnement de charbon suffisant pour parcourir de grandes distances sans le renouveler, il semblerait que ces torpilleurs à eux seuls devraient suffire pour interrompre les communications sur les grandes voies maritimes.

Toutefois les puissances navales ne se sont pas contentées de cela. Aussitôt après la guerre de 1870, on est arrivé, dans les sphères de la marine, à cette conviction, que les embarras créés au trafic maritime auront une très grande importance pour l'issue même de la guerre sur terre. La campagne russo-turque de 1877 et la crainte de voir aussi les Anglais y prendre part ont mis au premier plan les questions relatives à la possibilité de couper les voies de communication maritimes.

L'Angleterre s'est ainsi vue forcée d'examiner activement la question de savoir quel modèle de bâtiment convient le mieux à l'obtention de ce double résultat : gêner les communications maritimes de l'ennemi et en même temps garantir la liberté des siennes propres.

Des riches matériaux que la littérature fournit sur ce sujet, nous n'apporterons ici que les données les plus intéressantes.

### Le développement de la construction des croiseurs de guerre.

Depuis longtemps déjà les spécialistes ont discuté la question de l'augmentation du nombre des croiseurs ; mais cependant les États maritimes ne s'en occupaient pas d'une façon bien particulièrement active. Les choses n'ont changé qu'à partir du moment où l'Angleterre s'est mise énergiquement à construire des croiseurs destinés à agir contre les navires destructeurs du trafic commercial, qui commençaient à entrer dans la composition des flottes des autres pays.

*Progrès réalisés dans la construction des croiseurs.*

Depuis lors, les crédits affectés, chez toutes les puissances maritimes, à la construction des croiseurs se sont augmentés d'année en année. Et non

_______

(1) *Mittheilungen aus der Gebiete des Seewesens.* — Pola, 1895. *Seekriegsrecht, Seekriegsführung.*

seulement le nombre de ces bâtiments s'est accru, mais leurs qualités se sont développées.

Il serait toutefois très difficile d'en déterminer et d'en décrire les modèles les plus nouveaux.

Les modèles des cuirassés actuels, comme nous l'avons déjà dit plus haut, se ressemblent plus ou moins, mais on n'en peut pas, il s'en faut, dire autant des croiseurs, construits en vue de divers objectifs et qui, par suite, diffèrent beaucoup les uns des autres dans leurs traits principaux. Il est cependant quatre points par lesquels ils se ressemblent tous, savoir : 1° la protection d'un cuirassement quelconque ; 2° la possession d'une artillerie à tir rapide ; 3° la faculté d'emmagasiner un fort approvisionnement de charbon ; 4° une grande vitesse de marche. Toutefois, les moyens d'attaque, si puissants qu'ils soient par eux-mêmes, de tous les croiseurs, ont toujours un caractère secondaire et sont calculés pour lutter contre d'autres croiseurs plutôt qu'avec de lourds cuirassés.

Là-dessus les principales puissances maritimes sont du même avis et toutes ont des croiseurs possédant les qualités susindiquées, c'est-à-dire tout différents de ceux d'autrefois.



Les croiseurs actuels sont des bâtiments d'un très fort tonnage, quelquefois même égal à celui des plus gros cuirassés. Et ces grands croiseurs, d'après la nature du service qui leur est assigné, peuvent être divisés en deux catégories essentielles.

Les croiseurs de la *première catégorie* sont destinés à la destruction du commerce. Ils ont un armement d'artillerie léger, correspondant à leur taille et ils atteignent des vitesses de 23 nœuds. En aucun cas, ils ne pourraient lutter contre ceux de la seconde catégorie.

Les croiseurs de cette *seconde catégorie*, appelés croiseurs de 1re classe, sont de purs et simples vaisseaux de guerre, et sont destinés à combattre d'autres croiseurs. Tous ont une ceinture cuirassée à la ligne de flottaison, — à l'exception des croiseurs anglais, dont la protection consiste surtout en un pont cuirassé, recourbé de manière à garantir les œuvres vives du bâtiment, les ingénieurs-constructeurs anglais trouvant ce mode de protection plus rationnel que la ceinture cuirassée le long de la coque. Mais quoique ces croiseurs soient connus sous la désignation technique de « croiseurs protégés » (*protected*) et que, dans l'aide-mémoire anglais, appelé *Naval Annual*, les bâtiments étrangers soient qualifiés d'*armoured*, c'est-à-dire cuirassés, l'auteur même de cette publication ne pense pas moins qu'on peut classer ces deux sortes de bâtiments dans une seule et même catégorie.

Sur la plupart des croiseurs cuirassés l'armement de combat est protégé dans une certaine mesure. Donnons en quelques exemples.

Sur les croiseurs *Powerful* et *Andromeda* les canons à tir rapide de 6 pouces sont dans des casemates ; sur le *Brooklyn*, les canons de 8 pouces sont disposés dans 4 barbettes protégées par une cuirasse de 8 pouces par devant et de 4 pouces par derrière, et les canons à tir rapide de 5 pouces sont protégés, comme sur le *New-York*, par une cuirasse de 4 pouces. Sur l'*Esmeralda* et la *Rossia* les canons ne sont couverts que par des plaques épaisses. Sur les nouveaux croiseurs italiens, comme le *Carlo-Alberto* et autres, la coque est protégée sur une grande étendue par une cuirasse de 6 pouces.

La comparaison des modèles de 1873 avec les plus récents nous montre les modifications survenues dans la force générale des croiseurs. Pour faire voir clairement ces modifications, nous donnerons quelques chiffres relatifs aux deux principales qualités distinctives du croiseur : sa faculté d'emmagasiner beaucoup de charbon et de déployer une grande vitesse.

### Croiseurs de 1re classe.

| ANNÉE de la CONSTRUCTION | NOM DES BATIMENTS | | TONNAGE | VITESSE EN NŒUDS |
|---|---|---|---|---|
| 1873. . . . . . . | Duquesne | français. | 6.000 | 16,9 |
| 1886. . . . . . . | Tage | | 7.255 | 19 |
| 1892. . . . . . . | Terrible | anglais. | 14.000 | 22 |
| | Powerful | | 14.000 | 22 |

Pour donner une vitesse de 22 nœuds à des navires de 14,000 tonnes, il n'a pas fallu peu d'efforts, et des efforts coûteux, dans la construction des machines. Celles-ci sont tellement compliquées que les spécialistes les considèrent comme très difficiles à diriger, surtout pendant un combat, alors que la plus légère avarie qu'elles peuvent éprouver influe sur l'issue de la lutte.

Avec la vitesse s'augmente aussi beaucoup la force des machines nécessaires pour la produire, comme le montrent les chiffres (1) du tableau ci-dessous :

| Vitesse du navire en nœuds. | Nombre approximatif des chevaux-vapeur (nominaux). |
|---|---|
| 20,97 | 12.550 |
| 18,83 | 8.524 |
| 16,50 | 5.206 |
| 14,00 | 3.023 |
| 13,40 | 2.511 |
| 11,87 | 1.756 |
| 9,00 | 890 |

(1) Oldknow, *Mechanism of Men-of-War*, 1896.

Ces nombres montrent que, pour doubler la vitesse, il faut une machine non pas deux fois, mais à peu près douze fois plus forte. Par conséquent, pour faire atteindre des vitesses de 22 nœuds à des navires du type *Terrible* il a fallu leur donner une machine de 25,000 chevaux de force (nominale). Ce qui vient d'être dit sera plus clair encore, si nous comparons les croiseurs de ce type avec les plus puissants appartenant à d'autres pays.

**Données sur les plus grands croiseurs des divers pays.**

Dimension et vitesse des principaux croiseurs.

| | RUSSIE | FRANCE | ÉTATS-UNIS | ALLEMAGNE | ITALIE | GRANDE-BRETAGNE |
|---|---|---|---|---|---|---|
| | Le *Rurik* (à double hélice) | Le *Dupuy-de-Lôme* (à triple hélice) | Le *Columbia* (à triple hélice) | *Kaiserin-Augusta* (à triple hélice) | Le *Giuseppe-Garibaldi* (à double hélice) | Le *Terrible* (à double hélice) |
| Tonnage . . . . | 10.923 | 6.297 | 7.475 | 6.052 | 6.500 | 14.200 |
| Longueur. . . . | 396ᵖ | 374ᵖ | 412ᵖ | 393ᵖ | 325ᵖ | 500ₚ |
| Largeur. . . . . | 67ᵖ | 51ᵖ,6 | 58ᵖ,2 | 49ᵖ,3 | 59ᵖ | 71ᵖ,6 |
| Rapport de la longueur à la largeur . . . . . | 5,91 | 7,26 | 7,08 | 7,97 | 5,508 | 6,99 |
| Profondeur . . . | 26ᵖ | 23ᵖ,6 | 22ᵖ,6 | 23ᵖ | 23ᵖ,7 | 27ᵖ |
| Force nominale. | 13.250 | 14.000 | 21.500 | 12.000 | 13.000 | 25.000 |
| Vitesse . . . . . | 18,00 | 20,00 | 22,80 | 20,00 | 20,00 | 22,02 |
| Approvisionnemᵗ de charbon . . | 2.000 | 900 | 2.400 | » | 600 | 1.500 ou 3.000 |

En raison de l'intérêt que présentent pour nous les vaisseaux russes, nous donnons ci-contre le dessin d'un de nos plus récents croiseurs, le *Rurik*.

La longueur de ce bâtiment est de 396 pieds, sa largeur de 67; il jauge 10,933 tonnes; ses machines développent une force nominale de 13,250 chevaux; sa vitesse atteint 18 nœuds et il peut charger 2,000 tonnes de charbon.

Si nous le comparons avec le croiseur anglais le *Terrible*, nous trouvons que celui-ci jauge une fois et demie plus que le *Rurik* et que son tonnage est plus que double de celui des autres croiseurs. Comme vitesse de marche, le *Terrible* est un peu inférieur au *Columbia*; son approvisionnement de charbon — en prenant une moyenne entre les deux chiffres indiqués dans le tableau, — est presque égal à celui du *Rurik* et du *Columbia* et 3 ou 4 fois plus grand que celui des autres croiseurs.

Les spécialistes admettent que le *Rurik* — quoique vulnérable à certains points de vue — n'en possède pas moins de grandes qualités.

Le croiseur russe les *Douze-Apôtres*.

Le croiseur de 1<sup>re</sup> classe le *Rurik*.

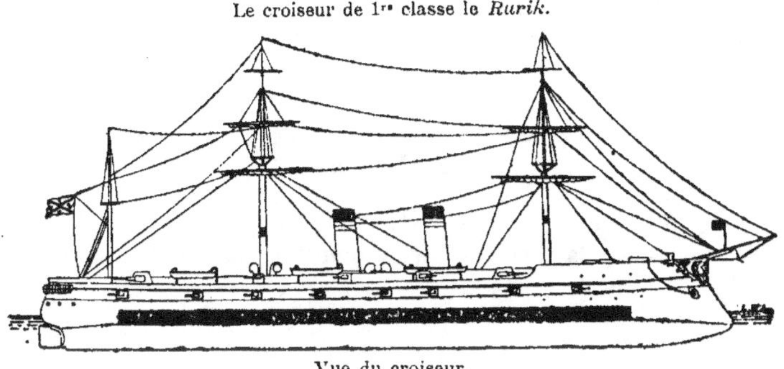

Vue du croiseur.

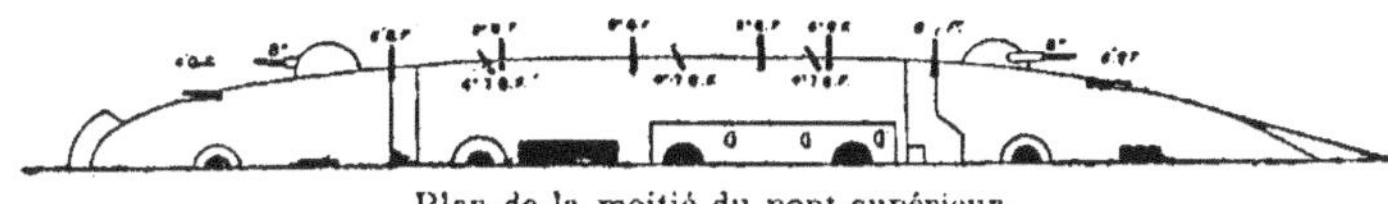

Plan de la moitié du pont supérieur.

Lord Brassey dit « qu'à son avis », les Anglais n'eussent peut-être jamais construit le *Powerful* et le *Terrible* s'ils avaient eu l'occasion de voir le *Rurik* auparavant.

Le *Rurik* a, pour un croiseur, une énorme artillerie; il n'est guère de points sur son travers où n'apparaisse la bouche d'un canon, et de quelque côté qu'on l'examine, il fait l'effet d'un navire très suggestif. Quatre canons de 8 pouces et six de 4,7 pouces à tir rapide sont établis sur son pont supérieur et protégés par des plaques. — Sur les seize canons à tir rapide de 6 pouces, douze sont disposés dans une batterie, entièrement ouverte et où rien d'un bout à l'autre et d'un bord à l'autre ne gêne le service des pièces : contraste remarquable avec les navires anglais, où les batteries sont encombrées d'une foule de choses. Une seule bombe, éclatant dans la batterie ouverte du *Rurik*, peut mettre hors de combat une demi-douzaine de pièces. Deux des canons de 8 pouces et quatre de 6 pouces du pont supérieur peuvent tirer en chasse et en retraite.

L'armement du *Rurik* est disposé comme celui d'une chaloupe — défaut sérieux pour un bâtiment qui dispose d'une si belle vitesse et de machines aussi bonnes; — sa vitesse est de 18 nœuds (1). De ce qui vient d'être dit, il ressort que l'armement des croiseurs est presque aussi puissant que

L'artillerie<br>du<br>croiseur russe<br>le *Rurik*.

_______

(1) Brassey, *Naval Annual*, 1896.

celui des cuirassés. Lord Brassey, comme il l'a fait pour ces derniers, donne en tonnes-pieds un diagramme de la puissance du feu que chaque croiseur peut fournir pendant une minute.

### Diagramme représentant la force vive de l'artillerie des croiseurs, pendant une minute (1).

Les chiffres indiquent la force vive en tonnes-pieds, et les dimensions des rectangles la puissance relative de combat de chacun des croiseurs.

Puissance de l'artillerie des principaux croiseurs.

| | |
|---|---|
| Croiseurs : *Powerful* et *Terrible* 14,200 tonnes. | 306,647 tonnes-pieds 21,6 par tonne de jauge. |
| *Jeanne d'Arc* 14,000 tonnes. | 307,240 tonnes-pieds 27,9 par tonne de jauge. |
| *Carlo Alberto* 6,500 tonnes. | 276,978 tonnes-pieds 41,1 par tonne de jauge. |
| *Rossia* 12,130 tonnes. | 471,204 tonnes-pieds 38,8 par tonne de jauge. |
| *Brooklyn* 9,250 tonnes. | 247,940 tonnes-pieds 26,8 par tonne de jauge. |
| *Arrogant* 5,800 tonnes. | 145,916 tonn.-p. 25,2 par t. de j. |
| *Catinat* 3,988 tonnes. | 197,642 tonnes-pieds 49,4 par t. de jauge. |
| Croiseur d'Elswick : *Buenos-Ayres* 4,500 tonnes. | 292,343 tonnes-pieds 65.0 par tonne de jeauge. |
| Croiseur d'Elswick : *Esmeralda* (2) 7,000 tonnes. | 509,091 tonnes-pieds 72,7 par tonne de jauge. |

(1) L'armement des croiseurs et la puissance de leurs canons de chaque calibre ont été donnés plus haut.

(2) L'armement de l'*Esmeralda* consiste en 2 canons de 8 pouces, 16 de 6 pouces 8 de 12 livres et 10 de 6 livres. Toute l'artillerie est à tir rapide.

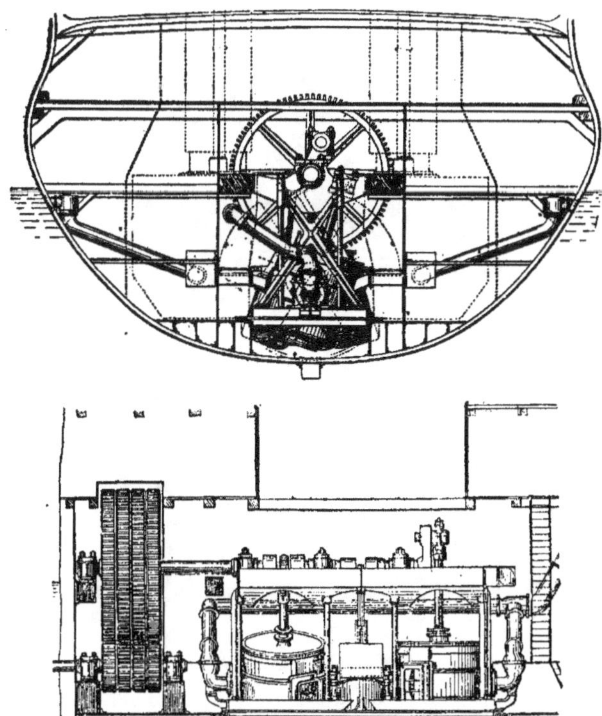

Machine d'un navire de guerre du modèle 1852, *Great Britain*, dans
son état primitif et après son perfectionnement.

Les dimensions considérables de ces croiseurs rendent la direction de semblables géants très difficile et très compliquée, outre qu'un seul projectile atteignant un navire peut y causer de terribles ravages.

Il suffit de dire que, sur le *Terrible*, il n'y a pas moins de 87 machines auxiliaires (1).

La machine principale constitue à elle seule un mécanisme d'une complication inouïe, comme on le voit par la figure ci-dessous.

Vue des machines principales du croiseur le *Terrible* de 25,000 chevaux.

Ces machines motrices sont à quatre cylindres et à triple expansion. Chacune d'elles doit développer une force nominale de 12,500 chevaux, et les deux ensemble de 25,000. La vapeur est fournie par 48 chaudières à tubes générateurs, du modèle Belleville. Chaque chaudière se compose d'une série de groupes de tubes disposés par couches sur des fourneaux et renfermés dans une caisse dont les parois sont très peu conductrices de la chaleur. Chaque groupe de tubes, qu'on appelle un élément, est disposé en

---

(1) En voici la liste : 2 machines de transmission ; 2 bancs de tour ; 4 pompes principales, 2 pompes auxiliaires et 1 de circulation ; 8 pompes principales et 8 auxiliaires d'alimentation ; 4 pompes d'incendie ; 2 pour amener l'eau dans les citernes ; 2 machines distillatoires ; pompes à air pour le nettoyage des chaudières Belleville ; 12 ventilateurs pour les chaufferies ; 2 ventilateurs pour la chambre des machines ; 4 ventilateurs pour l'aération du navire ; 3 petites machines électriques, 4 pompes à air ; 2 machines de gouvernail ; 2 cabestans pour soulever les embarcations ; 2 cabestans pour charger le charbon ; 12 cabestans pour l'enlèvement des détritus ; 1 machine pour l'atelier ; 2 cabestans à vapeur à l'avant et à l'arrière.

Soit en tout 85 machines, et, si l'on y ajoute les grandes machines motrices du bâtiment, 87 machines à vapeur distinctes.

forme de spirale aplatie et consiste en un certain nombre de tubes recti-
lignes dont les extrémités sont réunies par des tubes spéciaux en hélice dits
boîtes de jonction. Les boîtes de jonction de chaque élément se trouvent
l'une au-dessus de l'autre, et les tuyaux d'entrée ou de sortie sont au même
niveau. Les boîtes de jonction qui se trouvent à l'arrière des chaudières
sont fermées hermétiquement, mais celles qui débouchent dans la chaufferie ont des ouvertures à travers lesquelles on peut voir l'intérieur des
tubes : ces ouvertures se ferment par des portes ayant une disposition
spéciale, que la pression intérieure de la chaudière maintient elle-même
solidement fermée (1).

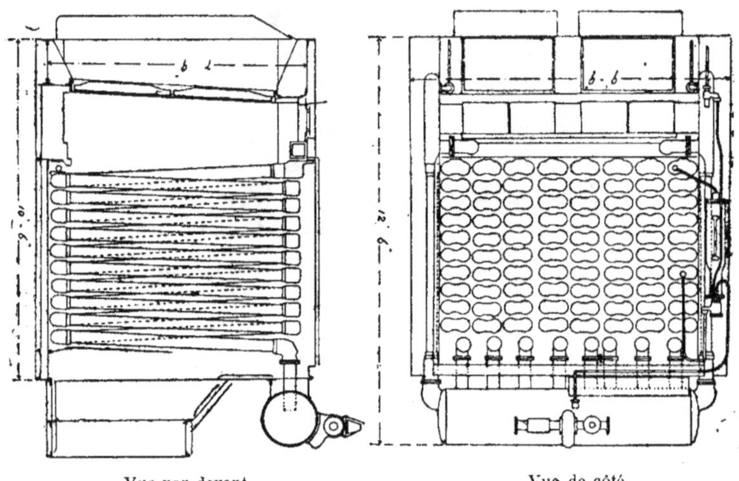

<table>
<tr><td>Vue par devant.</td><td>Vue de côté.</td></tr>
</table>

Vue d'une chaudière du croiseur le *Terrible*.

Le croiseur le *Terrible* a 48 chaudières établies dans 8 compartiments
séparés et disposées symétriquement de chaque côté d'une cloison étanche
longitudinale. Dans les quatre compartiments d'arrière il y a, de chaque côté
du bâtiment, 8 chaudières, formant trois groupes : celui de l'avant et
celui de l'arrière contiennent 2 chaudières, celui du milieu en contient
2 couples adossés l'un à l'autre : à ces dernières le charbon est amené des
compartiments transversaux des chaufferies. Les 16 autres chaudières sont

_______

(1) Oldknow, *Mechanism of Men-of-War* (les Machines des vaisseaux de guerre), 1896.

réparties entre les 4 compartiments d'avant et disposées également par couples de chaque côté d'une cloison centrale : le charbon y est amené des chaufferies longitudinales. Cette différence de disposition est motivée par la forme même du navire en cet endroit.

Les cheminées sont au nombre de 4, une pour chaque compartiment de chaudières; elles ont, en section, une forme ovale. Leurs diamètres transversaux varient suivant le nombre de chaudières correspondant à chacune d'elles ; mais les diamètres longitudinaux sont les mêmes pour toutes, afin de ne pas nuire à l'aspect symétrique du bâtiment. La hauteur de ces cheminées est de 80 pieds au-dessus de la grille de combustion. Pour faire arriver dans les foyers l'air nécessaire au tirage et pour obtenir une combustion complète, 8 machines soufflantes sont installées dans les chaufferies : une à 2 cylindres dans chacune des 4 grandes et une à 1 cylindre dans chacune des 4 petites de l'avant. L'air est chassé sur le combustible par des soufflets spéciaux disposés sur la paroi antérieure de la chaudière immédiatement au-dessus des portes du foyer, dans toute la largeur de la grille de chauffe. L'air arrive dans le foyer en traversant de petits tuyaux qui le divisent en une série de courants très fins. La surface totale de la grille est de 2,200 pieds carrés et la surface totale de chauffe est de 67,800 pieds, de sorte que les chaudières produisent plus de vapeur qu'il n'en faut, même relativement à ce qu'on en dépenserait sur un bâtiment de commerce.

La grande vitesse des croiseurs récents leur permet d'apparaître vivement et subitement au point où ils doivent agir et en même temps elle n'est pas sans causer beaucoup d'inquiétude aux habitants de la côte et aux commerçants.

Une fois en train de construire des croiseurs, les puissances maritimes ne s'en sont pas tenues aux premiers résultats obtenus. On a bientôt trouvé moyen d'augmenter beaucoup la vitesse de ces bâtiments.

Augmentation nécessaire de la vitesse de ces bâtiments.

Ainsi aux États-Unis on en construit trois : la *Columbia*, le *New-York* et le *Brooklyn*, dont la vitesse atteint 22,8 nœuds : résultat obtenu par l'augmentation de la puissance des machines. Le croiseur *Columbia*, pour 7,475 tonnes de jauge, dispose d'une force de 21,500 chevaux.

La *Columbia* et le *Brooklyn*.

Les machines de la *Columbia* sont protégées par un pont cuirassé de forme inclinée vers les deux bords du navire. Elles font tourner trois hélices, dont chacune est mise en mouvement par une machine distincte à triple expansion. La vapeur est fournie par 8 chaudières. L'approvisionnement de charbon, qui s'élève à 1,000 tonnes en briquettes, est très ingénieusement disposé ; les briquettes sont placées de façon à couvrir et à protéger, contre les coups de l'ennemi, l'emplacement occupé par la machine et les chaudières.

T. III. — Jean de Bloch. — *La Guerre future.* 21

En construisant la *Columbia* on s'est proposé de réaliser un croiseur capable de poursuivre les bâtiments de commerce étrangers, mais pouvant en même temps lutter contre les navires de guerre. C'est dans ce but qu'il a été armé. La figure de la planche ci-contre, empruntée à la *R. U. S. Institution,* nous donne, mieux que tout ce qu'on pourrait ajouter, une idée de ce croiseur.

Les dépenses ont été ici en proportion de la grandeur des résultats atteints. La *Columbia* est revenue à 545,000 livres sterling, c'est-à-dire à environ 13 millions de francs. Le secrétaire d'État pour la marine des États-Unis, M. Tracy, dit, dans son rapport, qu'une douzaine de navires semblables seraient en état de lutter avec succès contre toutes les forces employées à protéger les routes commerciales de la mer (1).

Aussitôt après la construction de ce navire, on entreprit en Angleterre d'établir des croiseurs cuirassés plus grands et plus rapides encore, sur le modèle du *New-York* et du *Brooklyn.* Ces bâtiments devaient avoir 500 pieds de long avec des machines de 30,000 chevaux de force nominale, leur donnant une vitesse de 23 nœuds. — Leur ceinture cuirassée devait avoir 10 pouces d'épaisseur (2).

Tout en construisant ces grands croiseurs de 1^re classe, les puissances maritimes travaillent plus activement encore à la construction de croiseurs de 2^e et 3^e.

La valeur de semblables navires pour le service naval est appréciée depuis longtemps déjà. Néanmoins on a fait pendant ces dix dernières années de sérieux efforts pour en perfectionner le modèle en augmentant la principale et la plus importante de leurs qualités, c'est-à-dire la vitesse. D'où la construction par tous pays d'une série de croiseurs de plus petites dimensions, disposant d'approvisionnements de charbon considérables et pouvant développer une vitesse de 19 nœuds.

Il n'est pas nécessaire d'entrer dans les détails d'organisation de ces croiseurs, après ce que nous venons de dire sur ceux de première classe. Ils sont tous, d'ailleurs, armés très fortement, — étant surtout destinés à protéger les bâtiments de commerce nationaux et à capturer ou à détruire ceux de l'ennemi.


D'après le rapport fait à la Chambre des députés français sur le budget de la marine, voici le nombre de croiseurs cuirassés dont pouvaient disposer, en 1895, les plus importantes puissances maritimes (3) :

---

(1) Lord Brassey, *Naval Annual,* 1891.
(2) *Army and Navy Journal.*
(3) Rapport de M. Gerville-Réache.

Vue perspective.

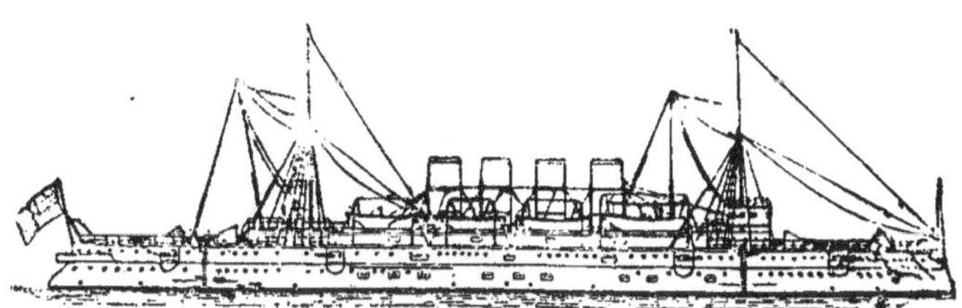

Élévation.

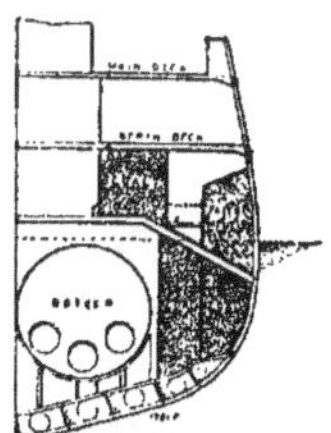

Coupe transversale par le milieu.

| PUISSANCES | CROISEURS CUIRASSÉS de plus de 4,000 tonnes | CROISEURS CUIRASSÉS de 2,000 à 4,000 tonnes | AUTRES BATIMENTS à marche rapide | TOTAL |
|---|---|---|---|---|
| Angleterre . . | 31 | 51 | 36 | 118 |
| France . . . . | 11 | 5 | 13 | 29 |
| Allemagne. . . | 10 | 1 | 11 | 22 |
| Russie. . . . . | 9 | 2 | 2 | 13 |
| Autriche . . . | 3 | 1 | 3 | 7 |
| Italie . . . . . | " | 15 | 4 | 19 |

### Les croiseurs à dynamite.

La puissance de combat des croiseurs des moindres dimensions s'est beaucoup accru et promet de s'accroître plus encore à l'avenir, par suite de l'emploi, pour en armer quelques-uns, de canons pneumatiques Zalinsky — en outre des canons ordinaires. Ces canons pneumatiques lancent, au moyen de l'air comprimé, des projectiles remplis de substances explosibles. Et leur précision, au dire de beaucoup de spécialistes, est extraordinaire. Près de New-York on a fait des expériences, et les résultats en ont été si satisfaisants que l'inventeur a immédiatement reçu des commandes de Turquie, d'Egypte, d'Italie et d'Allemagne.

Au cours des essais exécutés sous la surveillance d'hommes spéciaux, sur cinq projectiles, 4 ont atteint exactement le point visé à la distance de 1,613 yards; le cinquième a frappé à 7 yards seulement plus bas.

Pour continuer les expériences et se rendre mieux compte de l'effet destructeur des projectiles on disposa, le 20 septembre 1887, le schooner *Silliman* à une distance de 1,864 yards — et ce bâtiment fut aisément détruit, comme le montre la figure de la page 324.

Après deux coups tirés à projectiles lestés, pour régler le tir, on en lança un qui contenait 55 livres de nitro-glycérine; il causa de graves avaries au bâtiment servant de cible (v. fig. 2). Le second coup le détruisit (fig. 3).— Le projectile suivant atteignit les débris du bâtiment et éclata à la surface de l'eau (fig. 4). Le dernier éclata sous l'eau.

Ainsi fut établi que ces canons ont une précision suffisante pour atteindre un point immobile en tirant de la côte. Quant au tir exécuté sur une plate-forme mouvante, l'irrégularité de trajectoire résultant de cette

Effet des projectiles chargés d'explosifs.

circonstance se trouva notablement moindre que dans le tir des canons à poudre ordinaires.

Il faut observer que dans ces derniers temps la construction de ces canons pneumatiques a fait de grands progrès. A l'exposition de Chicago, par exemple, où ils furent exposés, on voyait en même temps de leurs projectiles remplis de 227 kilogrammes d'explosif.

En 1889, des essais furent repris avec des canons de 15 pouces, et il fut constaté que, sur 100 coups, la moitié atteignirent le but représentant un navire immobile à la distance de 2 kilomètres.

D'après ces expériences, beaucoup de spécialistes soutiennent que tout bâtiment s'approchant à 2 kilomètres, pour peu que le temps permette de lui envoyer quelques coups, est fatalement perdu.

Le danger proviendrait surtout de ce que chaque projectile contient 250 kilogr. d'explosif et que chaque coup d'un tel projectile atteignant la surface de l'eau, même à 30 yards du bâtiment visé, produirait une explosion tellement terrible qu'elle détruirait sans nul doute le navire. Cette circonstance augmente notablement le champ de tir de ces canons et permet même de commettre, sans trop d'inconvénients, d'assez grosses erreurs de pointage.

Il existe encore des canons à dynamite Greydon, d'un modèle plus récent. Ce sont des tubes de 9ᵐ,14 de long, pesant à peu près 11,000 kilogrammes. Ils lancent des projectiles d'acier de 1ᵐ,91 de long, pesant 590 kilogrammes et contenant 272 kilogrammes de dynamite. Ces canons n'etant pas rayés, pour donner à leurs projectiles un mouvement de rotation sur leur trajectoire, on a muni ceux-ci d'ailettes hélicoïdales et on a en outre fixé à leur culot des cylindres creux en laiton, semblables au tube d'une longue-vue, dans lesquels entrent télescopiquement d'autres cylindres de moindre diamètre qui, lors du tir, sortent les uns des autres, par suite de la résistance de l'air, de sorte que la longueur du projectile se trouve ainsi doublée. Les projectiles Greydon sont ainsi, dans un certain sens, des sortes de flèches, dont le centre de gravité se trouve à l'avant et qui n'ont pas besoin d'avoir un mouvement de rotation autour de leur axe ou peuvent n'en avoir qu'un insignifiant, pour conserver leur position normale, c'est-à-dire pour demeurer la tête en avant sur tout le parcours de leur trajectoire et ne point faire la culbute.

L'air qui chasse le projectile du canon est comprimé au moyen d'une pompe foulante à 350 atmosphères et contenu dans 32 réservoirs disposés des deux côtés de l'affût, où on le conserve jusqu'au moment du besoin. Chaque réservoir contient 559 kilogrammes d'air comprimé, ce qui correspond à 481 mètres cubes d'air non comprimé. La portée maximum est de 4,800 mètres.

Outre ce canon, Greydon a fait encore des projets de 7 autres modèles semblables, de différentes grandeurs. L'un d'eux avait la forme d'un canon revolver à cinq tubes tirant 75 coups à la minute et susceptible d'être employé comme canon de campagne.

Le Sénat des Etats-Unis, par délibération du 12 décembre 1888, a voté une somme de 10,000,000 de dollars pour l'achat de 250 canons à dynamite destinés à la défense des côtes; et d'autres puissances s'occupent également de cette question.

Il faut dire toutefois que beaucoup de spécialistes non moins compétents n'attachent pas une grande importance à ces engins. Les machines compliquées nécessaires pour les mettre en œuvre, le but très étendu qu'ils offrent aux coups de l'ennemi, leur portée relativement faible et surtout l'insuffisante précision de leur tir constituent, au dire de ces spécialistes, pour leur emploi dans la guerre navale ou de côtes, autant d'obstacles, qu'il est difficile d'écarter.

Mais nous n'avons pas encore épuisé la revue des moyens actuels de destruction. La technique de notre temps n'admet pas la maxime : « Jusqu'ici et pas plus loin. » Il n'y a pas si longtemps que fut lancé, en Amérique, le croiseur *Vesuvius*, qui doit surpasser tous les autres croiseurs comme armement de combat.

Canons<br>pneumatiques<br>du *Vesuvius*. Le *Vesuvius* est un navire en acier de 76ᵐ,80 de long, de 8ᵐ,70 de large et de 2ᵐ,70 de profondeur, c'est-à-dire d'un faible tirant d'eau, ce qui le rend particulièrement propre à la guerre de côtes. Il a deux hélices, avec des machines de 4,000 chevaux qui lui donnent une vitesse d'au moins 20 nœuds — laquelle peut même, d'après des indications de source américaine, être poussée jusqu'à 30 nœuds.

Voici l'aspect de ce bâtiment.

Le croiseur *Vesuvius*.

Comme le montre la figure ci-contre, les trois canons pneumatiques de ce croiseur sont disposés de façon telle qu'on n'en voie sur le pont que les extrémités et les bouches; le reste du corps des pièces, y compris les fermetures de culasse, ainsi que les servants, sont au-dessous du pont.

Le corps du canon est en acier, sa longueur est de 16ᵐ,46. Ce canon doit, au moyen de l'air comprimé, lancer ses projectiles explosifs à des dis-

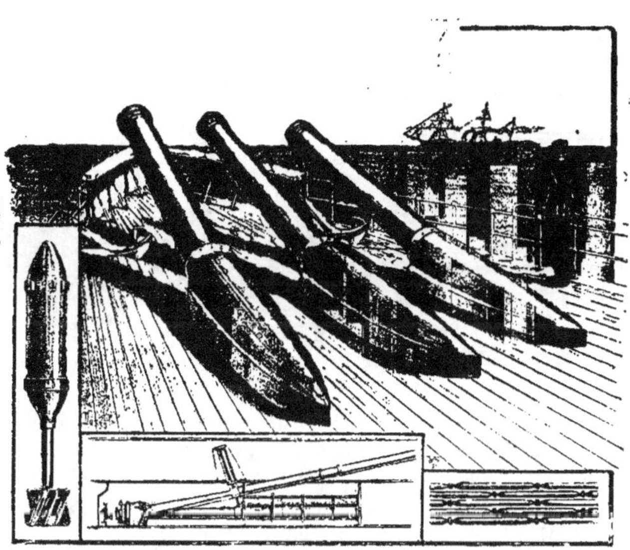

Les canons pneumatiques du croiseur *Vesuvius*.

tances plus considérables que celles précédemment obtenues au moyen des tubes lance-torpilles, même pour les torpilles automobiles ou dirigeables. La limite des portées varie encore jusqu'à présent entre 1,850 et 3,700 mètres.

Comme l'angle de tir des canons est invariable, c'est en faisant varier la charge d'air comprimé qu'on règle la portée; quant au pointage en direction, c'est par la manœuvre même du navire qu'on le donne, puisque les canons eux-mêmes sont immobiles par rapport à celui-ci.

Pour que le projectile produise de l'effet, il n'est pas nécessaire, comme nous l'avons dit plus haut, qu'il atteigne directement le navire ennemi, attendu que la détonation d'une aussi grande quantité d'explosif est assez puissante pour couler, même à 30 yards de distance, le bâtiment visé.

Quant aux projectiles de ces canons, on les a enfin, après de longs et minutieux essais, établis d'après le système Rapieff. Leur longueur est de 6$^m$,05, dont 2$^m$,81 pour la tête de l'engin (1).

Projectiles Rapieff.

Nous donnons à la page 328 un dessin de ces projectiles et de leur tête.

_______________

(1) Grille et Falconnet, *Les arts militaires aux États-Unis et à l'Exposition de Chicago*.

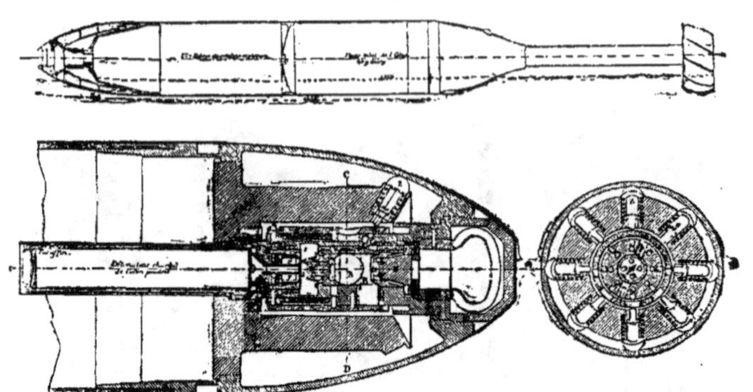

Projectile Rapieff.

L'extrémité conique et la partie postérieure sont en bronze, la partie cylindrique médiane est en fer forgé. A la tête de l'engin est fixée une fusée de bronze de 152 millimètres de diamètre, terminée par 12 ailettes disposées en spirale, qui donnent au projectile un mouvement de rotation. La tête renferme 227 kilogrammes de nitroglycérine explosive. Le percuteur est disposé de façon telle que l'inflammation se produise non seulement par le choc contre le corps même du bâtiment, mais aussi par la rencontre d'un terrain vaseux ou même de la surface de l'eau.

Enfin, à l'heure qu'il est, tous les pays construisent par douzaines des contre-torpilleurs et des croiseurs-torpilleurs qui sont aussi d'assez grands navires, et dont la vitesse est très considérable. Ces navires, comme nous l'avons dit, ne sont pas destinés à donner la chasse aux torpilleurs, mais sont bien plutôt faits pour poursuivre les bâtiments de commerce. Et les mesures prises par les puissances pour s'assurer la domination de la mer et y détruire le commerce ennemi ne se bornent pas à ce qui vient d'être dit. Le nombre des croiseurs de guerre, comme nous le verrons dans le chapitre suivant, peut, par d'autres moyens encore, être notablement augmenté.

### Transformation des navires de commerce en navires de guerre.

L'armement
en torpilles
des navires
de commerce.

L'application de la torpille à la guerre navale a fourni une arme non seulement aux bâtiments de guerre, mais aussi à ceux de commerce. La *Revue maritime* de février 1880 contenait un article d'un officier russe sur l'emploi des torpilles en temps de guerre. L'auteur insiste surtout sur l'importance que peuvent avoir les torpilleurs dans la guerre navale. Il recommande de munir autant que possible toutes les embarcations de machines à vapeur et en même temps de les disposer de façon à pouvoir faire l'office de torpilleurs.

L'idée de transformer les bâtiments de commerce en puissants navires de guerre en les munissant de chaloupes porte-torpilles appartient à un ingénieur anglais bien connu, Barnaby, et à l'amiral Scott, lequel a complété cette idée en construisant un modèle spécial d'embarcation légère disposée pour être armée de torpilles. Il soutenait que des chaloupes de ce genre, munies de torpilles, pourraient faire avec succès le service d'éclaireurs. Tous les bâtiments de commerce un peu importants devraient être, d'après lui, outillés de façon qu'en cas de besoin on pût y placer des torpilleurs, des canons et des fusées à la congrève.

D'ailleurs, autrefois déjà, les navires de commerce se transformaient, au besoin, en vaisseaux de guerre. On armait pour cela, naturellement, les meilleurs voiliers de la marine marchande. Mais, en ce temps, la différence entre de véritables vaisseaux de guerre et des bâtiments non armés n'était pas bien considérable. Depuis l'introduction des moteurs à vapeur et depuis que le bois a été remplacé par le fer dans la construction des navires, la situation a changé, et maintenant un petit nombre seulement de vapeurs de commerce seraient aptes à la guerre. Ce n'est que tout récemment qu'on est parvenu à résoudre ce problème qui, dans son genre, est tout à fait original et ne se pose plus du tout comme auparavant. Et tout cela sans doute aura de graves conséquences pour le trafic maritime.

En 1853, une commission fut constituée en Angleterre par l'amirauté, pour étudier le degré d'aptitude des navires de commerce aux opérations militaires. Cette commission arriva à conclure que les navires marchands en fer, construits jusqu'alors, n'étaient pas aptes à la guerre navale. Les études montrèrent que des 91 navires examinés, 16 seulement étaient susceptibles de recevoir de l'artillerie, des torpilles et une cuirasse, afin de pouvoir être, en cas de guerre, classés comme auxiliaires dans la flotte. Seulement, depuis lors, non seulement la puissance des canons s'est accrue, mais deux nouveaux engins ont fait leur apparition dont peuvent se servir aussi bien les navires de commerce que les bâtiments de guerre : c'est l'éperon et la torpille.

En conséquence, Barnaby, ingénieur en chef de la marine anglaise, dans sa communication faite en mars 1877 à l'Institut des ingénieurs maritimes d'Angleterre, a exposé que les bâtiments de commerce nouvellement construits pourront être assez renforcés, par l'addition de cloisons étanches, par un armement en canons et torpilles et la disposition convenable de leurs soutes à charbon, non seulement pour pouvoir se défendre eux-mêmes, mais pour être en état d'attaquer tels bâtiments complètement armés qui n'avaient pas été spécialement construits pour la guerre.

Plus loin, il a émis l'opinion que si, lors de la construction des navires, on voulait bien songer à les rendre capables de prendre part à des opérations militaires, il ne serait pas difficile de garnir leur pont d'une cuirasse de 6 pouces d'épaisseur. Les navires de guerre ou de course, de même vitesse, mais non cuirassés, ne se hasarderaient point alors à attaquer de tels bâtiments, et les vaisseaux cuirassés, mais à médiocre vitesse, ne pourraient pas les approcher assez pour les attaquer.



Le gouvernement anglais admit cette manière de voir et il décida de subventionner la construction de grands vapeurs marchands qu'on pourrait en cas de besoin transformer en vaisseaux de guerre. Tous les pays se sont empressés de suivre cet exemple, et bientôt il est devenu clair que l'équilibre de forces navales, existant jusqu'alors, ne serait point troublé par cette mesure.

Une rivalité véritable a commencé : tels pays, comme la France et la Russie, voulaient, en transformant leur navires marchands en croiseurs, se donner les moyens de gêner la liberté de la navigation ; tels autres, comme l'Angleterre et l'Allemagne, ne cherchaient par ce moyen qu'à garantir leur propre trafic commercial. Mais, pour assurer à ces navires de plus grandes vitesses, il fut reconnu nécessaire de donner aux vapeurs de commerce des machines plus puissantes. Et c'est en partie à cause de cette difficulté, et parce qu'ils comprenaient l'importance extrême de l'interruption des voies commerciales maritimes ennemies et de la protection des leurs propres, que les gouvernements ne se sont pas contentés d'encourager la construction des navires de commerce, mais ont entrepris de construire, tout exprès pour cela, des bâtiments spéciaux ou croiseurs dont nous avons parlé déjà avec assez de détails.



Plus haut nous avons dit que tous les gouvernements allouent des primes pour s'assurer en cas de guerre le plus grand nombre de navires marchands possible. Lord Brassey donne le compte rendu suivant sur le rapport entre les primes payées et le chiffre d'affaires commerciales de chaque pays.

| | PRIMES PAYÉES<br>EN MILLIERS<br>de livres sterling | CHIFFRE<br>D'AFFAIRES GÉNÉRAL<br>en milliers<br>de livres sterling | MONTANT<br>DES PRIMES PAYÉES<br>par million<br>de livres d'affaires<br>commerciales<br>(en livres sterling) |
|---|---|---|---|
| France. . . . | 1.043 | 300.000 | 3.476 |
| Allemagne. . | 1.000 | 313.000 | 3.195 |
| Russie. . . . | 251 | 111.000 | 2.261 |
| Italie. . . . . | 400 | 182.000 | 2.198 |
| Angleterre. . | 637 | 740.000 | 0.861 |

PROGRÈS DANS LA CONSTRUCTION DES BATIMENTS DE GUERRE.

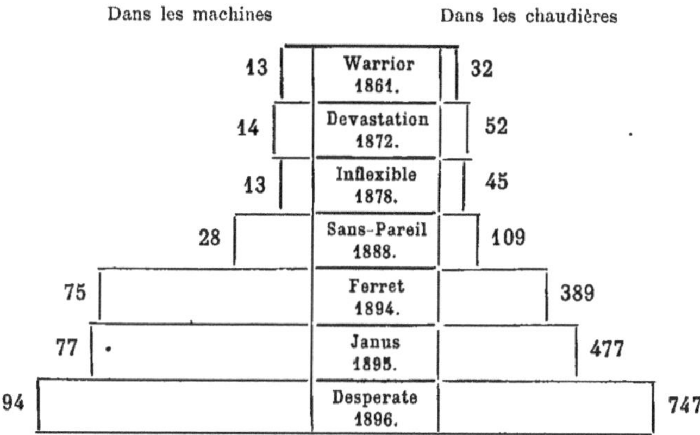


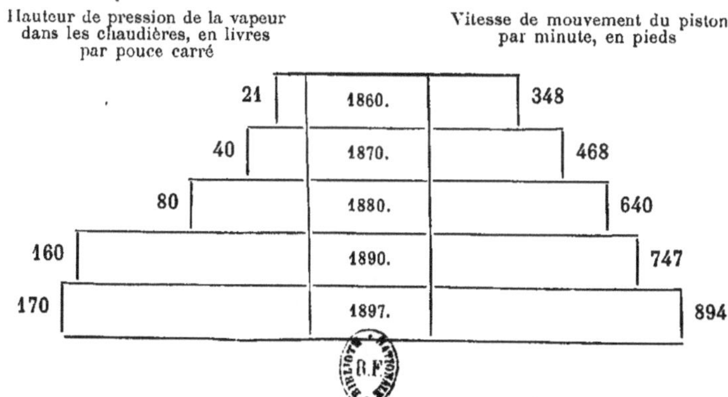




LA GUERRE FUTURE (P. 330, TOME III.)

En représentant graphiquement les sommes payées en primes, nous avons l'image suivante :

**Montant des primes payées, en livres sterling, par million de livres d'affaires commerciales.**

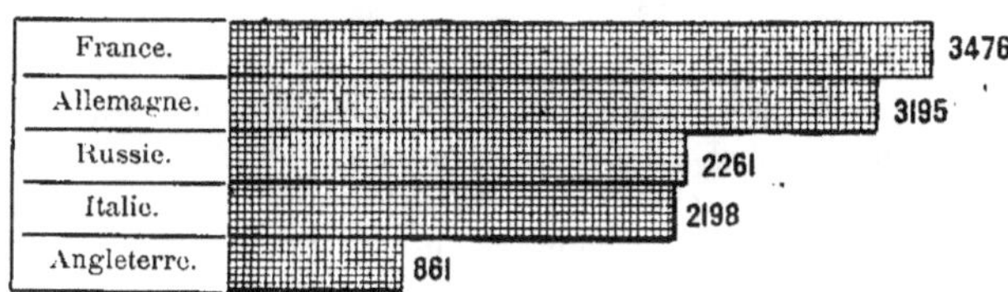


D'où nous concluons que c'est la France et l'Allemagne qui font dans ce sens les plus grands sacrifices.

Ces grands sacrifices d'ailleurs, consentis par les gouvernements pour s'assurer des navires à grande vitesse, n'ont pas été inutiles. La plupart des bâtiments de transport de passagers qui naviguent sur l'Océan ont une vitesse moyenne de 21 nœuds et peuvent parcourir jusqu'à 3,000 milles marins sans refaire de charbon.

Ainsi, pour entraver et protéger tout à la fois les communications commerciales par mer, les puissances maritimes disposeront non seulement des torpilleurs, des croiseurs-torpilleurs et des croiseurs militaires, mais aussi de la plupart des bâtiments privés dont beaucoup pourront être transformés très promptement en croiseurs.

## III. Les opérations des croiseurs et des corsaires.

Importance
pour
les divers pays
do la guerre
de croisière.
Avec l'énorme importance qu'ont les communications maritimes dans la vie économique et sociale des nations, on pouvait s'attendre à voir étudier et discuter d'une manière approfondie les embarras sérieux qu'amènera la guerre et les moyens d'éviter les misères qu'elle peut entraîner.

Cependant on ne peut dire que cela ait été fait.

En France, où l'on rêve encore de la revanche, l'impopularité s'attache à toute étude susceptible de montrer les conséquences désastreuses d'une guerre nouvelle, surtout si, de ces recherches, doit immédiatement sortir la conséquence, qu'il serait à peine possible de mener cette guerre à bonne fin, pour réaliser les espérances et hypothèses qu'elle aurait fait naître.

En Allemagne, les questions relatives à la guerre sont presque exclusivement traitées par des militaires, qui ne possèdent pas assez de connaissances économiques et qui, en outre, par des considérations relatives à leur service, répugnent à exprimer des idées tendant à fortifier l'opinion que la guerre peut avoir des conséquences désastreuses. Les auteurs qui font exception sont rares. Parmi eux il faut citer l'économiste bien connu Rodolphe Meyer (1) et l'amiral en retraite Werner (2), qui ont osé formuler des observations.

En Italie, on attaque sans cesse le gouvernement au sujet des dépenses militaires qui écrasent le pays. Ce gouvernement n'est donc que trop intéressé à soutenir, au point de vue des conséquences d'une nouvelle guerre, les opinions optimistes qui découlent des exemples des guerres précédentes auxquelles l'Italie a pris part. Dans le camp de l'opposition il y a peu d'écrivains.

En Russie et en Autriche, on ne s'occupe guère de la question des maux qu'amènerait l'interruption des communications maritimes, parce que ces pays sont les moins menacés de tous par le danger de cette interruption.

L'Angleterre fait exception ; c'est elle que la question intéresse le plus, et c'est bien naturel : l'existence de sa population dépend directement de

---

(1) *Das Sinken der Grundrente* (La baisse des revenus fonciers), 1894.
(2) *Der Seekrieg*, 1893.

son approvisionnement par mer et le commerce maritime l'intéresse plus qu'aucune autre puissance européenne. Mais néanmoins, même en Angleterre, les questions qui se rattachent aux conséquences de l'interruption du commerce maritime ne sont presque toujours étudiées qu'avec une extrême circonspection.

Il nous paraît que l'importance des opérations de la guerre navale se résume aujourd'hui, en grande partie, dans la guerre de croisière.

Pour quelques pays, l'interruption des communications maritimes semble — comme nous le montrerons dans la partie économique de notre ouvrage — un facteur qui, s'il ne rend pas la guerre en terre ferme complètement impossible, la transforme de façon telle, que ses conséquences seront insupportables pour les Etats et pour l'humanité.

Telles sont les raisons qui nous font consacrer, dans notre ouvrage, une si grande place au présent chapitre.

### Importance des opérations de croisière dans le passé et le présent.

Aux temps anciens, il n'y avait pas, de la part des belligérants, d'opérations systématiquement dirigées contre les communications maritimes. Mais sur les mers régnait la piraterie, qui constituait un métier très lucratif. Aux XIIe et XIIIe siècles, les mers fourmillaient de pirates qui formaient entre eux des associations ou bandes régulièrement organisées et qui répandaient partout la terreur. C'est alors que les gouvernements commencèrent à lancer sur les mers des navires de croisière, et qu'à la fin du XVe siècle commença de s'établir, dans le code maritime réglant les droits des belligérants, une différence bien nette entre la course et la piraterie. Le corsaire, muni de lettres de marque, reçoit par là même une sorte de caractère officiel et doit se soumettre au contrôle de l'institution qui délivre ces lettres, tandis que le pirate opère à ses risques et périls.

En outre, le corsaire est tenu d'amener son butin dans le port d'où il était parti et il ne peut en disposer qu'après attribution à lui faite par le tribunal des prises.

Les principes posés par le Consulat maritime étaient, en général, bien observés.

La propriété privée de l'ennemi, sous pavillon ennemi, était exposée au même sort qu'aujourd'hui encore, à la fin du XIXe siècle, où elle est prise même si elle est couverte par le pavillon neutre.

Mais on respectait la propriété neutre sous pavillon ennemi, quoique alors déjà se manifestât l'inexactitude du principe que « le bâtiment emporte la charge ».

Jusqu'au XVI<sup>e</sup> siècle, la politique commerciale, en général, ne tint que peu de place dans les guerres entre les grandes puissances européennes ; et c'est seulement la découverte du Nouveau Monde et de la route maritime des Indes qui fit comprendre l'importance et les intérêts du commerce.

Depuis lors, presque toutes les puissances navales ont eu pour but de faire du tort au commerce ennemi.

Mais avec le peu de développement qu'avait alors ce commerce et par suite de cette circonstance que, pour aucun pays, il ne constituait une question vitale, — chacun d'eux pouvant, par suite de sa faible population, se suffire avec ses propres produits, — le dommage causé par l'interruption des communications maritimes était très limité. En 1799, le Directoire français se plaignait de ce que, sur les mers, on ne pouvait trouver un seul navire de commerce sous pavillon français ; mais cela ne troublait pas la vie nationale et les affaires suivaient leur cours habituel. Même dans la Grande-Bretagne, à cette époque, les pertes éprouvées par suite de la guerre de croisière n'influaient pas sur la marche des affaires : — bien que, du 1<sup>er</sup> février 1793 au 31 décembre 1795, les Français se fussent emparés de 2,095 bâtiments de commerce. Il fut calculé que le risque des armateurs ne dépassait pas 1 0/0. « Actuellement, dit Solly, la nouvelle de la perte d'une douzaine de bâtiments de commerce, arrivant à Londres, ferait monter à tel point la prime d'assurance maritime, que le commerce anglais cesserait forcément d'exister » (Waraker, *Naval Warfare*, p. 186).

Accroissement, en un siècle, de la population et de ses besoins.

Les dimensions du territoire ne se sont pas modifiées depuis la fin du siècle passé, tandis que la population s'est énormément accrue. Il n'y a qu'à comparer les chiffres de cette population en 1788 et en 1894 :

|  | En 1788 | En 1894 |
|---|---|---|
|  | (en millions d'habitants). | |
| Allemagne (dans ses limites actuelles) . | 15,5 | 52 |
| Russie d'Europe. . . . . . . . . . . | 25 | 114,9 |
| Grande-Bretagne . . . . . . . . . . | 12 | 39,1 |
| France . . . . . . . . . . . . . . . | 25 | 38,3 |
| Italie . . . . . . . . . . . . . . . | 16,5 | 31 |
| États-Unis . . . . . . . . . . . . . | 3,5 | 68 |
| Autriche . . . . . . . . . . . . . . | 11,5 | 41,3 |

On voit ainsi que l'accroissement de la population a été :

| En Allemagne. . . . . . . . . . . . . . . | de | 235 0/0 |
|---|---|---|
| — Russie . . . . . . . . . . . . . . . | — | 350 |
| — Grande-Bretagne. . . . . . . . . . . | — | 226 |
| — France. . . . . . . . . . . . . . . | — | 53 |
| — Italie. . . . . . . . . . . . . . . | — | 88 |
| Aux États-Unis . . . . . . . . . . . . | — | 1.843 |
| En Autriche . . . . . . . . . . . . . . | — | 259 |

De plus, il ne faut pas perdre de vue que, de nos jours, la population se nourrit tout autrement qu'autrefois.

Sur une époque aussi éloignée que 1788, nous n'avons pas de données statistiques sérieuses.

Comparons seulement les chiffres, dignes de toute confiance, relatifs à la Grande-Bretagne, pour 1850 et 1894. Il fallait par habitant, en fait de produits importés :

|  | En 1850<br>(en kilogrammes). | En 1894 | Augmentation<br>en %. |
|---|---|---|---|
| Grains. . . . . . . . . . . . . | 61 | 133 | 118 |
| Viande de toutes sortes. . . . . | 1 | 14,5 | 1.350 |
| Graisse et margarine. . . . . . | 2 | 5 | 150 |
| Fromage. . . . . . . . . . . . | 1,8 | 3,1 | 72 |

D'après des calculs du savant statisticien Fischbach relatifs à l'Allemagne de 1840, on peut voir qu'en un an un homme consommait à cette époque : 362 livres de grain, 51 livres de viande, 360 litres de lait, 60 œufs, 2 livres 1/2 de laine, 5 archines de toile de lin et 16 de tissu de laine.

Actuellement (1894-1895), il faut au même Allemand, en grain, outre l'avoine et les pommes de terre, environ 518 livres ou 259 kilogrammes (1).

Si les besoins étaient moindres autrefois, les moyens qu'on avait d'interrompre les communications, du temps des flottes à voiles, étaient très limités. Le plus habituel était de déclarer les ports en état de blocus.

Nous avons déjà parlé des essais faits pour déterminer dans quel cas un blocus pouvait être considéré comme effectif. Mais pour les navires marchands aussi, le danger d'être pris n'était pas comparable à ce qu'il est aujourd'hui. Alors la différence entre vaisseaux de guerre et vaisseaux non armés était insignifiante. Depuis l'adoption de la vapeur et l'établissement, sur les croiseurs de guerre, de machines seize fois plus puissantes relativement à leur tonnage, la situation est complètement changée.

Le secrétaire d'État pour la marine des États-Unis, en discutant les résultats des essais du croiseur *Columbia*, a eu pleinement raison de dire qu'à son avis, une douzaine de navires semblables arrêteraient le commerce de tout un pays dans les conditions actuelles de protection des relations commerciales. Par suite, ces navires se mettent à l'abri de toute attaque

---

(1) Seigle . . . .    126$^k$,5
    Froment . . .    68$^k$,7
    Orge. . . . .    63$^k$,7

    Total . . .    258$^k$,9    (*Statistiche Jahrbuch für das deutsche Reich*, 1896.)

de la part d'un ennemi ayant des intérêts commerciaux, quelles que puissent être ses prétentions et l importance de sa flotte cuirassée ou l'agressivité de sa politique étrangère.

### Les opérations des croiseurs avant 1870.

**Ce qu'ont fait les croiseurs avant 1870.** On voit, par ce qui vient d'être dit, que la guerre de croisière n'a pris d'importance qu'avec l'application de la vapeur à la navigation. Mais à l'époque de la première guerre survenue depuis lors (celle de Crimée), le nombre des navires à vapeur était encore très limité; et, de plus, la flotte russe ne pouvait se livrer à la guerre de croisière, faute de bâtiments aptes à ce service. Le commerce maritime de la Russie fut arrêté tout d'un coup. Mais comme les frontières de terre restaient ouvertes, les relations commerciales ne cessèrent pas et la Russie n'éprouva de pertes que par la suspension du trafic maritime.

Toutefois, il faut observer qu'avant la fin de la guerre de Crimée on construisit à Arkhangel 5 croiseurs, qu'on se proposait de faire agir sous les ordres de l'aide de camp général Popoff. La conclusion de la paix empêcha l'exécution de cette mesure.

**Pendant la guerre de Sécession américaine.** Les opérations des croiseurs eurent déjà plus d'importance pendant la guerre de Sécession américaine. Les autorités navales confédérées savaient, dès le début, que le côté faible de leur adversaire était sa flotte marchande. En 1861, les États-Unis tenaient la seconde place comme pays commerçant; moins d'un dixième du tonnage revenant d'ailleurs aux États séparatistes qui bientôt en furent privés, ce qui rendit, pour eux, les risques à courir insignifiants. De sorte qu'en agissant contre le commerce ennemi, ils n'avaient pas à craindre pour le leur. Aussi opérèrent-ils avec une activité qui se maintint jusqu'à la fin de la lutte et même après. Le gouvernement fédéral, au contraire, ne pouvait s'en prendre à un commerce qui n'existait pas. Aussi n'est-il question, dans cette guerre, que des opérations des croiseurs sudistes.

Il fallut d'ailleurs, à ces Etats du Sud, commencer par acheter les navires nécessaires, qu'ils ne possédaient pas.

**Armement de la _Florida_.** Le premier, la _Florida_, était de provenance anglaise. Il fut construit à Londres avec toutes les précautions possibles pour en cacher la destination. On le disait fait pour le compte du gouvernement italien, en ajoutant qu'il appartenait à un commerçant de Palerme.

Le consul italien toutefois déclara n'en rien savoir. Et sa destination ne trompa personne, sauf, soi-disant, les autorités anglaises. Aussi les représentations faites au ministère britannique par l'ambassadeur des États-Unis n'aboutirent à rien et, le 22 mars 1862, la *Florida* partit de Liverpool, pour Palerme et la Jamaïque, sans chargement sous le nom de l'*Areto*. En même temps les canons et les munitions du nouveau croiseur étaient portés par le vapeur *Bahama* de Hartlepool à Nassau.

C'est à 9 milles de ce point que la *Florida* commença son armement; mais il fallut le cesser bientôt, car les autorités locales n'auraient pu prétendre ignorer le caractère du bâtiment.

Tant alors que plus tard, les officiers de marine anglais considérèrent officiellement la *Florida* comme « étant, sous tous les rapports, armée en guerre d'après le type des chaloupes canonnières de la flotte de Sa Majesté ». La plus grande partie de l'équipage de la *Florida*, ne voulant pas se battre, la quitta et un nouveau personnel fut recruté à Nassau.

Le second croiseur, construit en Angleterre, fut l'*Alabama* dont le service commença en juillet 1862. L'attention du ministère anglais fut, pour la première fois, appelée sur ce bâtiment, par une lettre du 23 juin de M. Adams, lettre se bornant d'ailleurs à signaler certains faits d'un caractère suspect, observés par le consul à Liverpool, au sujet de ce navire.

Communication en fut donnée aux juristes de la Couronne; ils déclarèrent que si ces allégations étaient justifiées la construction et l'armement de ce navire étaient une violation du *Foreign Enlistment Act*, interdisant d'équiper des bâtiments de guerre pour l'étranger, et ils demandèrent qu'on prît des mesures pour faire respecter la loi et empêcher le navire de prendre la mer. Mais les autorités navales anglaises ne prirent point garde à cet avis et le soin d'examiner le caractère de l'*Alabama* fut laissé à un autre juriste. Ce dernier se prononça dans les mêmes termes et conseilla de retenir le bâtiment. Néanmoins le gouvernement, qui savait très bien qu'il n'y avait pas de temps à perdre et qui, sur quatre rapports à ce sujet, en avait reçu un le 21 juillet, deux autres le 23, et le quatrième le 25, ne se prononça que le 29. Or, ce jour même, l'*Alabama* quittait Liverpool sans armement et en apparence pour faire un essai. Il alla jusqu'à Pointe-Limes, sur la côte d'Anglesey et y resta deux jours pour achever ses préparatifs. Le 31, il levait l'ancre et remontant vers le nord tournait les côtes d'Irlande et entrait dans l'Océan.

L'armement de l'*Alabama* et de la *Florida* obligea le gouvernement des Etats-Unis à prendre des mesures pour mettre un terme au brigandage de ces destructeurs de son commerce. En septembre 1862, une escadre volante fut armée et alla, sous le commandement du capitaine Charles Wilkes, croiser dans les Indes Occidentales. Elle reçut en date du 3 septembre des instructions où, après avoir signalé l'armement et la croisière, dans ces parages, de l'*Alabama* et de la *Florida*, il était dit: « Le département de la marine est informé que d'autres navires doivent aller croiser dans ces mêmes eaux ; il faut donc prendre des mesures énergiques et promptes pour annihiler ce brigandage illégal, en capturant et détruisant au besoin ces corsaires; vous avez été désigné pour commander la division navale organisée dans ce but... »

Ces instructions désignaient les îles Bahama comme les points à surveiller au moyen des navires suivants : les canonnières *Massachusetts* et *Dacotah*, les vapeurs *Simerone*, *Sonora*, *Tioga* et *Octorara* et le vapeur rapide à roues *Santiago-de-Cuba*. De tous ces bâtiments, les deux premiers seulement étaient armés de manière à pouvoir se mesurer avec l'*Alabama* mais d'autres également aptes à cette lutte rallièrent plus tard l'escadre. Wilkes sortit de Hampton-Roads, sur le *Massachusetts*, le 24 septembre. Sa croisière dura environ 9 mois. Pendant deux de ces neuf mois, l'*Alabama* navigua dans les mêmes eaux, tandis que la *Florida*, ayant quitté Mobile, se dirigea immédiatement vers le point où croisait Wilkes. Mais avec les 7 bâtiments qu'il commandait, Wilkes ne put les découvrir et le but principal de sa croisière, la recherche des destructeurs du commerce, ne fut pas atteint. L'*Alabama* continua à croiser tranquillement jusqu'au 11 juin, quand, revenant du cap de Bonne-Espérance, il entra à Cherbourg pour réparer des avaries.



Il était encore dans la rade, quand le 14 y arriva la canonnière fédérale le *Kearsage*, capitaine Winslow. Le *Kearsage* était à Flessingues, quand il apprit l'arrivée de l'*Alabama* à Cherbourg, où il se rendit immédiatement dans l'espoir de le provoquer au combat.

Une embarcation envoyée à terre en revint aussitôt sans avoir jeté l'ancre et, s'étant installée à l'entrée de la rade, elle observa l'ennemi, pour le cas où il chercherait à s'enfuir.

Mais le capitaine de l'*Alabama* n'en avait pas l'intention.

Après avoir si longtemps opéré contre des navires marchands non armés, il ne croyait pas possible de décliner le duel que lui offrait un navire à peu près de même force que lui. Les amis anglais, qui jusqu'alors avaient pris son parti, malgré les pertes sérieuses qu'ils avaient subies de son fait, auraient rompu tous rapports avec lui, s'il avait cherché à éviter ce combat singulier. Il procéda donc ouvertement et écrivit une lettre à l'agent diplomatique à Cherbourg pour déclarer au consul des Etats-Unis son intention de combattre le *Kearsage*. Le combat eut lieu et l'*Alabama* fut coulé.



Quant à la *Florida*, elle croisa jusqu'en octobre et recueillit nombre de prises. Pour faire de l'eau et du charbon ou se radouber, elle visita différents ports sans y rencontrer d'obstacles sérieux de la part des neutres; mais quand, en octobre, elle arriva à Bahia, elle y trouva la grande canon-

nière des Etats-Unis, le *Massachusetts*, commandée par le capitaine Collins.
La *Florida* jeta l'ancre près de terre à un demi-mille environ du *Massachusetts*. Aussitôt une corvette brésilienne, craignant un combat, se plaça
entre eux deux, près de la *Florida*. Les autorités locales autorisèrent celle-
ci à quitter le port dans les 48 heures et le capitaine Collins résolut de la
détruire ou de s'en emparer avant que ce délai ne fût expiré. Donc, le
matin du 7, avant le jour, il leva l'ancre et passa sous l'avant de la corvette brésilienne. Il se proposait d'éperonner la *Florida* et de la couler
pendant qu'elle était à l'ancre. Mais son plan fut mal exécuté et le coup
porté par le *Massachusetts* ne fit à la *Florida* que des avaries qui ne l'empêchèrent pas d'agir. Tandis que le *Massachusetts* faisait machine en arrière,
on lui tira de la *Florida* quelques coups de pistolet auxquels il répondit
par une salve de mousqueterie et deux coups de canon. Sur quoi la *Florida*
se rendit.

Cette capture de la *Florida* constituait la plus brutale violation du droit
des neutres qu'on eût jamais commise. Vainement on a essayé de l'excuser :
elle est absolument inexplicable et les circonstances ne permettaient
en aucune façon de la justifier. Tout ce qu'on peut dire à ce sujet, c'est que
ce fut l'acte personnel d'un officier et qu'il ne fut pas approuvé par son gouvernement.

Voici ce qu'en a dit un ministre : « De pareils actes constituent un
emploi illégal, inadmissible et impardonnable de la force par les Etats-Unis
en territoire étranger, malgré le gouvernement de ce pays reconnu par
nous. » Ce fait toutefois n'eut pas de suite : les Etats-Unis célébrèrent la
victoire de Collins et le proclamèrent un héros.

En 1863, un an après l'apparition de la *Florida* et de l'*Alabama* les
Confédérés tentèrent de mettre à la mer encore quelques croiseurs, mais la
plupart ne remportèrent pas de succès. Des béliers cuirassés, construits
par la maison Lairds, furent saisis par le gouvernement anglais, après trois
mois de retenue pendant lesquels Adams fit les plus sérieuses représentations en les terminant par une déclaration solennelle de considérer comme
un *casus belli*, l'autorisation donnée par les Anglais, à ces navires, de
prendre la mer. Le *Canton* ou *Campero* fut ainsi confisqué et resta immobilisé
jusqu'à la fin de la guerre. L'*Alexandra*, dont la situation était des plus
embrouillées au point de vue du droit des neutres, fut finalement lâché,
mais plus tard il alla s'enfermer à Nassau et y resta jusqu'à la terminaison
des hostilités.

Par ce temps, le gouvernement britannique commençait à se préoccuper un peu plus de ses devoirs à l'égard des neutres.

Deux navires, pourtant, cette année-là, prirent la mer, en sortant de
ports anglais : le *Rappahannock* et le *Georgia*. Mais leurs opérations, comme

celles de quelques autres sortis des ports des États du Sud, furent tellement insignifiantes qu'il est inutile d'en parler.

Nous voyons, par ces exemples, quel dommage peuvent causer même un ou deux corsaires seulement et encore médiocrement outillés pour ce rôle.

Partout on a compris l'importance de cette question, et depuis la guerre de Sécession américaine on s'est mis à construire des bâtiments destinés à gêner le trafic maritime. Mais jusqu'ici nous n'avons pas de données d'expérience sur ce qu'ils pourraient faire; car les guerres qui ont eu lieu depuis lors n'ont pas comporté d'opérations navales et se sont accomplies dans des conditions exceptionnelles. Ainsi la guerre de 1866 fut trop courte et ne pouvait en réalité se résoudre que par la lutte sur terre, entre la Prusse et l'Autriche.

### Les opérations de croisiéres en 1870 et 1877.

La situation du commerce maritime en 1870.

Si nous examinons les conditions dans lesquelles se trouva le commerce maritime pendant les guerres de 1870 et 1877, par suite de l'action exercée sur les communications par mer et si nous comparons les engins, relativement insignifiants d'alors, avec ceux préparés pour la guerre future, nous pourrons établir un parallèle entre la tactique navale de cette époque et celle probable de l'avenir.

Aussitôt après la déclaration de guerre du 21 juillet 1870, le journal officiel français annonça que les navires marchands ennemis qui se trouvaient dans les ports de France, sans connaître encore la déclaration de guerre, auraient un délai de 30 jours pour quitter ces ports.

Les navires chargés avant la guerre, pour la France ou au compte de la France, ne furent pas arrêtés, même s'ils appartenaient à l'ennemi ou à une puissance neutre ; on leur permit de terminer sans obstacle leurs opérations dans les ports français et de retourner chez eux.

Aussitôt après, l'Angleterre et la Hollande s'étant déclarées neutres, le gouvernement français fit connaître la décision de ces puissances, d'après lesquelles les navires des belligérants pouvaient se ravitailler dans les ports anglais et hollandais de charbon et de vivres en quantité suffisante pour regagner leur port le plus voisin.

Si dans un port, une rade, ou des eaux neutres, venaient à se trouver en même temps deux navires de guerre ou marchands, appartenant aux parties belligérantes, leur sortie au large ne serait permise qu'avec un intervalle d'au moins 24 heures entre les deux. L'autorité maritime pouvait même, selon les circonstances, augmenter cet intervalle.

En haute mer, les conditions étaient toutes différentes. Sur les grandes voies maritimes, comme par exemple dans la Manche, croisaient, envoyés par le gouvernement français, le *Chateau-Renaud*, le *Laplace*, le *Limier*, le *Bouragne*, le *d'Estrées* et bien d'autres encore. Ces navires n'eurent pas de rencontre avec des croiseurs prussiens; mais ils réussirent à capturer des bâtiments de commerce, représentant un riche butin.

En même temps, le ministre de la marine français s'occupait d'organiser une démonstration dans la mer Baltique. A cet effet, la division d'infanterie de marine fut concentrée à Cherbourg; mais la fâcheuse issue des combats livrés à terre empêcha l'exécution de ce plan. Après les défaites de Wissembourg et de Reichshoffen, toute idée d'expédition navale fut abandonnée et on décida de ne pas priver la France d'un seul de ses défenseurs. Puis il fallut défendre pied à pied le territoire français et l'on ne songea plus à transporter les opérations par delà la frontière.

Pourtant quelques corvettes françaises continuèrent à croiser et à capturer des navires allemands. Le service de ces corvettes pendant les froids de l'hiver, dans la mer du Nord, fut très dangereux et très pénible. Puis leurs équipages purent être répartis par fractions, sur les prises dont il leur fallait ramener les équipages. Cette opération finit par être très dangereuse. Il y eut même un cas, où en ramenant un grand convoi de prisonniers à Calais, une corvette faillit être prise par ceux-ci devenus bien plus nombreux que l'équipage.

Aussi fallut-il se décider : ou bien renoncer à la tâche, ou bien détruire les navires ennemis. L'auteur de l'article : *La Marine en* 1870-71 assure que le capitaine et l'équipage du *Desaix* ne se décidèrent qu'à contre-cœur pour cette dernière alternative (1).

L'Allemagne protesta par une Note du 27 janvier 1871, contre ces opérations de la flotte française. « Les Français, disait cette Note, ne respectent sur mer aucune des lois de l'humanité. Le vaisseau de guerre le *Desaix* a brûlé et détruit à coups de canon trois navires du commerce : le *Ludwig*, le *Vorwärts* et la *Charlotte*, au lieu de les conduire dans un port pour faire juger s'ils étaient de bonne prise. » Cette plainte n'eut pas de suites, parce que, comme dit l'auteur de *La Marine*, nécessité n'a pas de loi et qu'en outre, les procès-verbaux de capture des bâtiments avaient été faits très régulièrement conformément aux prescriptions internationales.

La participation de la flotte française aux opérations militaires eut

------------

(1) *La Nouvelle Revue.*

pour résultat de paralyser la navigation et le commerce de l'Allemagne. Sur tout le globe, les navires allemands se cachèrent dans les ports neutres. en attendant la fin de la guerre et les primes d'assurances maritimes s'élevèrent notablement. Exception faite seulement pour les vapeurs transatlantiques confiants dans la vitesse de leur marche.

Un exemple, digne de mémoire, de ce que peut faire un vaillant adversaire, c'est l'exploit du navire allemand *Augusta*. Non seulement, il sut éviter les croiseurs français, mais ayant fait du charbon en Irlande, il s'approcha des côtes de France, inquiéta les ports et s'empara de quelques navires marchands français : ainsi, il en prit un devant Brest, un autre dans la Gironde et poursuivit même un petit bâtiment appartenant au port de Rochefort. Après quoi, il s'en fut en Espagne, au port de Vigo, où il resta bloqué jusqu'à la fin des hostilités.

En novembre et décembre 1870, le gouvernement allemand, en manière de représailles, fit arrêter et conduire en Allemagne 40 citoyens notables de Gray, Vesoul et Dijon. L'Allemagne ne proclama pas la liberté de prendre des navires français et leur chargement comme une conséquence d'actes semblables de la part de la France. Mais quand le gouvernement allemand vit, dit Blunstchli, que son attitude couvrait le commerce neutre et le commerce français aux dépens du commerce allemand, il déclara le 12 janvier 1871 aux puissances neutres, que la conduite de la France l'obligeait à revenir sur la résolution, par lui prise, de s'abstenir de poursuivre et de capturer les navires marchands français. Par suite de la paix, d'ailleurs, il n'eut pas l'occasion de mettre ses menaces à exécution.

Quant aux opérations de la Confédération de l'Allemagne du Nord, à ce point de vue, elles furent, comme on l'a dit plus haut, les suivantes :



Aussitôt après la déclaration de guerre, le Gouvernement prussien s'efforça de se procurer des corsaires pour combattre les navires de guerre français. Le 18 juillet 1870, le roi de Prusse rendit un décret établissant que les navires de commerce français ne seraient pas capturés par la flotte de guerre de la Confédération, sauf ceux qui se trouveraient sujets à confiscation, même dans le cas où ils eussent appartenu à une puissance neutre. Mais dès six jours après, un décret du 24 juillet organisait une flotte auxiliaire de navires fournis par des particuliers pour agir contre les bâtiments ennemis. A chacun de ces navires fut affecté un officier de la marine prussienne ; le reste de l'équipage étant formé de volontaires.

Cette organisation était-elle en harmonie avec l'esprit du premier paragraphe de la déclaration de Paris ? N'était-ce pas un moyen de tourner l'interdiction d'armer les corsaires ?

Le gouvernement français appela sur ce point l'attention de la Grande-

Bretagne et demanda son avis sur l'armement de corsaires volontaires, décidé le 24 juillet.

Lord Granville, ministre des Affaires Étrangères d'alors, répondit que l'armement d'une flotte volontaire ne lui semblait pas contraire à la déclaration de Paris.

Si l'on en croit Chevalier, la flotte allemande non plus ne se montra pas, en 1870, à hauteur de sa tâche. Deux ou trois fois, on aurait observé, dans la direction de Vangeroge, des croiseurs allemands se dirigeant vers le stationnaire éclaireur français ; mais chaque fois aussi, avant que les frégates françaises pussent s'approcher à portée de canons, les navires allemands se cachaient rapidemment dans la baie de la Jahde.

D'autres faits, toutefois, montrent le peu de vraisemblance de ce racontar. L'histoire de la guerre de 1870 fournit des exemples prouvant que les navires allemands ne refusaient pas du tout la lutte. Tel celui de l'aviso français le *Bouvet*, qui se trouvait dans les eaux de la Havane en même temps que la canonnière allemande le *Meteor*. Le commandant du *Bouvet* proposa au capitaine allemand de sortir des eaux neutres et de combattre. La proposition fut acceptée, les deux navires prirent le large et le duel commença.

Combat<br>du *Bouvet*<br>et du *Meteor*.

L'aviso français était armé de 12 canons de bronze de petit calibre, l'artillerie du *Meteor* était beaucoup plus puissante. Aussi le capitaine français résolut-il de tenter l'abordage de l'ennemi.

Au premier choc des vergues, tout fut désorganisé sur le navire prussien ; mais des débris de bois et des paquets de cordages réunis à l'arrière amortirent le choc et tandis que le navire français se préparait à une seconde attaque qui devait décider de l'issue de la lutte, un projectile du *Meteor* creva la chaudière du *Bouvet* et paralysa ses mouvements. Le *Bouvet* hissa ses voiles et il voulait commencer une troisième attaque, quand intervinrent les juges de ce combat singulier, les capitaines des navires espagnols, restés jusqu'alors simples spectateurs, déclarant aux deux adversaires qu'ils exigeaient leur retour dans les eaux neutres : — d'où obligation pour les combattants de rentrer au port.

Nous avons déjà mentionné les actes d'un autre navire allemand l'*Augusta*, qui déploya une grande énergie en opérant contre les côtes françaises.

Les croiseurs<br>en 1877-78.

Pendant la guerre de 1877-78 il ne fut pas possible de lancer des croiseurs contre le commerce maritime des belligérants. Le commerce turc était trop peu important : et pour nuire à la navigation russe dans la Mer Noire, il suffisait de fermer les Dardanelles. Quant à opérer dans la Baltique, la Turquie ne pouvait pas y songer.

Mais il est à remarquer qu'au moment où la guerre avec l'Angleterre parut possible, la Russie se mit à prendre des mesures pour armer des corsaires.

Ainsi, en 1878, la Russie acheta à Philadelphie, pour les transformer en croiseurs, les vapeurs suivants : *State of California*, inscrit sur les listes de la flotte russe sous le nom d'*Evropa*, puis le *Colombus*, devenu l'*Asia*, et le *Saratoga*, aujourd'hui l'*Afrika*.

### Comparaison des croiseurs et des corsaires des divers pays, d'après leur nombre.

*Idées actuellement admises*

Nous avons déjà dit que, pour des raisons tactiques et plus encore politiques, la théorie de la guerre de course avait généralement acquis droit de cité. Il est admis comme vérité incontestable que, si on fait la guerre avec un peuple riche, il faut par tous les moyens éviter les combats navals, et diriger toutes ses forces contre le commerce ennemi. C'est ainsi qu'agissent toutes les puissances.

L'amiral Jurien de la Gravière a dit que, pour la France, le seul moyen d'éviter le danger de voir sa flotte enfermée dans ses ports, c'est de la tenir toujours prête à prendre la mer au premier signal et à menacer les côtes ennemies. Dans ce but, la France dispose aujourd'hui de 97 croiseurs et, si elle ne vient qu'après l'Angleterre comme nombre, elle tient la première place pour la puissance de ses bâtiments (1).

L'Allemagne suit évidemment la même tactique. Henning (2) a décrit, de la manière suivante, la situation de l'Allemagne : « Comme le pays contre qui nous aurions à lutter dispose de navires puissants, nous devons nous en tenir à l'opinion d'Altmeyer, que la guerre navale future sera une guerre de croiseurs. Si nous avons seulement 10 croiseurs rapides, nous pouvons nous dire assez forts et attendre tranquillement les événements. »

*Développement de la flotte allemande au point de vue des croiseurs.*

La preuve que cette opinion s'est maintenue en Allemagne nous est donnée par des chiffres qui témoignent de l'accroissement, dans la flotte allemande, du nombre de bâtiments de certains modèles.

Voici quelle était la composition de cette flotte :

---

(1) Brassey, *Naval Annual*, 1896.
(2) Henning, *Die Küstenvertheidigung*.

|                                        | En 1870. | En 1880. | En 1890. |
| -------------------------------------- | -------- | -------- | -------- |
| Corvettes                              | 5        | 8        | 10       |
| Canonnières et avisos                  | 7        | 8        | 11       |
| Vapeurs.                               | 3        | 5        | 8        |
| Cuirassés d'escadre                    | 4        | 10       | 12       |
| Corvettes cuirassées et croiseurs.     | »        | 11       | 18       |
| Canonnières cuirassées                 | »        | 8        | 15       |
| Torpilleurs de 1re classe              | »        | 2        | 6        |
| —        de 2e        —                 | »        | »        | 9        |

Ainsi, de 1880 à 1890, le nombre des cuirassés d'escadre ne s'est accru que de deux, tandis que celui des corvettes cuirassées et des croiseurs s'est augmenté de 7. Le nombre des canonnières a presque doublé et celui des torpilleurs est devenu sept fois plus grand. En outre, pour 1895, devaient être prêts : 4 cuirassés du plus grand et plus nouveau modèle, 9 cuirassés garde-côtes, 7 croiseurs cuirassés et 7 autres non cuirassés, 2 nouveaux avisos et de nombreux torpilleurs. Tous ces bâtiments sont construits à tirant d'eau pas trop fort, afin de pouvoir être employés non seulement dans l'Océan, mais dans la mer du Nord et la Baltique. Remarquant que, dans la mer du Nord, la force de l'Angleterre est équilibrée par celle de la France, Henning dit que « sans une puissante concentration de forces dans la mer Baltique, l'Allemagne n'aurait pas de point d'appui, ni pour des opérations offensives, ni pour des opérations défensives ». L'Allemagne doit être puissante dans la Baltique, tout en ne perdant pas de vue la mer du Nord. Ce problème a été facilité par le canal, aujourd'hui achevé, qui unit les deux mers en permettant à l'Allemagne de transporter aisément le centre de ses opérations de l'un dans l'autre, suivant les besoins. D'après les derniers renseignements, l'Allemagne possède 46 bâtiments de guerre pour la guerre de croisière et 10 vapeurs de commerce bons à jouer le même rôle (1).

Henning soutient encore que la mer Baltique restera toujours le champ de bataille où se heurteront les intérêts de l'Allemagne et de la Russie ; ce que comprend très bien cette dernière, comme on le voit par ses efforts constants pour pousser toujours plus avant sa ligne de défense.

Étant donné l'éloignement des deux mers, Noire et Baltique, où la Russie a ses flottes, il lui faut, comme l'observe le même auteur, être également forte sur les deux. Voilà pourquoi elle a construit sur la côte baltique toute une série de ports qui peuvent facilement être transformés en ports

Conditions<br>où se trouve<br>la Russie.

(1) Brassey, *Naval Annual*, 1896.

de guerre. Tel, en particulier, Libau qui pénètre de 10 kilomètres dans les terres et qui est fortifié d'après les principes les plus récents.

Henning observe, il est vrai, en passant, qu'en raison de cela et surtout du môle projeté à Libau, ce port sera gelé pendant six mois de l'année : parce qu'on diminuera ainsi l'agitation de la mer qui jusqu'ici l'empêchait de geler ou du moins réduisait la durée de la congélation. Mais néanmoins cet auteur estime que le port de Libau, « représentant un point stratégique avancé au cœur de la Courlande, est très important pour la défense » en même temps qu'il peut servir à des opérations offensives. L'auteur ajoute que l'Allemagne peut, d'ailleurs, opposer à ce point offensif et défensif quelque chose de semblable, c'est-à-dire Dantzig.

Après avoir observé que tous les moyens d'action proposés n'ont de valeur qu'autant qu'on sait en tirer parti le moment venu, Henning jette un coup d'œil sur les opérations précédentes de la marine russe. Il n'approuve pas que, pendant la guerre de Crimée, la flotte de la mer Noire n'ait pas offert le combat aux flottes alliées et il est d'avis que, tout en ayant succombé dans cette circonstance, cette flotte de la mer Noire n'en eût pas moins empêché le débarquement des alliés.

Nous ne pouvons opposer à cela que les raisons données dans le premier chapitre de notre ouvrage et nous pensons que, si Henning les avait connues, il eût probablement changé d'avis. Chevalier dit que (1) l'on ne peut pas blâmer la flotte russe de la mer Noire de n'avoir pas accepté un combat par trop inégal. Et, d'accord avec les autres historiens de la guerre de Crimée, il fait grand cas des services que rendirent les amiraux et les équipages de la flotte à la défense par terre, après avoir barré la baie de Sébastopol en y coulant leurs vaisseaux.

D'ailleurs, Henning lui-même s'exprime ainsi au sujet de la façon d'agir des marins russes : « La part qu'ils ont prise à repousser les assauts demeure inoubliable dans l'histoire ; leur énergie a été couronnée des plus glorieux lauriers. »

Henning voit pour l'Allemagne un danger dans ce fait que, d'après ses enseignements, on avait construit à Saint-Pétersbourg et achevé, dès 1892, encore 14 nouveaux vaisseaux, dont : 3 cuirassés d'escadre, 2 croiseurs cuirassés, 2 croiseurs sans cuirasse, 5 croiseurs torpilleurs et 2 canonnières cuirassées. Il insiste aussi sur ce qu'en outre, on a construit encore 20 nouveaux torpilleurs et il conclut : « Nous devons estimer et admirer la façon dont la Russie comprend les choses, l'esprit de suite et l'énergie qu'elle met à assurer sa situation dans la Baltique et ses intérêts dans cette région. »

------

(1) La marine française et la marine allemande pendant la guerre de 1870-71.

En Russie, l'idée n'est pas nouvelle de faire agir des croiseurs en haute mer contre le commerce maritime de l'ennemi. Après la guerre de Crimée, a régné pendant vingt ans à l'amirauté russe le principe d'une destination essentiellement défensive de la flotte; principe qui s'est manifesté par la construction de cuirassés d'un type particulier spécialement destinés à la défense des côtes, les « popofkas » (1).

*Idées qui ont successivement présidé à l'organisation de la flotte russe.*

Mais, dès 1878, a reparu la tendance à posséder des navires à marche rapide pour la navigation lointaine, idée qui s'est incarnée d'abord dans la constitution d'une flotte « volontaire » pour entretenir des relations permanentes et régulières avec Vladivostok. C'est dans ce but qu'on acheta, en 1878, 3 croiseurs à Philadelphie. En outre, au début de la guerre de 1877-78, le gouvernement russe acquit, de la « Société de commerce et de navigation à vapeur de la mer Noire », 19 bâtiments : 5 vapeurs à hélice, 10 à roues et 4 schooners, pour agir dans cette mer Noire. Mais 2 seulement prirent part aux opérations militaires : le *Velikii Kniaz Konstantin* et la *Vesta*.

Puis, après la guerre, on prit les mesures nécessaires pour n'avoir pas besoin de recourir à l'avenir à des renforts exceptionnels de ce genre. A partir de 1880, le ministre de la Marine s'occupa de former 4 escadres de croiseurs, dont une devait rester en permanence dans l'océan Pacifique, l'autre être en route pour en revenir et la troisième stationner dans la Baltique, tandis que la quatrième se referait et se compléterait à Cronstadt après trois ans de navigation. Cette dernière section de la flotte devait se composer successivement des divers bâtiments des trois escadres actives.

Quant à la répartition actuelle de la flotte de guerre russe et aux mesures prises pour recruter les équipages de ses croiseurs, améliorer leurs machines, leur fournir le combustible nécessaire, etc., il va de soi que nous ne pouvons avoir de renseignements à ce sujet.

*État actuel de la flotte russe*

En Angleterre, on a été fortement ému d'une lettre publiée par les journaux anglais et due à la plume du fameux général belge Brialmont, sur la puissance de la flotte russe de la mer Noire et les dangers dont elle menacerait Constantinople.

Il était dit dans cette lettre que l'auteur avait été invité par le sultan à étudier les conditions locales et avait pu ainsi se convaincre que « Constantinople est pleinement accessible à une attaque des Russes » et que la flotte russe peut facilement traverser les détroits, sans craindre les batteries qui devraient les rendre infranchissables. L'auteur a expliqué que ces paroles ne se rapportaient qu'au moment donné; il a admis que, si Constantinople

______

(1) Ainsi nommés du nom de l'amiral Popoff qui en fut l'inventeur.

était défendu « comme il faut », cette ville serait absolument imprenable et qu'on ne pourrait même pas s'en rendre maître par la famine, en raison des communications qu'elle conserve toujours avec l'Anatolie et la presqu'île des Balkans. Mais l'auteur, insistant sur ce qu'il ne parle pas de l'avenir et seulement du présent, a soutenu aussi qu'à l'heure actuelle la flotte russe de la mer Noire peut facilement entrer dans la Méditerranée et y rallier la flotte de la Baltique, « qui, pour certaines raisons politiques, ne pourrait vraisemblablement être bloquée par celle d'aucune puissance ». Quant à la composition même de la flotte de la mer Noire, elle est, d'après l'auteur, « très forte ; elle s'est accrue chaque année, et a pris enfin des dimensions qui dépassent les données qu'on a sur son compte, et la cause de cet accroissement est facile à comprendre » (1).

Si l'on en croit un calcul fait par Brassey (2), la Russie a maintenant tout prêts : 35 croiseurs de guerre, 9 auxiliaires et 15 vapeurs de la flotte volontaire.

*Les croiseurs des flottes anglaise, italienne, autrichienne et turque.*

Quant à la Grande-Bretagne, d'après l'opinion des spécialistes, partout où ses ennemis pourront envoyer un bâtiment, l'Angleterre peut en envoyer trois contre leur marine marchande, car c'est elle qui dispose du plus grand nombre de vapeurs de guerre et de commerce à marche rapide utilisables pour la course. En Angleterre, il existe 219 croiseurs et 29 vapeurs de réserve au service de Sociétés particulières, plus 8 encore dans les colonies.

En Italie, malgré le déplorable état des finances, il existe aussi plus de 30 croiseurs de différents modèles et dénominations. L'Autriche seule est relativement faible, puisqu'elle n'a en tout que 27 de ces bâtiments. Actuellement même la Turquie a 23 croiseurs.

Rappelons toutefois que les flottes européennes, en général, comprennent des croiseurs qui, quelles que soient leur nature et leur dénomination, doivent être divisés en deux catégories : ceux d'ancienne construction et ceux construits dans ces dernières années.

*Croiseurs anciens et croiseurs modernes.*

Au point de vue, tant de la vitesse que de l'armement, on doit admettre que les croiseurs d'autrefois ne peuvent entrer en lutte avec ceux d'aujourd'hui et qu'ils seraient même rayés de la liste des flottes, si les gouvernements avaient ou pouvaient avoir le moyen de les remplacer par des bâtiments nouveaux. Néanmoins ces croiseurs anciens peuvent encore servir pour capturer les bâtiments de commerce.

*Vitesse que ces derniers peuvent atteindre.*

De nombreuses expériences montrent que les croiseurs, c'est-à-dire les navires à marche rapide, peuvent faire de 350 à 400 milles en vingt-quatre

---

(1) *Allegemeine Militär Zeitung,* 1894, n° 13.
(2) Brassey, *Naval Annual,* 1896.

heures (1). Ceux des plus grands modèles construits aujourd'hui peuvent tenir la mer de quatre à cinq semaines, sans visiter un port pour y faire des vivres ou du charbon. Il suffit d'un seul de ces bâtiments, pour arrêter la navigation commerciale et couper en général les communications maritimes dans un grand rayon. Les croiseurs peuvent déployer une vitesse allant jusqu'à 22 nœuds, c'est-à-dire 40$^k$,5 à l'heure. Les cuirassés n'atteignent que rarement des vitesses de 18 nœuds (32$^k$,2). Tandis que les meilleurs navires marchands ne font que 11 à 14 nœuds, c'est-à-dire 20$^k$,3 à 25$^k$,8 et ceux qui transportent des passagers, 15 à 16 nœuds, soit de 27$^k$,6 à 29$^k$,5 à l'heure, sauf quelques-uns récemment construits.

Parmi les 12,907 vapeurs inscrits au Lloyd, 304 seulement ont des vitesses de 15 nœuds et au-dessus.

Ils se répartissent comme il suit :

|  | Anglais. | Autres puissances. |
|---|---|---|
| De plus de 20 nœuds | 10 | 8 |
| — 19 — | 15 | 12 |
| — 18¹/₂— | 4 | 3 |
| — 18 — | 25 | 4 |
| — 17¹/₂— | 9 | 16 |
| — 17 — | 29 | 5 |
| — 16¹/₂— | 17 | 4 |
| — 16 — | 30 | 17 |
| — 15¹/₂— | 12 | 6 |
| — 15 — | 54 | 24 |
|  | 205 | 99 |

Il est tout naturel que les navires de commerce qui transportent des marchandises le cèdent en vitesse aux bâtiments de guerre et à ceux qui transportent des passagers ; c'est la cherté du combustible qui impose cette condition. Aussi, pour les premiers, serait-il désavantageux d'avoir des machines de plus de 1 cheval par 4 tonnes de jauge ; tandis que sur les navires de guerre les machines sont comptées à 4 chevaux par tonne, c'est-à-dire sont seize fois plus fortes.

Les croiseurs ne peuvent, il est vrai, porter les lourds canons dont sont munis les cuirassés actuels ; mais ils sont armés d'excellentes pièces dont le calibre va jusqu'à 16 centimètres, et qui suffisent pleinement pour couler à fond tout navire non cuirassé ou faiblement cuirassé.  Leur armement.

En groupant dans un tableau le nombre des croiseurs existant en 1895, d'après Brassey (*Naval Annual*), nous obtenons les résultats suivants :

---

(1) Budilowski, *Kriegsflotten*, 1892.

| PUISSANCES | CROISEURS DE GUERRE de toutes dénominations | CROISEURS AUXILIAIRES | CROISEURS DE RÉSERVE | TOTAL |
|---|---|---|---|---|
| Grande-Bretagne . . | 219 | — | 29 | 248 |
| France . . . . . . . | 97 | — | ? | 97 |
| Italie . . . . . . . . | 49 | — | — | — |
| Allemagne. . . . . . | 46 | — | 10 | 56 |
| Russie. . . . . . . . | 35 | 9 | 15 | 59 |
| Autriche. . . . . . . | 27 | — | — | 27 |
| Turquie . . . . . . . | 23 | — | — | — |
| États-Unis . . . . . | 33 | — | — | — |

Ainsi, actuellement, on peut admettre comme un axiome : Que, dans une guerre offensive, toutes les puissances auront des croiseurs pour couper les communications maritimes de l'ennemi et que, contre les attaques de ces croiseurs, les bâtiments de commerce isolés seront sans défense. Mais la question se pose de savoir s'il sera possible de grouper les bâtiments de commerce en flottilles, que l'on pourrait faire convoyer par des escadres de cuirassés ou de croiseurs? En raison de l'importance de cette question nous l'examinerons plus loin de façon plus détaillée.

### Evaluation de la force, en croiseurs, des différents pays.

*Comparaison des divers pays au point de vue de la guerre de croisière, à différentes époques.*

Pour se rendre compte de la force respective dont disposent les différents pays en navires aptes à la guerre de croisière, il ne suffit pas de comparer le nombre et les tonnes de jauge de leurs bâtiments, parce que les modèles de ceux-ci sont très variés. Nous avons déjà dit que, plus récente était la construction d'un croiseur, plus grande était sa vitesse, plus puissant son armement et plus il était apte, en général, à la guerre de course.

Pour donner une idée juste du rapport des forces navales exprimées par le nombre de navires aptes à la guerre de croisière dans les divers pays, nous avons pris les indications données sur ces bâtiments par le *Navy Almanach* de 1894, comme nous l'avions fait plus haut pour les indications relatives aux cuirassés, d'après certaines périodes caractéristiques de leur construction, afin d'obtenir des unités de même valeur.

*D'après le nombre des croiseurs.*

Si l'on fait le total général des navires de guerre non cuirassés de l'Autriche, de l'Italie, de l'Angleterre, de la France, de l'Allemagne et de la Russie et qu'on prenne ce nombre comme terme de comparaison, on trouve que, sur 467 navires de guerre non cuirassés (non compris les torpilleurs) ont été construits :

$$
\begin{array}{lll}
\text{Avant 1880} & \text{112 navires ou } & 23{,}9 \ \%_0 \\
\text{— 1885} & 85 \ — & 18{,}2 \\
\text{— 1890} & 153 \ — & 32{,}8 \\
\text{— 1895} & 117 \ — & 25{,}1 \\
\end{array}
$$

467 navires ou 100 $\%_0$

Représentons ces données graphiquement :

**Nombre de navires non-cuirassés construits.**

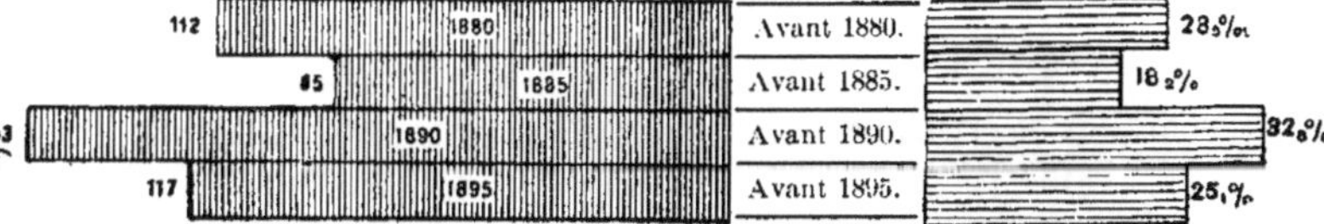


Ainsi, d'après ces chiffres, un peu moins de la moitié des navires non-cuirassés ont été construits avant 1885 et actuellement presque aucun de ces bâtiments ne serait en état de lutter contre un des nouveaux navires de types semblables.

Comme répartition entre les divers pays du nombre des non-cuirassés d'après leur date de construction, nous avons le tableau qui suit :

| NAVIRES CONSTRUITS | AUTRICHE | ITALIE | ALLEMAGNE | FRANCE | RUSSIE | ANGLETERRE | TOTAL |
|---|---|---|---|---|---|---|---|
| Avant 1880 | 12 | 7 | 10 | 30 | 15 | 38 | 112 |
| — 1885 | 3 | 7 | 8 | 25 | 3 | 39 | 85 |
| — 1890 | 9 | 20 | 11 | 19 | 13 | 81 | 153 |
| — 1895 | 4 | 18 | 12 | 27 | 4 | 52 | 117 |
| | 28 | 52 | 41 | 101 | 35 | 210 | 467 |

Nous grouperons ces chiffres en deux périodes — antérieure à 1885 et postérieure à cette date — et les exprimant en pour cent, nous obtenons ce qui suit :

| NAVIRES CONSTRUITS | AUTRICHE | ITALIE | ALLEMAGNE | FRANCE | RUSSIE | ANGLETERRE | TOTAL |
|---|---|---|---|---|---|---|---|
| Avant 1885 . . . . . | 15 | 14 | 18 | 55 | 18 | 77 | 197 |
| — 1895 . . . . . | 13 | 38 | 23 | 46 | 17 | 133 | 270 |
| — 1885 . . . . . | 53,6% | 27% | 44% | 54,5% | 51,4% | 37% | 42,2% |
| — 1895 . . . . . | 46,4% | 73% | 56% | 45,5% | 48,6% | 63% | 57,8% |

Pour plus de clarté, nous représentons ces 0/0 par un graphique :

**Nombre de navires non cuirassés construits en °/₀.**

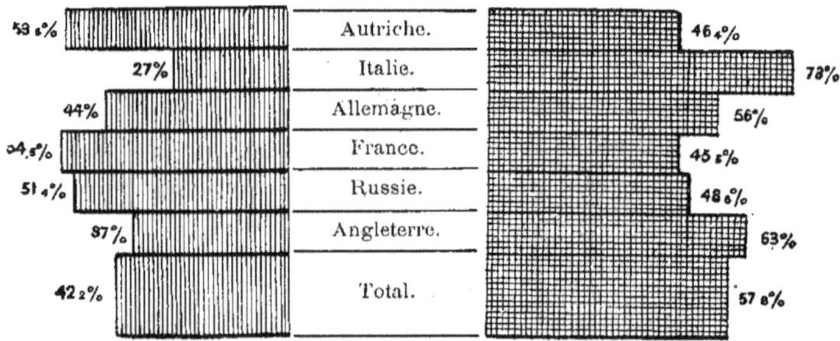


On voit ainsi qu'en Angleterre, en Allemagne et en Italie la plupart des non-cuirassés sont de construction postérieure à 1885 ; dans les autres pays, c'est l'inverse.



La valeur relative des bâtiments construits dans ces deux périodes nous apparaîtra plus clairement encore, si nous examinons leurs vitesses

moyennes (1). Ces vitesses sont exprimées en nœuds, pour les navires construits :

|  | Vitesse en nœuds. | Nombre de navires. | Pour cent de navires. |
|---|---|---|---|
| Avant 1880 . . . . . . | 12,6 | 112 | 23,9 |
| — 1885 . . . . . . | 14,9 | 85 | 13,2 |
| — 1890 . . . . . . | 17,9 | 153 | 32,8 |
| — 1895 . . . . . . | 19,5 | 117 | 25,1 |
|  | — | 467 | 100 |

Nous voyons ainsi que la vitesse des navires non-cuirassés a varié
comme il suit d'une période à l'autre :

|  | Vitesse en nœuds. | Nombre de navires. | Pour cent de navires. |
|---|---|---|---|
| Avant 1885 . . . . . . | 13,8 | 197 | 43 |
| — 1895 . . . . . . | 18,7 | 270 | 57 |

(1) Nous donnons ici les différences de vitesse des non-cuirassés d'un pays à l'autre,
d'après les indications du *Naval Annual* de Brassey.

| VITESSE EN NŒUDS | AUTRICHE | ITALIE | ALLEMAGNE | FRANCE | RUSSIE | ANGLETERRE |
|---|---|---|---|---|---|---|
| 8 | — | 2 | — | — | — | — |
| 9 | 2 | — | 3 | — | — | — |
| 10 | 1 | 2 | — | 7 | — | 14 |
| 11 | 3 | 1 | 1 | 6 | — | 10 |
| 12 | 3 | 1 | 2 | 1 | 2 | 15 |
| 13 | 1 | 4 | — | 9 | 13 | 36 |
| 14 | 5 | 3 | 7 | 8 | 10 | 3 |
| 15 | — | 4 | 5 | 8 | 2 | 11 |
| 16 | — | 3 | 6 | 1 | 6 | 1 |
| 17 | — | 4 | 2 | 5 | — | 24 |
| 18 | 3 | 8 | — | 13 | 3 | 3 |
| 19 | 4 | 7 | 1 | 21 | 4 | 35 |
| 20 | 2 | — | 5 | 5 | 1 | 53 |
| 21 | 3 | — | 4 | 5 | 1 | 1 |
| 22 | 1 | — | 2 | 3 | 5 | 3 |
| 23 | — | — | 1 | — | — | — |
| 24 | — | — | — | — | — | — |
| 25 | — | — | — | — | — | — |
| 26 | — | — | 2 | — | — | — |
| Total. . . . . | 28 | 39 | 41 | 92 | 47 | 209 |

T. III. — Jean de Bloch. — *La Guerre future.*                23

Représentons ces données graphiquement :

**Vitesse des non-cuirassés construits
avant 1885 et plus tard jusqu'en 1895.**

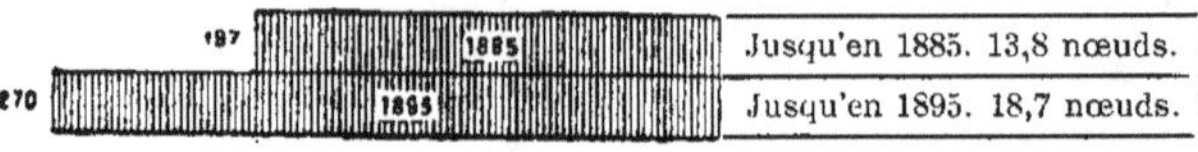


Ainsi la vitesse des non-cuirassés postérieurs à 1885 est de 5,1 nœuds plus grande que celle des bâtiments analogues construits avant cette date.

Observons que jusqu'en 1885, il n'y avait presque pas de différence entre les vitesses des cuirassés et celles des non-cuirassés : 13,3 nœuds pour les premiers, 13,8 nœuds pour les seconds. En 1895, la vitesse s'est accrue pour les cuirassés de 3,2 nœuds et pour les autres de 5,1.

Par suite de cet accroissement de vitesse les 43 0/0 des non-cuirassés construits avant 1885 ne sont évidemment pas à hauteur de leur rôle de croiseurs, et s'ils peuvent entrer en lutte avec les navires datant de la période de 1885 à 1895, qui possèdent une vitesse notablement plus grande, ce ne peut être que dans des circonstances particulièrement favorables.



Nous arrivons à la même conclusion, si nous comparons les non-cuirassés construits avant et après 1885, au point de vue de la force de leurs machines, par rapport à leurs tonnes de jauge. Nous trouvons en effet que les bâtiments construits :

Avant 1880 ont une force nominale de 103,4 chevaux par 100 tonnes de jauge.
— 1885 — 146,4 —
— 1890 — 250,0 —
— 1895 — 250,0 —

Représentons ces chiffres graphiquement :

**Force nominale en chevaux-vapeur
par 100 tonnes de jauge des non-cuirassés.**

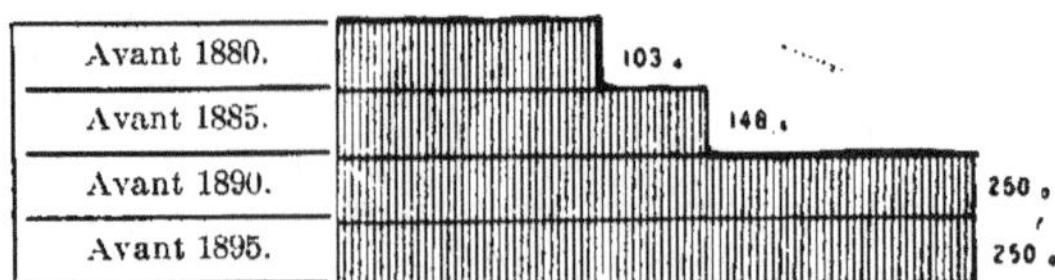

Comme le montrent ces chiffres, la puissance des machines des non-cuirassés construits de 1890 à 1895 est de 2 1/2 fois plus grande que dans les non-cuirassés construits avant 1880.

Comme conséquence du perfectionnement de leurs machines, les navires de nouvelle construction peuvent parcourir de plus grandes distances qu'auparavant sans refaire de charbon. Ainsi, à une vitesse de 10 nœuds, les bâtiments construits :

    Avant 1880, peuvent faire 2,890 milles marins.
     —   1885,        —       3,890     —
     —   1890,        —       5,610     —
     —   1895,        —       4,960     —

Graphiquement, ces chiffres se représentent ainsi :

**Nombre des milles parcourus avec une vitesse de 10 nœuds,
sans refaire du charbon en route, par les navires non-cuirassés construits.**

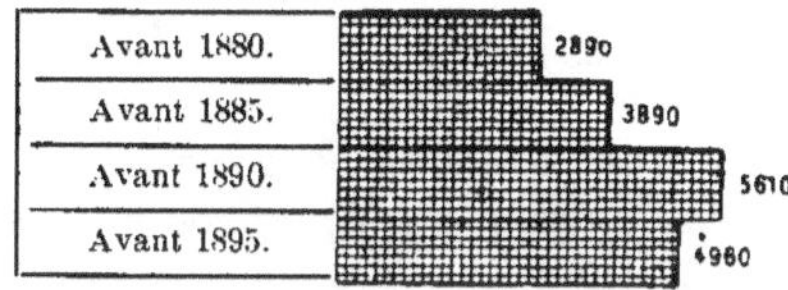


Nous répétons ici ce que nous avons dit au sujet de la construction des cuirassés : la technique est arrivée, de nos jours, en construisant des machines deux fois plus fortes, à permettre aux bâtiments de franchir, sans renouveler leur approvisionnement de charbon, des distances deux fois plus grandes.

**Possibilité de protéger les navires marchands en les convoyant
avec des vaisseaux de guerre.**

On sait qu'à l'époque de la marine à voiles, les navires marchands se réunissaient, en temps de guerre, en flottilles ou convois qu'accompagnaient des vaisseaux de guerre. L'histoire maritime toutefois ne nous apprend pas grand'chose sur les résultats de ce convoyage dans les temps anciens, et rappelle seulement les terribles catastrophes qui survenaient de temps à autre (1).

Nous n'examinerons cette question que dans l'hypothèse d'une guerre entre la France et l'Angleterre seules — attendu que, dans une autre combinaison et notamment dans le cas de la Triple Alliance unie avec l'Angleterre contre la France et la Russie, les conditions seraient presque les mêmes — tandis que si l'Angleterre restait neutre, il y aurait supériorité de forces pour la France et la Russie.

*Le système du convoyage.* — Voici les arguments qu'on donne de nos jours en faveur du convoyage des navires de commerce. On dit que ces bâtiments sont aujourd'hui, en moyenne, beaucoup plus gros qu'autrefois et que, par conséquent, pour les escorter, il faudra moins de navires de guerre ; que, de plus, pour ce service d'escorte on choisirait les vapeurs armés qui ne filent pas plus de 8 à 10 nœuds, ce qui supprimerait l'inconvénient résultant autrefois de la grande différence de vitesse entre les navires d'escorte et les navires escortés. Enfin on ajoute que les capitaines des navires marchands sont aujourd'hui plus instruits que jadis, et que, par conséquent, ils observeront mieux les règles et instructions à eux données.

On dit encore que, dans les sphères commerciales, la décision qu'on prendra de risquer des navires en temps de guerre dépendra des conditions faites par les sociétés d'assurance maritime et que les gouvernements influeront beaucoup sur la manière de voir de ces sociétés.

*Le système des routes tracées à l'avance et surveillées par des navires de guerre.* — On propose encore un autre moyen pour assurer la sécurité des navires marchands : ce serait de leur tracer des routes obligatoires qu'il serait possible de surveiller, pour en écarter tout danger, bien plus facilement que la surface entière de la mer. On pourrait désigner pour ce service de petits croiseurs qui garderaient ces lignes, en croisant entre certains points de rassemblement où se tiendraient des croiseurs plus forts ou même des cuirassés de troisième rang. Les promoteurs de ce système ajoutent que les itinéraires désignés aux navires, de même que la place des points de rassemblement, pourraient être modifiés de temps à autre d'après un programme spécial établi d'avance.

Comme exemple, pour l'Angleterre, on dit que tous les navires longeant les côtes de Portugal seraient obligés de suivre chaque jour de la semaine un méridien déterminé et que de plus puissants navires de guerre de surveillance devraient se tenir à hauteur du cap Finistère et du cap Saint-Vincent, puis successivement en d'autres points convenus d'avance. On admet la possibilité de maintenir entre les stations de ces puissants navires

_______________

(1) Brassey, *Naval Annual*, 1894.

de guerre, une distance de 350 à 400 milles ; et c'est dans cet intervalle que naviguerait constamment un croiseur en le surveillant et assurant les communications. En outre, pour une ligne de grande étendue, on organiserait une division de patrouille, formée de croiseurs de troisième classe ou d'autres navires de guerre, qui observerait la ligne entière et parfois, en cas de grand danger, accompagnerait les navires de commerce n'ayant qu'une faible escorte, — suivant les indications données par le commandant supérieur de toute la ligne.

Dans la Méditerranée, en cas de guerre avec la France, toute la côte africaine jusqu'à Tunis étant au pouvoir de l'ennemi, les navires de commerce anglais auraient à faire d'un trait le trajet de Gibraltar à Malte.

Les partisans de cette façon d'opérer admettent que, d'ailleurs, les navires marchands, même protégés par des navires de guerre, ne prendraient pourtant pas volontiers la mer, tant que la rencontre de bâtiments ennemis serait probable. Le seul remède à cela pourrait être une victoire de la flotte anglaise sur la flotte française, victoire après laquelle les vaisseaux de guerre français s'enfermeraient dans les ports et y demeureraient bloqués.

Resterait toujours possible, il est vrai, une attaque de croiseurs français isolés. Mais contre eux, la ligne de navigation des navires marchands anglais serait gardée par des vaisseaux de guerre britanniques qui, suivant les cas, ou bien les laisseraient passer isolément, ou en formeraient des groupes qu'ils convoieraient d'une station de garde à une autre, absolument comme les policemen aident des groupes de personnes à traverser les rues de Londres aux moments où la circulation des voitures est très active.

Cette comparaison a été employée comme étant facile à saisir pour le public et de nature à le rassurer, mais elle n'est pas tout à fait exacte. Si entre les différents policemen de surveillance il y avait des distances de 350 à 400 milles — c'est-à-dire de 555 à 740 kilomètres, — et si sur toute cette étendue, il n'y avait qu'un poste : la station supposée des croiseurs de 3ᵉ classe, si enfin le danger d'une attaque pouvait se présenter à tout instant, les gens ne se risqueraient guère à sortir dans la rue, même en comptant sur l'escorte des policemen.

Tous les arguments présentés ont pour base cette hypothèse qu'avant la sortie au large des navires marchands aura lieu une victoire de la flotte anglaise sur les Français, après laquelle les bâtiments de cette nation pourront être bloqués dans les ports.

Nous avons déjà donné l'avis des hommes compétents sur le peu de probabilité qu'il y a de voir la flotte française, la plus faible des deux, accepter le combat. Mais, en admettant même qu'elle l'acceptât et qu'elle fût battue, les escadres anglaises ne pourraient pas aujourd'hui — pour les raisons que nous avons données en traitant la question du blocus des ports — empêcher la sortie simultanée de quelques navires français.



Quant aux autres arguments émis pour établir que la garde des bâtiments sur l'Océan est plus facile maintenant qu'autrefois, quelques-uns sont en effet fondés, et notamment celui que les capitaines marchands sont plus instruits et leurs navires d'un plus grand tonnage.

Mais cela peut-il être mis en comparaison avec les dangers provenant de l'emploi des torpilles et des explosifs ?

Chaque gros vaisseau de guerre ennemi peut envoyer quelques embarcations porte-torpilles, dont le navire d'escorte aura grand'peine à se débarrasser. Pendant qu'il en chassera une ou deux, les autres se jetteront sur la flotte des navires marchands comme une bande de loups sur un troupeau de moutons. Quelques minutes suffiront à ces torpilleurs pour rattraper tel navire éloigné de quelques kilomètres en avant des autres et le couler à fond. Les victimes seraient choisies le plus loin possible de l'escorte. Pour empêcher tout cela, il faudrait un réseau bien épais de navires de garde.

Mais ni l'Angleterre, ni, à plus forte raison, aucune autre puissance, ne saurait fournir assez de bâtiments convoyeurs. Si même l'on admet que le nombre des navires à escorter soit réduit, c'est à peine encore si les bâtiments de commerce voudraient courir le risque, en vue des dangers que leur feraient courir les croiseurs ennemis armés de torpilles et de projectiles.explosifs. Imaginons qu'un croiseur rapide ait rencontré une caravane de bâtiments de commerce marchant à la vitesse de 10 nœuds, et escortée par des vaisseaux de guerre. Est-ce qu'il ne pourrait pas la suivre de loin, comme un mauvais esprit, en se tenant à bonne distance hors de tout danger, pour, au moment favorable — la nuit, par le brouillard, ou au moindre désordre survenu dans la caravane en question, — s'élancer sur elle avec la rapidité de l'éclair, ou simplement lui envoyer à bonne portée une volée de coups de canon ?

D'ailleurs, le fait le plus important, c'est que l'Angleterre n'a pas de forces suffisantes pour convoyer ses propres navires.

Quoique les forces navales françaises soient moindres que celles de l'Angleterre, néanmoins, là où ses intérêts l'exigent, comme, par exemple, dans la Méditerranée, la France a concentré une flotte plus puissante.

Avec la grande dissémination des forces navales anglaises, il faudrait beaucoup de temps pour appliquer le système qui consiste à garder toutes les routes maritimes et à convoyer les navires marchands : il serait même impossible de réunir le nombre de vaisseaux de guerre nécessaire pour cela.

Lors des discussions parlementaires au sujet de la protection des navires marchands, quelques orateurs demandèrent qu'on assurât la sécurité de la navigation, au moins sur les principales routes maritimes. L'amiral Hornby proposa de former des groupes de navires qui opéreraient en partant de certains points stratégiques ; et il conseilla d'entretenir, surtout dans la Méditerranée, un nombre important de bâtiments d'escorte qui croiseraient en permanence sur ces routes. Mais quand les orateurs de l'opposition réclamèrent des indications plus précises, l'amiral Hornby fut forcé de déclarer que, pour appliquer avec succès une mesure semblable, il faudrait avoir 556 croiseurs : on comprend que le Parlement n'ait pu se résoudre à un accroissement aussi colossal de la flotte.

Le résultat de la discussion fut une décision du Parlement d'entreprendre et de terminer, pour 1895, le renforcement de la flotte suivant : 4 cuirassés d'escadre, 4 canonnières de station, 2 croiseurs cuirassés et 32 navires spécialement destinés à combattre les torpilleurs.

Mesures adoptées par le Parlement anglais.

Ainsi, la puissance navale anglaise s'est encore augmentée et ainsi s'est accrue, pour elle, la possibilité de détruire le commerce de ses ennemis. Mais cette augmentation n'a, malgré tout, contribué que très peu à garantir la sécurité du commerce de la Grande-Bretagne et de ses alliés contre les attaques des croiseurs ennemis.

Admettons toutefois qu'une escorte soit réunie à l'effectif suffisant, il faut se demander encore jusqu'à quel point les cuirassés 'peu maniables ou les croiseurs des anciens modèles sont aptes à garder des voies maritimes contre les croiseurs actuels à marche rapide et lançant à grande distance des projectiles creux remplis de mélinite ? L'expérience a prouvé qu'un seul de ces projectiles, en faisant explosion, couvre de ses éclats une surface d'un rayon de 400 mètres. L'explosion d'un obus de 16 centimètres suffit pour détruire n'importe quel navire de commerce avec son équipage (1).

Difficultés pour les navires de commerce, de naviguer de conserve.

Puis vient la question de la difficulté qu'il y a, pour une certaine quantité de bâtiments de commerce, de naviguer de conserve. Cette navigation, même pour les navires d'une escadre, exige une discipline spéciale et un système de signaux bien organisé ; et malgré tout, l'escadre de guerre la mieux commandée reste toujours exposée au danger des abordages par le brouillard ou le mauvais temps. Les navires marchands ne conserveront probablement pas entre eux les distances voulues, surtout quand ils se verront ou s'imagineront être épiés par des torpilleurs ennemis ou des croiseurs rapides. — Pour éviter les abordages mutuels, il faudra séparer les

---

(1) *Mittheilungen aus dem Gebiete des Seewesens.*

bâtiments par de grands intervalles et le lien qu'on aura voulu établir entre eux se rompra facilement (1).

En cas de tempête, de brouillard ou d'attaque nocturne, là défense sera d'autant plus difficile qu'il sera parfois impossible de distinguer les amis des ennemis; outre que très probablement, ceux-ci chercheront à tromper les autres par de faux signaux. Si les navires de guerre italiens l'ont fait à Lissa, en 1866, — sans résultats d'ailleurs, puisque, dans l'histoire de cette guerre rédigée par l'Etat-major autrichien, cette tromperie n'est l'objet que d'une critique incidente, — il est clair qu'à plus forte raison des corsaires ne se gêneront pas pour employer de semblables procédés.

Il n'existait pas, entre les navires à voiles, de différences de vitesse aussi grandes qu'entre ceux d'aujourd'hui. Mais dans ce temps, au premier danger d'une attaque de l'ennemi contre un convoi marchand escorté par des bâtiments de guerre, l'ordre était donné aux navires de commerce de se disperser le plus possible. Aujourd'hui, cette opération sera plus nécessaire encore (2).

Avec la vitesse de marche des croiseurs et torpilleurs actuels, ils peuvent apparaître brusquement devant des bâtiments de commerce, non seulement la nuit, par le brouillard ou au cours d'une tempête, mais même en plein jour. Et si l'on peut encore compter sur l'aptitude des torpilleurs à combattre en haute mer contre des cuirassés, il est bien certain que vis-à-vis de ceux-ci les navires de commerce seront absolument impuissants.

Pour ne pas rapporter seulement l'opinion des spécialistes anglais, nous donnerons ici une citation empruntée à un petit volume russe : « *Le croiseur — c'est l'espoir de la Russie* », paru à Pétersbourg en 1887. L'auteur, qui signe A. K., est évidemment un marin et ne manque pas de talent littéraire. Le but de son livre est de montrer, par des exemples d'opérations de croiseurs, ce que peut faire un bâtiment de guerre rapide, bien armé et bien commandé. Et, quoique son récit soit forcément imaginaire, il n'en est pas moins instructif.

**Exemple d'attaque d'une escadre par un croiseur**

Voici un extrait de cette brochure : « A deux heures de la nuit nous aperçûmes, du croiseur, des feux qui venaient à nous. Plus ces feux se rapprochaient et plus le capitaine était convaincu qu'il avait une escadre devant lui. Sans augmenter sa vitesse, le croiseur vira de bord et marcha parallèlement à l'escadre comme pour la faire défiler devant lui et en observer ainsi l'ordre et la composition. Tout ce qu'on pouvait voir à la distance de deux encâblures (environ 500 mètres), où se tenait le croiseur, invi-

---

(1) *Der Seekrieg* (La guerre navale).
(2) *History of Naval War* (Histoire de la guerre navale).

sible aux navires qui passaient, se réduisait à ceci, que ces navires marchaient
sur deux colonnes au nombre de quatorze. D'ailleurs, malgré l'obscurité de
la nuit, l'œil exercé du capitaine distingua d'après la position des feux et
l'étendue de l'ensemble le bâtiment de tête de la colonne de droite et le
reconnut pour un cuirassé. Continuant de marcher à la même vitesse et à
la même distance, il observa encore un navire placé par le travers de
cette même colonne de droite, à une assez grande distance, et, pour ainsi
dire seulement en vue des feux et signaux des autres bâtiments. Sans hésitation aucune il lui fut facile d'y reconnaître soit un éclaireur, soit le navire
battant pavillon du commandant de l'escadre.

« Ayant ainsi observé, le capitaine donna finalement l'ordre aux torpilleurs de se jeter, au premier coup de canon du croiseur, sur les bâtiments
de la colonne la plus voisine, c'est-à-dire celle de gauche, et leur ayant fixé
un lieu de rendez-vous, il leur commanda de démarrer. Lui-même, incli-
nant à gauche et s'éloignant de l'escadre, il la dépassa à toute vitesse, la
contourna en virant à droite par son avant et se dirigea droit sur la frégate
cuirassée de la colonne de droite qui se trouva être le *Monarch*. L'homme
de garde au gaillard d'avant de la frégate vit alors le croiseur devant lui et
le fit savoir immédiatement à l'officier de quart. Mais pendant ce temps la
petite distance qui séparait encore les deux navires était franchie et le
flanc du *Monarch* n'était plus qu'à moins de 6,420 pieds du croiseur. Au
même instant les deux torpilles de tribord furent lancées et l'on tirait élec-
triquement une bordée des six pièces du même bord. Le terrible bruit sourd
des deux explosions et de l'artillerie stupéfia tout d'abord et arrêta l'escadre. Tous les navires quittèrent leur place et se mêlèrent; puis s'allumèrent de tous côtés des feux électriques cherchant l'ennemi, tous s'aveuglant
et en même temps se brouillant l'un l'autre.

« Le capitaine du croiseur profitant de cette lumière parvint à voir,
entre autres choses, que la frégate penchait déjà fortement sur tribord et
qu'auprès d'elle se hâtaient des embarcations à rames. Mais il ne put faire
d'autres observations, car ses canons étaient déjà rechargés et il fallait
choisir une autre victime. A ce moment résonnèrent deux explosions de
torpilles se suivant à peu d'intervalles vers la queue de l'escadre, puis une
nouvelle salve d'artillerie.

« Le vaisseau marchant par le travers — c'était l'*Iris* — virant sur bâbord
s'était promptement porté sur le lieu de la catastrophe du *Monarch*. En
l'éclairant, il lui montra sa place et présenta son flanc de tribord au
croiseur, sans remarquer celui-ci qui à ce moment se trouvait par son
travers à tout au plus 420 pieds. Une nouvelle salve de canons de bâbord
additionnée de deux torpilles Whitehead vint s'abattre sur la coque de l'*Iris*.
En ayant terminé avec lui, le croiseur se porta à toute vitesse vers le sud.

« Au milieu de l'escadre en désordre s'entendaient des cris, et de nouvelles explosions de torpilles mêlées à des salves d'artillerie. On pouvait avec raison supposer que les chaloupes porte-torpilles, de façon ou d'autre, avaient achevé leur œuvre et se dirigeaient vers le rendez-vous assigné. Il n'y avait pas de temps à perdre.

Résultats obtenus.

« Ainsi, moins d'une heure s'était écoulée depuis la rencontre avec l'escadre ennemie, et l'affaire était terminée. S'étant éloigné à trois milles au sud et ne voyant devant lui aucun navire à qui donner la chasse, le croiseur se dirigea sur le cap Charvenne. L'escadre anglaise n'intéressait plus le capitaine. Son principal souci maintenant était de réunir ses auxiliaires avec leurs torpilleurs.

« Mais après cet orage nocturne, l'escadre était en affreux état. Tout l'équipage du croiseur avait vu la misérable situation du *Monarch* et personne ne doutait des conséquences fatales qu'avaient eues, pour l'*Iris*, la salve d'artillerie et les deux torpilles. Le grand transport *Clive*, qu'avait fait sauter la chaloupe n° 1, avait coulé avec tous les chevaux qui se trouvaient à bord; et les embarcations de ses compagnons d'infortune sauvaient son équipage dans la mesure du possible. — Semblable avait été le destin de l'énorme vapeur *India*, qu'avaient fait sauter les chaloupes n° 3 et 4; la frégate *Sultan*, marchant à la queue de l'escadre, avait relativement peu souffert, la chaloupe n° 2 n'ayant fait éclater sous elle qu'une torpille, parce que les fils conducteurs de l'autre s'étaient rompus; — le lieutenant Mikhaïloff et son torpilleur avaient même été gravement blessés par les coups tirés de cette frégate. »

En Angleterre a paru un livre écrit par un marin (1), qui raconte des opérations tellement semblables à celles ci-dessus décrites, d'un croiseur d'aujourd'hui, qu'il nous semble inutile d'en citer des extraits. Nous en donnons seulement ci-contre une figure représentant l'explosion d'un navire crevé par une torpille, parce que ce dessin est dû à un spécialiste et ne manque pas d'intérêt.

Nous admettons que c'est seulement là un dessin imaginaire; mais en tous cas, il ne donne pas mal l'idée de la puissance des moyens actuels de destruction. Et involontairement on se demande si les sociétés d'assurances consentiront à donner des polices en temps de guerre, et si, au cas où elles le feraient, la prime à payer ne dépassera pas les ressources du commerce maritime?

Nous avons déjà rapporté une opinion autorisée d'après laquelle les compagnies d'assurances ne pourraient pas songer à courir de semblables

---

(1) W. Laird Clowes, *The Captain of the Mary Rose* (Le capitaine de la *Mary Rose*), 1894.

Explosion d'un navire atteint par la torpille d'un croiseur.

risques. En supposant même que certaines influences et garanties de la part du gouvernement les décidassent à signer des polices, serait-il possible de former en nombre suffisant des équipages, qui devraient s'exposer à de tels dangers? Lord Brassey déclare entièrement vain l'espoir qu'on aurait de pouvoir assurer, par une escorte, la sécurité des bâtiments de commerce; et, à l'appui de cette opinion, il cite ces paroles de l'amiral Sir Fr. Gray (1): « Je nie absolument que nos bâtiments de commerce puissent

(1) Brassey, *Naval Annual*.

jouer un rôle quelconque en temps de guerre. Depuis que je remplis des fonctions à l'Amirauté, je me suis rendu compte combien il est difficile de réunir, même en temps de paix, sur différents points, les forces nécessaires pour que notre flotte de guerre puisse être à hauteur de ses obligations. J'affirme de la façon la plus formelle que cette flotte est entièrement hors d'état d'assurer à nos navires marchands une protection suffisante en temps de guerre ».

Conclusions. En tous cas, avant qu'aucun système ne fût adopté, le désordre intérieur serait tel que l'action défensive du gouvernement en serait rendue plus difficile encore. L'amiral anglais Colomb a publié un ouvrage sur « la protection des communications maritimes » où, après avoir examiné en détail tous les procédés susceptibles d'être appliqués, il conclut qu' « à l'heure actuelle on n'a pas d'idées claires, et bien moins encore de décision prise, sur la question de savoir s'il faut protéger le commerce maritime en débarrassant la mer des croiseurs ennemis, ou en convoyant les navires marchands ou par quelque autre moyen ». D'ailleurs, cela n'a pas grande importance, dit ce même amiral Colomb, car il est très probable que les navires marchands, en présence des engins actuels de destruction, ne consentiront pas à prendre la mer, même sous l'escorte de convoyeurs. Une chose est incontestable, c'est qu'au moment où éclaterait brusquement la guerre, ni en Angleterre ni ailleurs, on n'a de décision prête sur ce qu'il faut faire pour protéger le trafic maritime.

Si l'on admettait même que la France pût paralyser les forces de l'Angleterre, cela ne suffirait cependant pas pour que les navires de commerce français puissent librement naviguer. Et si l'Angleterre ne prend point part à la guerre, les forces navales françaises seront bien suffisantes pour arrêter tout mouvement dans les ports des pays de la Triple Alliance. Mais en même temps, naturellement, par suite des théories aujourd'hui admises et que nous avons déjà plus d'une fois signalées, le mouvement des bâtiments neutres s'arrêterait aussi.

### Coup d'œil général sur la question des opérations combinées contre les côtes et les communications commerciales.

Nous avons, pour plus de clarté, exposé, dans des chapitres distincts, les opérations maritimes relatives au bombardement des côtes, au blocus des ports et à la guerre de croisière. Mais on comprend que cette dernière se rattache directement au ravage des côtes et des ports, et à leur blocus. Voilà pourquoi, au moment de tirer des conclusions générales, nous ne pouvons plus nous en tenir à ces subdivisions; il nous faut examiner l'ensemble de la question.

Beaucoup de spécialistes sont d'avis qu'avec la précision et la puissance des canons actuels, avec la grande vitesse des navires et leur faculté d'agir à coups d'éperon et de torpilles, avec enfin la multiplicité des torpilleurs, tout combat naval conduira, sinon à la destruction complète des bâtiments engagés, au moins à leur mise, pour longtemps, dans un état absolu d'incapacité de prendre part à des opérations ultérieures : et la guerre sino-japonaise a justifié ces prévisions.

Par conséquent, il est très probable qu'on évitera les grandes batailles et que les flottes tourneront tous leurs efforts vers la destruction du commerce et le ravage des côtes. *La destruction du commerce et le ravage des côtes.*

La question de l'interruption des communications maritimes en temps de guerre est extrêmement importante, parce que cette interruption peut amener sur différents points non seulement la cherté des vivres, mais la disette, que rendra d'autant plus sensibles leur coïncidence avec la suspension des salaires ouvriers ; de sorte qu'en raison du mouvement socialiste existant dans les États de l'Ouest, il peut en résulter les plus graves complications intérieures.

Pas un des remèdes proposés à ce danger n'est efficace. Le blocus des ports ennemis est irréalisable. Partout autour des ports peuvent être mouillées des torpilles qu'on pourra faire éclater à volonté des postes mêmes de la côte, sans parler de celles automobiles qu'on peut lancer directement contre les vaisseaux.

D'où l'obligation pour les navires du blocus de se tenir loin de la terre, au moins à 3,500 mètres.

En outre, ces vaisseaux seront menacés par les canons de côte qui peuvent lancer des projectiles explosifs et dont la puissance s'est augmentée récemment dans d'effroyables proportions. Les projectiles à la dynamite peuvent détruire un bâtiment même en tombant à 27 mètres de lui.

Avec la facilité que les chemins de fer donnent aux défenses de la côte, pour amener sur place des chaloupes-torpilleurs et des canons, une escadre de blocus devra s'attendre à des attaques continuelles. Le danger, pour elle, s'est augmenté encore depuis l'invention des bâteaux sous-marins.

Mais si tous ces moyens se trouvaient encore insuffisants, l'expérience a prouvé que, malgré le blocus, les croiseurs réussiraient en partie à prendre la mer. Et quoique, à la vérité, les navires bloquants puissent, eux aussi, faire agir leurs torpilleurs contre les bâtiments qui cherchent à forcer la sortie, un combat de ce genre ne serait certainement pas égal. *Les croiseurs parviendront toujours à forcer un blocus.*

Car les torpilleurs du port bloqué peuvent toujours s'abriter où bon leur semble, tandis que ceux de l'escadre de blocus sont obligés de tenir la mer en permanence, ce qui rend leur service extrêmement pénible et ne leur permettrait pas de le soutenir longtemps, surtout par de grosses mers. Par conséquent, tout blocus exige des forces relativement considérables.

Autrefois, quand les flottes de guerre n'avaient d'autre moteur que le vent, on admettait que la force bloquante devait être double de la force bloquée. Depuis l'adoption de la vapeur, les conditions se sont modifiées et non pas à l'avantage de l'escadre de blocus. Par rapport au vent, les deux partis se trouvaient dans les mêmes conditions. Avec la vapeur c'est autre chose. L'escadre de blocus est obligée de transporter constamment avec elle le charbon dont elle a besoin. Et il lui en faut d'autant plus qu'elle est tenue de rester constamment sous vapeur, afin de pouvoir courir sus, d'une minute à l'autre, à tout navire étranger qui se montre à l'horizon. De là une foule d'embarras pour l'escadre obligée d'aller chercher, parfois très loin, son charbon et ses autres approvisionnements. Enfin, si le blocus est encore possible par les beaux temps, que sera-ce au cas d'une guerre éclatant en hiver ou en automne ? Les escadres de blocus courront alors les plus grands risques.

Des manœuvres ont été exécutées en Angleterre afin de rechercher quelle force il fallait pour maintenir un blocus efficace. Elles ont prouvé qu'il suffirait d'une escadre, même deux fois plus faible, pour forcer un blocus et que, par suite, pas une des voies maritimes ne peut être considérée comme sûre.

Aussi l'Angleterre, quoique maîtresse des mers, ne peut compter sur une absolue garantie des communications. Et si l'on admet qu'aujourd'hui, il faut, pour maintenir un blocus, une force double des forces bloquées, même en supposant que l'Angleterre concentre toute sa flotte sur le théâtre de la guerre européenne, en la réunissant à celles des puissances de la Triple Alliance, la supériorité de ces forces sur celles de l'alliance franco-russe serait encore, au point de vue du maintien du blocus, plus que douteuse.

Les forces de la Triple Alliance opposées même à la France seule, quoiqu'ayant la supériorité d'un grand nombre de torpilleurs, ne seraient pas en état non plus de maintenir le blocus, puisqu'en réalité les flottes des deux partis seraient presque égales comme nombre de bâtiments.

En cas de guerre entre l'Angleterre et la France, la première courrait un danger relativement grand, malgré sa flotte plus nombreuse, parce qu'il lui faudrait entretenir de grandes forces dans l'Océan Indien, les eaux d'Australie, l'Océan Pacifique, au cap de Bonne-Espérance et sur toutes les côtes chinoises. Partout, il lui faudrait défendre ses possessions et ses sujets, d'où la nécessité d'une dislocation telle de ses forces, que la France, n'ayant pas les mêmes besoins, pourrait garder la supériorité numérique sur le théâtre des hostilités réelles.

Et si enfin le blocus des grands ports était réalisable, il exigerait tant de bâtiments que les ports moins importants resteraient libres d'équiper et de mettre à la mer des croiseurs et des torpilleurs.

Mais même le blocus de tous les ports ne garantirait pas les communications maritimes.

Le trait caractéristique de la guerre future, c'est que les deux partis mettront immédiatement à la mer leurs croiseurs, si bien que le commerce maritime sera suspendu jusqu'à la destruction de tous les croiseurs d'un des partis.



Les deux belligérants seront obligés d'envoyer dès le début tous leurs bâtiments à la mer, afin que l'ennemi ne puisse pas les bloquer dans les ports.

La poursuite de ces navires demandera bien plus de temps que ne pourront lui en consacrer des Etats comme l'Angleterre, l'Italie et l'Allemagne, obligés de se débattre avec les difficultés intérieures, soulevées dès la déclaration de guerre, par l'inévitable renchérissement du blé. Le prix en doublera tout à coup et les troubles, dans le monde industriel, atteindront une violence encore inconnue.

Quant à la proposition d'organiser une garde maritime au moyen de navires stationnés sur des points stratégiques à 500 ou 700 kilomètres d'intervalle, pour escorter les navires de commerce, comme font les policemen pour le public, dans les rues de Londres, elle ne supporte pas la critique.

Au temps passé, quand tous les navires n'avaient que le vent pour moteur, ce système d'escorte était encore pratique. Il n'y avait pas grande différence de vitesse entre les navires de guerre et de commerce. Dès qu'un vaisseau de guerre apercevait un navire ennemi, il l'attaquait pendant que les bâtiments de commerce escortés s'abritaient de divers côtés. C'était possible, à cause de l'uniformité de vitesse et, par suite, le danger de rencontrer des corsaires était moindre. L'assaillant ne pouvait compter atteindre un navire que dans la direction permise par le vent. En outre, l'attaque aux grandes distances était impossible, puisque, même de près, on réussissait rarement à couler un navire marchand à coups de canon. Celui-ci pouvait donc vraiment compter sur le secours d'un vaisseau de guerre. Et pourtant, même en ces temps-là, la protection des navires marchands par les vaisseaux de guerre n'était pas toujours efficace.

Aujourd'hui la situation de la navigation est tout autre. Pour ne parler même que des navires de commerce à vapeur, ils ne filent pas habituellement plus de 11 à 14 nœuds (20,3 à 25,9 kilom. à l'heure); ceux qui transportent des passagers filent de 15 à 16 (27,7 à 29,6 kilom.) Sur 12,907 vapeurs enregistrés au Lloyd, 304 en tout ont une vitesse de 15 nœuds et plus. Tandis que la vitesse des croiseurs atteint 22 nœuds, c'est-à-dire 40,7 kilom.

et celle des torpilleurs de haute mer jusqu'à 30 nœuds (55,5 kilom.), et que certains cuirassés ont une vitesse qui va jusqu'à 19 nœuds (35 kilom.)

Un cuirassé d'aujourd'hui peut faire, en 24 heures, de 350 à 400 milles marins — environ 700 kilomètres. — Il peut tenir la mer 4 ou 5 semaines et davantage, sans refaire de charbon ou autres approvisionnements. Il peut donc facilement apparaître tout à coup sur un point quelconque de l'Océan.

*Difficultés pour les navires d'un convoi de marcher réunis.*

Supposons un convoi de 15 vapeurs escortés par des vaisseaux de guerre. Ils doivent tout naturellement marcher à la vitesse des moins rapides. Admettons qu'elle soit de 11 nœuds, ou 20 kilomètres à l'heure. Même si la mer n'est pas grosse la distance entre les bâtiments devra toujours être d'au moins 330 mètres. Admettons aussi que ces navires marchent sur deux lignes, ils occuperont un espace d'au moins 250 mètres.

Déjà la seule obligation de naviguer de conserve, pour des bâtiments non habitués à observer les règles du mouvement d'ensemble et dont, en outre, les vitesses sont inégales, les expose au danger de s'aborder mutuellement, surtout pendant la nuit. Avec une distance entre eux de 330 mètres, tout arrêt brusque d'un bâtiment, par suite de quelque accident imprévu, peut être une cause d'abordage pour ceux qui le suivent. Des catastrophes semblables arrivent même aux manœuvres où ne prennent part cependant que des navires de guerre qui connaissent bien les règles des évolutions.

Par un gros temps, quand il n'est pas possible de calculer théoriquement la vitesse de marche ni de se tenir en ligne même en plein jour, un croiseur peut barrer le chemin aux transports ou lancer sur eux une nuée de petits torpilleurs dont chacun peut couler à fond toute une flottille de navires marchands sans défense. Comment d'ailleurs pourraient-ils songer à se défendre, puisque les cuirassés eux-mêmes sont à la merci des torpilles que des embarcations peuvent accrocher à leurs flancs?

*Dangers que courent eux-mêmes les cuirassés d'escorte.*

Donc tout l'espoir sera dans les vaisseaux de guerre d'escorte. Et la situation de ces vaisseaux est telle qu'à tout instant ils risquent non seulement de rencontrer des adversaires de leur force, mais de sauter eux-mêmes en l'air ou de couler à fond sous les coups d'une torpille. Sans doute l'escorte peut bien elle aussi avoir des chaloupes porte-torpilles, mais la différence est grande entre la tâche de ces chaloupes et celle des torpilleurs d'un croiseur. Car il s'agit, pour les premières, de chasser et d'atteindre ce croiseur libre de ses mouvements sur la mer, et, pour les autres, d'attaquer un bâtiment paralysé par la garde même des navires marchands qu'il convoie.

*Avantages qu'auront sur eux les croiseurs.*

Des spécialistes soutiennent que, par un gros temps, par le brouillard ou la nuit, la seule chance de se sauver sera parfois de fuir devant l'ennemi.

Quelle sera la situation des bâtiments convoyés si les navires convoyeurs recourent à ce moyen de salut?

Sans doute, les croiseurs sont, en général, armés de canons moins puissants que les cuirassés; mais, sur les croiseurs d'aujourd'hui on trouve des pièces qui, comme portée et perfection de construction, représentent les meilleurs modèles de la technique moderne. Un seul projectile explosif de ces bouches à feu peut souvent, comme on l'a vu au combat de Ya-lou, suffire à incendier même un vaisseau de guerre. Et même, dans ces derniers temps, on a armé les croiseurs de canons qui lancent des projectiles dont l'explosion, nous l'avons dit, peut couler un navire même en tombant à 27 mètres de sa coque.

Ainsi, nous voyons que les croiseurs, libres de leurs mouvements, non seulement peuvent éviter une rencontre avec les cuirassés de l'escorte, quand ceux-ci sont plus forts qu'eux, mais peuvent également, en s'approchant à bonne distance, couler, rien qu'à coups de canon, tous les bâtiments de l'escorte.

Enfin, outre tous ces avantages des croiseurs assaillants, ils peuvent encore se réunir pour exécuter une attaque simultanée.

Ainsi la situation de bâtiments de commerce, même convoyés par une escadre supérieure à l'ennemi, est très précaire. La nuit ou par le brouillard toute attaque commencerait par amener dans le convoi la confusion et la panique, suceptibles de causer des catastrophes par suite des abordages des navires marchands entre eux ou avec ceux de l'escorte.

Les discussions auxquelles a donné lieu en Angleterre l'étude des moyens propres à garantir la navigation commerciale ont établi qu'il ne faudrait pas moins de 556 vaisseaux de guerre pour en assurer la sécurité. Et comme la réunion d'une telle flotte est irréalisable, on s'est rabattu sur l'idée de faire convoyer les bâtiments marchands par des paquebots pour passagers, que l'amirauté ferait armer. Mais de l'avis des spécialistes ce moyen, dont l'exécution demanderait pas mal de temps, ne résout pas plus la question que tous les autres.



Donc, en somme, il est probable qu'au cas d'une guerre européenne, tout mouvement commercial maritime s'arrêtera : ne fût-ce que par la suspension des opérations des compagnies d'assurance, qui refuseront d'assurer les navires et les cargaisons maritimes.

Et si même ces compagnies consentaient à courir de pareils risques, les navires ne trouveraient plus à recruter leurs équipages que parmi les chercheurs d'aventures. En tous cas, le prix des transports et des marchandises de première nécessité monterait au point de les rendre inabordables à la masse des consommateurs : d'où les misères inévitables de la disette.

Un tel état de choses forcera certainement à renoncer à la guerre les pays pour qui cette guerre amènerait la rupture des communications maritimes, c'est-à-dire des artères, en quelque sorte, qui les font vivre.

Et même dans l'hypothèse la plus favorable, que la navigation des paquebots à vapeur demeurera libre, les choses les plus nécessaires à la vie n'en deviendront pas moins hors de prix. Car ces vapeurs à eux seuls ne suffiraient pas à les fournir, d'autant que bon nombre d'entre eux, et des meilleurs, seront transformés en bâtiments de guerre.



D'après sir Samuel Beker, il n'est pas douteux qu'en cas de guerre avec une puissance maritime, le prix du blé ne double immédiatement en Angleterre où une panique générale envahirait l'industrie. En réalité, les choses pourraient même être pires encore. Privée du transport du blé et de la possibilité d'amener ses produits sur tous les marchés du monde, l'Angleterre serait exposée à la disette et à la ruine. Dans la partie économique de cet ouvrage, nous avons montré que la situation de l'Allemagne et de l'Italie, en pareil cas, ne serait pas beaucoup meilleure, que la France éprouverait moins de privations, que l'Autriche ne risquerait pas de crise ruineuse et que, de tous les pays, la Russie est celui qui souffrirait le moins, dans la satisfaction des besoins de la population, de l'interruption des communications maritimes.



Quant à l'Allemagne, l'amiral Werner (1) estime qu'en cas de guerre avec la Russie, il lui faudrait demander la paix au bout de quelques semaines, si le conflit commençait au moment de l'année où les provisions de grain touchent à leur fin, ou bien, après quelques mois, si les bâtiments ennemis parvenaient à empêcher l'importation maritime du blé. Il observe aussi que, dans la guerre future, ce qui se déciderait, c'est le destin, non pas de quelques territoires, mais de nations entières ; qu'à l'exception peut-être de l'Espagne et de la Norvège, toute l'Europe serait entraînée dans la guerre entre la Triple Alliance, la France et la Russie ; enfin que le blocus de toute la côte allemande par la flotte française mettrait l'Allemagne à deux doigts de la ruine, si de promptes victoires des armées de ce pays ne rétablissaient pas les affaires.

Mais cette dernière perspective d'un rapide dénouement de la guerre est peu probable. De quelque côté que doive pencher finalement la victoire, le sort de la lutte ne se décidera probablement qu'après des combats et des sièges longs et acharnés. Entre temps l'apparition des croiseurs sur les mers ferait monter le prix du blé et même en arrêterait l'importation ; ce qui pourrait avoir pour résultat, dans l'Ouest, des mouvements

_______________

(1) *Der Seekrieg.*

révolutionnaires dont la crainte obligerait un gouvernement ou l'autre à conclure une paix prématurée, sans avoir résolu la question d'où la guerre serait sortie. Et l'on aurait ainsi le germe d'un nouveau conflit.

Voilà ce que pourrait attendre l'Europe de la guerre future. Mais, outre des pertes énormes de toute espèce, la cruauté de la lutte dans les conditions nouvelles et avec les procédés impitoyables de la technique de combat sur terre et sur mer offrirait des exemples déplorables d'inhumanité et de violation du sens moral, au moment même où tant de théories menacent de bouleverser l'ordre social.

Combien ensuite faudra-t-il de travail pénible et ingrat pour guérir les blessures faites par la guerre? Combien de villes florissantes laisscrait-elle dévastées? Et quelle mer de larmes ferait-elle verser sur les victimes et les ruines qu'elle aurait causées! Quelle masse de misérables en Europe! Et que de temps s'écoulerait encore, à la suite des calamités causées par cette guerre, avant que la voix de la raison, de la justice et de l'humanité n'arrivât à parler plus haut que la fameuse devise d'après laquelle « la force prime le droit », avant que ne s'ouvrît enfin une ère de travail et de progrès pacifiques!

# Conclusions

# Conclusions.

Moyens<br>de destruction<br>dont on dispose<br>aujourd'hui.

Les moyens de destruction sur mer dont les États disposent aujourd'hui semblent, sous tous les rapports, plus terribles que ceux d'autrefois. Cela provient, d'une part, de ce que la vie des peuples est devenue plus complexe, par suite de quoi la guerre navale entraîne des conséquences économiques et politiques tout autres que par le passé — alors que chaque pays trouvait de quoi satisfaire ses besoins, à l'intérieur même de ses frontières. D'un autre côté, l'emploi général de projectiles explosifs, qui peuvent être lancés jusqu'à 10 kilomètres, et dont un seul tombant dans une ville ou un lieu habité suffit à y causer de terribles ravages, — puis la vitesse avec laquelle les navires peuvent aujourd'hui se transporter d'un point à un autre, sans souci du temps ni du vent, — voilà de quoi frapper les esprits et même amener des troubles. Et les conséquences de ces troubles, avec les tendances socialistes actuelles, ne peuvent se borner à quelques désordres passagers.

Les gouvernements dépensent chaque année des sommes énormes pour les préparatifs de la guerre navale. Mais la construction des navires progresse vite et constamment. De sorte que la plupart des bâtiments possédés par chaque pays sont démodés et incapables de lutter contre les navires des nouveaux modèles. Et si on ne met pas ces vieux navires à la ferraille, c'est uniquement pour ne pas jeter l'inquiétude chez les non-spécialistes et garder sur les listes de la flotte un nombre suffisant d'unités de combat. Ce qui fait que tous les calculs comparatifs des flottes ne peuvent que donner des résultats très vagues, si l'on n'y joint pas une étude très complexe de l'armement, de la cuirasse, de la vitesse de marche, des approvisionnements et dépenses de charbon, etc.

Lord Brassey (1) dit que, de tous les bâtiments construits avant 1878, il n'y en a de bons :

| En Angleterre que . | 17 représentant 143 mille tonnes de jauge. |
| — France . . . . . | 12 — 86 — |
| — Russie . . . . . | 2 (2) — 14 — |

Depuis lors, l'armement et la construction navale ont progressé plus rapidement encore, mais sont loin d'avoir dit leur dernier mot. Nous sommes, au contraire, très souvent témoins du phénomène suivant : un modèle de navire perfectionné, et parfaitement apte au combat avec les nouveaux canons et les torpilles, n'est pas plus tôt lancé que la technique a déjà fait un pas de plus en avant et que s'impose la nécessité de nouvelles modifications entraînant de plus grandes dépenses. Comme nous l'avons montré plus haut, ces dépenses ont augmenté dans une proportion énorme et le progrès des moyens d'attaque et de défense continue toujours aussi rapide.

En même temps que les énormes cuirassés et croiseurs modernes, dont chacun est à lui seul plus puissant que toute une flotte d'autrefois, on construit aussi des navires comparativement petits, destinés à attaquer en cachette ces géants et qui, malgré le risque très probable d'être aperçus par eux et coulés, ont aussi des chances de pouvoir, de nuit ou par le brouillard, s'en approcher sans être vus et peuvent alors réussir à couler leur ennemi malgré sa grandeur et sa force.

Les moyens d'attaque et de défense, soit existants déjà, soit imaginés chaque année, sont arrivés au point que la guerre maritime entraînera une destruction mutuelle inutile des combattants. Et cependant le progrès technique continue toujours et toujours !

La poudre sans fumée n'est employée que depuis quelques années et nous sommes à son égard dans la situation même où se trouvaient, il y a cinq cents ans, nos ancêtres, relativement au mélange de soufre, de charbon et de salpêtre qui, suivant l'expression de Wille (*Das Feldgeschütz der Zukunft*), brûla le nez du franciscain Barthold Schwartz. Et un perfectionnement ultérieur de la nouvelle poudre peut influer sur toute la construction navale.



On se demande s'il sera possible de faire face aux dépenses toujours croissantes de la préparation à la guerre et jusqu'à quel point peut aller le mécontentement du peuple provoqué par les lourds sacrifices qu'on lui impose dans ce but.

---

(1) Lord Brassey, *Papers and Adresses*, 1894.
(2) *Le Piotr Velikii* et le *Kniaz Pojarsky*.

DÉPENSES MILITAIRES ET DES INTÉRÊTS DE LA DETTE, ET LEUR RAPPORT AUX AUTRES DÉPENSES, AU CHIFFRE DE LA POPULATION, AU MONTANT DU COMMERCE EXTÉRIEUR
ET A L'ÉTAT DES FLOTTES DE COMMERCE DANS LES DIFFÉRENTS PAYS.

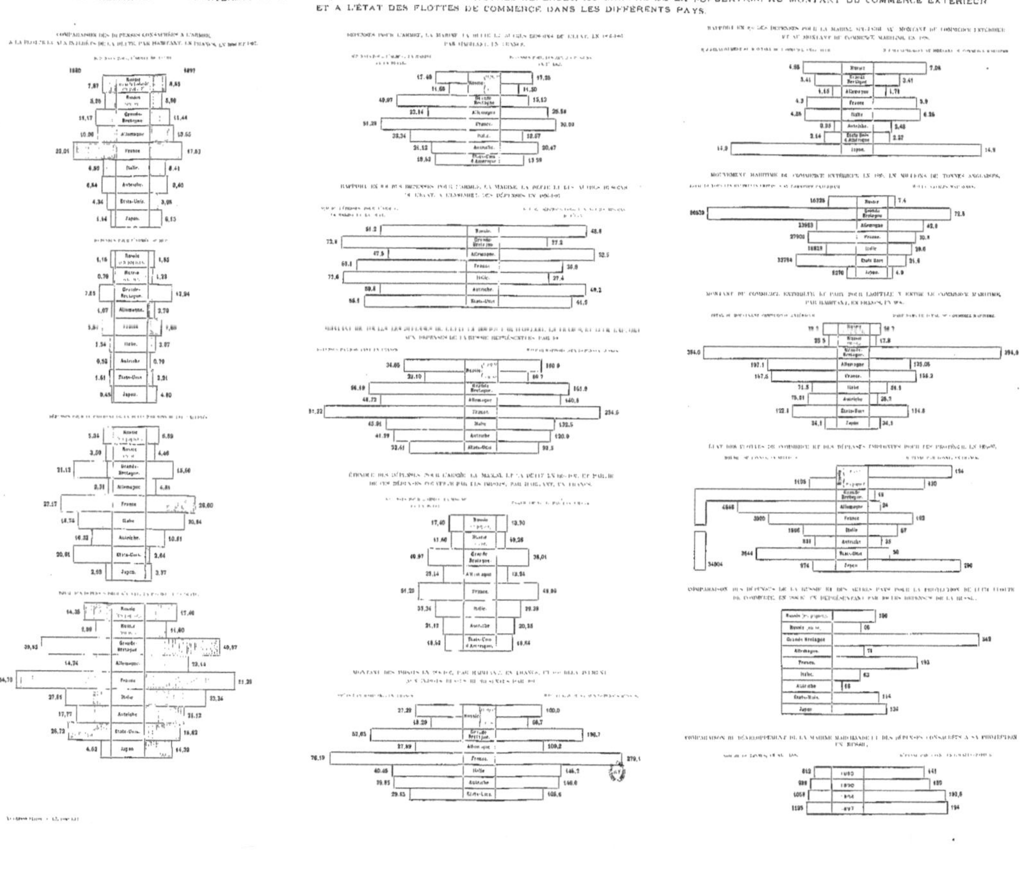

Quand, ensuite, seront connus partout les avantages des nouveaux modèles et quand tous comprendront que les puissances rivales ne peuvent se laisser surpasser dans l'art des constructions navales, quelle impression en résultera-t-il sur les éléments qui, actuellement dans l'ouest de l'Europe, sont en hostilité avec tout l'ordre politique et social?

Nous vivons dans un temps où il n'est pas permis d'agir trop long-temps déraisonnablement. Et comme chaque effort d'un pays pour augmenter sa flotte oblige les autres à en faire autant, le résultat est le même, le rapport des forces navales ne change pas et l'on a seulement gâché pour rien des ressources dont on aurait besoin pour satisfaire à d'autres nécessités sociales.

Nous serions entraînés trop loin, si nous voulions présenter ici des données comparatives sur les dépenses affectées aux constructions navales dans tous les pays. Nous nous contenterons d'en examiner deux, qui, sous ce rapport, occupent la première place : la France et l'Angleterre. Nous empruntons nos chiffres à l'ouvrage de lord Brassey : *Papers and Adresses.*

| ANNÉES | ANGLETERRE<br>EN MILLIONS DE FRANCS | FRANCE<br>EN MILLIONS DE FRANCS |
|---|---|---|
| 1873-1877 | 184 | 117 |
| 1878-1882 | 223 | 178 |
| 1883-1887 | 329 | 181 |
| 1888-1892 | 596 | 283 |

Nous voyons par là qu'en Angleterre, comme en France, les dépenses annuelles pour les constructions navales ont été, dans ces derniers temps, triples de ce qu'elles étaient entre 1873 et 1877. Puis, si nous réunissons les dépenses de l'Angleterre et de la France et si nous exprimons le total par 100, nous avons, pour le rapport entre les deux pays, les pour cent suivants :

*Comment ces dépenses ont augmenté constamment.*

| Angleterre.<br>% | France.<br>% | Total.<br>% |
|---|---|---|
| 61 | 39 | 100 |
| 56 | 44 | 100 |
| 64 | 36 | 100 |
| 68 | 32 | 100 |

Ainsi l'accroissement des dépenses en France, de 1878 à 1882, provoque une augmentation de dépenses en Angleterre. Puis, à son tour, le ministère de la marine français montre les chiffres anglais, et, pour rétablir l'équilibre détruit, demande de nouveaux crédits qui lui sont accordés. Sur tous les nouveaux bâtiments, naturellement, sont introduits les perfectionnements nouveaux imaginés par la technique, aussi bien dans l'armement que dans la construction. Mais ce n'est point tant sous ce rapport qu'on rivalise. Ce que chacun cherche avant tout c'est l'augmentation du nombre des bâtiments de guerre. Il est impossible de prévoir où s'arrêtera cette rivalité. L'ancien chancelier allemand Caprivi, signalant les efforts faits pour constituer des armées de millions d'hommes qu'il ne sera même pas possible d'amener sur le champ de bataille, disait avec raison qu'on avait la « rage des nombres » (*Zahlenwuth*). De même, à propos de constructions navales, il assurait qu'on ferait bien mieux d'employer, à subvenir aux besoins de la classe pauvre, une partie des millions consacrés à construire des navires de si peu d'utilité.

La comparaison des moyens de combattre sur mer, que possèdent les différents pays, nous donne la meilleure preuve que les millions dépensés ne peuvent avoir d'utilité pratique, si même on admet que, quelle que soit l'organisation sociale, les guerres sont inévitables dans l'avenir, comme elles l'ont été dans le passé.

Lord Brassey (1) comparait, en 1883, les forces navales des divers États. Il prenait pour unité de comparaison les tonnes de jauge des navires.

Divers modes de comparaison des différentes flottes.

Dix ans plus tard, voyant les modèles entièrement changés, par suite de la construction de différentes sortes de cuirassés, batteries, croiseurs, torpilleurs et contre-torpilleurs, au point que la comparaison des jauges ne donnait plus d'idée juste, le rapporteur pour la marine de la commission française du budget de 1893, M. Gerville-Réache, comparait les flottes des différents pays en prenant pour unité une escadre composée de 3 cuirassés, 2 croiseurs, 1 contre-torpilleur et 6 torpilleurs.

Voici, d'après ce mode de comparaison, combien, aujourd'hui, les pays suivants pourraient mettre en ligne d'escadres semblables :

| | |
|---|---|
| Angleterre . . . . . . . . . . . . . . . | 22 |
| France . . . . . . . . . . . . . . . . | 19 |
| Russie . . . . . . . . . . . . . . . . | 9 |
| Allemagne . . . . . . . . . . . . . . | 6 |
| Italie . . . . . . . . . . . . . . . . | 6 |
| Autriche . . . . . . . . . . . . . . . | 4 |

D'après ce calcul, la Triple Alliance ne pourrait opposer que 16 escadres

---

(1) *Papers and Adresses;* — *Naval Construction*, p. 99.

CONSTRUCTIONS NOUVELLES DE CUIRASSÉS, CROISEURS CUIRASSÉS
ET CROISEURS A PONT PROTÉGÉ (1893 A 1897)



TOTAL POUR CHAQUE FLOTTE DES UNITÉS DE COMBAT SUPÉRIEURES A 2,000 TONNES
(Y COMPRIS LES NAVIRES EN CONSTRUCTION)



NOMBRE DES CUIRASSÉS ET DES CROISEURS PROTÉGÉS PAR UNE CUIRASSE LATÉRALE

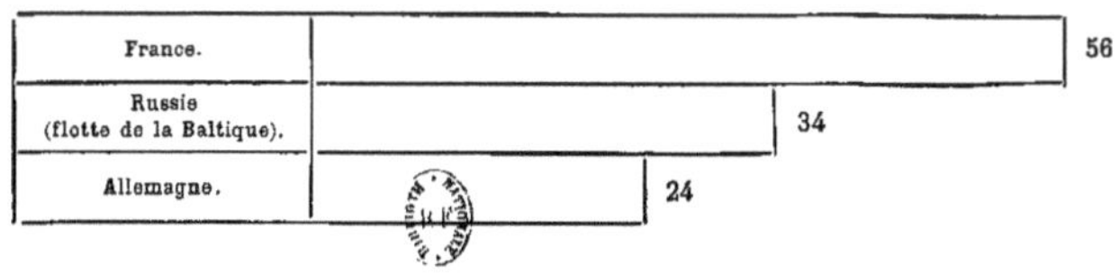



La Guerre Future (p. 378, tome III.)

Dépenses pour les constructions navales en Angleterre et en France, en milliers de francs

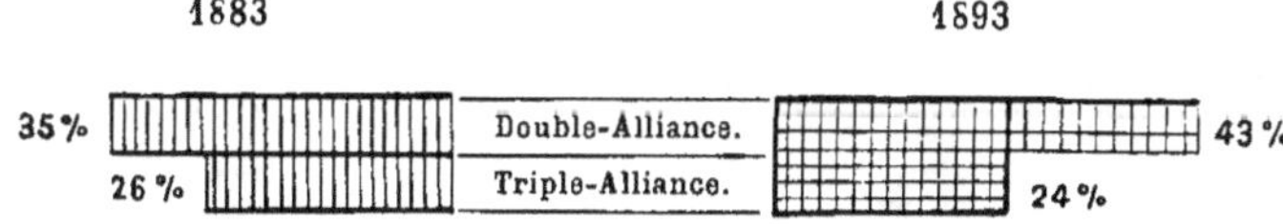
Angleterre.
France.
184
1873—1877
117
223
1878—1882
178
329
1833  1887
181
596
1888—1892
283

Puissance comparative des flottes de la Double et de la Triple-Alliance en 1883 et 1893 en pour cent du chiffre total des batiments de guerre, dans les États Européens.

1883
1893
35 %
Double-Alliance.
43 %
26 %
Triple-Alliance.
24 %

Nombre de batiments de guerre et de commerce en pour cent du total général des batiments de chaque pays.

Escadres de guerre.
Flottes de commerce.
33 %
Angleterre.
76 %
29 %
France.
7.4%
14 %
Russie.
2.4%
9 %
Allemagne.
9.4%
9 %
Italie.
3.8%
6 %
Autriche.
1.3%

aux 28 de l'alliance franco-russe. Mais si l'Angleterre se joignait à la Triple Alliance, c'est 38 escadres qui viendraient opérer contre celles-ci.

Si nous représentons les forces relatives des diverses flottes, pour 1883 et 1893, en pour cent de leur effectif total, nous obtenons les chiffres suivants :

|  | En 1883<br>D'APRÈS BRASSEY<br>en % | En 1893<br>D'APRÈS<br>GERVILLE-RÉACHE<br>en % |
|---|---|---|
| Angleterre . . . . . . . . . . . | 39 | 33 |
| France . . . . . . . . . . . . . | 24 | 29 |
| Russie . . . . . . . . . . . . | 11 | 14 |
| Allemagne . . . . . . . . . . | 11 | 9 |
| Italie . . . . . . . . . . . . . | 8 | 9 |
| Autriche . . . . . . . . . . . | 7 | 6 |

Nous constatons ainsi le faible accroissement des forces françaises et russes. Mais l'Angleterre a augmenté sa flotte plus rapidement que les autres puissances — comme nous l'expliquerons tout à l'heure — et par conséquent, l'ancien rapport entre les forces ne peut être rétabli de sitôt.

En comparant les forces de la France et de la Russie avec celles de la Triple Alliance, nous trouvons :

|  | En 1883<br>en % | En 1893<br>en % |
|---|---|---|
| Double Alliance . . . . . . . . | 35 | 43 |
| Triple Alliance . . . . . . . . | 26 | 24 |

Nous voyons ici déjà un plus grand accroissement du côté de la Russie et de la France. Mais ce serait une grave erreur de croire qu'une faible différence dans la puissance des flottes aurait une influence décisive sur les résultats de la guerre. Comme nous l'avons déjà montré, ces résultats dépendront de beaucoup de circonstances.

Si une guerre navale devait effectivement durer longtemps, elle conduirait à l'anéantissement mutuel des flottes adverses, au point que les États qui disposeraient des ressources nécessaires pour construire de nouveaux navires pourraient s'assurer l'empire des mers.

Un ancien ingénieur de l'Amirauté britannique, Barnaby, s'exprimait ainsi au sujet de la détermination de la force relative des flottes : « La puissance navale des États a pour base essentielle leur marine marchande (navires et équipages), ensuite l'effectif et la qualité des équipages formés

Éléments qui déterminent la force relative des flottes.

sur les vaisseaux de guerre; puis la capacité productive de leurs chantiers et arsenaux, et seulement enfin, en dernier lieu, le nombre et les qualités militaires des vaisseaux de guerre dont elles disposent au début d'une campagne (1) ».

Il faut examiner de plus près ces facteurs, qui sont la condition même d'existence des puissances maritimes, puisque avec les engins de combat actuels les escadres seront promptement réduites à l'impuissance, tant comme matériel que comme personnel.

Les flottes de commerce des pays auxquels nous nous intéressons ici ont la composition suivante (2) :

| | VAPEURS | | NAVIRES A VOILES | |
| | DE PLUS DE 100 TONNES | | DE PLUS DE 50 TONNES | |
| | nombre de navires | tonnes en milliers | nombre de navires | tonnes en milliers |
|---|---|---|---|---|
| Angleterre. . . | 5.302 | 8.043 | 10.560 | 3.693 |
| France . . . . | 471 | 806 | 1.627 | 298 |
| Russie. . . . . | 230 | 178 | 2.131 | 456 |
| Allemagne. . . | 689 | 930 | 1.698 | 706 |
| Italie . . . . . | 209 | 294 | 2.402 | 655 |
| Autriche. . . . | 137 | 128 | 262 | 955 |
| | 7.038 | 10.379 | 18.680 | 5.903 |

Par là, nous voyons qu'à chaque escadre de vaisseaux de guerre correspond, en fait de bâtiments de commerce privés où cette escadre puisse recruter ses équipages et les divers éléments dont elle a besoin, le nombre de navires suivants : en Angleterre, 721; en France, 110; en Russie, 262; en Allemagne, 398; en Italie, 435; en Autriche, 100.

Mais, faite ainsi, cette comparaison ne serait pas exacte. Chaque bâtiment à vapeur fournit, en effet, bien plus d'éléments militaires qu'un navire à voiles. De plus, un grand bâtiment de long cours offre plus de ressources qu'un navire de cabotage.

Par conséquent, nous donnons encore une autre comparaison, en calculant combien de navires de commerce correspondent à chaque escadre

---

(1) Vice-Amiral von Henk, *Ueber Schlachtschiffe* (Jahrbücher für die deutsche Armee und Marine).

(2) *La Marine Moderne*. Pour l'Autriche, les chiffres sont empruntés au *Razviédtchick* n° 1781.

# COMPARAISON DES FLOTTES DE COMMERCE

## MARINE A VAPEUR

| | Grande-Bretagne et Colonies | États-Unis | Allemagne | France | Hollande | Espagne | Norvège | Japon | Italie | Suède | Russie |
|---|---|---|---|---|---|---|---|---|---|---|---|
| Nombre de bâtiments | 11.537 | 6.551 | 1.068 | 1.212 | 162 | 427 | 679 | 827 | 328 | 1.248 | 342 |
| Tonnage total | 6.541.000 | 2.242.801 | 679.939 | 880.508 | 330.000 | 313.178 | 263.842 | 218.221 | 207.300 | 170.253 | 139.923 |

## MARINE A VOILES

| | Grande-Bretagne et Colonies | États-Unis | Allemagne | Norvège | Italie | France | Suède | Russie | Danemark | Espagne |
|---|---|---|---|---|---|---|---|---|---|---|
| Nombre de bâtiments | 21.374 | 10.846 | 2.512 | 6.453 | 6.251 | 14.380 | 2.911 | 1.733 | 3.202 | 1.041 |
| Tonnage total | 3.290.000 | 2.123.159 | 662.105 | 1.315.275 | 571.083 | 386.510 | 374.097 | 230.701 | 192.905 | 172.789 |
| Tonnage total des marines à vapeur et à voiles | 10.564.000 | 4.633.090 | 1.502.011 | 1.399.117 | 779.134 | 847.078 | 550.354 | 513.664 | 334.899 | 485.997 |

DÉPENSES POUR LES CONSTRUCTIONS NAVALES FAITES EN ANGLETERRE DE 1873 A 1897, EN LIVRES STERLING.

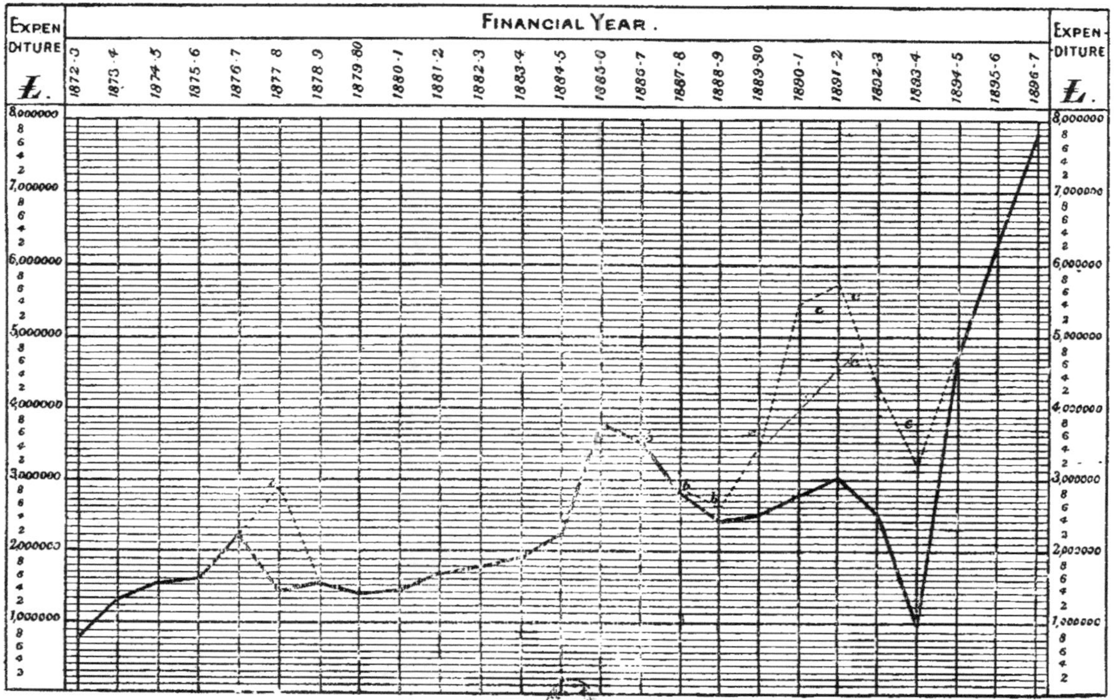

LA GUERRE FUTURE (P. 381, TOME III.)

susdite, en Angleterre, France, Russie, Allemagne, Italie et Autriche, mais en prenant, d'une part, le tonnage complet des navires à vapeur et en divisant par 4 celui des navires à voiles, puis exprimant le tout en pour cent :

|  | ESCADRES DE GUERRE | FLOTTES DE COMMERCE |
|---|---|---|
| Angleterre . . . . . . . . . . . . . | 33 % | 76 % |
| France . . . . . . . . . . . . . . | 29 | 7,4 |
| Russie . . . . . . . . . . . . . . | 14 | 2,4 |
| Allemagne . . . . . . . . . . . . | 9 | 9,1 |
| Italie . . . . . . . . . . . . . . | 9 | 3,8 |
| Autriche . . . . . . . . . . . . | 6 | 1,3 |
|  | 100 % | 100 % |

Nous voyons ainsi que l'Angleterre peut fournir un tiers du nombre total des escadres-unités et en même temps possède un peu plus des trois quarts de la marine de commerce du monde. Quant à la valeur du personnel des équipages, bien qu'ayant montré que celui des vaisseaux anglais n'est pas pleinement à la hauteur des besoins de la guerre moderne (même aux manœuvres du temps de paix il survient des accidents, ruptures de machines, etc.), tout nous conduit cependant à admettre qu'en Angleterre le personnel est plus expérimenté que dans les autres pays continentaux (1).



En outre, l'Angleterre dispose d'une population maritime plus nombreuse. On admet d'ordinaire que le nombre des marins anglais s'élève à 420,000, dont 243,000 sont aptes au service de la marine de guerre et inscrits sur ses contrôles — tandis qu'aux Etats-Unis, par exemple, les chiffres correspondants sont : 350,000 et 180,000, et en France 170,000 et 60,000 (2).

Mais la supériorité dans ces chiffres a moins d'importance aujourd'hui qu'autrefois, puisque dans la guerre moderne la machine remplace souvent l'homme.

Enfin, si l'on examine le développement des modèles de construction et la production des usines, on trouve que l'Angleterre dispose de bien plus de ressources que les autres pays, pour armer de nouveaux bâtiments, et réparer ou transformer ceux qui sont avariés ou vieillis.

D'après les calculs de Lord Brassey, dans les conditions normales, les

---

(1) *Papers and Adresses*, par Lord Brassey.
(2) *Ibidem.*

chantiers de chaque pays construisent des vaisseaux de guerre dans les proportions suivantes :

Chantiers anglais. . . . . . . . . .  100 %
   —    français. . . . . . . . . .  65
   —    allemands . . . . . . . .  36

Ainsi au cours d'une guerre prolongée, l'Angleterre pourrait s'assurer la domination sur mer et elle arriverait, — quoique peut-être non sans de gros sacrifices — à soumettre les autres pays à sa volonté. Mais d'autre part, en cas d'interruption des communications maritimes, les conditions économiques deviendraient si mauvaises en Angleterre que cela seul suffirait à l'empêcher de soutenir une guerre prolongée. L'Angleterre ne pourrait supporter longtemps la suppression des importations de toute espèce dont elle a besoin.

Elle fait venir, en effet, de Russie, d'Amérique et de l'Inde, la moitié du blé qu'il lui faut pour se nourrir. L'importation de la viande, du sucre et d'autres substances utiles, quoique moins indispensables à l'alimentation, n'est pas moins importante pour l'Angleterre. Avec l'augmentation des prix des produits alimentaires, les revenus de la population baisseraient considérablement; avec l'importation insuffisante de la laine, de la soie, du coton, des peaux et l'impossibilité d'exporter ce qu'elles fabriquent, les manufactures et usines anglaises seraient forcées de cesser leur travail.

Cette question a déjà souvent été discutée, par les amis comme par les ennemis de l'Angleterre; et, sans nul doute, les hommes d'Etat anglais ne se résoudraient qu'à la dernière extrémité, et quand les intérêts les plus essentiels du pays seraient compromis, à une guerre avec la France et la Russie.

Nécessité, pour les divers pays, des communications maritimes.

Mais une question se pose : les communications maritimes seront-elles respectées — si même on a pour le pavillon anglais, resté neutre, des égards particuliers — étant donnés les principes de guerre navale aujourd'hui posés, étant donné le système de conduite de la guerre admis sur terre, alors que l'énormité même des armées doit forcément amener la dévastation des territoires occupés et infliger à la population des pertes énormes par les armes, la famine et les maladies?

Nous avons montré déjà que le respect des communications maritimes n'est guère probable. Même si seulement un petit nombre de navires de commerce en souffraient, les primes d'assurance augmenteraient cependant d'une façon telle que l'Angleterre serait forcée de prendre part à la guerre, pour peu que son intervention pût améliorer la situation. Par suite des causes déjà indiquées, les communications, pour les bâtiments de com-

ROUTES DU COMMERCE UNIVERSEL

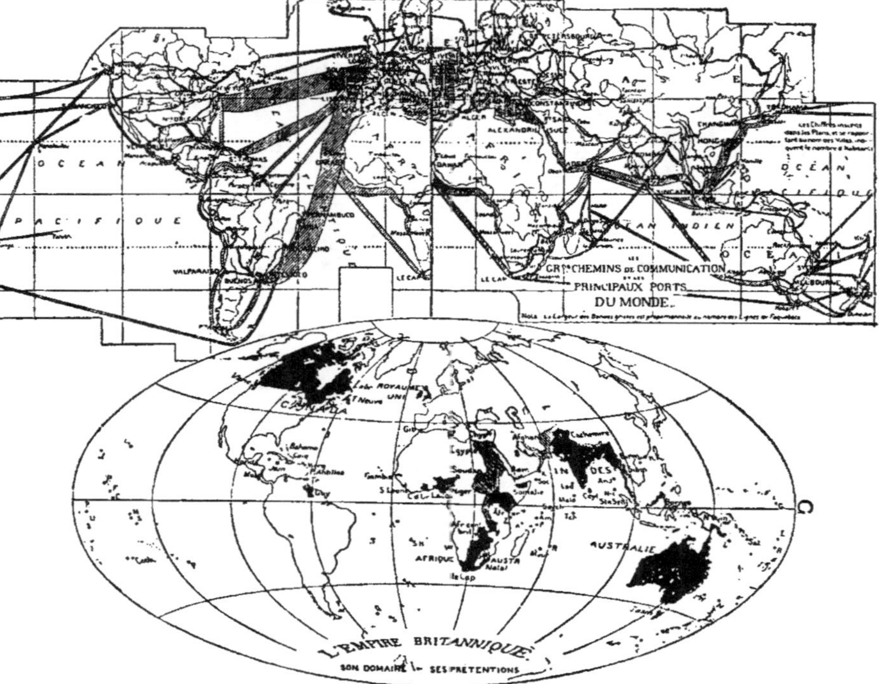


POSSESSIONS ANGLAISES ACTUELLES ET TERRITOIRES DONT L'ANGLETERRE CHERCHE A S'EMPARER

Les parties noires du dessin indiquent les possessions anglaises, et les parties hachées indiquent les territoires dont l'Angleterre cherche à s'emparer.

LA GUERRE FUTURE (P. 382, TOME III.)

merce et non armés, deviendraient impossibles, si l'Angleterre se trouvait être belligérante. Mais, néanmoins, on peut craindre que ce pays ne soit entraîné à la guerre. Car celle-ci pourrait lui apparaître comme le seul moyen de sortir d'une situation intérieure insupportable.

En raison des moyens actuels de conduite de la guerre navale, on ne peut dire positivement si l'Angleterre parviendrait à conserver, fût-ce en partie, ses communications commerciales, même au prix d'énormes sacrifices, mais il n'est pas douteux qu'alors les communications maritimes des autres belligérants seraient également coupées.

Il est évident que les conséquences de l'interruption des communications maritimes seront différemment ressenties par les divers pays. Au point de vue des produits alimentaires, les plus gênés seront ceux qui importent le plus de blé; c'est-à-dire, après l'Angleterre, l'Allemagne et l'Italie qui, toutes deux, ont besoin d'importer de quoi se nourrir pendant 2 à 3 mois chaque année. A la France il ne faut de blé que pour un mois et à l'Autriche il n'en faut pas du tout.

Mais les meilleures conditions seront évidemment celles de la Russie que l'absence d'importation ne fera nullement souffrir et à qui l'interruption de l'exportation permettra de disposer de toute une mer de seigle, puisque sa population s'occupe presque exclusivement de la culture des céréales. Aussi n'éprouvera-t-elle aucune difficulté à nourrir sa population.



L'Allemagne et la France doivent aussi compléter par l'importation l'approvisionnement de viande dont elles ont besoin. En 1890, l'excès de l'importation sur l'exportation a été : en Allemagne, de 12,066 tonnes et, en France, de 18,246 tonnes.

Mais, pour se rendre compte des conséquences qu'auraient les déficits sus-indiqués, il faut prendre garde à ce qui suit. Le rapport de l'offre à la demande varie, par tout pays, d'une région à l'autre. Dans certaines provinces, aussitôt après la moisson, le déficit en blé se manifeste et par suite, en cas d'importation insuffisante, avant même que ne soient consommés les approvisionnements existants, il doit se produire une élévation des prix assez considérable pour engager les propriétaires à vendre. En temps de paix, ces provinces peuvent importer du blé de Russie, d'Amérique, de l'Inde, de la Roumanie et de l'Égypte, ou même des autres provinces du pays où il y a surabondance. Mais, en temps de guerre, les pays de l'Ouest seraient obligés de compléter leurs approvisionnements, rien qu'avec les excédents de leurs provinces mêmes, et peut-être, dans une proportion insignifiante, par des importations de Roumanie.

Récemment nous avons été témoins d'un exemple frappant. Lorsqu'en Russie, dans l'année de disette 1891, les prix du blé montèrent, nous avons vu quelle série de faits regrettables il en résulta, — malgré toute la possibilité qu'il y avait d'importer du blé en Russie par mer et par terre et bien que la disette du seigle fût relativement si insignifiante qu'on eût pu même se passer d'importation étrangère ; c'est donc seulement la crainte d'un déficit possible de grains qui fit monter les prix.

Il faut observer que l'élévation des prix des produits alimentaires se manifestera surtout dans les pays où l'industrie est développée, parce que ce sont des pays à population dense et à faible production de grain ; cela peut avoir des conséquences d'autant plus dangereuses que, dans certaines branches d'industrie, les salaires du peuple disparaîtront complètement et diminueront dans d'autres.

Conséquences<br>économiques<br>et sociales<br>qu'aurait<br>la guerre.

Avec la clôture des communications ordinaires et la diminution de la demande, les fabriques, les établissements industriels, les ateliers et les mines, à l'exception des branches de l'industrie produisant des objets nécessaires à la guerre, seront obligés d'interrompre leur travail.

En outre, les pères ou membres d'une famille, qui seront brusquement appelés au service, laisseront généralement les leurs complètement sans ressources pour le lendemain. Par suite, en même temps que tout augmentera de prix, diminueront les moyens de se procurer de quoi vivre ; et cet état de choses ne fera qu'empirer de jour en jour. D'où l'on doit conclure que la guerre navale privera de pain, en quelques mois, des millions d'individus et que, probablement, outre l'entretien des hommes appelés sous les drapeaux, les gouvernements devront prendre à leur charge tous les ouvriers laissés sans subsistance. Ces gouvernements pourront-ils s'abstenir d'intervenir en laissant les prix s'établir par le jeu naturel de l'offre et de la demande, surtout en présence de la propagande et des courants politiques qui, dans les pays occidentaux, se manifestent au sein des masses populaires ? La colossale élévation des prix ne profitera qu'aux marchands en gros et aux propriétaires fonciers. Les produits du paysan, dont il consomme lui-même une grande partie et ne vend qu'une petite fraction, n'auront de prix qu'au point de vue de la consommation et non comme valeur d'échange. Ce sera l'inverse pour les gros propriétaires fonciers.

Longue durée<br>probable<br>de la guerre.

Ainsi les difficultés sociales, actuellement existantes, s'accroîtront encore et on se demande : Ces hommes, revenant de la guerre et mécontents de l'ordre de choses établi, rendront-ils volontiers leurs armes ? Et qu'arrivera-t-il si la guerre se prolonge longtemps, comme, de l'avis des écrivains militaires compétents, c'est plus que probable ?

« Grâce aux chemins de fer, dit le général Leer, la période des opérations préparatoires s'est beaucoup abrégée. Toutefois, en campagne, dans les manœuvres et les combats, l'utilisation des voies ferrées ne semble possible que dans des cas particuliers ; elles ne peuvent servir de lignes d'opérations. Les grandes masses d'aujourd'hui ne pourront même pas se

mouvoir sur les routes ordinaires avec la vitesse des troupes napoléo-
niennes. En outre, elles devront occuper de vastes espaces, tant en raison
de leur nombre que par suite de la tâche compliquée à elles dévolue » —
pour se loger et se nourrir. — Plus loin, l'auteur passe des opérations
séparées à l'ensemble de la guerre, et formule les conclusions suivantes : « Et avec des masses moins nombreuses, les années 1812, 1813 et
1814 ne représentent en réalité qu'une campagne continue de trois ans ».

Mais combien de temps faudra-t-il pour terrasser le moderne Antée —
comme dit von der Goltz — et l'arracher à la terre qui lui fournit armée
après armée? L'offensive, dans l'avenir, ne peut se borner à quelques
rapides coups de tonnerre, elle durera peut-être toute une année. Mais, ce
qui est plus important encore, grâce aux alliances, il s'établirait une situation où la guerre, — quoique plus difficile à décider puisqu'il y faudra l'accord des alliés, — ne sera pas, une fois commencée, d'un achèvement facile.

Si presque toutes les puissances continentales européennes n'étaient
pas forcées de prendre part à la guerre, et si l'Angleterre, comme les États-
Unis, n'avaient pas intérêt à affaiblir le plus possible les plus puissants
belligérants — la France et la Russie, — on pourrait compter sur l'intervention des États neutres. Mais dans les guerres futures, c'est presque impossible. En outre, la participation probable de la Russie à la guerre la pro-
longera autant qu'on peut le prévoir.

Nous donnons ici les idées émises par le contre-amiral La Reveillère
dans la préface du livre « *Les guerres navales de demain* », par le commandant Z. et H. Montéchant : idées relatives à la situation qui résultera
de la guerre future, pour la France et l'Europe centrale.

La Reveillière observe que, pour la France, toutes les guerres, sauf celle
avec l'Allemagne, seront des guerres maritimes et que, par suite de l'alliance italo-allemande, les questions méditerranéennes seront déjà résolues
avant que le résultat de la lutte sur le Rhin ne soit décidé et alors que le
succès penchera encore tantôt d'un côté, tantôt de l'autre.

La résistance acharnée, opposée par la France à l'Allemagne après la
chute du second Empire, s'explique surtout par ce fait que l'Allemagne
n'était pas maîtresse de la mer. Autrement la France eût été enserrée de
tous côtés, et il ne lui aurait pas été possible de continuer la lutte.

Voici, littéralement, un extrait de cet ouvrage : « La guerre future, dit-on,    **Causes**
nous menace d'un anéantissement général. Mais, qui le sait? Admettons,  **qui concourront**
comme c'est probable, que la Russie soit notre alliée. Or, que représente la   **à sa**
Russie? Une classe peu nombreuse d'hommes instruits, d'hommes d'élite   **prolongation.**
régnant sur des masses populaires encore plongées dans la nuit de l'igno-
rance. Grâce à ses conditions politiques et sociales, la Russie dispose d'une
force défensive inépuisable, sans posséder en même temps une bien grande

T. III. — Jean de Bloch. — *La Guerre future.*                    25·

puissance offensive. La Russie doit chercher à prolonger la guerre et, si elle y réussit, sa victoire est assurée. De leur côté, les généraux russes disent que si seulement la France n'est pas entièrement battue du premier coup, — et ce n'est pas probable, — notre alliance aura la victoire.

« Les progrès de l'industrie ont amené, dans la vie des peuples, des changements qui, en cas de guerre, donneront une grande supériorité à la Russie. Pour tirer avantage de notre alliance avec ce pays, nous devons être en état de soutenir une longue guerre. Sans doute, il faut posséder une grande force morale pour supporter une situation aussi terrible, mais, par contre, la victoire, en fin de compte, est toujours du côté de la force morale, de la force de volonté.

« Le côté menaçant de la guerre future n'est pas tant dans les pertes en hommes, qui seront immenses, que dans la suspension de toutes les fonctions de la vie nationale. La classe agricole, aussi bien que l'aristocratie financière, tous seront sous les armes, tous seront arrachés à leurs occupations, personne ne pourra travailler. Les champs resteront sans culture, les fabriques et les ateliers s'arrêteront ; à grand'peine on pourra fournir aux millions de soldats leur nourriture quotidienne. Ce sera bien plus une guerre économique qu'une lutte à main armée.

« Tous craignent d'en venir à cette extrémité, sachant bien que la défaite sera aussi la ruine pour un pays. L'Angleterre dispose de richesses immenses et d'un crédit illimité ; mais la Russie, par suite de la difficulté même avec laquelle on peut pénétrer à l'intérieur du pays et atteindre sa capitale, peut faire traîner la guerre indéfiniment sans résultats décisifs. Nous autres comme l'Allemagne, nous occupons une situation intermédiaire entre celle de ces deux pays. Nous n'avons ni la richesse colossale de l'Angleterre, ni l'étendue incommensurable de la Russie. Dans une guerre entre la France et l'Allemagne, du moment où la Russie y prend part, l'avantage sera du côté de la nation la plus riche et la plus endurante, en admettant que le pays auquel appartient cette nation soit assez puissant sur mer pour s'assurer l'importation de tout ce qui est nécessaire à la vie. »

Il nous semble avoir plus haut suffisamment expliqué qu'aucune force ne pourra garantir l'arrivée des produits alimentaires en quantité suffisante pour que les prix ne s'en élèvent pas et ne deviennent pas presque inabordables, — non seulement pour la population pauvre, mais même pour les personnes de la classe moyenne, — pour peu que les belligérants se préoccupent sérieusement d'interrompre les communications commerciales. Et c'est précisément ce qui aura lieu.



Partout la guerre navale se présentera bien moins sous la forme de combats des flottes entre elles que sous celle d'opérations militaires dirigées contre les bâtiments de commerce.

Dans un plus récent ouvrage du commandant Z. et H. Montéchant (1)
on exprime aussi cette idée que, dans la lutte de la Triple-Alliance contre la
France et la Russie, le premier et le dernier acte du terrible drame seront
occupés par les opérations des forces navales et que ce sont elles aussi qui
décideront définitivement de son issue. Mais pour que sa flotte puisse jouer
ce rôle, la France ne doit pas tomber dans l'erreur commise par l'Angleterre et construire des cuirassés à petite vitesse.

Sur mer, la France peut vaincre, même sans escadres cuirassées; mais
elle sera certainement vaincue si elle s'avise d'opposer, aux escadres cuirassées de ses ennemis, des escadres semblables.

Aujourd'hui on soutient que le seul programme rationnel de constructions navales doit comporter l'établissement de croiseurs légers à
grande vitesse. Ces navires doivent être armés d'un seul canon de 27 centimètres et de petits canons à tir rapide, capables de lancer des projectiles
chargés de substances explosives.

Si on laisse de côté tous les engins nouvellement projetés pour s'en
tenir à ceux qui existent, on arrive forcément à conclure que les Etats eu-
propéens augmentent leurs flottes dans une mesure qui semble dépasser
même leurs besoins.

Si l'on tient compte de ce que l'Angleterre doit protéger dans toutes
les parties du monde ses vastes possessions et ses immenses intérêts, que,
par conséquent, elle doit éparpiller sa flotte un peu partout et que si elle se
montrait — ne fût-ce qu'un moment — faible sur ses côtes, elle s'exposerait à
une invasion dont les conséquences, étant donné la faiblesse de son armée
de terre, peuvent être incalculables, on comprendra facilement la hâte par
nous constatée, dans le travail d'augmentation de la flotte anglaise.

Mais la France, elle aussi, ne travaille pas moins ardemment à l'accroissement de sa flotte. Au commencement de 1894, elle avait en construction : 4 cuirassés d'escadre, 3 cuirassés garde-côtes, 4 croiseurs de
première classe, 5 croiseurs de deuxième classe, 2 croiseurs de troisième
classe, 5 avisos-torpilleurs, 2 canonnières, 12 torpilleurs de haute-mer, 9 torpilleurs de première classe et un bateau sous-marin (2).

Il faut en outre observer que les sommes consacrées à la construction
de chaque unité augmentent sans cesse. Ainsi au cuirassé le *Charlemagne*,
il a été affecté un crédit de 27,240,000 francs.

Par cette rapide énumération nous voyons que l'on construit de nouveaux bâtiments des types les plus divers. Mais plus il apparaît de nouveaux bâtiments dans les flottes et plus perdent de leur valeur les navires

---

(1) *Essai de stratégie navale.*
(2) *Carnet de l'officier de marine*, 1894.

de types vieillis qui n'ont ni la vitesse suffisante, ni une assez puissante artillerie, ni une cuirasse assez épaisse, pour se mesurer avec les nouveaux.

Le rapport<br>des<br>forces des divers<br>Etats<br>reste le même.

Ainsi, le rapport des forces reste le même que précédemment et les Etats, de la volonté desquels dépend l'arrêt dans le développement des armements, glissent, comme sur un plan incliné, plus bas, toujours plus bas. Mais les navires que l'on construit aujourd'hui conserveront-ils longtemps leur valeur? C'est encore une question à laquelle il est difficile de répondre.

Aujourd'hui peu de personnes oseraient soutenir que les progrès actuels de la science ne feront point naître de nouvelles et encore plus décisives inventions, dans les méthodes d'attaque et de défense, — tant que ne disparaîtra pas la cause qui pousse à ces recherches, c'est-à-dire la guerre.

# La Russie doit-elle se tenir également prête à la guerre sur terre et sur mer ?

Les progrès de la technique sont continuels à notre époque et il est très coûteux de les suivre.

Notre époque est surtout particulièrement caractérisée par les perfectionnements techniques successivement apportés aux engins de guerre. A peine vient-on d'adopter un fusil ou un canon d'un nouveau modèle, qu'il faut les remplacer. On peut s'attendre à un nouveau perfectionnement très prochain de la poudre, et cela nécessitera des modifications immédiates dans tout le matériel.

Dans ces derniers temps, les changements amenés par des inventions nouvelles se succèdent avec une rapidité croissante. Le meilleur exemple en est fourni par la construction des forteresses. Après avoir dépensé des sommes fabuleuses à élever des places fortes d'après un nouveau système, en tenant compte de tous les progrès techniques récents, l'opinion a commencé de se répandre que la stratégie actuelle n'a plus besoin des places fortes que dans une mesure très limitée et que le plus sûr sera de munir chaque armée du matériel nécessaire à l'exécution de travaux défensifs, sous forme de réseaux en fil de fer et de tout ce qu'il faut pour organiser des obstacles sur le terrain, en y ajoutant des canons protégés par une cuirasse et des projectiles chargés de dynamite.

La construction des navires fournit un exemple semblable. Jadis un seul et même type continuait d'être établi pendant plus de trois siècles, sans modifications essentielles. Puis on s'est mis à construire des bâtiments cuirassés et, en trente ans, on en a pu compter une dizaine de modèles.

Mais de nos jours les idées changent tellement vite qu'à peine un navire de guerre est achevé, le modèle n'en semble déjà plus répondre aux exigences toujours croissantes de la guerre. Et cependant chaque construction nouvelle est beaucoup plus coûteuse que la précédente. Les dépenses occasionnées par les préparatifs militaires ont atteint déjà de tels chiffres que les nations les plus riches elles-mêmes plient sous le faix et n'y peuvent subvenir qu'avec difficulté.

Situation particulièrement difficile de la Russie et ses causes.

Sous ce rapport, la Russie se trouve dans une situation particulièrement difficile. Tandis que, dans les pays occidentaux, une large initiative sociale a accumulé des richesses, tandis que les villes s'y sont élevées non comme des points de concentration des autorités locales, mais comme des centres commerciaux et industriels et que, dans les villages, le travail libre, la propriété complète du sol et l'accumulation des épargnes ont permis de construire des demeures solides et commodes pour loger les habitants et abriter le bétail, pendant que de bonnes routes s'ouvraient, que les voies fluviales étaient régularisées, que des usines enfin s'établissaient, — en Russie au contraire la vie économique du pays, le développement de l'initiative nationale et même des besoins populaires sont restés paralysés longtemps par l'existence du servage.

Guerre de Crimée.

La guerre de Crimée désorganisa les finances de l'Etat, ainsi que le système monétaire qui venait justement d'être mis en ordre, et, de plus, la confiance dans l'ancien système de gouvernement en fut ébranlée. La transformation de l'organisme administratif parut d'autant plus nécessaire que l'affranchissement des paysans suivit de près. On comprit l'urgente nécessité d'ouvrir des routes. Les paysans reçurent la liberté, et on leur reconnut le droit de posséder les terres qu'ils cultivaient. Mais ils ne pouvaient avoir d'épargnes : ils vivaient dans la gêne, les conditions de leur existence étaient des plus rudimentaires et nulle part, en ce temps-là, on n'en eût rencontré de semblables dans l'Ouest de l'Europe. Les propriétaires fonciers avaient besoin de capitaux pour l'exploitation de leurs domaines et, ne les possédant pas, ils se mirent à céder la terre aux paysans, soit en toute propriété, soit en fermage. Mais la façon dont ces paysans cultivaient aussi bien leurs propres champs que ceux de leurs propriétaires resta extrêmement primitive. N'étant pas assez soutenus par les industriels qui auraient pu manufacturer leurs produits, les cultivateurs ruraux furent obligés de les exporter à l'état brut. La Russie exporta ainsi des grains, du bétail et des phosphates pour l'amélioration des terres étrangères tandis que les siennes s'appauvrissaient. La communauté des terres, d'ailleurs, empêchait jusqu'à un certain point les travaux d'amélioration du sol.

Crise agricole.

Puis survint pour l'agriculture une crise déterminée par la concurrence des pays transocéaniens et la baisse du prix des blés, outre que, même les États du Continent frappèrent de droits de douane les blés importés chez eux, afin de proteger leur propre production.

Tout cela eut, sur l'agriculture russe, un effet des plus défavorables. Elle fut obligée de faire les frais d'une partie de ces droits de douane ; car la concurrence des pays transocéaniens ne lui permettait pas de les ajouter tout entiers aux prix de ses blés. Et même ainsi, elle ne fut pas en état de faire face à la crise agricole. Ce que voyant, on se mit dans l'ouest à varier et à améliorer les cultures, tandis que les cultivateurs russes n'avaient pas les ressources très considérables qui leur eussent été nécessaires pour en faire autant.

Chez les propriétaires le sol est épuisé, tandis que chez les paysans des gouvernements du centre la possession en commun est un obstacle à la modification du système de culture et qu'en outre tout progrès économique est arrêté par le faible niveau de l'instruction du peuple. Le retard où ils se trouvent par rapport au reste de l'Europe pour la culture, la récolte et le battage du blé, sa vente sur place par les cultivateurs à des accapareurs dépourvus de scrupules firent que le blé russe en vint à être considéré par les acheteurs étrangers comme d'une qualité inférieure, ce qui, par répercussion, influa sur son prix. Sous ce rapport on explique habituellement tout par les abus que commettent les marchands de blé. Ces abus, à coup sûr, existent ; mais les causes que nous venons d'indiquer contribuent naturellement par elles-mêmes à diminuer la valeur du blé russe qui, en grande partie, se montre de qualité trop variable.

L'existence dans les gouvernements de la grande Russie de biens communaux a, en outre, une influence sur la population elle-même. Le partage des terres par âmes ou ménages, assurant une propriété territoriale à tous les nouveaux membres de la commune, contribue, sans nul doute, à la précocité des mariages, et à l'accroissement extraordinaire et étonnamment rapide de la population.

Tandis que la population générale de l'Empire était habituellement évaluée à 110 et quelques millions, le dernier recensement a donné un chiffre de plus de 129 millions. L'accroissement annuel évalué à environ 2 millions d'âmes constitue bien une augmentation de richesse, mais c'est seulement à la condition que les ressources nécessaires pour nourrir et élever cette population croissante ne fassent pas défaut. Autrement cela ne ferait qu'augmenter le prolétariat.



L'Empire a, comparativement à ses revenus, une dette très importante, au point que la dépense représentée par les intérêts de la dette nationale occupe, dans le budget, la seconde place et n'est guère inférieure aux dépenses du ministère de la Guerre (272 et 288 millions de roubles respectivement en 1898). Déjà même avant la guerre de Crimée l'exercice financier annuel se soldait par un déficit. La situation empira encore à la suite de cette guerre, et les efforts que l'on fit depuis lors pour diminuer les dépenses extraordinaires demeurèrent vains par suite de la guerre de 1877-78.

Cependant cette dernière montra la nécessité de dépenses nouvelles pour la transformation de l'armement, la construction de places fortes et de chemins de fer stratégiques. Indépendamment de ces lignes, d'ailleurs, il fallut, pour le développement de la production en général, se remettre à la construction du réseau ferré, resté stationnaire depuis 1875. Et pour une grande partie des voies nouvelles, on ne pouvait guère compter, avant longtemps, sur des bénéfices ou même sur les intérêts du capital absorbé par leur construction. L'accroissement de la dette qui s'ensuivit naturellement eut pour conséquence inévitable l'augmentation du fardeau des impôts.

Lutter contre une telle situation était chose très difficile. Heureusement que, grâce à vingt années de paix et aux efforts énergiques de l'administration financière pour mettre de l'économie dans les dépenses, les déficits disparurent du budget ordinaire et il fut même possible de couvrir en grande partie, avec les reliquats budgétaires disponibles, des dépenses extraordinaires entreprises dans un but productif.

Mais quoi qu'il en soit, de ces circonstances exceptionnelles, on voit maintenant se manifester nettement la dépendance forcée entre la situation financière et l'état économique de la nation. Plus haut déjà, nous avons observé que la Russie se trouve à ce point de vue dans des conditions bien moins favorables que les pays de l'Ouest. La rigueur du climat y interdit les travaux agricoles pendant une grande partie de l'année, en même temps qu'elle impose à la population beaucoup plus de besoins comme habillement, logement, nourriture, chauffage et éclairage. Ajoutons que la multiplicité des jours fériés réduit encore le nombre des journées de travail, même pendant la saison où l'on peut travailler. Il est naturel que, dans de telles conditions, les épargnes, mises en réserve pour les mauvais jours, ne puissent, toutes choses égales d'ailleurs, qu'être de moindre étendue. Et c'est en effet ce qui a lieu. Aussi toute récolte mauvaise, même partiellement, entraîne-t-elle de réelles misères.

Prudence indispensable en fait de dépenses militaires.

Il serait superflu de montrer que, dans de telles conditions, une extrême prudence en fait de dépenses militaires est indispensable. Sans doute la Russie ne peut pas rester sous ce rapport en arrière des autres puissances; mais elle ne peut pas non plus les suivre aveuglément ni, à plus forte raison, les devancer, — car cela risquerait d'avoir, pour elle, de très fâcheuses conséquences. Dans la lutte à coups *d'argent* la partie semble inégale. La Russie serait la plus faible, pour deux raisons : d'abord parce qu'elle a moins d'épargnes et puis parce qu'elle fait ses commandes à l'étranger, qu'elle les paie ainsi plus cher que les autres et envoie son argent à l'étranger également.

Tandis que l'Angleterre, l'Allemagne et la France fabriquent ou préparent elles-mêmes tout ce dont elles ont besoin, — et au plus bas prix — et que l'argent dépensé par les autres rentre chez elles, la Russie est obligée d'envoyer son argent au dehors. Ainsi, en commandant des bâtiments de guerre en Angleterre, ou bien en les construisant chez elle, au moyen de matières premières et de machines, qui viennent en grande partie de l'étranger, la Russie paie certainement 25 0/0 en sus du prix auquel la construction des navires revient au gouvernement anglais et, de plus, elle envoie ainsi en Angleterre de l'argent que ce pays peut employer au renforcement de sa propre flotte. *(La Russie fait construire des navires de guerre à l'étranger.)*

Mieux encore, par ses commandes, la Russie contribue à la puissance des chantiers de construction britanniques, qui, plus tard, en temps de guerre, permettront de combler promptement les pertes en navires infligées à la flotte anglaise.

Mais, en outre, tout nouvel effort tenté par la Russie pour augmenter sa flotte de guerre provoque un mouvement correspondant dans les pays étrangers. On peut en donner comme exemple l'affectation d'une somme de 90 millions de roubles à des constructions navales. Sous l'influence de cette circonstance, le projet présenté par le gouvernement allemand, de consacrer, en sept ans, quelques centaines de millions de marks à l'augmentation de la flotte, projet qui avait rencontré une violente opposition au Reichstag, passa sans nulle difficulté. Et, en même temps, les gouvernements français et autrichien demandent à leurs Parlements des crédits extraordinaires pour le même objet. Et voilà pourquoi, comme *résultat* final de la concurrence générale, le rapport des forces entre les puissances maritimes reste ce qu'il était auparavant. *(Tout effort tenté par elle en provoque un autre au dehors.)*

Tout cela ne fait que confirmer la nécessité d'être plus prudent et de mieux concentrer ses ressources pour pouvoir faire face aux besoins qui, à un moment donné, se trouvent être les plus pressants. De même que les conditions climatériques de chaque pays y imposent une répartition appropriée des travaux économiques, de même, en fait d'administration militaire, il faut établir ses plans conformément aux nécessités les plus urgentes et aux moyens dont on dispose.

Et, avant tout, se pose ici la question suivante : la Russie doit-elle se tenir prête au même degré à faire la guerre sur terre et sur mer?

Pour se rendre compte de l'importance du rôle des forces navales dans une guerre européenne, on peut faire deux hypothèses, savoir : ou bien la Russie aurait à lutter, de concert avec la France, contre la Triple-Alliance ; ou bien elle aurait à soutenir une guerre contre l'Angleterre. *(Les deux hypothèses qu'on peut faire au point de vue de la guerre.)*

D'abord, le trait le plus saillant de la situation, c'est l'énorme supériorité que présenteraient les forces de terre et l'importance qu'aurait la guerre continentale, relativement aux forces navales et aux opérations maritimes exécutées. Les armées mobilisées sur le continent compteraient un effectif de plusieurs millions d'hommes. Les troupes de première ligne des deux groupes alliés, — c'est-à-dire de la Double et de la Triple-Alliance, — compteraient plus de 6,500,000 soldats, et celles de seconde ligne atteindraient le chiffre de plus de 6,000,000.

Rôle possible<br>des flottes.Quel rôle pourront jouer les flottes dans le choc entre de telles masses? La guerre de 1870 nous offre à cet égard un exemple bien édifiant. A cette époque, l'Allemagne n'avait pas de flotte qui fût en quoi que ce soit capable de se mesurer avec la flotte française. Et cependant, cette flotte française dut abandonner tout projet de débarquement sur les côtes d'Allemagne, sans même avoir essayé de le mettre à exécution.

Le général de Moltke était à l'avance si bien convaincu de l'impossibilité, pour les Français, d'entreprendre une diversion de ce genre que, dans son plan d'opérations militaires de 1870, basé sur la supériorité numérique des forces de terre allemandes, il faisait observer : « La supériorité de nos forces de terre, au point où sera porté le coup décisif, sera plus considérable encore si les Français se laissent entraîner à entreprendre une expédition contre les côtes de l'Allemagne du Nord. » Ce qui prouve combien peu de cas il faisait des projets de débarquement (1).

Depuis cette époque, l'organisation des armées de terre des grandes puissances a fait encore des progrès ; tellement que même si l'effectif entier des troupes actives et de réserve était mis en action sur les frontières ou le territoire d'un des belligérants, il ne serait cependant pas difficile d'opposer encore des forces supérieures à une tentative de débarquement.

Difficultés<br>des<br>débarquements.D'après un calcul qui résulte d'études faites en Italie sur le transport d'un corps d'armée à l'effectif de guerre et pourvu de vivres pour un mois avec les voitures d'équipages correspondantes, il faut une flotte dont les bâtiments réunis aient ensemble une capacité de 116,000 tonneaux. Le professeur à l'école de guerre française, Degouy, dit que la France ne pourrait pas envoyer, dans les premiers quinze ou vingt jours après l'ouverture des hostilités, plus de 30,000 hommes de débarquement. Avec la longue portée des canons de côte et de campagne, comme aussi des fusils actuels, un débarquement offre d'énormes difficultés.

Il suffit d'un changement de vent, d'un grain subit venant du large, parfois en plein calme, ou d'un épais brouillard, pour interrompre l'exécu-

---

(1) Général Borgnis-Desbordes.

tion d'une opération semblable et mettre dans une situation très critique les fractions déjà débarquées qui ne peuvent espérer de renforts, tandis que les troupes de la défense concentrent tous leurs efforts contre elles.

On parle bien, il est vrai, de la possibilité qu'ont les bâtiments de guerre de tenir la côte sous un feu assez puissant pour en écarter complètement les forces de la défense. Mais, en réalité, il arrive que les vaisseaux de guerre ayant un fort tirant d'eau, et redoutant roches et bas-fonds, sont obligés de se tenir à 1,000 ou 1,500 mètres de terre — outre que, gênés par les mouvements des transports qu'ils escortent, il leur est difficile de régler leur feu contre l'ennemi qui défend la côte. — Ce dernier, au contraire, disposant de canons à longue portée, ne se montre nulle part à découvert; il se dissimule derrière les dunes ou les sinuosités du rivage ou s'en éloigne un peu plus vers l'intérieur. Le feu des navires peut être puissant, mais il est forcément disséminé et, par suite, il ne peut être bien efficace. Ainsi, par exemple, lors du bombardement du camp des insurgés en Crète, les cuirassés alliés lancèrent 70 obus et les pertes causées aux insurgés par ces projectiles se réduisirent à 3 tués et 15 blessés (1).

Nous n'insisterons pas sur l'hypothèse d'un débarquement russe sur les côtes allemandes. Mais admettons que les Allemands aient effectué, sur les côtes de la mer Baltique, un débarquement de troupes — naturellement sans cavalerie. Que pourront-elles entreprendre? On dit que les Allemands, ou bien débarqueront près de Riga, afin de couper les communications des troupes russes établies en Lithuanie, à partir de Dvinsk, ou bien débarqueront aux environs de Narva pour agir contre Saint-Pétersbourg. Mais ce ne sont guère là que des hypothèses fantaisistes.



Quel que fût son point de débarquement, un détachement ennemi s'avançant à l'intérieur du pays verra son effectif s'affaiblir constamment, attendu qu'il lui faudra détacher des forces de plus en plus considérables pour garder ses communications. Et cependant les forces de la défense iront constamment croissant. Grâce au télégraphe et aux chemins de fer, on pourra promptement amener dans la région menacée des troupes appelées des points les plus éloignés et leur arrivée ininterrompue sur le théâtre même des opérations ne pourra être empêchée par une dégradation de la voie ferrée, puisque l'assaillant n'aura pas de cavalerie.

Pourrait-on nous opposer ici l'exemple du débarquement des alliés en Crimée ? Mais von der Goltz a déjà répondu à cette objection dans son ouvrage (2). Il dit à ce propos : « Si les armées, qui débarquèrent en Crimée,



---

(1) La marine dans les guerres modernes.
(2) *Das Volk in Waffen.*

ont pu avoir raison des forces locales, la cause en fut que, si difficiles que pussent être les communications des alliés avec la mer, elles se trouvèrent pourtant plus commodes encore que celles par voie de terre, dont la défense disposait alors dans son propre pays. Si la Russie avait eu en 1854 son réseau de chemins de fer actuel, les Français, les Anglais et les Turcs, qui tout d'abord étaient débarqués en Crimée au nombre de 120,000 hommes, n'y seraient pas restés longtemps. »

Les entreprises de débarquement de forces quelque peu considérables ne sont guère probables, en raison déjà de ce seul fait que leur exécution affaiblirait l'effectif de l'armée chargée de garder la frontière où il faut s'efforcer d'avoir la supériorité des forces, ou, tout au moins, de ne pas la laisser à l'ennemi. Mais dans le cas que nous avons supposé, l'Allemagne aurait à combattre sur deux fronts différents. Et ses ennemis ne pourraient que souhaiter de lui voir commettre cette faute sur laquelle comptait de Moltke de la part de la France.

La Russie n'a pas besoin d'augmenter sa flotte pour défendre ses côtes.

Ainsi donc, pour garder ses côtes, la Russie n'a nul besoin d'augmenter sa flotte ; car un débarquement ennemi ne présenterait pour elle aucun danger, même si elle ne possédait pas la flotte dont elle dispose actuellement. Telle est l'opinion professée en Allemagne même. Témoin ces quelques paroles empruntées à un discours de l'amiral Hollmann, l'ancien ministre allemand de la marine et l'auteur du projet actuel de renforcement de la flotte germanique :

« Pour défendre nos côtes nous n'avons pas besoin de la flotte. Il y a d'autres moyens : des forts, des défenses sous-marines de différentes sortes et enfin, des troupes de réserve pour repousser les débarquements. Il va de soi que, dans ces conditions, l'ennemi peut causer de sérieux dommages en divers points de la côte. Une côte sans défense peut souffrir beaucoup d'une force ennemie entièrement maîtresse de la mer. Les villes peuvent être exposées au bombardement; mais l'effet de ces bombardements ne peut s'étendre bien loin, il est limité à une étroite zône côtière de quelques kilomètres de profondeur, même en comptant jusqu'au point où s'entendra encore le bruit de la canonnade, bien que les projectiles n'y arrivent même pas. De ce bombardement peuvent souffrir sans doute les habitants de la côte, mais nullement le pays dans son ensemble. »

Faible effet des bombardements des villes côtières.

Et on ne saurait que partager la manière de voir de l'amiral Hollmann. Le bombardement d'une ville côtière, quelle que puisse être son importance politique, industrielle ou commerciale, ne peut en effet causer que des pertes matérielles, considérables sans doute pour les particuliers et en même temps pour le Trésor public. Mais ce n'est là qu'une conséquence ultérieure du bombardement; et il ne résulte de celui-ci aucune diminution des ressources immédiates dont le gouvernement dispose pour faire la guerre. Cette destruction reste, par conséquent, presque sans influence sur le cours des hostilités soutenues à terre ; et toutes les villes de la côte pourraient subir un bombardement sans que la marche des événements en fût modifiée. Le fait est que la guerre ne se fera plus sur le continent dans l'unique but d'infliger à l'ennemi les plus grandes pertes possibles, afin de pouvoir ensuite entamer les négociations de paix en établissant, comme base de la discussion, quel est celui des deux adversaires qui a subi les plus graves dommages.

Dans la guerre future, la lutte aura lieu entre des nations entières et aura pour objectif la réduction de l'adversaire à une impuissance complète. Or, le bombardement d'une ville de la côte, si importante et si riche fût-elle, ne causerait à l'ennemi qu'un dommage tout à fait local qui n'influerait guère sur l'issue même des hostilités.

Même sous ce rapport, d'ailleurs, la Russie serait dans une situation plus favorable que l'Allemagne; car ses côtes sont moins peuplées et les pertes qu'y causerait un bombardement seraient moins importantes. Par conséquent, une flotte nombreuse serait encore moins nécessaire à la Russie qu'à l'Allemagne. A l'exception de Riga, de Revel et d'Helsingfors, qui sont, du reste, solidement fortifiées, la côte russe ne présente pas de villes importantes. Et la flotte russe, dans son état actuel, constitue une force déjà très sérieuse.

Mais même la destruction complète de la flotte ennemie n'exercerait pas une très grande influence sur le résultat de la guerre en terre ferme. En nous reportant à l'expérience des dernières guerres en Europe, nous signalerons, avant tout, la destruction de la flotte italienne par celle de l'Autriche, à Lissa, en 1866. Quel avantage l'Autriche, battue à Sadowa, retira-t-elle de cette victoire ?

Faible influence<br>qu'aurait<br>la destruction<br>d'une<br>flotte ennemie<br>sur<br>la guerre<br>en terre ferme.

En 1870, la confédération de l'Allemagne du Nord n'avait presque point de marine; et la flotte française eut pleine liberté d'action. Et pourtant, comme nous l'avons déjà rappelé, cette flotte ne fit aucun mal à l'Allemagne et n'influa en rien sur la marche de la guerre. On préféra employer les marins à renforcer la défense de Paris. Il est bien vrai que le commerce maritime allemand fut entièrement arrêté, mais maintenant pareille chose arrivera toujours. Quel que soit le nombre des bâtiments de guerre des belligérants, leurs communications maritimes seront malgré tout interrompues. Chaque puissance possède aujourd'hui assez de croiseurs et de navires marchands susceptibles d'être transformés en croiseurs, pour arrêter tout commerce sur mer.

Les cuirassés ne peuvent rien contre cela. Ils sont tellement inférieurs en vitesse que les croiseurs les éviteront complètement en se riant d'adversaires aussi peu maniables. Les cuirassés ne sont bons que pour combattre leurs semblables et pour bombarder les côtes.

Mais admettons qu'une des flottes opposées, la flotte russe par exemple, arrive à posséder une supériorité décisive sur la flotte adverse, en coulant à fond beaucoup plus de cuirassés ennemis qu'elle n'en perdra elle-même. Alors, la flotte russe n'arriverait qu'à se mettre dans le cas où se trouva la flotte française en 1870, qui n'avait pas même eu à remporter de victoire, puisqu'elle n'avait pas d'adversaire du tout. La flotte, ainsi victorieuse, naviguera le long des côtes et menacera quelques localités. Supposons même que la flotte russe agisse plus énergiquement et plus habilement que la flotte française en 1870, et qu'elle bombarde sans pitié un grand nombre de petites localités côtières. Les grandes villes allemandes telles que Brême, Hambourg, Stettin, Kiel, Dantzig, Kœnigsberg lui demeureront inaccessibles, parce qu'elles sont trop éloignées de la côte.

Mais même à l'égard des autres villes, moins importantes, il ne sera pas facile à une escadre cuirassée d'obtenir des résultats sérieux. Quand elle s'approchera des côtes, en effet, elle rencontrera les torpilleurs, les torpilles et les bateaux sous-marins de l'ennemi, c'est-à-dire qu'elle sera exposée à de grands dangers. La tactique actuelle dispose, pour la défense des côtes, de moyens déjà bien différents de ceux qu'on avait en 1870. Admettons toutefois que cette escadre cuirassée reste intacte. Mais si elle ne possède pas de croiseurs rapides, alors, de l'entrée même des baies bloquées par elle sortiront, à son nez, des centaines de navires marchands et le blocus sera vain. A ce point de vue, un seul croiseur peut faire plus que toute une flotte de cuirassés qui sont peu maniables, et qui consomment, pour se mouvoir, une énorme quantité de charbon, charbon que les vaisseaux russes auront beaucoup de mal à se procurer : ce qui suffirait à empêcher les cuirassés russes de donner la chasse aux bâtiments légers pourvus d'un approvisionnement suffisant de combustible.

Si donc le rôle des cuirassés ne peut être d'interrompre le commerce maritime, tout ce qu'ils pourront faire sera de ruiner nombre de villages paisibles en massacrant une foule d'hommes sans armes, de femmes et d'enfants, et en augmentant le caractère de sauvagerie des rapports internationaux.

Quant au cas où la victoire reviendrait à la flotte allemande, même agissant de concert avec la flotte anglaise, alors les résultats ultérieurs de ses opérations seraient encore moins importants, car les côtes russes sont bien moins peuplées que celles de l'Allemagne.

Mais allons plus loin, et supposons que la flotte française soit vaincue dans une bataille par la flotte allemande — ce qui n'eût pas eu lieu si la flotte

russe avait été renforcée en temps opportun. Mais que pourra alors faire
le vainqueur, pour influer sur la marche des hostilités engagées à terre
entre les deux pays ? Rien de plus, suivant toute probabilité, que ne fît la
flotte française en 1870, — car les Allemands certainement n'agiraient pas
contrairement aux observations rapportées plus haut, c'est-à-dire ne com-
mettraient pas la faute de tenter un débarquement.

Dans un de ses discours, le prince de Bismarck a montré, par la comparaison bien frappante que voici, le peu d'importance des victoires navales,
par rapport à celles des victoires obtenues à terre : « Il ne faut pas oublier
que la conquête du moindre village constitue un succès réel, dont l'importance se fait immédiatement sentir, tandis que la prise d'un bâtiment
ennemi n'entre en ligne de compte qu'après la fin de la guerre. La prise
d'une place forte assure la possession d'un territoire déterminé, tandis
que la capture même d'une flotte ennemie tout entière ne constitue tout au
plus qu'un moyen d'entreprendre encore quelque autre conquête. » Mais si
la Russie voulait tenter des conquêtes en Allemagne et en Autriche, elle
n'aurait nullement besoin de flotte pour cela — attendu que ces pays lui
sont limitrophes, à terre, sur une très grande étendue ; — ce qui montre
qu'une augmentation superflue de la flotte russe ne répondrait pas à la
situation.

Faisons deux hypothèses : 1° l'armée de terre de la Russie est détruite,
et la flotte russe remporte une victoire complète : comme résultat, il se
trouve que la Russie est vaincue ; 2° l'armée russe a remporté une victoire
complète, mais la flotte russe est détruite : résultat, la Russie pourra
recueillir tous les fruits de sa victoire. Le pays vaincu sur terre sera obligé
de payer une indemnité de guerre, et par conséquent sa flotte peut devenir
la propriété du vainqueur.

A tout cela pourtant on peut objecter que la France, l'Allemagne et l'Angleterre augmentant leurs flottes, nous ne pouvons rester en arrière. La
France a-t-elle raison d'augmenter ses forces navales ? C'est une question
que nous ne discuterons pas, car la France doit songer, au cas d'une guerre
avec l'Italie, à protéger ses intérêts dans la Méditerranée et ses possessions
coloniales. Mais nous observerons que plus les forces maritimes françaises
se développent, et plus il en résulte de sécurité pour la Russie. Quoiqu'on
ne puisse se dispenser d'ajouter qu'en France, dans les expéditions lointaines, on a toujours entendu des plaintes au sujet de leur incomplète
préparation, du désordre qu'on y avait constaté et de la mauvaise organisation du personnel. Il suffit de lire l'ouvrage de Lockroy, plusieurs fois
ministre français de la Marine (1), pour se convaincre que la flotte fran-





_________________

(1) Lockroy, *La Marine de guerre : Six mois à la rue Royale.*

çaise est encore loin de pouvoir soutenir la comparaison avec la flotte anglaise et que les efforts continuels faits pour égaler les Anglais sous ce
rapport ne font que retarder la préparation complète au combat de la flotte
française. S'il est permis de croire qu'il y a beaucoup d'exagération dans
cette phrase, il faut tout au moins reconnaître que du moment où la France
ne peut pas rivaliser avec l'Angleterre pour le nombre des bâtiments, il
serait plus raisonnable, de la part du gouvernement français, de consacrer tous ses soins à mettre en état de combattre d'une manière vraiment
efficace la flotte française dans sa composition actuelle.

Pour l'Allemagne, elle n'a pas d'intérêts en Europe qui motivent l'augmentation de sa flotte. Et n'était l'exemple du Japon, il est très probable
que l'Empereur Guillaume lui-même ne se préoccuperait pas autant d'accroître sa marine.

Situation spéciale de l'Angleterre.

Tout autre est la situation de l'Angleterre. Il y a pour elle un intérêt de
premier ordre à rester maîtresse de la mer, partout et à l'égard de n'importe
quel adversaire, pour protéger contre tout danger non seulement les Iles-
Britanniques, mais son commerce maritime, l'immense étendue de ses colonies dans toutes les parties du globe, et les communications par lesquelles
s'effectue à son profit l'échange des richesses de l'ancien monde et du nouveau : échange qui, comme le flux et le reflux, est indispensable à l'entretien
de son existence même (1). Maîtresse des mers, l'Angleterre peut être tranquille pour elle-même et pour ses colonies. Par conséquent l'empire de la
mer n'est pas, pour elle, un mot vide de sens ; et elle a d'excellentes
raisons de subordonner tout le reste au souci de la puissance de sa flotte.

Mais précisément son exemple est instructif pour les autres nations.
L'Angleterre compte très peu sur la puissance de ses troupes de terre. L'opinion dominante, au point de vue de la politique navale, y a été caractérisée par sir Charles Dilke, de la manière suivante :

« Le pays qui veut régner sur les mers doit, d'abord, songer à la force
et au nombre de ses cuirassés ; mais les États qui sont, sous ce rapport,
de second ordre, et dont la flotte n'a qu'une importance purement défensive, doivent se contenter de construire des torpilleurs. »

Voilà ce qu'il est nécessaire, avant tout, d'avoir en vue. Une puissance
insulaire, du moment où la supériorité de sa flotte est assurée, se trouve
par là même pleinement en sécurité ; par conséquent, il lui faut tout sacrifier à la puissance de cette flotte. Mais nous, notre situation est tout autre
et notre flotte ne peut garantir notre sécurité.

---

(1) Amiral Fournier, *La flotte nécessaire.*

Comme le coup décisif ne peut évidemment être porté à l'ennemi que dans la guerre sur terre, la guerre maritime n'a qu'une importance secondaire, dans la mesure où elle influe sur le cours des opérations exécutées à terre. Si elle est conduite indépendamment de ces opérations et n'influe pas sur leurs résultats, elle ne constitue par elle-même qu'une perte inutile de forces et de richesse. Même à l'égard de l'Angleterre, il est plus important d'avoir une forte situation sur terre que d'augmenter la flotte qui, malgré tout, ne sera jamais comparable à la flotte anglaise.

Mais alors même qu'on jugerait nécessaire d'augmenter la flotte russe, il faudrait d'abord déterminer avec précision ce qu'on aurait à lui demander en cas de guerre, et se rendre bien compte à l'avance du rôle qui lui serait dévolu. Lorsqu'il s'agit de construire des navires, il ne faut pas se guider d'après des règles plus ou moins empiriques, mais bien d'après la situation géographique, l'état de la civilisation, le degré de richesse du pays et le caractère de sa population, — en un mot, il faut faire concorder les indications de la science avec les conditions locales de chaque État. *Qu'aurait-on à demander à la flotte russe en cas de guerre ?*

Afin d'examiner de plus près la destination des bâtiments de guerre, nous porterons plus particulièrement notre attention sur leurs deux types principaux : les cuirassés et les croiseurs.

Des guerres maritimes d'autrefois, on ne peut guère tirer d'indications sur ce que seront les opérations navales dans la guerre future. Après la guerre civile de Sécession américaine, où, pour la première fois, apparurent les cuirassés, la bataille de Lissa en 1866 et l'abordage, au cours d'une manœuvre, des deux navires anglais *Camperdown* et *Victoria*, ont donné lieu de supposer que, dans les combats futurs, le rôle décisif appartiendra à l'éperon. L'amiral Villemot soutient que, dans tout choc brusque de navires, l'un des deux ou tous les deux couleront. Nous avons, pour mieux faire comprendre cette idée, donné le plan de la bataille de Lissa, une vue du navire crevé *Victoria* après son choc avec le cuirassé *Camperdown*, ainsi qu'un dessin représentant deux navires qui s'abordent. *Coup d'œil sur les combats navals récents.*

La guerre de 1870 n'a pas fourni de faits instructifs quant aux opérations navales. La guerre russo-turque de 1877 ne présente à ce point de vue d'autre intérêt que la constatation du succès avec lequel y ont opéré les torpilleurs russes.

Dans la guerre du Chili contre le Pérou, en 1879, eut lieu la lutte des cuirassés chiliens *Cochrane* et *Blanco* avec le monitor péruvien *Huascar*. *La lutte du Huascar contre deux bâtiments chiliens.*

Pour le monitor, la proportion de coups heureux, sur le nombre total de coups tirés, fut de 1/13 ; tandis que les cuirassés chiliens, dont c'était pourtant la première rencontre avec l'ennemi et où les servants des pièces étaient beaucoup moins exercés, mirent 1/3 de leurs projectiles au but.

T. III. — Jean de Bloch. — *La Guerre future.*                26

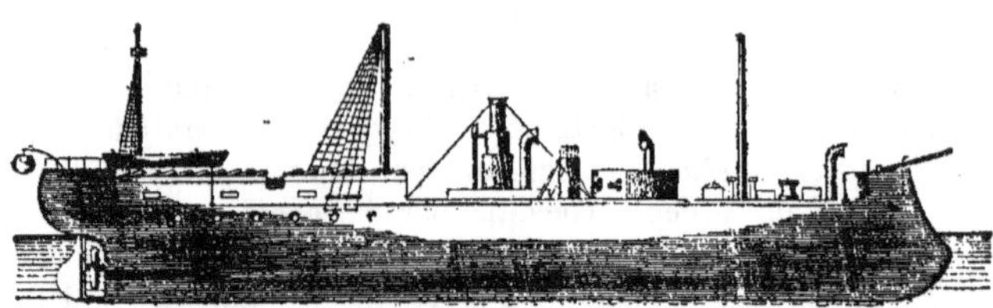

Le *Huascar* après le combat.

Dans la figure ci-dessous, sont indiquées par des flèches les points du *Huascar* atteints par les projectiles.

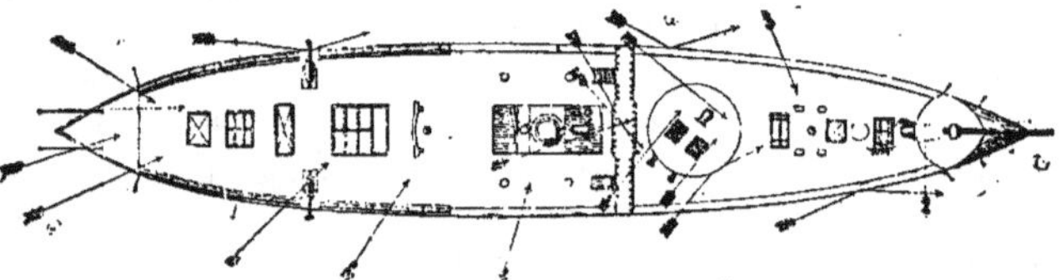

Plan du *Huascar* avec indication des projectiles qui l'ont atteint.

Dès les premiers coups deux projectiles brisèrent la drosse du gouvernail et tuèrent les hommes qui se trouvaient près de la roue. Un projectile atteignit la tourelle, la démolit et tua deux officiers qui s'y trouvaient pour diriger le bâtiment.

Deux autres obus tuèrent l'équipage de la tourelle et atteignirent également le second et le troisième lieutenant du commandant. Trois coups détruisirent le poste de combat du capitaine, en tuant l'amiral commandant et son lieutenant. Un coup frappa les hommes qui se tenaient sur la plate-forme.

Les canons légers, mitrailleuses et armes à feu portatives dont disposaient les Chiliens leur servirent à chasser des hunes ennemies les hommes qui s'y trouvaient et, du pont, les servants des pièces. Le *Huascar* fut obligé de se rendre ; et il fut constaté que le mécanisme du gouvernail était fort endommagé et que le poste de combat du capitaine était, comme on l'a dit plus haut, entièrement détruit.

Les bâtiments chiliens avaient peu souffert. Au début du combat, l'état du *Huascar* laissait déjà fort à désirer. Il avait beaucoup perdu de sa vitesse, parce que son pont était encombré de matériel et que ses machines avaient besoin de grandes réparations. La cuirasse des bâtiments chiliens était notablement plus épaisse que celle du *Huascar*, et cette circonstance, jointe à la supériorité de vitesse et d'agilité de ces bâtiments, contribua au succès des forces chiliennes.

La cheminée du *Huascar* était complètement percée à jour, et cela prouva que la partie médiane d'un navire est la plus exposée ; que, par conséquent, le commandant doit pouvoir diriger son bâtiment d'un autre point. Et c'est ce qui fut la cause de ce qui arriva sur le *Huascar*, où tous les officiers, l'un après l'autre, furent tués.

Pendant l'expédition du Tonkin, en 1885, il n'y eut pas de combats navals susceptibles de servir d'exemple aux opérations des cuirassés dans les guerres futures ; mais on employa les torpilles d'une façon très instructive. Deux chaloupes à vapeur ordinaires attaquèrent ainsi une frégate de 3,500 tonneaux, la coulèrent, et rejoignirent tranquillement le bâtiment-amiral auquel elles appartenaient (1).

Les opérations maritimes de la guerre du Chili en 1891 ne fournirent pas non plus d'enseignements sur le rôle des cuirassés dans les batailles futures, mais elles confirmèrent nettement, une fois de plus, l'opinion de ceux qui avaient prédit aux torpilleurs le plus brillant avenir dans la lutte contre les cuirassés. Le croiseur-torpilleur *Almirante Condell* ayant à sa suite l'*Almirante Linch* entra, sans être aperçu, dans la rade de Colbar, et tous deux exécutèrent une attaque aux torpilles contre le cuirassé congressiste *Blanco Encalada*, qui, deux minutes après le choc de la torpille, coula à fond.

L'attaque à la torpille avait duré en tout sept minutes ; pendant ce temps, les croiseurs-torpilleurs restèrent à une très petite distance du cuirassé, et pendant environ quatre minutes ils eurent à supporter un feu très vif d'artillerie qui, toutefois, ne leur causa que des avaries tout à fait insignifiantes.

Ensuite éclata la guerre sino-japonaise, remarquable par la bataille de Ya-lou, qui éveilla partout l'intérêt et fournit diverses indications instructives. Les Japonais durent en partie leur succès aux dispositions par lesquelles il fut prescrit de garantir soigneusement contre les coups ennemis les drisses des mâts de signaux. Sur les bâtiments chinois, au contraire, ces drisses furent promptement coupées ; à partir de ce moment, chacun fut abandonné à sa propre inspiration et l'escadre chinoise de l'amiral Ting se trouva bientôt désorganisée.

La protection donnée par le cuirassement eut une certaine efficacité, mais les constructions établies sur les ponts, les hunes de combat et les

Expédition du<br>Tonkin en 1885.

La guerre civile<br>au<br>Chili en 1891.

La guerre<br>sino-japonaise

---

(1) *Betrachtungen über Seetaktik aus fremden Quellen*, 1892.

cheminées furent criblées de coups et entièrement ruinées. Tout ce qui n'était pas couvert par la cuirasse fut démoli ; en outre, des canons aussi furent mis hors de service, et des incendies s'allumèrent.

Après quelques heures de canonnade, on manqua de munitions des deux côtés.

La journée de Ya-lou appartint tout entière à deux éléments de combat : la vitesse et le canon. Contrairement à ce qui s'était passé à Lissa, l'éperon n'y joua aucun rôle et la torpille n'y arriva qu'à montrer son insuffisance de précision : — ce défaut provenant peut-être d'une certaine inexpérience dans son maniement et d'un entretien défectueux. De plus, on recueillit cet enseignement à son endroit que, par suite du grand nombre de projectiles qui tombent sur tous les points des bâtiments en lutte, il faut craindre l'explosion prématurée des réservoirs d'air des torpilles et même de leurs chambres à charge, si peu protégées contre les coups.

La conclusion générale à tirer de là, c'est que deux flottes européennes également bien commandées seraient forcées l'une et l'autre, après avoir laissé dans un combat bon nombre de leurs navires au fond de la mer, de s'en aller, le plus vite possible, se faire réparer dans leurs arsenaux.

Sir A. Beresford (1) dit qu'en prévision d'une telle éventualité, il sera nécessaire d'avoir de nombreux arsenaux de réparation ; comme aussi, ajoute-t-il, d'organiser de grandes réserves d'hommes, de charbon et de matériel d'armement, en des points choisis dès le temps de paix ; enfin il faudra constituer une flotte de réserve avec de vieux bâtiments, bien pourvus d'artillerie moderne, pour porter le coup décisif, quand les flottes de première ligne abandonneront la mer par suite des avaries éprouvées dans les premières rencontres.

Cette opinion se déduit logiquement de certains résultats de la dernière bataille navale ; elle concorde avec celle de White (2), qui soutient qu'avec les moyens de destruction contemporains, les bâtiments d'aujourd'hui ne supporteront pas plus d'un combat sérieux.

L'amiral Werner arrive presque aux mêmes conclusions (3).

L'examen des combats navals susmentionnés et l'expérience ultérieure de moyens encore plus puissants d'attaque et de défense ont amené la plus grande partie des spécialistes à conclure que, dans la guerre future,

---

(1) *Naval and Military Record*, 27 septembre 1894.

(2) *Army and Navy Gazette*, 27 septembre 1894.

(3) *Militärich-Politische Blätter* : « *Was lehrt uns die Seeschlacht an der Mündung des Yuluflusses ?* » par le contre-amiral B. von Werner.

les batailles entre escadres entières ne seront qu'accidentelles et n'auront que l'importance d'éventualités fortuites, quoique toujours sans doute d'une portée considérable.

Les conditions stratégiques ne sont pas les mêmes pour les escadres que pour les armées de terre — pour qui tout mouvement de retraite a l'in-convénient d'abandonner du territoire à l'ennemi, et d'augmenter ainsi ses ressources en diminuant les siennes propres. — Sur mer, le plus faible des deux adversaires peut très bien fuir le combat et se mettre à l'abri dans des ports.

Mais, même à forces égales, l'une ou l'autre escadre aura d'habitude une certaine tendance à éviter une bataille générale. — Deux adversaires de force égale sur mer, qui marcheraient l'un sur l'autre avec une égale énergie, s'anéantiraient mutuellement; c'est-à-dire que le vainqueur sorti-rait du combat dans un état qui ne serait pas beaucoup meilleur que celui du vaincu.

En cas de guerre contre l'Allemagne, la Russie, même avec un nombre moindre de cuirassés, mais en les soutenant par des torpilleurs et des bâ-teaux sous-marins, ayant, en outre, ses côtes protégées par des torpilles fixes et flottantes, susceptibles d'être dirigées de la côte et du bord des bâtiments, la Russie pourrait faire tant de mal à la flotte allemande que les opérations de celle-ci en pleine mer n'influeraient plus en aucune façon sur la marche générale de la guerre.

Cas d'une guerre<br>entre<br>l'Allemagne<br>et<br>la Russie.

Et, inversement, si la flotte russe suffisamment renforcée préférait exé-cuter elle-même une guerre de côtes contre l'Allemagne, en bloquant ses navires, bombardant ses localités côtières et cherchant, sinon à forcer les ports de guerre de l'ennemi, au moins à détruire certaines de leurs construc-tions, — tout cela lui demanderait tellement de temps qu'avant qu'elle y fût parvenue, le sort de la guerre serait fortement marqué par les batailles livrées sur terre, et que, devant leurs conséquences, les résultats maritimes dispa-raîtraient. Il ne pourrait arriver qu'une de ces deux choses : ou bien les Allemands, profitant de leur plus grande rapidité de mobilisation et de con-centration, tourneraient la région fortifiée de la Nareff et du Boug et s'enfon-ceraient à l'intérieur de la Russie, auquel cas il faudrait que celle-ci em-ployât toutes ses forces à repousser l'invasion; ou les troupes russes pénè-treraient en Allemagne, et par cela même la guerre de côtes perdrait tout intérêt.

Mais si l'on préférait construire un certain nombre de cuirassés parti-culièrement destinés à défendre les côtes russes, il en résulterait certaine-ment une dépense supérieure aux pertes probables qu'elle aurait pour but de prévenir. En réalité, il n'est guère admissible qu'on aille sacrifier tout d'un coup plus de cent millions de roubles, au lieu de quelques millions à peine chaque année, pour écarter l'éventualité assez douteuse du bombardement d'un petit nombre de localités faiblement défendues. — C'est comme si le propriétaire d'une maison s'avisait d'entretenir à ses frais toute une troupe de sapeurs-pompiers en vue de la simple possibilité d'un incendie. Ce qui reviendrait évidemment à payer une prime d'assurance exagérée.



Il ne faut pas oublier que, contre les bâtiments ennemis qui menacent les côtes, on dispose de moyens très efficaces, constitués par les torpilles fixes et par celles qu'on peut diriger de la côte, — engins représentés dans le présent volume. Mais des armes plus puissantes encore, ce sont les torpilleurs. Et ceux de la Russie seront particulièrement terribles, par suite de l'intrépidité si connue des marins russes. — A ce point de vue, on peut vraiment qualifier les torpilleurs d'arme nationale russe. L'audace inaltérable de nos marins, voilà ce qui leur permettra d'accomplir des merveilles.

Quant au rôle des cuirassés et à la marche même des batailles en haute mer, elle est loin de se trouver aussi bien définie pour l'avenir; depuis l'adoption de la vapeur, les règles de la tactique et de la stratégie navales ont presque perdu toute importance. Avec la rapidité de marche des bâtiments actuels, avec la façon dont y sont disposés les canons, avec la protection que leur donne la cuirasse et la vulnérabilité de leurs parties non cuirassées, par suite enfin du danger qu'ils courent d'être coulés par une torpille adroitement lancée ou par un seul coup d'éperon, il est devenu plus difficile d'avoir un plan arrêté d'avance; il faut agir toujours d'après les circonstances du moment.

Les batailles navales futures offrent, en outre, cette différence avec celles d'autrefois et même avec des combats bien récents encore, qu'on y verra aux prises non pas des vaisseaux luttant individuellement, mais des escadres entières, ayant comme les armées de terre leur cavalerie, leur artillerie et leur infanterie, représentées respectivement par des croiseurs rapides, des cuirassés, puis des torpilleurs et des contre-torpilleurs.

Il n'est, par conséquent, point étonnant qu'on prévoie de grandes difficultés à conserver l'ordre de bataille et à commander les escadres pendant le combat. Ces difficultés du commandement s'augmenteront encore, comme on l'a dit, par la grande probabilité qu'il y a, pour les commandants des navires, d'être mis hors de combat. Et comme sur mer il n'est pas toujours possible, même dans les manœuvres du temps de paix, de distinguer un bâtiment ennemi d'un bâtiment ami, on conçoit combien difficiles seront les manœuvres qu'il faudra exécuter à travers les coups de l'adversaire et les siens propres, le jour, au milieu de la fumée des cheminées qui s'étendra comme un voile sur tout le champ de bataille; la nuit, parmi les éclats aveuglants des feux électriques.

Mais ce n'est pas seulement les commandants qui auront besoin de connaissances étendues. Sur le vaisseau de guerre actuel se trouvent des « machines motrices, dynamo-électriques, d'épuisement, ventilatoires, de compression, pour le nettoyage, pour actionner le gouvernail, le cabestan, manœuvrer les canons, soulever les embarcations, etc. Ajoutez à cela des douzaines de kilomètres de fils électriques et une foule d'appareils de tout genre réunis dans les chambres des machines, où les hommes, travaillant à la lumière artificielle et dans un air comprimé, disséminés en petits groupes isolés, livrés à eux-mêmes et loin de leurs chefs, doivent, avec une parfaite connaissance de leur affaire, exécuter instantanément et de sang-froid les ordres qu'ils reçoivent télégraphiquement d'une direction invisible... Voilà ce qu'est une unité de combat moderne ».

*Complexité des bâtiments de guerre actuels.*

L'écrivain allemand Henning observe avec raison : « Pour ce qui concerne à proprement parler l'instruction technique militaire des équipages, on peut obtenir partout — en Angleterre, en France, en Allemagne, en Russie, en Italie — des résultats entièrement semblables. Tout dépend ici de l'intelligence et de la fermeté tant du commandant que de ses hommes, et de l'emploi convenable des facteurs techniques. On comprend, qu'en général, l'avantage restera à celui qui commandera un équipage formé de marins de profession; mais, dans le combat, cet avantage pourra être contrebalancé par les qualités militaires des hommes » (1).

En Russie, pays continental, le nombre des marins de profession est peu considérable, et, avec le nombre actuel de ses bâtiments, la marine a déjà des difficultés à recruter des hommes pleinement capables. Il est donc à craindre qu'en augmentant les effectifs on n'amoindrisse la qualité des chefs et des équipages.

*Difficulté, pour la Russie, de recruter le personnel nécessaire au maniement de ces navires.*

Quand l'Angleterre décida de procéder à l'augmentation de sa flotte de guerre, elle s'occupa d'abord de modifier l'organisation de son administration navale, sur les bases de la loi dite *Naval Defence Act*. En étudiant l'organisation navale anglaise et les instructions relatives au commandement des navires de guerre à la mer, il est facile de se convaincre avec quelle prudence l'Angleterre a procédé dans cette circonstance, quoiqu'elle soit un pays maritime et que sa flotte ait toujours été la principale de ses préoccupations.

Le passé militaire de la marine russe renferme bon nombre de pages brillantes. Dès les premiers temps de son apparition, au commencement du xviii<sup>e</sup> siècle, elle remporta des victoires sur les Suédois, et, à la fin de ce même siècle encore, elle fut victorieuse à Tchesma. Dans le siècle actuel,

---

(1) Henning, *Die Küstenvertheidigung* (La défense des côtes). — Berlin, 1892.

ce passé glorieux fut continué dignement par les opérations de l'amiral Séniavine dans la mer Méditerranée, par les victoires de Navarin et de Sinope, par la part héroïque que prirent les marins à la défense de Sébastopol, par les exploits des torpilleurs russes en 1877.

Mais l'histoire de la construction et de l'administration de la flotte et des ports russes est loin d'être comparable à celle des hauts faits de ses marins.

Il est toujours utile de méditer les leçons du passé. Ce n'est pas sans raison que Pirogoff, décrivant l'organisation du service de santé en général et particulièrement la façon dont les blessés furent secourus pendant la guerre de 1877-78, a dit — tout en mettant cette organisation bien au-dessus de ce qu'elle était pendant la guerre de Crimée — que les dispositions administratives avaient, en général, bien de la peine à s'améliorer, et que, même si leurs défauts ne se remarquaient pas en temps normal, on s'en apercevait immédiatement dès qu'on leur demandait un effort sortant un peu de l'ordinaire.

Coup d'œil historique sur le développement de la marine russe. Pendant la vie du créateur de la flotte russe, Pierre I$^{er}$, on construisit sur les chantiers russes plus de 1,000 bâtiments ; mais, trois ans après sa mort, cette flotte russe était déjà réduite à ne pouvoir mettre plus de 4 ou 5 navires à la mer.

Dans un ukase au collége de l'Amirauté, l'empereur Paul s'exprimait comme il suit au sujet de la marine d'alors : « En montant sur le trône de nos ancêtres, nous avons trouvé nos escadres tellement vieilles, que les bâtiments étaient pour la plupart incapables de faire aucun service par suite de leur état de pourriture. »

L'Empereur Alexandre entreprit activement d'améliorer la situation et en chargea un « Comité de formation de la flotte ». Mais les ordres mêmes de revision plus sévère, qui furent donnés alors, ne servirent qu'à couvrir les abus. D'après des témoignages documentés de ce temps, une quantité de matériel et d'objets en bon état furent portés comme hors de service, après quoi ils furent vendus et le prix de vente en fut partagé par les fonctionnaires.

Lors de l'avènement de l'empereur Nicolas I$^{er}$, il y avait « 4 ou 5 bâtiments » qu'on maintenait en bon état pour la montre. Ces 4 ou 5 bâtiments représentaient pour ainsi dire, aux premiers âges de la flotte russe, ce « minimum inaliénable » que la loi actuelle constitue dans le bien du paysan, Tout le reste était en ruines ou avait été « aliéné. »

Il ne fut remis quelque peu d'ordre dans tout ceci que vers la fin du règne de l'empereur Nicolas I$^{er}$, quoique à cette époque encore les constructions navales fussent, en Russie, bien en retard sur celles des autres pays.

On ne commença à construire un peu activement des navires à vapeur que sous l'empereur Alexandre II.

Au cours de la campagne de Crimée, la flotte russe de la mer Noire fut détruite. Les bâtiments en étaient construits d'après les modèles les plus récents et avec de bons matériaux. Par contre, la flotte de la Baltique se composait de navires de construction médiocre, pour la plupart en bois de pin mal séché, comme il est établi par l'examen des *Annales du ministère de la Marine* pour la période de vingt-cinq ans qui va de 1855 à 1880.

Pendant le règne entier de l'empereur Alexandre II dura la lutte contre la désorganisation des défauts enracinés, mais sans résultats bien manifestes, — comme on peut s'en convaincre par les comptes rendus à l'empereur, des contrôleurs impériaux du temps. Après quoi l'on consacra encore beaucoup de soins et de peine à mettre la construction navale et l'administration de la marine à la hauteur des exigences modernes et, en définitive, on arriva à constituer une flotte qui tient le troisième rang entre celles de tous les pays. Mais l'avenir seul peut établir jusqu'à quel point son organisation correspond aux exigences d'une mobilisation complète.

Des habitudes et des traditions deux fois séculaires ne peuvent être modifiées en quelques années. Elles ne céderont que sous l'action prolongée d'une attention clairvoyante et d'une volonté inflexible, qui profitera de toutes les circonstances où un défaut sera mis en évidence, pour rectifier, modifier, récompenser ou punir, en s'efforçant énergiquement d'arriver à mettre la constitution de la flotte pleinement d'accord avec le but qu'elle doit permettre d'atteindre.

Actuellement, grâce à un travail d'organisation actif et longtemps continué, la flotte possède déjà cette constitution. Mais elle ne fait que de naître, et, numériquement, elle est insuffisante. Si l'on s'en rapporte aux données publiées par la presse, l'incomplet serait encore de 43 0/0 pour les officiers et de 30 0/0 pour les mécaniciens. Répartir l'effectif actuel d'officiers et de mécaniciens sur un plus grand nombre de bâtiments serait raréfier d'une façon dangereuse les éléments les plus sérieux de notre marine.

Et maintenant passons, de ces considérations générales, à l'examen des détails.

Il y a déjà quelque temps que, par suite de l'augmentation des vitesses initiales des projectiles de l'artillerie et du calibre des canons, la cuirasse ne forme plus, pour les bâtiments, une protection suffisante. Les dessins des cuirasses des différents modèles, y compris les plus récents expérimentés à Ochta en 1895 et qui, jusqu'à présent, ont résisté aux projectiles, peuvent donner une idée de la rapidité des changements accomplis. Le graphique reproduit sur la planche de la page 14 montre quelle est la force de pénétration des projectiles actuels.

On a construit une énorme variété de modèles de bâtiments cuirassés, non point en raison des destinations spéciales auxquelles tel ou tel type pouvait mieux correspondre, mais parce que les canons devenaient graduellement de plus en plus lourds, et qu'en même temps on devait augmenter l'épaisseur de la cuirasse. Ces deux causes ont entraîné des remaniements continuels dans l'arrimage des navires et dans la disposition de leur artillerie.

On a augmenté peu à peu l'épaisseur de la cuirasse, ce qui en a élevé tellement le poids qu'on n'a plus eu d'autre ressource que de réduire l'étendue du doublage cuirassé des bâtiments. Peu à peu on l'a rétréci au point de le ramener à une étroite ceinture qui ne dépasse la ligne de flottaison que de quelques dizaines de centimètres.

Et néanmoins, le rapport du poids de la cuirasse au déplacement du navire s'est constamment accru — comme on le voit par le graphique précité — et une grande partie du prix de revient des bâtiments est précisément absorbée par le cuirassement : sur 21 millions qu'a coûté le *Magenta*, la cuirasse en a coûté 15, c'est-à-dire 71 0/0 du prix total.

Dans la période actuelle de la lutte entre l'artillerie et la cuirasse, on admet que la protection du bordage par la cuirasse a pris le dessus sur le canon ; d'abord, par suite des progrès réalisés dans la fabrication même des plaques, et ensuite, parce que des expériences de tir exécutées dans la marine anglaise en 1896, sur une échelle tout à fait nouvelle et avec des canons des plus grandes dimensions, ont prouvé que le nombre des coups qui portent est très restreint, ainsi qu'on le voit par la planche de la page 30.

L'unique combat naval qui ait eu lieu dans l'état actuel de l'armement, c'est-à-dire le combat de Ya-lou entre les Japonais et les Chinois, s'est déroulé dans des conditions tout à fait exceptionnelles ; et il n'est pas douteux que, s'il s'était agi de deux flottes européennes, les engins employés eussent produit des effets destructeurs incomparablement plus grands. Toutefois cette bataille n'en a pas moins démontré qu'avec les canons à tir rapide, on peut démolir toutes les parties des bâtiments qui ne sont pas protégées par la cuirasse, et y allumer des incendies ; de sorte que les cuirassés, même en restant indemnes dans les parties que recouvre la cuirasse, n'en deviennent pas moins incapables d'agir, comme on le voit par le dessin ci-contre.

Conclusions tirées de la bataille de Ya-lou.

En Allemagne, on a tiré de la bataille de Ya-lou cette conclusion générale, que le seul bâtiment cuirassé sur lequel on puisse compter aujourd'hui ne saurait être qu'un énorme monitor entièrement protégé par une cuirasse (1). En France, M. de Chasseloup-Laubat, dans un mémoire adressé à

---

(1) Amiral Werner, *Der Seekrieg* (La guerre navale.)

Les débris du cuirassé *Yang-Wéi*.

la Société des ingénieurs civils, exprimait la même idée : « Actuellement,
dit-il, il n'existe qu'un seul type de navire de combat capable de supporter les coups terribles de la nouvelle artillerie. Ce serait un navire à
bordages peu élevés, n'ayant presque pas de parties sortant de l'eau et dont
le pont serait au-dessous de la ligne de flottaison. » La même opinion a été
exprimée par d'autres spécialistes français dans les questions maritimes,
tels que Bertin, Ferrand, Crosneau.

Dans la *Rivista marittima* italienne, M. Lorenzo d'Adda exprime cette
opinion que : « le navire de combat de l'avenir doit être une sorte de
monitor très peu élevé au-dessus de l'eau, fortement armé...... » L'amiral
allemand Werner a établi le projet d'un nouveau bâtiment dont nous donnons le plan et l'élévation à la page 412.

Si l'on compare ce bâtiment aux modèles qui existent aujourd'hui, il
est facile de voir combien peu d'avantages on retirera, selon toute vraisemblance, des milliards absorbés jusqu'à présent par la construction
des flottes actuelles.

Mais il est encore une circonstance défavorable aux cuirassés ; c'est que,
précisément avec l'emploi des projectiles remplis de substances explosibles,
la cuirasse elle-même n'offre plus une protection suffisante, si l'on n'y joint
pas un pont blindé d'une épaisseur assez grande pour résister à un projectile tombant sous un grand angle. Poyen dit que toute protection fournie
par une ceinture de cuirassement est inutile et vaine, s'il suffit d'un seul

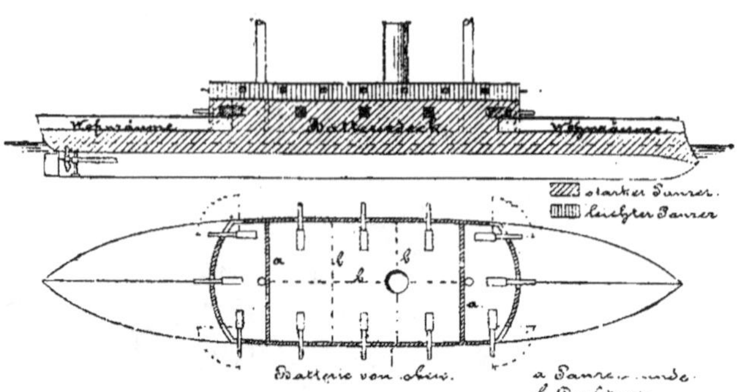


Le bâtiment de guerre de l'avenir, d'après l'amiral Werner.

projectile atteignant le pont pour mettre un navire hors de combat par suite des dommages causés à ses œuvres vives (1). Si l'on ne veut pas risquer de voir des cuirassés dont la construction a coûté des millions anéantis par la chute d'un seul projectile, il est absolument nécessaire d'en recouvrir le pont d'un blindage vraiment assez fort pour neutraliser les effets des coups qui peuvent l'atteindre.

Et de fait, sur les cuirassés les plus récents, les ponts sont recouverts d'une cuirasse, mais dont l'épaisseur est toutefois assez réduite. Voici du reste comment la construction de ces cuirassés est exposée par Crosneau, professeur à l'école du génie maritime français, qui, dans la *Revue des Sciences*, indique les nouveaux dispositifs réalisés par White sur les bâtiments du type *Majestic*, et montre comment se trouve ainsi creusé, en quelque sorte, un abîme entre ce navire et ceux qu'on avait construits auparavant.

Voici la description de ce système.

**Les nouveaux dispositifs de cuirassement.** Il n'y a pas à proprement parler de ceinture cuirassée. Au lieu d'une cuirasse épaisse à la ligne de flottaison, qui garantisse contre les obus explosifs, on fait maintenant une cuirasse plus haute, épaisse de 279 millimètres, le long du bordage, *qui, dans bien des cas, peut résister à l'effet des projectiles explosifs*, mais qui résiste absolument aux projectiles ordinaires, même tirés à fortes charges. La hauteur de ce blindage est de 4ᵐ,88 dont 3ᵐ,05 au-dessus de la ligne de flottaison et 1ᵐ,83 au-dessous. « En un mot, ajoute le professeur Crosneau, ce qui caractérise le système de cuirassement des nouveaux bâtiments anglais et italiens, c'est une haute cuirasse établie

_______

(1) Poyen, *Znatchénié morskoï artillerii v'srajéniakh poslédnavo vremeni*. (Rôle de l'artillerie navale dans les combats de ces derniers temps).

tout le long du bordage pour remplacer la ceinture d'autrefois qui, dans ces deux flottes, est entièrement abandonnée. Observons que cette cuirasse de bordage ne donne pas une garantie absolue et n'est en état que de résister dans beaucoup de cas aux projectiles explosifs. Cependant, à l'époque actuelle, le nombre des coups qui l'atteindra sera considérable.

« En réalité, alors que le tir des canons des plus forts calibres ne donne pas du tout d'atteintes, alors qu'avec des canons de calibre encore puissant on n'en obtient qu'un très petit nombre, comme l'ont montré les expériences de tir exécutées en Angleterre, les canons de 15 cent. à tir rapide donnent en moyenne jusqu'à 30 0/0 d'atteintes, d'après le tir exécuté par 23 bâtiments, et 25 0/0 en tenant compte du tir de tous les navires, — chacun des projectiles ainsi lancés pouvant être rempli de substances explosibles. Le graphique de la planche, page 30, montre clairement les résultats de cette expérience.

En Allemagne, ces projectiles reçoivent une charge explosive de 15$^k$600. En Angleterre, à la suite des expériences exécutées à Portsmouth sur la *Nettle*, l'Amirauté a décidé d'introduire dans la flotte un nouvel obus, destiné à tous les canons se chargeant par la culasse, depuis le calibre de 419 $^m/_m$ jusqu'à celui de 152 $^m/_m$. Cet obus est en acier fondu. Pour augmenter sa force de pénétration, la fusée lui est fixée non pas à l'avant comme autrefois, mais à l'arrière. L'obus de ce genre, lancé par le canon de 419 $^m/_m$, pèse, non chargé, 726 kilogrammes, et renferme une charge explosive du poids de 91 kilogrammes (1). »

Le résultat produit par l'action de ces projectiles est ainsi décrit par le commandant Vallier (2) : « Leur effet est semblable à celui qu'on obtient par le tir des bombes ; non seulement ils détruisent la batterie haute et les parties du cuirassé qui s'y rattachent, mais encore ils arrivent, par suite de ces dégâts et de l'impression que ceux-ci font sur les hommes, à rendre un bâtiment complètement immobile pendant quelque temps, de sorte que, par là-même, il devient une cible que les coups suivants peuvent facilement atteindre. En un mot, l'effet de ces projectiles est tel qu'il suffit d'un seul coup heureux pour arrêter un navire sur place, et le navire arrêté de la sorte est condamné par là-même à périr. »

Comme résultat de ces observations apparaît la possibilité d'utiliser même des navires que l'on considérait comme inaptes au combat à cause de la faiblesse de leur artillerie. L'emploi des projectiles explosifs leur

---

(1) Professeur Crosneau, *Revue annuelle des progrès de la Marine* et *Revue des sciences.*

(2) *Revue d'artillerie.*

permettra de se mesurer avec des adversaires munis d'un armement plus puissant. Il est très possible à un bâtiment rapide, armé de canons de calibre moyen, et par là-même disposant de munitions en abondance, de soutenir, sans trop d'avaries, la poursuite d'un cuirassé et même d'infliger à celui-ci des pertes sérieuses. On voit par là qu'il est avantageux d'armer des navires en bois de canons de moyen calibre et de les munir de projectiles explosifs, au lieu de conserver ces derniers exclusivement pour les canons des grands calibres et pour les cuirassés.

Mais les inventeurs n'en sont pas restés là. A peine le type *Majestic*, susceptible de donner ainsi quelque sécurité, fût-il connu, qu'ils se mirent immédiatement à l'œuvre afin de paralyser les moyens de protection imaginés pour les nouveaux cuirassés. Dans ce but, ils se mirent à augmenter la quantité de substances explosives contenue dans les projectiles qui pouvaient être lancés avec des canons ordinaires et, plus tard, avec des canons pneumatiques.

Perfectionnement des canons pneumatiques.

Il faut remarquer que, dans ces derniers temps, de grands progrès ont été réalisés dans la fabrication des canons pneumatiques. A l'exposition universelle de Chicago, il en fut présenté de toutes grandeurs qui lançaient des projectiles renfermant jusqu'à 227 kilogrammes de substance explosive.

En 1889, on fit des expériences avec des canons de 15 pouces, et il se trouva que, sur 100 coups tirés, la moitié atteignirent le but représentant un navire placé à la distance de 2 kilomètres.

Chacun des projectiles, qui contenait 250 kilogrammes d'explosif, lorsqu'il frappait la surface de l'eau même à 30 yards (27 mètres) du but, produisait une explosion tellement puissante qu'elle eût détruit n'importe quel bâtiment.

Il existe aussi des canons à dynamite de Graydon et d'autres inventeurs de modèles plus nouveaux.

Graydon a établi encore des projets de 8 modèles de différentes grandeurs. L'un d'eux était disposé sous la forme d'un canon-revolver à cinq tubes qui tirait 75 coups en une minute, et pouvait même être employé comme canon de campagne.

Le Sénat des Etats-Unis de l'Amérique du Nord, par un vote du 12 décembre 1888, a consacré une somme de 12 millions de roubles argent (48 millions de francs) à l'achat de 250 canons à dynamite pour la défense des côtes; d'autres pays s'occupent également de cette question.

Toutefois les machines compliquées, qui servent à comprimer l'air nécessaire au fonctionnement de ces engins, s'opposent encore à ce qu'ils soient d'un emploi pratique dans la guerre navale, sur les petits bâtiments.

Mais l'expérience nous prouve avec quelle rapidité les perfectionnements se succèdent. Nous avons déjà vu le nouveau modèle de canon à dynamite Sims-Dodds, qui se charge avec de la poudre ordinaire et qui comporte trois tubes : l'inflammation de la poudre se produisant dans les tubes latéraux et la pression des gaz se communiquant ensuite au tube central, dans lequel se trouve le projectile. Ce dernier est représenté posé à terre dans le dessin de la planche de la page 52.

Une autre invention bien plus sérieuse est celle des torpilles aériennes Maxim, dont la forme et la puissance d'action sont indiquées sur le dessin de la planche de la page 69.

On assure que ces torpilles, lancées par des canons, possèdent une terrible puissance.

Malgré l'autorité de Maxim, nous admettrons qu'il y a de l'exagération dans ses affirmations quand il soutient que ses canons sont en état de lancer des obus chargés de 1,000 kilogr. de substances explosives, que d'autres projectiles renfermant 500 kilogr. des mêmes substances peuvent être envoyés jusqu'à 13 kilomètres ; et qu'enfin son projectile explosif, du poids de 710 kilogr., est en état de détruire le plus puissant bâtiment de guerre s'il en tombe seulement à une distance de 140 pieds, c'est-à-dire s'il frappe un point quelconque d'une surface de 238,000 pieds carrés (1). Tout cela, nous l'admettons, n'est pas encore expérimentalement établi. Toutefois, il faut songer que Maxim a déjà fait ses preuves comme inventeur et possède des millions, ce qui lui permet d'exécuter ses expériences sur une très grande échelle. En tous cas, la communication de cet ingénieur montre quels énormes résultats la technique compte atteindre même dans un avenir prochain.

Et ensuite on se demande si, en présence de ces faits, les bâtiments que l'on construit aujourd'hui doivent conserver longtemps leur importance. Actuellement peu de personnes osent soutenir qu'avec les progrès rapides de la science, on n'inventera pas bientôt des engins capables d'agir contre les cuirassés du plus récent modèle. Mais sans même aller aussi loin, il est impossible de nier qu'une légère augmentation de la charge explosible des projectiles actuels, ne soit capable d'anéantir toutes les améliorations réalisées dans la protection par la cuirasse, qui viennent d'être indiquées pour le *Majestic*.

Qu'adviendra-t-il dans un avenir prochain des bâtiments d'aujourd'hui ?

L'expérience prouve que, dans le cours de ces vingt dernières années, ont été proposés les uns après les autres plus de dix modèles de cuirassement des navires, qui tous furent donnés en leur temps comme suscep-

---

(1) En calculant d'après les dimensions du *Majestic*, dont la longueur est de 390 pieds et la largeur de 75.

tibles d'assurer aux bâtiments une sécurité complète, et que chaque fois de nouveaux progrès de la technique sont venus renverser ces espérances ; — comme le montrent les tableaux insérés dans la planche de la page 15 et intitulés : « Evolution dans la construction des cuirassés ». Pourquoi dès lors supposer que désormais il en puisse être autrement ?

Outre la puissance de pénétration de ces nouveaux projectiles explosifs, il faut encore songer que, lors de leur éclatement, il se produit, — comme l'a prouvé l'expérience de la *Belliqueuse* et de la *Résistance*, — une telle quantité de vapeurs nitreuses, que pendant vingt minutes il est impossible d'approcher du foyer de combustion. Ainsi, le bâtiment atteint reste immobile sous le feu, offrant une cible commode aux coups ultérieurs ; et même, s'il est pris en temps utile à la remorque, il faut ensuite qu'il reste longtemps immobile dans un port sans rendre aucun service.


Nous appellerons encore l'attention sur une autre circonstance. Les cheminées offrent une grande surface aux projectiles, et l'amiral Werner soutient qu'avec le fort tirage aujourd'hui nécessaire pour développer une grande force, dès qu'un tuyau sera crevé par un projectile, le feu en sortira pour se répandre sur le pont. En outre, les ouvertures ordinaires nécessaires pour la ventilation seront aussi promptement détruites, et on ne sait alors ce qui se passera dans les parties intérieures du navire. Déjà maintenant, même en temps de paix, il est très difficile de trouver des chauffeurs. Ce métier n'est supportable que pour des hommes d'une santé extraordinairement robuste. Dans la flotte anglaise on cherche même à y dresser des individus recrutés parmi les nègres, qui supportent plus facilement la chaleur.

Mais, outre les tuyaux, il reste encore sur les cuirassés actuels, malgré tout ce qu'on a fait pour en protéger l'ensemble, — il reste encore d'autres œuvres vives qui ne sont pas abritées. La planche de la page 15, bien que ne donnant pas les modèles des cuirassés récents, n'en est pas moins instructive à ce point de vue. Ce qui surtout n'est pas abrité, ce sont les mâts nécessaires pour faire des signaux. Si ces mâts sont atteints, la manœuvre au cours du combat devient impossible : c'est un fait dont nous avons déjà signalé l'importance dans les conclusions formulées sur la bataille de Ya-lou. Pour mieux la faire comprendre encore, nous avons donné dans les planches des pages 258 et 235 des croquis représentant : les uns, des manœuvres aux environs de Belfast, les autres, des avaries survenues aux bâtiments chinois pendant la guerre sino-japonaise. Dans le combat de Ya-lou, un projectile atteignant un mât de l'*Akagi* le coupa comme un fil, ainsi qu'on le voit sur la figure, page 256.

Le mât atteint fut brisé et tomba sur le pont. Les hommes qui s'y trouvaient, frappés par des projectiles et des éclats de toutes sortes, avaient dû s'enfuir pour se mettre à l'abri des flammes qui sortaient des tuyaux crevés des cheminées. Cette circonstance rendit impossible l'exécution des signaux et empêcha tout échange d'observations entre les divers bâtiments de l'escadre.

Observons encore que, même pour les parties du navire protégées par la cuirasse, notamment le pont, la sécurité est très douteuse. Lord Brassey, dans le *Naval Annual* publié alors que le nouveau système de cuirassement adopté pour le *Majestic* était déjà entièrement connu, formule des considérations qui sont dignes d'une attention sérieuse.

Sécurité<br>douteuse<br>même<br>des parties<br>cuirassées.

Tout ce qui n'est pas protégé par une épaisse cuirasse sera balayé du pont par les projectiles du tir rapide. Mais même pour les êtres humains abrités par des murailles de fer, reste à savoir si ceux qui se trouveront dans les tourelles cuirassées pourront supporter les commotions produites par les chocs des projectiles, comme aussi quelles dévastations amèneront dans les parties internes du navire les projectiles qui parviendront à y pénétrer après avoir traversé la cuirasse. Remarquable est la facilité avec laquelle les explosions des projectiles produisent des incendies et mettent le feu au pont, aux mâts, aux passerelles, aux embarcations et à tout ce qui est susceptible de s'enflammer.

Tout ce qui se trouvera dans le voisinage du point d'éclatement d'un obus sera exposé à une destruction complète; des milliers de débris de ferraille voleront de tous côtés avec une vitesse effrayante, perçant les ponts et les cloisons. Quand l'explosion aura lieu près d'un blindage, la violence du choc arrachera, au point frappé, sur une grande surface, le métal dont les fragments s'en iront eux-mêmes comme des éclats de projectiles détruire tout ce qui se trouvera au-dessous d'eux à l'intérieur du bâtiment. Celui-ci constitue par lui-même une cible d'énormes dimensions, dans laquelle de puissants projectiles explosifs feront brèche en quelques minutes de combat, d'où pourra résulter facilement l'écroulement des superstructures supérieures du navire et leur chute sur le pont. L'alarme se répandra partout, les communications seront coupées entre la passerelle du capitaine et les parties intérieures du bâtiment; les hommes qui se trouveront sur le pont, comme ceux des batteries, seront très probablement tous tués.

Ainsi cette machine de guerre si ingénieusement construite et si coûteuse, sur laquelle reposaient tant d'espérances, sera transformée en une sorte de radeau chargé de débris, capable tout au plus d'aller chercher refuge dans un port (1).

---

(1) *Naval Annual* : Extrait d'un article de Deban dans le Journal le *Yacht*.

On n'est pas moins sceptique en France à l'endroit des cuirassés. La *Marine française* a publié un article, où est exprimée une opinion qui mérite d'être signalée. Il suffit — y lisons-nous, — de quelques projectiles atteignant un cuirassé, pour mettre immédiatement hors de service une partie de ses bouches à feu et pour entraver le service des plus grosses qui sont établies dans les tourelles — dont le mouvement de rotation sera forcément arrêté par les débris de tôle de fer arrachés qui se trouveront lancés sur elles, — pour détruire ou endommager les appareils de manœuvre du gouvernail, pour crever les cheminées, ce qui fera répandre la fumée et les flammes par tout le bâtiment. Si celui-ci est frappé par un obus à forte charge, son explosion produira des dégâts énormes. Si, par exemple, un obus chargé d'une dizaine de kilogrammes de mélinite tombe entre deux ponts d'un cuirassé, son explosion courbera ou brisera les cornières voisines qui soutiennent le pont, tendra tellement les fils électriques qu'ils se rompront, crèvera les tuyaux à vapeur et les chaudières, en un mot bouleversera tous les organes vitaux du navire dans un rayon de quelques mètres autour du point d'explosion, — outre qu'elle remplira les locaux intérieurs d'une fumée irrespirable qui ne permettra pas d'y pénétrer avant un quart d'heure, si puissamment qu'en soit organisée la ventilation (1).

Pour expliquer ces façons pessimistes de voir, nous donnons, dans la planche ci-contre, deux croquis des plus récents cuirassés anglais : *Majestic* et *Renown*. On y voit, surtout par la coupe, combien de parties tout à fait essentielles du navire ne sont pas protégées du tout ou ne le sont que d'une façon insignifiante.



Mais par-dessus tout cela une autre considération milite encore contre la construction de ces cuirassés si coûteux. C'est qu'ils ont un très dangereux ennemi dans les torpilleurs qui peuvent actuellement agir avec leurs torpilles de trois façons : soit en faisant usage de torpilles « portées » à l'extrémité de perches disposées à l'avant et longues de 25 à 30 pieds, soit au moyen de torpilles lancées, soit avec des torpilles automobiles Whitehead et d'autres systèmes analogues. Il faut d'ailleurs observer qu'aujourd'hui non seulement les torpilleurs, mais aussi les cuirassés sont armés de ces engins.

Lorsqu'un vaisseau s'approchera d'un autre, les torpilles lancées seront une arme puissante de destruction; mais il est très probable qu'elles ne seront pas dangereuses que pour l'ennemi.

L'amiral Reveillère cite le passage suivant d'une lettre par lui reçue

---

(1) Extrait d'un article du journal : *La Marine française.*

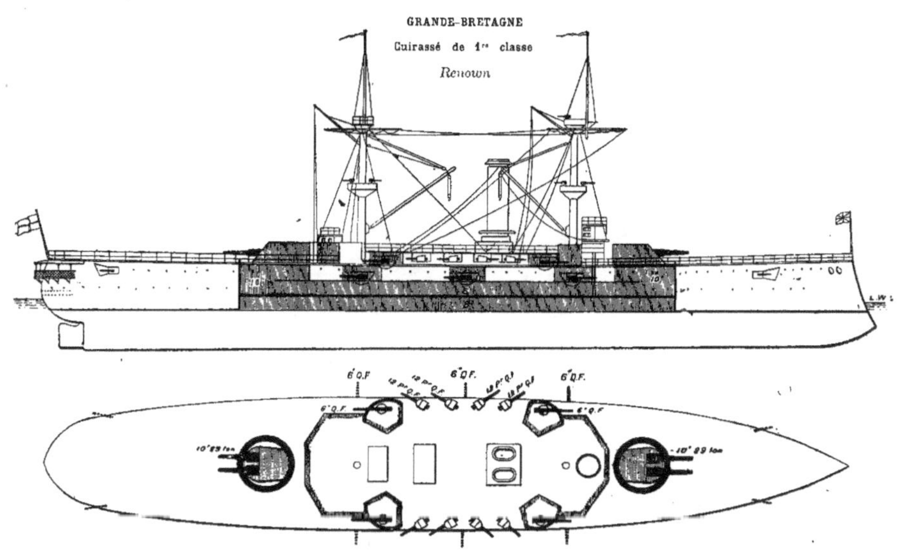
GRANDE-BRETAGNE
Cuirassé de 1re classe
Renown
6"Q.F.
6"Q.F.
6"Q.F.
6"Q.F.
6"Q.F.
10" 29 ton
10" 29 ton

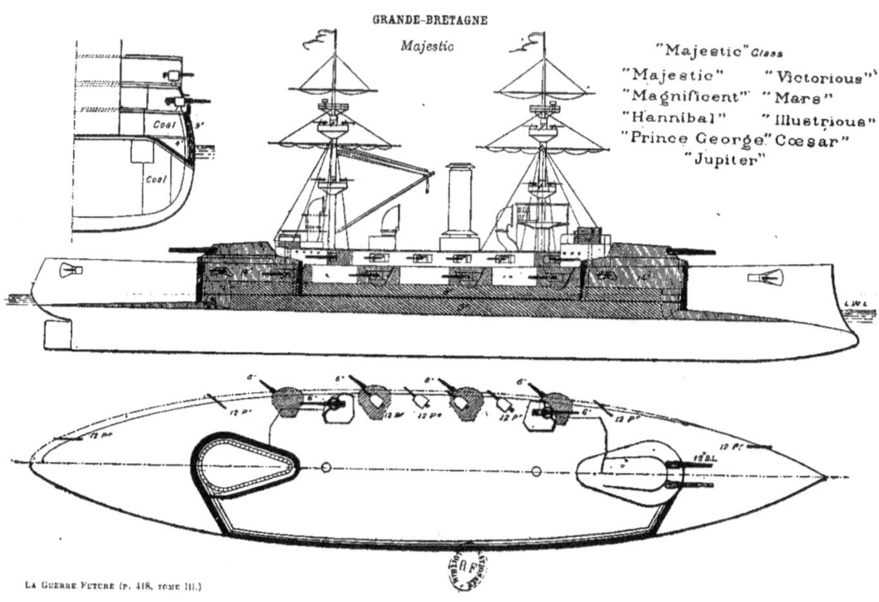
GRANDE-BRETAGNE
Majestic
"Majestic" Class
"Majestic"        "Victorious"
"Magnificent"    "Mars"
"Hannibal"        "Illustrious"
"Prince George"  "Cœsar"
"Jupiter"
Coal
Coal
Coal

d'un officier de marine qui avait pris part au combat de Ya-lou: « Voilà ce que j'ai remarqué dans cette affaire : les torpilles Whitehead emmagasinées au-dessous de la ligne de flottaison constituent un grave danger pour le navire. En prévision d'un incendie les Chinois jugeaient même prudent de s'en débarrasser en les jetant à l'eau. Et cette prudence n'était peut-être pas aussi blâmable qu'elle peut le paraître. L'explosion du bâtiment américain *Maine* et d'autres cas encore montrent que la conservation, à bord des navires, de substances explosives, n'est pas sans danger, même en temps de paix. Que sera-ce en temps de guerre? »

Le plus grande portée des torpilles lancées est évaluée à 1,000 mètres. Il est admis qu'avec la construction parfaite des torpilles modernes il n'est pas nécessaire, pour s'en servir, de s'approcher de l'ennemi à moins de 200 mètres. Mais il faut songer aussi à cette circonstance que, dans une bataille, au cas d'une manœuvre, les torpilles seront dangereuses non seulement pour l'ennemi, mais pour les navires mêmes de l'escadre qui les auront lancées. — Nous laisserons toutefois cette considération de côté et nous n'examinerons qu'un côté de la question : le danger pour l'ennemi.

Une commission nommée par le gouvernement de l'Amérique du Nord pour étudier la question du rôle que joueront les torpilleurs dans la lutte contre les cuirassés est arrivée à conclure que ces torpilleurs peuvent sûrement détruire tous les bâtiments, pour peu qu'ils ne soient pas coulés pendant les deux minutes à peine dont le cuirassé dispose pour accabler l'ennemi des coups de ses canons à tir rapide. Et c'est précisément pour cela que les lourds cuirassés, malgré les filets protecteurs dont ils s'enveloppent pour se protéger, malgré les projecteurs électriques, les lanternes de combat et les canons à tir rapide, ont toujours cette infériorité d'être peu mobiles; et dans la plupart des cas les torpilleurs en attaqueront un groupe tout entier, — comme on le voit sur le croquis de la page 268.

Dans chaque pays, le nombre des torpilleurs est de trois à sept fois plus grand que celui des cuirassés et la perte même d'un grand nombre des premiers ne peut être comparée à celle d'un seul des autres, dont l'équipage est quelques dizaines de fois plus nombreux et le prix autant de fois plus élevé.

Multiplicité<br>et<br>développement<br>des<br>torpilleurs.

On objecte à cela, il est vrai, que les petites dimensions des torpilleurs et leur insuffisant approvisionnement de combustible les empêcheront d'aller chercher les cuirassés en haute mer.

Mais ces obstacles eux-mêmes ont été écartés par la construction de navires spéciaux destinés au transport des torpilleurs. En outre, on exige des torpilleurs construits actuellement la capacité de naviguer librement en mer par tous les temps, de déployer une grande vitesse et de se suffire longtemps avec leur propre approvisionnement de combustible.

Nulle part, aujourd'hui, l'on ne verra plus de torpilleurs dont la longueur ne dépasserait pas cent pieds. On n'en construit que de dimensions supérieures à ce chiffre.

A la suite d'expériences faites en France, il y a quelques années, la conviction s'était établie qu'un torpilleur s'approchant d'un cuirassé sans être vu, jusqu'à une distance de 4,000 mètres, le coulerait sûrement à fond; tandis que, s'il était aperçu plutôt, ce serait lui qui subirait ce destin.

Mais depuis cette époque la situation s'est modifiée, et non pas à l'avantage des cuirassés.

Les torpilleurs sont construits de manière à développer une vitesse de plus de 30 nœuds (plus de 55 kilom. à l'heure); ils ne peuvent être aperçus par les navires, comme l'a prouvé l'expérience, qu'à une distance d'environ 1,500 mètres au maximum. — C'est-à-dire que, pour repousser le torpilleur qui court sur lui, le cuirassé ne disposera guère que d'une minute et demie.

Si l'on en juge d'après les expériences faites aux manœuvres, quand toutes les équipes des canons à tir rapide sont sur leurs gardes (comme on le voit sur la planche de la page 117, qui montre le tir d'un canon-revolver Hotchkiss) et quand le tir se fait à blanc, il n'est pas permis de se flatter qu'on puisse, en aussi peu de temps, couler à fond un torpilleur.

Mais, dans un combat réel, les conditions se présentent tout autrement. Ecoutons ce que dit, à ce sujet, un ancien ministre de la Marine française, M. Lockroy : (1).



« Voici un torpilleur, par exemple. Pour attaquer un bâtiment de haut bord, il va se présenter dans un « relèvement » très voisin de la direction et sur la route suivie par le navire attaqué. Dès lors, les deux adversaires en présence vont se déplacer l'un par rapport à l'autre avec une vitesse relative sensiblement égale à la somme des vitesses de chacun d'eux. Il n'est pas exagéré d'admettre que cette vitesse puisse atteindre dès maintenant et peut-être même dépasser 30 nœuds, c'est-à-dire que la distance du torpilleur au cuirassé ou croiseur attaqué varierait de 15 mètres par seconde, de 100 mètres en 6 secondes 1/2. On juge par là des difficultés que l'on éprouverait à donner aux pièces à tir rapide des indications de pointage suffisamment précises, capables de suivre les variations de la distance, de fournir des éléments à la rectification du tir. Ajoutez à cela, et pour compliquer la situation, que le navire pourra être attaqué par plusieurs torpilleurs à la fois.

(1) Lockroy, *La marine de guerre*, 1897.

« Mais supposons ces premières difficultés vaincues. Il faudra encore tenir compte des variations de la distance et des déplacements du but pendant que le projectile parcourt sa trajectoire. Ce temps, si faible qu'il soit, n'est pas négligeable en présence de déplacements de 15 mètres par seconde, puisqu'il suffirait au torpilleur de 2 secondes ou de 2 secondes 1/2, s'il est de proportions moyennes, pour parcourir une distance égale à sa longueur.

« Les pièces à tir rapide, celles du moins qui sont plus particulièrement destinées à agir contre les torpilleurs, doivent donc être étudiées de manière à ce que leur projectile arrive au but dans le minimum de temps possible.

« Certains torpilleurs sont armés, depuis quelque temps déjà, de torpilles dont le parcours utile atteint à peu près 800 mètres. Par suite, tout navire soucieux d'assurer sa sécurité recherchera les moyens de mettre son adversaire hors de combat avant que la distance ne soit descendue à 1,000 mètres environ. Or, il suffit au torpilleur, pour se rapprocher de 1,000 mètres, pour passer, par exemple, de 2,000 à 1,000, de 65 secondes. Dans l'hypothèse indiquée, les pièces de petit calibre et à tir rapide devraient donc agir de toute leur puissance pendant ce court espace de temps ; leurs projectiles devraient franchir le plus rapidement possible la distance moyenne de 1,500 mètres, à laquelle ils doivent être le plus fréquemment employés.

« On ferait donc bien de renoncer aux petits canons à tir rapide, dont le tracé remonte à dix ans et dont le projectile met 3 secondes 1/2 à franchir les 1,500 premiers mètres ; encore mieux de renoncer à ceux dont les projectiles emploient 5 à 6 secondes à parcourir la même distance. »

Il ne faut pas oublier, non plus, que par les journées de brouillard le tir des canons ne peut malgré tout être efficace.

Tels sont les résultats des dernières expériences. Quant à ce qu'atteindra encore la technique, il est impossible de le prévoir. Actuellement, nous nous trouvons en présence de la question de modification dans la nature même du moteur des navires, par l'emploi de turbines au lieu d'hélices, — comme on le voit par la figure de la planche page 274, qui représente un bâtiment mis en mouvement de cette manière. D'un autre côté, les procédés de lancement des torpilles ont été notablement perfectionnés, quoique les essais exécutés en France, en Autriche et en Italie, aient été entourés d'un impénétrable secret. On sait seulement que partout s'exécutent des expériences et qu'on instruit des détachements de torpilleurs composés de spécialistes, dans le but de perfectionner les règles du combat à la torpille. Une seule chose est bien certaine, c'est qu'aujourd'hui les torpilles, remplies d'énormes quantités de substances explosibles, sont capables, quand elles frappent avec précision, de détruire le plus colossal bâtiment cuirassé.

L'amiral Werner (1) assure qu'aussitôt le prix de revient de l'aluminium assez diminué pour employer ce métal à la construction des navires, on pourra, grâce à sa légèreté, faire les coques tellement épaisses, qu'aucun projectile explosif ne les traversera plus et que l'attaque avec des torpilleurs deviendra pure folie. Or, dès maintenant, le prix de l'aluminium a tellement baissé qu'on en fait des objets pour les usages domestiques, comme par exemple des clefs.

Et, si cette prévision se réalisait, les nations européennes se mettraient à dépenser de nouveaux millions pour construire des bâtiments en aluminium. Mais alors les inventeurs, stimulés par les fabricants et ceux qui les soutiennent dans les sphères administratives de tel ou tel pays, se mettraient à chercher des explosifs plus puissants. Impossible de prévoir à qui restera le dernier mot dans cette rivalité de l'attaque et de la défense.

La construction des cuirassés serait chose très risquée pour la Russie.

N'étant pas spécialiste, il est possible que, dans les détails, nous nous exagérions l'importance des opinions émises contre la construction de cuirassés. Mais, pour nous, la question qui prime toutes les autres en cette affaire, c'est celle d'opportunité. Et comme nous jugeons d'après la comparaison des objectifs visés par la technique, avec les moyens qu'elle propose pour y atteindre, nous pensons avoir le droit d'exprimer une opinion. Or, il nous semble que nous avons déjà une base solide d'appréciation sur un point : c'est que la construction des cuirassés constitue pour la Russie une affaire extrêmement risquée, qu'il vaut mieux ajourner, si la chose est possible. Par conséquent, c'est aux techniciens de démontrer l'impossibilité de cet ajournement.

Il en est tout autrement des croiseurs.

Tout autrement se présente la question des croiseurs. La Russie peut se trouver en guerre avec l'Allemagne. En pareil cas, il lui sera très avantageux de couper les communications maritimes de son ennemie; mais pour cela elle n'a pas du tout besoin d'accroître sa flotte. Si, en effet, la Russie doit faire cette guerre de concert avec la France, les forces des deux pays alliés seront pleinement suffisantes pour atteindre le résultat cherché. Et si la Russie est seule, elle ne peut couper les communications maritimes de l'Allemagne, parce qu'alors ce pays, pour importer ce dont il a besoin, disposera toujours de la mer Méditerranée qui peut se trouver fermée aux croiseurs russes, tant au Bosphore qu'à Gibraltar, à Aden et à Suez, car les clefs de toutes ces portes d'entrée et de sortie seront aux mains de l'Angleterre.

_______________

(1) Werner, *Die Kampfmittel zur See.*

En outre, avec l'étendue de la frontière continentale qui sépare l'Allemagne de la Russie, il n'est pas admissible que la guerre entre ces deux pays n'ait lieu que sur mer. Et si la victoire reste à la Russie dans la lutte sur terre, ce sera suffisant.

De même que si la guerre sur terre était favorable aux Allemands, la diversion maritime aurait trop peu d'importance pour pouvoir neutraliser les effets de la victoire remportée à terre. D'une façon générale, dans la lutte entre la Russie et l'Allemagne, la Russie disposera de bien plus de moyens d'action sur terre que sur mer.

Tout autrement se présentent les choses dans le cas d'une guerre avec l'Angleterre. Pour ce pays, la sécurité des communications maritimes représente déjà directement une question de vie ou de mort. Mais, par là même, le danger de voir ces communications interrompues et l'énormité des dommages que cette interruption lui causerait suffisent pour écarter la possibilité même de la guerre; quoique l'Angleterre soit convaincue qu'elle arriverait en fin de compte à avoir le dessus, parce que, sur mer, elle est beaucoup plus forte que la Russie. L'interruption de l'arrivée des approvisionnements nécessaires à sa population ne permettrait pas à la Grande-Bretagne de soutenir une guerre quelque peu prolongée. Elle ne récolte en effet chaque année sur son territoire, en fait de froment, de seigle et d'orge, que pour une consommation de 274 jours, et pour 76 jours seulement d'avoine.

Elle n'en a d'ailleurs besoin qu'au cas d'une guerre avec l'Angleterre.

Et si même, acceptant l'opinion, que rien ne justifie, des optimistes, on admet que les vivres puissent arriver en Angleterre sous la protection de ses navires de guerre, il faut néanmoins songer au terrible renchérissement que les risques courus feraient subir à ces vivres, alors que se produirait simultanément une interruption des salaires industriels.

Chaque jour les vaisseaux se perfectionnent, comme le montre la planche de la page 330, qui donne une idée des progrès réalisés dans la construction des bâtiments de guerre.

En voyant le pays, contre lequel il nous faudrait combattre, se munir des croiseurs les plus parfaits, nous ne pouvons que nous en tenir à cette opinion que la guerre navale future devra être une guerre entre croiseurs. Et comme nous disposons d'un nombre suffisant de croiseurs rapides, nous pouvons nous considérer comme assez forts sur mer et attendre tranquillement les événements.

Le secrétaire d'Etat pour la marine, c'est-à-dire le ministre de la Marine, des Etats-Unis s'est exprimé de la façon suivante sur l'appréciation des résultats des essais du croiseur *Columbia*: « A mon avis, une douzaine de bâtiments semblables suffiraient pour interrompre le commerce de n'importe quel pays, dans l'état actuel de protection des rapports commerciaux. Il en résulte que ces bâtiments garantiraient contre toute attaque de la part d'une nation ayant des intérêts commerciaux, quelles que pussent être ses prétentions, l'importance de ses flottes cuirassées ou le caractère agressif de sa politique étrangère ».

Résultats que des croiseurs rapides permettent d'obtenir.

Les manœuvres qui s'exécutent chaque année en Angleterre montrent précisément ce que nous avons exposé dans notre étude, c'est-à-dire qu'une flotte de croiseurs rapides, habilement maniés, peut mettre ce pays à deux doigts de sa ruine, sans s'exposer elle-même à une seule bataille.

Napoléon a dit : « J'ai cent vaisseaux et pourtant je n'ai pas de flotte ». Ce sont là des paroles qu'il est permis de rappeler quand on considère les énormes difficultés que présente aujourd'hui le commandement des cuirassés d'escadre dans un combat. Il est difficile de dire quel est le pays qui se souvient de ces paroles, ou si tous sont arrivés à la même conclusion. Mais en réalité les commandants des cuirassés sont menacés de grands dangers. Le succès d'une opération de guerre se définit ainsi : Tirer, dans le minimum de temps, le meilleur parti possible des armes dont on dispose. C'est en vue de ce résultat que doivent être prises toutes les dispositions relatives aux opérations militaires. Théoriquement il faudrait marcher directement l'un sur l'autre, pour utiliser non seulement l'artillerie, mais les torpilles et les éperons. Mais comme les canons de tous les calibres, sans exception, peuvent agir à des distances qui ne dépassent pas 3,000 mètres, il en résulte que jusqu'au choc de deux adversaires marchant à la rencontre l'un de l'autre, il n'y aura de combat réel entre eux que pendant un temps très court, par exemple 10 minutes, et rarement une demi-heure. D'autant plus grand sera l'effort intellectuel que devront faire les commandants pendant cette courte période et plus ils devront agir énergiquement (1).

Avantages des croiseurs sur les cuirassés.

Tout cela nous amène à conclure que les difficultés de maniement des cuirassés dans les guerres futures seront bien plus grandes que pour les croiseurs. Et si même on admet qu'au début d'une campagne, il se trouve un assez grand nombre d'officiers parfaitement préparés au commandement des cuirassés, il faut s'attendre à voir ce nombre diminuer rapidement ; car les commandants des bâtiments d'escadre sont justement les plus exposés au danger d'être tués ou blessés, tandis que, sur les croiseurs, ce danger est incomparablement moindre.

Les auteurs étrangers, qui ont écrit sur les combats navals de l'avenir, se demandent si, lors du tir des pièces chargées avec 500 kilogrammes de

--------

(1) *Les guerres navales de demain.*

poudre, il se trouvera un homme en état de supporter la pression des gaz lancés contre lui de distances variant de 50 à 300 mètres, en gardant ses membranes auditives intactes et sans éprouver d'autres lésions quelconques ; si même, en général, cet homme ne sera pas tout simplement jeté par-dessus bord, par la violence d'un pareil souffle ? Qui peut dire, d'ailleurs, si les pointeurs et les tireurs parviendront à trouver un but quelconque pour leurs armes, au milieu des nuages produits par la fumée de la poudre et par celle des cheminées, qui s'étendront habituellement sur la mer, sous la forme d'un épais brouillard ?

Sous ce rapport encore, les croiseurs se trouveront dans une situation meilleure.

La construction de cuirassés, avec leurs modèles constamment changeants, représente un « grand inconnu ». On peut dire d'eux, en employant les paroles d'un auteur français, que « le meilleur cuirassé, c'est celui qui est le moins mauvais ». Nous pourrions, sans doute, risquer nos ressources, recourir à n'importe quels moyens, si des circonstances, elles-mêmes extraordinaires nous imposaient le devoir de nous hâter à tout prix. Mais, dans l'état actuel des choses, nous ne sommes après tout qu'en présence de ce fait, que l'Allemagne et le Japon augmentent leurs flottes.

Que l'Angleterre, dont la flotte constitue toute la défense, se permette de commander des bâtiments même de qualités douteuses ; qu'elle se permette ce luxe comme, dans les armées de terre de certains autres pays, on trouve des régiments coûtant plus cher qu'il ne le faudrait par rapport à leurs qualités militaires. Mais la Russie, avec ses ressources moindres et les énormes besoins qu'elle a sur d'autres chapitres, ne peut se lancer dans des excédents de dépenses navales en vue de résultats problématiques.

En tout cas, dans la construction des cuirassés, il nous est difficile de rivaliser avec l'Angleterre et il est surtout impossible d'inspirer à ce pays la conviction que, sous ce rapport, il ne viendrait pas à bout du nôtre.

Les croiseurs, c'est une autre affaire. Le problème qui leur est posé, d'interrompre les communications maritimes de l'ennemi, doit être examiné à un double point de vue. C'est une chose de paralyser des relations commerciales ; c'en est une autre d'interrompre l'arrivée des produits alimentaires nécessaires à la population de tel ou tel pays. C'est à ce dernier danger que peuvent être exposées l'Angleterre, l'Allemagne, la France et l'Italie ; mais il n'existe ni pour la Russie, ni pour l'Autriche-Hongrie, qui produisent tout le blé dont elles ont besoin. Et, par conséquent, ces deux pays ne pourraient s'intéresser à l'interruption des communications maritimes que s'ils avaient des ennemis parmi ceux indiqués plus haut.

Seulement ici se présente une difficulté considérable : l'approvisionnement des croiseurs en combustible. Sans doute, la Russie pourrait, nous l'admettons, constituer des dépôts de charbon sur quelques points où elle n'en avait pas jusqu'ici ; mais si le nombre des croiseurs mis à la mer est considérable et s'ils accomplissent de longues navigations sur l'Océan, ces approvisionnements de charbon peuvent se trouver facilement insuffisants et les croiseurs deviendraient inutiles. En tout cas, il faut agir conformément aux ressources dont on dispose. Et d'après les approvisionnements de charbon que la Russie possède, les croiseurs existants lui suffiraient, sans qu'elle eût à en construire ou à s'en procurer de nouveaux.

Arrêtons-nous encore un peu sur cette hypothèse. Si la France et la Russie ne multipliaient pas leurs croiseurs, tandis que l'Allemagne augmenterait le nombre des siens et atteindrait ainsi la supériorité sur ces deux puissances, qu'arriverait-il ? Au premier coup d'œil il semble qu'en pareil cas, les croiseurs allemands vont pouvoir chasser les croiseurs français et russes et que, par suite, va reprendre l'importation du blé en Allemagne à travers l'Océan. Mais tant que sur les mers resterait un seul croiseur français ou russe, le danger pour les bâtiments de commerce serait trop grand. Rappelons-nous qu'avec les moyens techniques actuels, il suffit d'un seul coup réussi, même à grande distance, pour couler à fond un bâtiment non protégé (comme l'a prouvé l'expérience de la guerre sino-japonaise : voir la planche page 236); de même qu'il suffit d'un seul torpilleur mis à la mer par le croiseur, pour faire sauter un bâtiment de commerce.

Il est clair que, dans de telles conditions, pas un navire marchand ne se risquera à prendre la mer tant qu'on entendra dire que, sur tel ou tel point encore, on a vu un croiseur d'une puissance belligérante. Et nous ajouterons que, pour chasser des mers tous les croiseurs français et russes jusqu'au dernier, il faudrait plus longtemps que ne pourrait durer la guerre sur la terre ferme. Nous admettons bien qu'en Angleterre on puisse se bercer de l'espérance que les croiseurs britanniques parviendront à chasser tous les croiseurs étrangers. Mais en réalité c'est chose presque impossible et en tout cas, avant qu'on y parvienne, il se produirait en Angleterre, par suite de la famine et de l'interruption des salaires, une catastrophe intérieure.

Un certain nombre de croiseurs rapides, fortement armés, garantis contre les torpilleurs par leur vitesse, et dangereux par leur artillerie, même pour les cuirassés, enfin munis d'un approvisionnement de charbon suffisant pour de longues courses, c'est là évidemment un très puissant moyen d'action. Le meilleur type de ces navires est actuellement déjà étudié et établi. Mais on ne peut pas en avoir un bien grand nombre, en raison même de leur prix de revient. Le fait est qu'il ne faudrait pas beaucoup de ces bâtiments pour obtenir les résultats indiqués, et que la Russie, où tant de besoins intérieurs de premier ordre attendent encore satisfaction, peut, moins que tout autre pays, se permettre des dépenses superflues. Quant à poursuivre de nouveaux perfectionnements, c'est chose impossible, car ils continueront toujours de se succéder indéfiniment.

Tout ce qui vient d'être dit nous amène aux conclusions suivantes :

*Conclusions sur ce que doit faire la Russie.*

Il est incontestable que la Russie n'a pas de raisons pour chercher à être aussi puissante sur mer que sur terre, attendu que, pour réaliser une telle situation, il faudrait des ressources pécuniaires colossales qu'elle ne possède pas. C'est là une question économique, et sur ces questions nous nous permettrons d'exprimer une opinion entièrement indépendante. Ainsi, il faut opter entre deux choses: être puissance de premier ordre sur terre ou sur mer, et il ne peut guère y avoir de doute sur le choix qu'on doit faire.

*Dans le cas d'une guerre avec l'Angleterre.*

Des victoires navales ne pourraient influer sur la marche d'une guerre en terre ferme de la Russie contre l'Allemagne et l'Autriche. — Une guerre avec l'Angleterre, c'est autre chose. Si la Russie triomphait, sur mer, de l'Angleterre, cela naturellement aurait des conséquences décisives. Mais nous sommes trop loin de pouvoir rivaliser avec les forces navales britanniques, tant pour le nombre des vaisseaux que pour celui des marins. Si nous jetons un coup d'œil sur le tableau des sommes consacrées aux constructions navales en Angleterre de 1873 à 1897 (voir la planche de la page 381) et si nous calculons ce qu'y coûte, par habitant, l'organisation navale, nous nous convaincrons qu'il est impossible de rivaliser avec elle, car elle dépense, rien que pour construire des bâtiments, plus que le budget entier du ministère de la Marine russe. Et cependant sa richesse est telle qu'elle se sent moins chargée que la Russie.

Mais il y a mieux : l'Angleterre a 11,537 bâtiments à vapeur de commerce et la Russie en a 322. Et si nous voulons savoir ce qui peut résulter de cette circonstance, écoutons l'opinion d'un ancien ingénieur en chef de l'Amirauté britannique, Barnaby: « Ce qui fait la puissance d'un Etat au point de vue de la guerre maritime, c'est surtout la composition de la flotte de commerce — (bâtiments et équipages) nationale dans toute l'acception du mot, — qu'il possède; c'est, ensuite, l'effectif et la qualité des équipages réunis sur ses navires de guerre; puis la faculté productrice de ses chantiers et arsenaux, et enfin seulement, en dernier lieu, le nombre et les qualités spéciales des bâtiments de guerre dont il dispose au commencement de la guerre. »

C'est assez dire qu'à tous les points de vue la Russie ne peut pas se mesurer avec l'Angleterre, mais particulièrement comme composition de son personnel naval. L'Angleterre peut réunir ce personnel sans aucune difficulté; en Russie, au contraire, si l'on en croit les chiffres officiels communiqués à la presse, même maintenant en temps de paix, quand les nouveaux bâtiments ne sont pas encore construits, il manque 43 0/0 d'officiers et 30 0/0 de mécaniciens.

Quant aux ressources représentées par les jeunes gens entrant actuellement dans les écoles, elles ne seront disponibles qu'après des années et des années. La presse périodique est remplie d'articles sur ce thème; c'est assez dire que pour l'Angleterre il n'a rien de caché. Et si nous réussissions à compléter notre personnel, est-il possible d'admettre que les Anglais, marins de naissance, le céderaient aux Russes, dans les choses de la marine, même au point de vue de la qualité? En outre, en fait de docks pour les constructions et réparations, de stations navales avec dépôts de charbon et comme réserve d'hommes aptes à compléter les équipages de la flotte, l'Angleterre dépasse de bien loin tout ce que possède la Russie.

Même si l'on admet l'hypothèse que, dans ses combats contre la flotte russe, la flotte anglaise éprouverait quelques échecs, il est impossible de s'imaginer que l'Angleterre mettrait bas les armes et renoncerait à continuer la lutte sur mer.

L'unique chose qu'elle puisse avoir à redouter d'une guerre avec la Russie, dans quelque moment critique, ce serait un mouvement des troupes russes sur les Indes. Et pourtant si la Russie consacrait d'énormes ressources à donner à sa flotte l'augmentation qu'exigerait une guerre maritime avec l'Angleterre, il est évident qu'elle ne serait plus en état de faire en même temps les préparatifs d'une campagne dans l'Inde; — cela, l'Angleterre le sait incontestablement, et plus la Russie serait faible au point de vue financier, moins la politique de l'Angleterre se montrerait condescendante.

Donc, et comme conclusion générale, les succès militaires sur mer ne pourraient suffire à exercer sur la marche de la guerre une influence favorable à la Russie.

Pour la défense de ses côtes, celle-ci n'a pas besoin de cuirassés. Avec ce que lui coûteraient la construction et l'armement d'un seul de ces bâtiments, elle peut organiser bien plus sûrement cette défense sur les points qu'un danger pourrait menacer. L'expérience de la guerre de 1877-78 prouve que les torpilleurs seuls ont rendu des services, tandis que les coûteuses popofkas sont restées inutiles. Il faut toujours tenir compte des enseignements du passé, surtout en Russie, en raison du particularisme qui s'y manifeste constamment dans les questions spéciales.

Il ne faut pas négliger d'ailleurs l'opinion qui s'est manifestée à l'étranger : que les cuirassés ne supporteront pas plus d'un combat sérieux et devront, par suite de leurs avaries, abandonner la mer (1) et que, de notre

---

(1) White, *Army and Navy*, 1894. — Sir Beresford, *Naval and Military Record*.

temps, il ne peut exister qu'un seul type de bâtiment de combat, capable de supporter les coups terribles qui lui seront portés par la nouvelle artillerie, que ce type doit avoir des bordages très bas, presque point de parties hors de l'eau, avec un pont au dessous de la ligne de flottaison.

En outre, on ne peut non plus oublier que, d'après l'opinion de tous les techniciens sérieux, les cuirassés sont incapables de résister et succombent sous les coups des projectiles explosifs, des torpilleurs et des torpilles aériennes lancées par les canons à dynamite Zalinski, Graydon, Dodds et Maxim.

L'accroissement de la flotte cuirassée ne produirait même pas d'effet moral sur les ennemis probables de la Russie. L'Allemagne, comme on l'a dit plus haut, ne redoute pas de débarquement sur ses côtes et sa flotte peut toujours se mettre à couvert par le moyen du canal de la Baltique à la mer du Nord. En Angleterre, l'augmentation de la flotte cuirassée russe ne ferait pas non plus d'impression. Reste peut-être le Japon. Mais la Russie n'a pas d'intérêts vitaux auxquels il puisse porter une grave atteinte. Le chemin de fer transsibérien, au point de vue de son débouché sur l'Océan Pacifique, n'a d'importance que pour le transit. Et ni le Japon ni la Chine n'ont intérêt à empêcher le transit de s'effectuer par la Sibérie.

Quant à l'Angleterre, la concurrence que lui fait cette voie ferrée est trop peu importante. Le fret maritime de Han-Kow pour Odessa ou Londres est en tout de 50 kopecks par poud et l'énorme majorité des marchandises préféreront suivre cette route moins coûteuse. Il est vrai que le transport par le chemin de fer demande dix jours de moins, mais cela a peu d'importance. D'ailleurs, d'ici bien des années encore, le transit des marchandises par la voie ferrée sibérienne ne peut pas prendre un bien grand développement. Il faudrait pour cela que la Chine accomplît des progrès considérables dans son développement; et c'est le pays de l'immobilisme par excellence. En tous cas, après une immobilité de mille ans, il ne faudra pas moins de quelques dizaines d'années — même de l'avis des plus optimistes — pour que ce développement s'affirmât nettement.

Pendant toute une série d'années, la Russie a travaillé avec une véritable énergie à augmenter ses forces navales. Dans une période de vingt ans — de 1876 à 1896 — les dépenses du ministère de la Marine russe se sont accrues dans une bien plus grande proportion que toutes les autres. De 27 millions de roubles elles sont passées à 60 millions (67 millions même, d'après le budget de 1898). C'est un accroissement de 122 0/0, tandis que même les dépenses du ministère de la Guerre ne se sont accrues, pendant la même période, que de 50 0/0 : de 190 millions de roubles à 284.



Le mouvement du commerce maritime russe, comme on le voit par la planche de la page 377, représente en moyenne, par âme de la population, 18 francs ; c'est-à-dire que l'intérêt de ce commerce se trouve être, pour la population de la Russie, 22 fois plus faible qu'il ne l'est pour celle de la Grande-Bretagne, et 7 fois plus faible que pour les populations d'Allemagne, de France et des Etats-Unis. Le commerce maritime a moins d'importance pour la Russie que pour les autres pays, tant comme chiffre d'affaires qu'en raison de la situation géographique : les frontières de terre de la Russie ont une immense étendue, et les mers qui la baignent sont longtemps fermées chaque année par les glaces.

Mais le point le plus important, c'est que les pays qui pourraient mettre des obstacles au commerce maritime de la Russie sont justemen. ceux qui ont le plus besoin d'elle ; car ni l'Allemagne, ni l'Angleterre ne pourraient se passer des produits alimentaires et à demi-ouvragés exportés par la Russie. En arrêtant cette exportation, ces pays se feraient du tort à eux-mêmes. Ainsi le commerce maritime de la Russie se trouverait en quelque sorte protégé par la force même des choses, bien plus que par la multiplicité de ses bâtiments de guerre.

Et cependant la Russie dépense, par tonne de jauge de ses propres navires, plus qu'aucune des autres puissances européennes, c'est-à-dire 130 francs — tandis que la France n'en dépense que 102, l'Italie 67, l'Autriche 35, l'Allemagne 24 et l'Angleterre 16 seulement.

Mais, même si nous ne faisons pas la distinction entre bâtiments nationaux et étrangers, si nous ne considérons que le rapport des dépenses navales au total du mouvement commercial maritime, nous trouvons encore que la Russie dépense plus qu'aucune des autres grandes puissances. Et, en effet, ses dépenses navales représentent 7 0/0 du chiffre d'affaires de son commerce maritime, tandis que ce rapport n'est que de 6 0/0 pour la France, 3 1/2 0/0 pour l'Angleterre et moins de 2 0/0 pour l'Allemagne.

Augmentation<br>de ses dépenses<br>navales. De plus, il faut répéter que les dépenses de la Russie pour la flotte vont constamment en croissant. Ces dépenses se sont successivement élevées, pour chaque tonne de jauge des bâtiments de commerce :

En 1880 . . . . . . . . . . . . . à 141 roubles papier.
En 1890 . . . . . . . . . . . . . à 159      —
En 1897 . . . . . . . . . . . . . à 194      —

Et si l'on fait entrer en ligne de compte les crédits extraordinaires de l'année 1898, l'augmentation, par tonne des bâtiments de commerce, se trouve être énorme. Pourtant, en général, les intérêts commerciaux de la Russie sont faibles, et en Orient ils sont absolument nuls.

Avant tout, examinons quel est, en réalité, ce mouvement commercial qui séduit les Européens à la pensée de la Chine et du Japon et de leurs centaines de millions d'habitants. La Chine importe, en moyenne, chaque année, des marchandises pour une somme de 207 millions de roubles-or et exporte pour 159 millions de ses produits. L'importation du Japon est de 45 millions de roubles-or, et ses exportations atteignent 58 millions. Ces chiffres se rapportent à l'époque qui a précédé la guerre du Japon avec la Chine; mais depuis qu'ils se sont payé ce luxe, ces deux pays se sont évidemment appauvris, et ne sont pas encore revenus à leur état normal.

Dans ce mouvement d'affaires commerciales, la part de la Russie est extrêmement faible.

Sur 500 maisons de commerce en relations avec la Chine, il y en a en tout, 10 de russes. Dans le mouvement général d'importation et d'exportation du commerce chinois, la part de la Russie est représentée par le chiffre insignifiant de 4 0/0. Le nombre des navires qui sont entrés en 1889 dans les ports de la Chine s'est élevé à 19,100, jaugeant ensemble 15,800,000 tonnes. Sur ce total il ne s'est trouvé, en tout et pour tout, que 44 bâtiments russes, représentant 55,000 tonnes de jauge, c'est-à-dire moins de 1/2 0/0 du chiffre total.

Une participation aussi mince de la Russie au commerce avec la Chine s'explique très simplement par ce fait que les négociants russes ne sont pas encore préparés à étendre leurs entreprises dans les pays transocéaniens.

On peut, il est vrai, compter que la construction du chemin de fer transsibérien rendra plus actives les relations commerciales avec la Chine; mais il ne faut pourtant pas se faire d'illusions sous ce rapport.

Prenons le principal produit d'exportation chinois, le thé. Le transport des thés, par mer, de Han-Kow à Odessa, et de là en chemin de fer par Nijni à Moscou, revient en moyenne à 50 kopecks métalliques — c'est-à-dire à 75 kopecks-papier jusqu'à Odessa, puis, d'Odessa à Moscou, à 50 kopecks-papier — soit au total : 1 rouble 25 kopecks papier.

Pour transporter ces thés par le chemin de fer transsibérien, il faut organiser une communication à vapeur régulière entre Han-Kow et Vladivostock ou tel autre port relié à la voie ferrée et transporter les thés par cette voie, sur une longueur d'environ 9,000 verstes. Dans ces conditions, même en supposant un tarif très bas, le transport reviendra néanmoins notablement plus cher que par la voie maritime.

On parle de l'intention qu'on avait d'acquérir la Corée ; mais la possession de ce pays ne pourrait avoir aucun avantage pour la Russie. La Corée a une population de 12 millions d'habitants, et tout son mouvement commercial, importations et exportations réunies, représente une valeur totale de 5,200,000 roubles métalliques. Le principal article d'importation, c'est le

Intentions que peut avoir la Russie sur la Corée. Elle n'a aucun avantage à l'acquérir.

meilleur marché des articles de coton, le shirting. Quant aux exportations de Corée, elles ne consistent guère qu'en peaux de bœufs, fèves et poisson.

La conquête de la Corée ajouterait à la Russie encore un nouveau territoire extrêmement lointain, à la défense duquel il faudrait songer constamment ; et plus un pays a de ces « points faibles », plus diminue sa puissance. Or, ce qui fait justement la force indomptable de la Russie dans la défensive, c'est principalement qu'elle constitue un continent bien compact, qui n'offre qu'une faible étendue de côtes aux attaques de l'ennemi.

La Russie ne trouverait donc aucun avantage à posséder la Corée, et il en résulterait au contraire pour elle cet inconvénient que les Coréens, devenus sujets russes, commenceraient à s'établir en Sibérie, en emmenant avec eux des Chinois. Et puisque les Américains n'ont pu se débarrasser des Chinois qu'en interdisant enfin tout simplement aux *coolies* (Chinois qui venaient chercher des salaires) l'accès du territoire des Etats-Unis, la Russie se trouverait très probablement obligée de prendre des mesures analogues, pour arrêter la pénétration chez elle de ses nouveaux sujets ; ce qui ne contribuerait naturellement pas à faire accepter par les Coréens la conquête de leur pays.

Et, en réalité, si la Russie a dépensé un demi-milliard de roubles à la construction du Transsibérien, ce n'est sans doute pas pour exposer ceux de ses sujets, qui s'établissent en Sibérie, à la concurrence de l'immigration coréenne et chinoise. Enfin, le peuplement de la Sibérie orientale par les Coréens, c'est-à-dire par de vrais Chinois, présenterait des inconvénients même au point de vue politique. Pour toutes ces raisons, l'annexion de la Corée à la Russie ne saurait être désirée.

Aucun danger sérieux à craindre du Japon.

En outre, aucun danger sérieux ne peut être à craindre du côté du Japon. Dans ses armements impuissants, il s'efforce d'imiter l'Europe, comme la grenouille de la fable qui croyait pouvoir rivaliser avec le bœuf, mais qui creva. C'est à quelque chose de semblable qu'on doit s'attendre avec le Japon. Le territoire que la Russie possède sur les bords de l'Amour est un désert que le Japon ne peut menacer. Il n'est pas admissible que ce pays se hasarde à entreprendre une guerre contre la Russie, quand bien même il aurait à la mer quelques cuirassés de plus qu'elle. Et pour la Russie, il ne serait pas raisonnable de chercher à devancer le Japon sur ce point en y consacrant ses ressources, aux dépens des besoins vitaux essentiels de son armée de terre. S'il s'agissait d'une guerre avec l'Angleterre, ce serait une autre affaire ; mais dans ce cas encore, la flotte japonaise ne saurait jouer de rôle quelque peu sérieux.

Mieux vaut construire des croiseurs que des cuirassés.

Il n'est pas besoin non plus d'augmenter le nombre des croiseurs. Mais leur construction a cet avantage sur l'acquisition ou la construction de cuirassés que ces croiseurs ne constitueraient pas uniquement une charge pour l'Etat, parce qu'ils pourraient exécuter des voyages dans un but commercial. Il est plus facile de trouver des chefs capables de les commander, et le danger d'être détruits en cas de guerre est pour eux bien moins considérable. La vitesse de leur marche les met complètement à l'abri de toute attaque de la part des cuirassés et les garantit aussi, dans une large mesure, contre les torpilleurs. Enfin les croiseurs consomment moins de charbon, il leur est plus facile de s'en procurer et, par conséquent, de tenir longtemps la mer.

Si les cuirassés ne sont pas nécessaires pour protéger les côtes russes, et si, dans les mers lointaines, il n'y a pas pour eux assez de dépôts de charbon, à quoi donc sont-ils bons? Par suite de ce manque de charbon précisément, il ne sera pas facile à des cuirassés russes d'agir contre la flotte allemande. Tandis qu'à des croiseurs rapides, il sera bien plus aisé de s'approvisionner en combustible, soit en s'emparant d'autres navires, soit en venant en chercher sur les côtes de Russie.

Même, comme effet moral, l'augmentation du nombre des croiseurs russes aurait des conséquences plus sérieuses que la multiplication des cuirassés. Car tout ce qui peut accroître le danger de l'interruption des communications maritimes est terrible pour l'Angleterre. A ce point de vue l'augmentation du nombre des croiseurs ne manquerait pas de refroidir quelque peu les Anglais. Nous avons occupé Port-Arthur et Ta-Lien-Wan, mais les Anglais se sont immédiatement emparés de Weï-Ha-Weï, à quelques heures seulement de distance. Ainsi tout débouché sur l'océan se trouve de nouveau à peu près fermé pour la Russie. Cela rendrait encore plus inutile l'augmentation du nombre des cuirassés russes ; car ces bâtiments ne pourraient pas modifier cette situation. Lutter avec les cuirassés anglais serait chose dangereuse ; et il ne semble pas que nous puissions jamais arriver à surpasser numériquement la flotte britannique. Des croiseurs seuls pourraient plutôt à un moment donné avoir un rôle à jouer ; encore serait-il d'assez peu d'importance.

Nous répétons encore que, par suite des inventions nouvelles qui se succèdent sans interruption, on se trouve à chaque instant ne plus pouvoir compter, pour le combat, sur des cuirassés construits parfois de la veille et dont, par là-même, la valeur se trouve entièrement perdue. Tandis que dans la construction des croiseurs, il se produit moins de changements, et que même lorsqu'ils ne sont pas tout à fait à hauteur des derniers perfectionnements, ils ne peuvent cependant pas être considérés comme n'étant plus bons à rien. Pour eux, d'ailleurs, il reste toujours la ressource de les transformer en bâtiments de commerce. De sorte que si l'on considère comme indispensable d'augmenter le nombre des bâtiments russes, le mieux serait encore de construire des croiseurs.

On peut compter que la guerre n'éclatera pas encore d'ici quelques années et que même elle peut, par des mesures convenables, être entièrement écartée. Mais c'est à la condition que les armées de terre de la Russie ne restent pas en arrière de celles des autres puissances. Plus tard, quand les forces matérielles du pays se seront quelque peu consolidées, il lui deviendra loisible de se permettre quelque superfluité dans ses dépenses, fût-ce même une augmentation du nombre de ses cuirassés.

# TABLE DES MATIÈRES

*

Paris. — Imp. PAUL DUPONT, 4, rue du Bouloi (Cl.) 422.11.99.

# SOMMAIRE DE L'OUVRAGE COMPLET

## TOME I
### Description du mécanisme de la guerre.

Considérations générales sur le tir. — Poudre sans fumée et autres explosifs. — Les armes à feu portatives. — Les bouches à feu de l'artillerie. — Les engins auxiliaires. — Boucliers et cuirasses opposés aux effets des balles ennemies. — Abris formés par les retranchements et les fortifications de campagne. — Importance et rôle de la cavalerie. — La tactique de l'artillerie et les conséquences des perfectionnements techniques. — L'infanterie au combat.

## TOME II
### La guerre sur le continent.

Les effectifs des armées européennes. — La préparation à la guerre et sa déclaration. — La mobilisation. — Mouvements des troupes pour se rendre sur le théâtre de la guerre. — La conduite des armées. — Le commandant en chef. — L'autonomie des commandants d'unités et leur initiative dans les différentes armées. — Le chef subalterne. — Base du développement de l'instruction dans l'armée. — Comparaison entre les batailles du passé et celles de l'avenir. — Le combat de nuit. — Sur le champ de bataille. — La guerre de forteresse. — Etat et esprit des armées. — Plans des opérations militaires. — Force de résistance des puissances aux influences sociales et économiques de la guerre. — Effectifs de combat de la Double et de la Triple-Alliance. — Opérations de guerre franco-italiennes. — Opérations de guerre franco-allemandes. — Opérations de guerre germano-austro-hongroises.

## TOME III
### La guerre navale.

Comparaison des flottes anciennes et modernes. — Moyens d'attaque et de défense des bâtiments d'aujourd'hui. — Opérations des flottes et des navires isolés. — Quelques conclusions relatives aux batailles futures. — La guerre de croisière et la course. — Conclusions.

## TOME IV
### Les troubles économiques et les pertes matérielles que déterminera la guerre future.

Coup d'œil sur les difficultés économiques qu'entraînerait la guerre en Europe (Dans l'Europe orientale. — En Russie). — Sa répercussion sur les besoins de la population. — Dépenses des guerres passées. — Les charges militaires et les revenus des nations. — Dépenses de la guerre future et moyens de les couvrir. — Inégalité des pertes économiques que la guerre future entraînerait pour les divers pays. — Influence de la tactique et des conditions économiques sur l'approvisionnement des armées en vivres et munitions.

## TOME V
### Les efforts tendant à supprimer la guerre, les causes des différends politiques, les conséquences des pertes.

Comment s'est développée l'idée de résoudre pacifiquement les différends internationaux. — La paix perpétuelle dans les littératures des peuples civilisés. — Le socialisme, l'anarchisme et la propagande contre le militarisme. — L'inégalité d'accroissement de la population des divers pays pouvant être une cause de guerre. — Le degré de possibilité de la guerre au point de vue politique. — Les pertes probables dans la guerre future. — Influence des armes actuelles sur le caractère des blessures. — Le soin des blessés et malades à la guerre, dans le passé et dans l'avenir.

## TOME VI
### Le mécanisme de la guerre et son fonctionnement.
### La question du tribunal international d'arbitrage.

Le système du militarisme. — Les officiers. — Progrès techniques et augmentation des armées. — Voix et agitations contre la guerre. — La concurrence de l'Amérique sur le marché universel. — Accroissement des dettes et des charges militaires de l'Europe. — Les congrès de paix et leur influence. — Importance des tendances pacifiques manifestées par les monarques. — Indices d'une évolution et possibilité d'un désarmement et de la suppression de la guerre. — Les causes des différends internationaux : Nécessité de prouver ce fait que les différends internationaux ne sauraient être résolus par la guerre. — Convocation d'une conférence internationale en vue d'étudier la question du tribunal d'arbitrage. — La question de l'Alsace-Lorraine. — La question d'Orient. — Autres questions ayant de l'importance au point de vue international. — Les provinces de l'Autriche et de la France où l'on parle la langue italienne. — Possibilité d'une dissolution de la monarchie austro-hongroise. — L'Allemagne et l'Autriche ne sont pas satisfaites de leurs frontières. — Antagonismes de races et de religions. — Intérêts dynastiques. — Intérêts commerciaux. — L'expansion coloniale. — Les intérêts des puissances dans l'Extrême-Orient. — Les raisons en vertu desquelles on croit que les guerres sont indispensables. — Institution d'un tribunal d'arbitrage international : un besoin de notre temps. — Son organisation présomptive. — Conclusions : les prétextes de guerre et leur peu d'importance. — L'absurdité de la politique de la « paix armée ». — Moment propice à la création d'un tribunal d'arbitrage. — Facilité de résoudre pratiquement ce problème. — L'institution d'un tribunal d'arbitrage est le seul moyen d'arrêter les armements. — Nécessité d'étudier les conditions techniques de la guerre et ses conséquences économiques. — Nomenclature des questions à examiner. — Importance de cet examen.

Paris.-Imp. PAUL DUPONT (Cl.) 422 bis 12.99

www.ingramcontent.com/pod-product-compliance
Lightning Source LLC
LaVergne TN
LVHW011942170726
843503LV00001B/24